新工科建设之路·计算机系列教材

JSP Web 应用程序开发教程
（第 2 版）

杨占胜　王　鸽　王海峰　编著

孙　琳　刘士彩　参编

電子工業出版社
Publishing House of Electronics Industry
北京 · BEIJING

内 容 简 介

JSP 是 Java EE 的核心技术之一，它是一种与平台无关、基于 Java Servlet 技术及整个 Java 体系的 Web 开发技术，它秉承了 Java 语言的优势，开发周期短、代码执行效率高、可扩展性和可移植性强、技术规范公开，因此成为了开发 Web 应用程序（动态网站）的主要技术之一。

本书系统地介绍了 Tomcat 服务器的使用、JSP 的基本语法、JSP 的内置对象、Servlet 技术、Java Bean 的使用、JDBC 数据库应用开发等 JSP 基本技术；还介绍了 Servlet 事件监听器、过滤器、表达式语言、自定义标签、标准标签库（JSTL）等 JSP 高级技术；使用 JSP 解决 Web 应用程序开发中的常见问题，包括：页面间数据的传递、JSP 中文问题、国际化、日志组件、文件上传组件、安全设置等。本书力求深入浅出，例程精练典型，是系统学习 JSP 技术的教材和参考手册。本书没有介绍 JSP Web 程序模式二（MVC）开发技术，即各种 JSP 开发框架，但为进一步学习这些技术打下了必要的基础。

本书内容丰富、突出应用、例程详尽，对 JSP 中的疑难点进行了辨析。本书可作为高等学校本、专科的教材及各类培训班的教材，也可供从事计算机应用和开发的各类人员学习参考。

图书在版编目（CIP）数据

JSP Web 应用程序开发教程 / 杨占胜，王鸽，王海峰编著. —2 版. —北京：电子工业出版社，2018.3
ISBN 978-7-121-33244-9

I. ①J… II. ①杨… ②王… ③王… III. ①JAVA 语言－程序设计－高等学校－教材 IV. ①TP312.8

中国版本图书馆 CIP 数据核字（2017）第 308911 号

策划编辑：戴晨辰
责任编辑：戴晨辰　　　　文字编辑：底　波
印　　刷：北京盛通商印快线网络科技有限公司
装　　订：北京盛通商印快线网络科技有限公司
出版发行：电子工业出版社
　　　　　北京市海淀区万寿路 173 信箱　　邮编：100036
开　　本：787×1092　1/16　印张：21.75　字数：599 千字
版　　次：2010 年 8 月第 1 版
　　　　　2018 年 3 月第 2 版
印　　次：2023 年 1 月第 7 次印刷
定　　价：55.00 元

凡所购买电子工业出版社图书有缺损问题，请向购买书店调换。若书店售缺，请与本社发行部联系，联系及邮购电话：（010）88254888，88258888。

质量投诉请发邮件至 zlts@phei.com.cn，盗版侵权举报请发邮件至 dbqq@phei.com.cn。

本书咨询联系方式：dcc@phei.com.cn。

第 2 版前言

自本书出版以来，Java Web 界发生了一些重要的事件。Oracle 公司于 2010 年完成了对 SUN 公司的收购；2014 年发布了变更较大的 JSDK8，其中取消了对 JDBC-ODBC 桥驱动的支持；Apache Software Foundation 于 2010 年首次发布 Tomcat 7，Tomcat 7 支持 Java EE 6，实现了 Servlet 3.0/ JSP 2.2 规范，新增的注解功能，简化了 Servlet、过滤器(Filter)和监听器(Listener)的配置，精简了部署描述文件 web.xml。由于 JSP 技术在不断地更新发展，本书有必要进行修订再版。

本书第 2 版在第 1 版的基础上修订编写而成，主要修改了 1.2 节 JSDK 与 Tomcat 下载安装的内容；重写了第 6 章 JDBC，增加了使用 Access JDBC 驱动访问 Access 数据库的内容，增加了 JDBC 访问 SQL Server 2005 的注意事项，以及 JDBC 访问更高版本 SQL Server 数据库的问题，简化了 6.4 节数据分页部分；在相关的章节增加了运用 Annotation 配置 Servlet、Filter、Listener 的内容；各章之后新增了本章小结和思考题；重写了附录 A；修改了附录 C 的实验 3；重写了附录 C 的实验 5；书中的例程组织为一个网站，提供 Eclipse 项目，供读者学习参考。

The Eclipse Foundation 于 2007 年 Eclipse3.3 Eruopa 版开始，发布集成了 Java Web 开发插件的 Eclipse IDE for Java EE Developers 工具，使得 Java Web 开发者无须再安装配置众多的 Java Web 插件，或者依赖于庞大的 MyEclipse 商业软件，就能轻松、方便地使用功能强大的 Eclipse IDE 来进行 Java Web 开发。为使本书的知识体系更加完善，第 2 版补充一章介绍 Eclipse 的使用，以 Eclipse4.4 Luna 版的 Eclipse IDE for Java EE Developers 为基础。

本书第 2 版秉承第 1 版的特点，力求克服以往教材的不足，减少与相关课程知识的重叠；吸取多年来的教学经验，注重反映 Web 应用程序开发技术的最新成果；按照知识关联和循序渐进的学习路线，构建更加完善和清晰的知识体系；对 JSP 技术进行了系统、深入的介绍。本书的结构经过精心编排设计，讲解深入细致，例程精练典型，主要特点如下。

(1) 对 JSP 的各种技术进行了简练的、实质性的解释。指令是对 JSP 解析器环境的设置；动作是服务器端的动态标记，JSP 解析器调用特定的方法处理相应的动作标记；内置对象是服务器提供的 API 类库；Servlet 是一个实现了特定接口，运行在服务器环境中的特殊 Java 类；监听器是 Web 方式的 Java 事件处理机制；过滤器是对 HTTP 请求的预处理和后处理；分页显示是对数据的二次选择。

(2) 对 JSP 语法中容易混淆且较难理解的概念进行了解释和辨析。如 page 指令中有关页面编码的 contentType 属性与 pageEncoding 属性，声明中的变量定义与 Scriplet 中变量的定义，include 指令与 include 动作，forward 动作转向与 response 内置对象 sendRedirect 方法转向，request 内置对象的 getParameter 方法与 getAttribute 方法等。

(3) 对各类程序的开发过程进行了总结。包括 Servlet 的开发步骤，JDBC 访问数据库的步骤，Web 监听器的设计步骤，过滤器的设计步骤，EL 函数的应用步骤，自定义标签的设计步骤。

(4) 对 JDBC 访问各类数据库的注意事项进行了详细总结。

(5) 附录实验指导书中采用程序填空的方式进行代码设计的训练，并对每个实验的注意事项进行了说明，对实验程序填空、上机作业、实验思考题给出了参考答案。

(6) 本书只专注于 JSP 技术的介绍。不讲 HTML、CSS、JavaScript，不讲 Java，不讲 XML，不讲数据库原理，这些知识应从前置课程中系统地学习；也不讲 Structs、Spring、Hibernate 或 iBatis，这些 MVC 和数据访问框架是后续的进阶课程。

(7) 本书包含配套教学 PPT 及相关资源，读者可登录华信教育资源网（www.hxedu.com.cn）注册后免费下载。

使用本书作为教材，64 学时（不包括实验学时）可讲完全书大部分内容；课时为 32 学时，建议讲授第 1 篇 JSP 基本技术的 7 章，其余部分可供学生自学、参考。第 7 章 Eclipse 可提前讲授，也可在各章节中穿插讲解应用。

本书得到山东省高校精品课程基金项目的支持，基金编号为 2013BK106。杨占胜编写了本书中的第 1 章至第 14 章、第 17 章与附录部分；王海峰与杨占胜共同编写了第 15 章；王鸽编写了第 16 章。孙琳、刘士彩参与了部分习题的编写，并对部分章节提出了许多宝贵的意见和建议；全书由杨占胜统稿。感谢电子工业出版社的鼎力支持和通力合作，由于戴晨辰编辑和其他工作人员付出的辛勤劳动，使得本书得以尽快出版，以应教学之需。

这次修订再版希望能反映一些最新的 Java Web 技术，并使本书更加严谨完善，但这并非易事，敬请广大读者们批评指正，特别是使用本教程的各位教师和同学，如果有什么问题和建议，欢迎大家随时向作者提出，作者 E-mail：670418190@qq.com。

作 者
2017 年 8 月于临沂

第1版前言

程序设计可分为系统程序设计和应用程序设计，系统程序如操作系统、编译程序、数据库管理系统、驱动程序等。应用程序按应用范围有：多媒体程序、网络程序、数据库程序等；按其运行方式有：命令方式程序、图形用户界面(窗口)程序、Web 应用程序、手机及 PDA 程序等。命令方式程序是我们在学习 C、C++、汇编、Java 等各种计算机语言时常遇到的例子和练习程序，这类程序通过在命令方式下的输入/输出与用户进行交互，人机界面单一，设计较为简单，实际应用中已很少将其作为单独的一类程序使用。图形用户界面(GUI)程序是我们最常见的，因为 Windows 是一个图形用户界面的操作系统，其中的大部分程序都是图形界面的。这类程序是事件驱动的，以菜单、工具栏、对话框等窗体元素作为人机交互的界面。如果单纯使用操作系统的 API，用任何一种语言设计一个图形界面的程序都是很复杂、很低效的，即使用面向对象的程序设计语言，再辅以类库也还是有一定的复杂性。所幸的是组件技术的出现，大大地降低了窗口程序的设计难度；再加上功能强大的集成开发环境(IDE)，使窗口程序设计达到了简单高效的地步。手机及 PDA 程序目前很热门，这类程序与一般的计算机程序原理基本一致，只是运行环境受限，比如 CPU 的运算速度、存储器的容量等，一般使用专有类库及 API 进行设计。Internet 的迅速普及，电子商务的广泛应用，促使 Web 应用程序爆炸式发展，Web 程序已经成为企业应用的主要形式。在 Web 应用程序流行之前，有一种基于客户机/服务器(C/S)的网络程序，这类程序都有一个专用的服务器程序和一个客户端程序，双方通过底层的 TCP/IP 协议通信。编程时主要使用 Socket 技术，Socket 是操作系统 TCP/IP API 的高层抽象。C/S 程序的缺点是每个客户端必须安装专用的客户程序，在使用的方便性和安全性方面存在很大的问题，使用底层的传输协议，常被防火墙拦截，在安全性要求高的领域不能应用。Web 应用程序也是基于客户机/服务器模式的，但它的服务器统一为 Web 服务器，客户机统一为浏览器，所以又称为 B/S(Browser/Server)结构的程序。B/S 程序使用 HTTP 协议进行通信，利用 Web 服务器和浏览器的安全机制，克服了 C/S 程序的缺点。Web 应用程序是一个服务器端动态的网站，它通过浏览器与用户交互，最终返回给用户的是一个 HTML 文档，所以学习 Web 应用程序开发，需要“Web 技术基础”知识：HTML、JavaScript、CSS；JSP Web 应用程序使用 Java 语言编写服务器端动态程序，所以又需要“Java 语言程序设计”方面的知识；Web 应用程序通常要访问数据库，数据库访问是 Web 应用程序设计的重点和难点，所以还需要“数据库基础与应用”方面的知识，如结构化查询语言(SQL)、数据库的安全机制与权限设置等，JSP 中的大量配置文件都使用 XML 格式，所以也需要“XML 基础与应用”方面的知识。本书介绍的 JSP Web 应用程序开发技术是以上述先修课程的知识为基础的。

JSP 应用开发涉及的软件技术多，综合性强。JSP 技术本身的知识也较繁杂，各知识点之间相互关联，如自定义标签中会用到表达式语言(EL)，而 EL 函数又会用到自定义标签中的标签库描述。要系统地介绍 JSP 技术体系，合理地组织和编排 JSP 的知识结构很重要。在 JSP 技术的发展过程中，是先有 Servlet，后有 JSP 的。介绍 JSP 技术的教材主要有两种顺序，一种是先介绍 JSP 基本语法，然后介绍 Servlet；另一种是先介绍 Servlet，后引入 JSP。鉴于 Servlet 的复杂性和几年来的教学实践，本书在结构安排上，从动态网页的发展入手引入 JSP，然后介绍 Servlet，但将 Servlet 提到 Java Bean 之前。在 JSP 高级技术部分，由于表达式语言较为简单，标准标签库(JSTL)使用到了表达式语言，而自定义标签与 JSTL 应有连贯性，所以将表达式语言提到了自定义标签之前。

在内容方面，本书力求对各种技术进行简练、实质性的解释，如指令是对 JSP 解析器环境的设置；动作是服务器端的动态标记，JSP 解析器调用特定的方法处理相应的动作标记；内置对象是服务器提供的 API 类库；Servlet 是一个实现了特定接口，运行在服务器环境中的特殊 Java 类；监听器是 Web 方式的 Java 事件处理机制；过滤器是对 HTTP 请求的预处理和后处理；分页显示是对数据的再次选择。JSP 语法中有些概念容易混淆且较难理解，如 page 指令中有关页面编码的 contentType 属性与 pageEncoding 属性；声明中的变量定义与 Scriptlet 中变量的定义；include 指令与 include 动作；forward 动作转向与 response 内置对象 sendRedirect 方法转向；request 内置对象的 getParameter 方法与 getAttribute 方法，本书都进行了详细的辨析。对于 JSP 技术中的两大难点，数据库访问和自定义标签，本书重点进行了讲解。数据库访问部分按访问方式和要访问的数据库类型，分别进行了大量示例，并对各种可能出现的问题列出了注意事项。阐述自定义标签中的属性时，提出了属性在何处声明、何处定义、何处赋值、何处使用几个问题来帮助理解。其中数据分页、中文乱码、容器可控安全性等章节写得较有新意。书中的例程主要来源于教学实践，在本书的写作过程中，又重新进行了选择设计，尽可能使每个程序都很典型。阅读源代码是学习程序设计语言的最有效途径，为了鼓励和方便读者阅读源程序，对于书中各个例程所代表的知识点都做了详细的注释。所有的程序都在 Tomcat6.0 中进行了调试运行。本书所附光盘包含了书中所有例程的源代码，以及支持软件。总之，本书在结构安排上，内容讲解方面力求有所特色和创新，但作者水平有限、编写时间仓促，不足之处在所难免，希望阅读本书的师生多提宝贵意见，E-mail：zsyoung@sohu.com。

本书按照 21 世纪高等学校计算机规划教材及计算机实用软件应用系列教材的要求编写。杨占胜编写了第 1 章至第 14 章、第 16 章与附录部分，刘士彩与王鸽共同编写了第 15 章，山东科技大学信息学院与临沂师范学院信息学院 Java Web 应用程序开发课程团队的其他老师参与了部分实验思考题的编写，并对部分章节提出了许多宝贵的意见和建议。全书由杨占胜统稿，临沂师范学院信息学院党委书记赵铭建教授对本书的编写给予了高度的关心和热情的帮助，并对全书进行了审核。

最后，衷心感谢出版社的编辑，是他们的辛勤劳动，使本书得以顺利出版。此外，本书参考了许多国内外同行的著作、博文，引用了其中的观点、数据和结论，在此一并表示感谢。

作　者

2009 年 8 月

目　录

第1篇　JSP基本技术

第 4 篇 JSP 常用组件

附 录

第 1 篇 JSP 基本技术

第 1 章 JSP 运行环境

1.1 动态网页技术

Internet 的传统应用有：远程登录(Telnet)、文件传输(FTP)、Web 应用(HTTP)、电子邮件(E-mail)、网络聊天(NetChat)、网络新闻(NetNews)等，其中电子邮件曾经是使用最广泛的应用，而目前 Web 应用在 Internet 上是最流行的。Web 是 World Wide Web(WWW)环球信息网或万维网的简称，是一张附着在 Internet 上的覆盖全球的信息“蜘蛛网”，镶嵌着无数以超文本形式存在的信息。Web 成为人们共享信息的主要手段，WWW 几乎成为 Internet 的代名词。Web 应用由 Web 服务器发布，客户端用浏览器(如 IE、Navigator 等)进行浏览，使用 HTTP 通过 Internet 进行信息传输。Web 的发展可分为三个阶段。

1.1.1 Web 发展的三个阶段

(1)静态网页：早期单纯以 HTML 编写的网页。静态页面的请求处理过程比较简单。

静态网页以 HTML 语言编写，保存在 Web 服务器上，客户端浏览器根据用户输入的网址向服务器发出请求，服务器接受浏览器的请求后，查找所请求的页面文件，并进行权限验证，如果验证通过，将该网页发回给浏览器显示。请求与应答在网络上使用的传输协议为 HTTP，如图 1-1 所示。

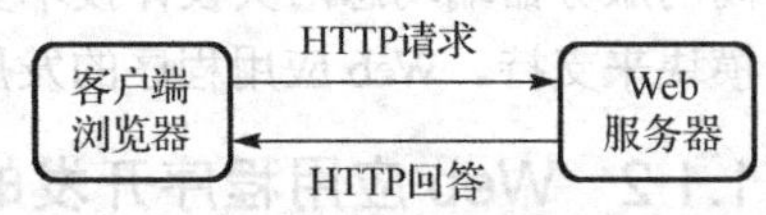

图 1-1 静态网页的请求处理过程

网页的请求处理过程有两个重要的参与者，客户端的浏览器和服务端的 Web 服务器，可以说这两个软件是 Web 技术的核心体现。浏览器的主要功能是发起 HTTP 请求，解析与显示 HTML 网页。进一步讲，浏览器是客户端应用层协议 HTTP 的实现者和 HTML 标记解析器。目前常用的浏览器有：Microsoft(微软)的 IE(Internet Explorer)、Netscape(网景)的 NN(Netscape Navigator)、Mozilla 基金会的 Firefox(火狐狸)、傲游的 Maxthon、凤凰工作室(Phoenix Studio)的 The World(世界之窗)、腾讯的 TT(Tencent Traveler)。Web 服务器又称 HTTP 服务器，是典型的实现应用层协议 HTTP 的软件。Web 服务器的主要功能是处理 HTTP 请求，管理 Web 页面。评价 Web 服务器的因素有：承载力、效率、稳定性、安全性、日志和统计、虚拟主机、代理服务器、缓存服务和集成应用程序等。常见的 Web 服务器有：Microsoft(微软)的 IIS(Internet Information Server)，运行于 Windows 平台，支持 ASP 及 ASP.NET；The Apache Software Foundation 的 Apache，是最流行的 HTTP 服务器，早期运行于 UNIX 类系统上，目前也有运行于 Windows 系统的版本；IBM 的 Websphear，是功能完善、开放的大型 Web 应用程序服务器，支持 JSP；W3C(World Wide Web Consortium)的 Jagsaw；使用 Java 语言，采用完全的面向对象架构，以最新的 Web 技术协议为标准设计的开放源码服务器，支持 JSP；AOL(America On Line，美国在线)的 AOL Server，是高效能、高稳定性、高扩充性的开源 Web 服务器，运行于 UNIX 类系统平台。Kerio 的 WebSTAR，Kerio 是专业生产防火墙的厂家，WebSTAR 运行于 Apple(苹果)Mac OS 平台，其特点是高安全性。

(2)客户端动态网页：以 DHTML 和其他客户端交互技术编写的网页，DHTML(Dynamic HTML)是一种通过结合 HTML、客户端脚本语言(JavaScript、VBScript)、层叠样式表(CSS)和文档对象模型(DOM)来创建动态网页内容的技术总称，其他客户端交互技术有：Flash、ActiveX、Java Applet 等。客户端动态技术需浏览器的支持，对浏览器的可扩展功能有了更高的要求，此时的浏览器不仅仅是一个标记解析器，还嵌入了脚本解析等各种功能模块。客户端动态网页的请求处理过程基本与早期的静态网页一致。

(3) Web 应用程序：即服务器端动态网页，浏览器请求服务器端动态的网页时，服务器必须调用相应的解析器对页面进行处理，一般是运行其中嵌入的程序代码，将处理结果返回给浏览器显示，其处理过程如图 1-2 所示。

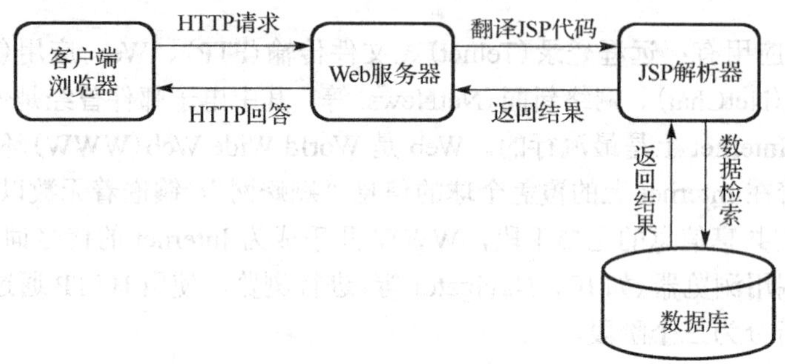

图 1-2 动态网页的请求处理过程

服务器端动态技术需要 Web 服务器的支持，对 Web 服务器的技术发展提出了新的要求，不同的服务器端动态网页设计技术要有特定的 Web 服务器，或者在 Web 服务器上安装特定的功能模块来支持。Web 应用程序的发展也经历了三个阶段。

1.1.2 Web 应用程序开发的三个阶段

(1)代码输出：最初的服务器端动态网页技术是 CGI(Common Gateway Interface，通用网关接口)，CGI 是 Web 服务器支持的允许客户端浏览器请求调用服务器上特定程序的技术，这个程序又称为 CGI 程序，它接收客户端提交的数据，CGI 描述了浏览器和所请求程序之间传输数据的标准；一般输出 HTML 代码给浏览器，所以称这样的动态网页设计为代码输出。CGI 程序以编译后可执行代码的形式发布，所以 CGI 程序是语言独立的，可以用任何编程语言实现，Perl 是最广泛使用的 CGI 程序设计语言。

(2)代码混合：CGI 程序要输出各种 HTML 标记，编程很复杂。所以发展了在 HTML 文件中使用服务器端标记嵌入服务器端代码的网页，请求这些网页时，服务器调用特定的解析器(程序)对其进行处理，将其中的 HTML 标记直接输出，执行其中的服务端代码，在网页中代码所在处输出运行的结果。这样的动态网页中 HTML 标记与服务器端代码混合在一起，所以称为代码混合形式的 Web 应用程序开发。常用的代码混合动态网页编程技术有 ASP、PHP、JSP 三种。

ASP(Active Server Page)：ASP 是一种服务器端脚本编写环境，可以用来创建和运行动态网页或 Web 应用程序。ASP 网页可以包含 HTML 标记、普通文本、脚本命令以及 COM 组件等，ASP 的强大不在于它的脚本语言，而在于它后台的 COM 组件，这些组件无限地扩充了 ASP 的功能。ASP 已经升级为 ASP.NET，ASP.NET 采用组件技术，以代码分离的方式来开发 Web 应用程序，已完全不同于 ASP。

PHP(PHP Hypertext Process，PHP 原指 Personal Home Page)：PHP 是一种跨平台的服务器端嵌入式脚本语言。它大量地借用 C、Java 和 Perl 语言的语法，并结合 PHP 自己的特性，使 Web 开发者能够快速地写出动态页面。它支持绝大部分数据库，而且是完全免费的。

JSP(Java Server Page)：JSP 是基于 Java 语言的一种 Web 应用开发技术，利用这一技术可以建立安全、跨平台的先进动态网站。利用 JSP 技术创建的 Web 应用程序，可以实现动态页面与静态页面的分离。与其他 Web 技术相比，JSP 具有跨平台、编译后运行等特点。

(3)代码分离：指页面的程序逻辑与表现相互分离的动态网页设计机制，ASP.NET 以服务器控件和页面模型抽象方式实现代码分离，JSP 以 Bean 和自定义标签的方式实现代码分离，以组件方式构建 Java Web 应用程序的技术为 JSF(Java Server Faces)，其他语言大多以模板方式实现代码分离，如 PHP Template。动态网页设计技术正在迅速发展中，从代码分离、Web 组件到 Web Service。

1.1.3　HTTP 请求地址——URL

Web 服务器发布的资源在 Internet 上是以 URL(Uniform Resource Locator，统一资源定位器)标识的，客户端浏览器请求时，必须在地址栏中输入 URL，即必须提供所请求网页等目标的位置。URL 的格式为：

protocol://hostname[:port]/website/path/ [file][?query][#fragment]

协议://主机名:端口号/网站名称/目录/文件名?查询参数#信息片段

例如，http://www.lytu.edu.cn:80/chpage/index.html?str=abc#a1

protocol(协议)：http、ftp、file、gopher、https、mailto、news。

hostname(主机名)：机器名+域名+域树+域林。

port(端口号)：http 的默认端口为 80，可以省略。

其他常用协议的默认端口：telnet 为 23、ftp 为 21、smtp 为 25、pop3 为 110、dns 为 53。

website(网站名称)：Web 应用程序上下文、虚拟目录名、网站根目录。

path/file(目录/文件)：网页相对于网站根目录的子目录和文件名。

?query(查询参数)：?名 1=值 1&名 2=值 2。

#fragment(信息片段)：网页锚点，使用<a>标记 name 属性在网页内部定义的位置标记。只在同一应用程序上下文(同一网站内)有效。

1.1.4　HTTP 状态码

Web 服务器对客户端的响应一般包含：一个状态行、一些响应报头、一个空行和相应的内容文档。

(1)状态行：状态行由 HTTP 版本、一个状态代码以及一段对应状态代码的简短说明信息组成，表示请求是否被理解或被满足。HTTP 版本由服务器决定。请求被正常响应时，状态码一般由系统自动设置为 200。也可以在页面中用代码设置状态码，说明信息也可自定义。

(2)一些响应报头(几个应答头)：HTTP 头消息，对应于 HTTP 协议的头部，在大多数情况下，除了 Content-Type，所有应答头都是可选的。

(3)空行：起分隔、标识作用。

(4)内容文档：数据报内容，封装在 HTTP 协议的体内。

下面是一个最简单的应答:

HTTP/1.1 200 OK

Content-Type: text/plain

Hello World

HTTP 1.1 中的状态码见表 1-1，总体上分为五大类。

表 1-1　常见 HTTP 1.1 状态代码以及对应的状态信息和含义

代码	HttpServletResponse 符号常量	信　息	含　义
100	SC_CONTINUE	Continue	继续
101	SC_SWITCHING_PROTOCOLS	Switching Protocols	转换协议
200	SC_OK	OK	一切正常
201	SC_CREATED	Created	创建
202	SC_ACCEPTED	Accepted	接收
203	SC_NON_AUTHORITATIVE_INFORMATION	Non authoritative Information	非授权信息
204	SC_NO_CONTENT	No Content	无内容
205	SC_REST_CONTENT	Reset Content	重置内容
206	SC_PARTIAL_CONTENT	Partial Content	部分内容
300	SC_MULTIPLE_CHOICES	Multiple Choices	多选
301	SC_MOVED_PERMANENTLY	Moved Permanently	永久移动
302	SC_MOVED_PERMANENTLY	Moved Temporarily	暂时移动
304	SC_NOT_MODIFIED	Not Modified	未更改
305	SC_USE_PROXY	Use Proxy	使用代理服务器
400	SC_BAD_REQUEST	Bad Request	错误请求
401	SC_UNAUTHORIZED	Unauthorized	未授权
402	SC_PAYMENT_REQUIRED	Payment Required	要求支付
403	SC_FORBIDDEN	Forbidden	禁止
404	SC_NOT_FOUND	Not Found	未找到
405	SC_METHOD_NOT_ALLOWED	Method Not Allowed	不可用方法
406	SC_NOT_ACCEPTABLE	Not Acceptable	不接受
407	SC_PROXY_AUTHENTICATION_REQUIRED	Proxy Authentication Required	需确认代理服务器
408	SC_REQUEST_TIMEOUT	Request Time Out	请求超时
409	SC_CONFLICT	Conflict	冲突
410	SC_GONE	Gone	离开
411	SC_LENGTH_REQUIRED	Length Required	需要长度
412	SC_PRECONDITION_FAILED	Precondition Failed	预处理失败
413	SC_REQUEST_ENTITY_TOO_LARGE	Request Entity Too Large	请求实体过大
414	SC_REQUEST_URI_TOO_LONG	Request URL Too Large	请求 URL 过长
415	SC_UNSUPPORTED_MEDIA_TYPE	Unsupported Media Type	不支持的媒体类型
500	SC_INTERNAL_SERVER_ERROR	Server Error	服务器错误
501	SC_NOT_IMPLEMENTED	Not Implemented	未执行
502	SC_BAD_GATEWAY	Bad Gateway	网关坏
503	SC_SERVICE_UNAVAILABLE	Out of Resources	超出资源
504	SC_GATEWAY_TIME_OUT	Gateway Time Out	网关超时
505	SC_HTTP_VERSION_NOT_SUPPORTED	HTTP Version Not Supported	不支持 HTTP 版本

- 100～199 信息性的标识用户应该采取的其他动作。
- 200～299 表示请求成功。
- 300～399 用于那些已经移走的文件，常常包括 Location 报头，指出新的地址。
- 400～499 表明客户引发的错误。
- 500～599 指出由服务器引发的错误。

在 JSP Web 应用程序开发过程中常遇到的错误是 404 和 500。404 表示无法找到客户端所给地址的任何资源，即没有所请求的页面。这是最简单、最容易解决的错误，主要原因是请求地址错误，此时应仔细核对输入的路径和文件名是否正确，是否存在这样的路径和文件；另一个原因是虚拟路径不起作用，即 Web 应用程序未加载，此时应仔细核对虚拟路径配置标记是否正确，Web 应用程序的配置文件 web.xml 的格式是否正确，也可从服务器控制台显示的信息或日志文件中记录的信息查找原因。500 表示程序逻辑有错误，此时应根据错误提示调试程序代码。有时浏览器中显示不能加载类的错误提示，这是由于页面有错误，服务器在将 JSP 转化为 Servlet 类或进行编译时出现错误，所以服务器无法加载这个类，这种错误信息提示不明确，此时应将浏览器刷新几次，直到出现页面错误信息提示为止。

1.1.5 JSP 动态网页的处理过程

JSP Web 服务器在处理 JSP 网页时，首先由 JSP 引擎将 JSP 文件转化为 Servlet（一种 Java 类），其次将该 Servlet 编译为.class 文件，然后调用 Servlet 引擎执行 class 文件，输出 HTML 网页发送到客户端的浏览器中显示。其处理过程如图 1-3 所示。

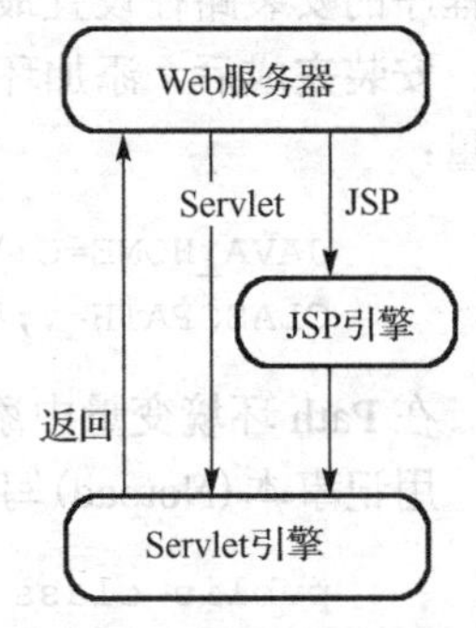

图 1-3 JSP 页面的处理过程

JSP 动态网页需要能够解析处理 JSP 代码的 Web 服务器支持，支持 JSP 的 Web 服务器有：Apache Tomcat、SUN JSWDK（Java Server Web Development Kit）、caucho Resin、W3C Jigsaw、IBM Websphear、BEA Weblogic、Jboss.org Jboss、Allaire Jrun 等。前四个是轻量级的 JSP 服务器，并且是开源软件。后四个是全功能的 Java EE 服务器，除 Jboss 外都是商业软件，其中 Tomcat 是最常用的 JSP Web Server，Jboss 也是通过内置 Tomcat 支持 JSP 的。本书中的 JSP Web 服务器使用 Tomcat。

1.2 Tomcat 服务器的安装与配置

Tomcat 是一个开放源代码的 Servlet 容器，它是 Apache 软件基金会（Apache Software Foundation）的一个顶级项目，由 Apache、SUN 和其他一些公司及个人共同开发而成。由于有了 SUN 的参与和支持，最新的 Servlet 和 JSP 规范总能在 Tomcat 中得到体现，Tomcat 的版本比较多，各版本的详细信息见附录 A。因为 Tomcat 技术先进、性能稳定，而且免费，因此深受 Java 爱好者的喜爱，并得到了部分软件开发商的认可，成为目前比较流行的 Java Web 服务器。Tomcat 运行依赖于 JSDK（Java SE Development Kit），安装 Tomcat 之前需下载安装 JSDK。

1.2.1 安装 Java SE

Java SE 可从 http://www.oracle.com/technetwork/java/javase/downloads/中下载，当前的最新版本是 JSDK 9。不建议下载安装最新的 JSDK 版本，因为 Tomcat、Eclipse 等程序不可能立刻支持新版本的 JSDK，一般选择 Tomcat 和 Eclipse 主流版本支持的 JSDK，通常是次新版本的 JSDK。

除了版本的选择，还应根据操作系统及其字长选择 JSDK 为 Windows、Linux 或者 Mac 发布包，以及是 32 位还是 64 位。32 位的操作系统只能安装 32 位的 JSDK，64 位的操作系统可以安装 64 位的 JSDK，也可以安装 32 位的 JSDK。JSDK 下载选择页面如图 1-4 所示。

Java SE Development Kit 8u152

You must accept the Oracle Binary Code License Agreement for Java SE to download this software.

Accept License Agreement Decline License Agreement

Product / File Description	File Size	Download
Linux ARM 32 Hard Float ABI	77.94 MB	jdk-8u152-linux-arm32-vfp-hflt.tar.gz
Linux ARM 64 Hard Float ABI	74.88 MB	jdk-8u152-linux-arm64-vfp-hflt.tar.gz
Linux x86	168.99 MB	jdk-8u152-linux-i586.rpm
Linux x86	183.77 MB	jdk-8u152-linux-i586.tar.gz
Linux x64	166.12 MB	jdk-8u152-linux-x64.rpm
Linux x64	180.99 MB	jdk-8u152-linux-x64.tar.gz
macOS	247.13 MB	jdk-8u152-macosx-x64.dmg
Solaris SPARC 64-bit	140.15 MB	jdk-8u152-solaris-sparcv9.tar.Z
Solaris SPARC 64-bit	99.29 MB	jdk-8u152-solaris-sparcv9.tar.gz
Solaris x64	140.6 MB	jdk-8u152-solaris-x64.tar.Z
Solaris x64	97.04 MB	jdk-8u152-solaris-x64.tar.gz
Windows x86	198.46 MB	jdk-8u152-windows-i586.exe
Windows x64	206.42 MB	jdk-8u152-windows-x64.exe

图 1-4 JSDK 下载选择页面

对 Windows 系统，双击下载的 JSDK 安装包，运行安装程序，逐步安装即可。安装中会有两个程序的安装过程，第一个程序是 JSDK，第二个程序是 JRE，注意不要取消对 JRE 的安装，两个程序的安装路径设置最好一致。

安装完成后，添加环境变量：我的电脑→属性→高级→环境变量→系统变量中添加以下环境变量：

```
JAVA_HOME=C:\Program Files\Java\jdk1.6.0
CLASSPATH=.;%JAVA_HOME%\lib\dt.jar;%JAVA_HOME%\lib\tools.jar;
```

在 Path 环境变量中添加%JAVA_HOME%\bin；即 Path=%JAVA_HOME%\bin;原有内容。

用记事本(Notpad)写一个简单的 Java 程序来测试 JSDK 是否已安装成功：

```
public class JreTest {
    public static void main(String args[]) {
        System.out.println("Hello! The Java running enviorenment is OK! ");
    }
}
```

将程序保存为文件名是 JreTest.java 的文件。

打开命令提示符窗口(开始→运行 cmd 命令)，进入 JreTest.java 所在目录，输入下面的命令：

```
javac JreTest.java
java JreTest
```

此时若在命令窗口中显示"Hello! The Java running enviorenment is OK!"，则 JSDK 安装成功，环境变量设置正确。若没有显示出该字符串，请仔细检查以上配置是否正确。也可在命令提示符窗口中输入 javac 以及 java 命令直接运行 Java 编译器和虚拟机，如果显示这两个程序的帮助说明，则 JSDK 安装成功，环境变量设置正确。Java 编译器与虚拟机易受病毒感染，必须保证计算机无病毒才能正常运行。

注意，要显示记事本程序的扩展名，必须将文件夹选项中"隐藏已知文件类型的扩展名"(我的电脑→工具→文件夹选项→查看→隐藏已知文件类型的扩展名)不勾选。

1.2.2　安装 Tomcat

Tomcat 可从 http://tomcat.apache.org 中下载，目前的版本为 9.0，必须根据操作系统类型和所安装的 JSDK 来选择 Tomcat 的发布类型、版本和字长。下载页面中有个 Readme 链接，单击打开 Readme 文件，其中有一行红色文本指出该版本 Tomcat 所要求的 JSDK。Tomcat 各版本的详细信息见附录 A。注意，32 位的 JSDK 只能运行 32 位的 Tomcat，64 位的 JSDK 只能运行 64 位的 Tomcat。Tomcat 的发布文件还有安装版和非安装版两种，其文件扩展名分别是.exe 和.zip。推荐下载无须安装的绿色版。Tomcat 下载选择页面如图 1-5 所示。

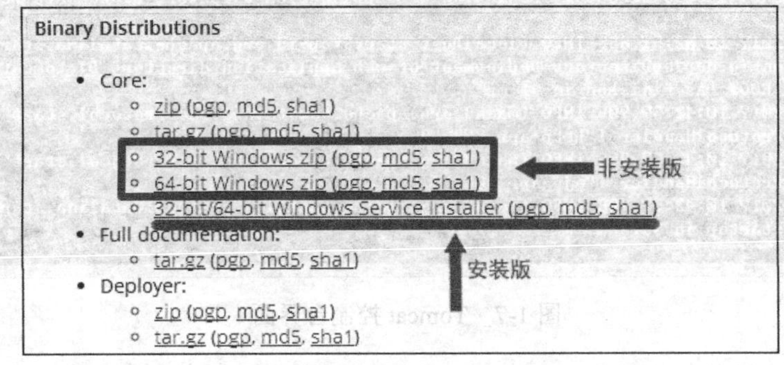

图 1-5　Tomcat 下载选择页面

如果下载安装版，运行下载的.exe 文件，按向导提示单击下一步按钮进行安装，安装后可以从开始菜单启动 Tomcat 的服务管理器，此时服务管理器的图标将显示在任务栏右侧的通知区域，右击图标通过其右键菜单来启动、关闭 Tomcat 服务器。也可以运行 Tomcat 的安装目录 bin 子目录下的 tomcat6.exe 或 tomcat6w.exe 启动 Tomcat 服务器。

非安装版解压后即可使用，通过运行 Tomcat 安装目录下的批处理可执行文件\bin\startup.bat 启动服务器，Tomcat 的启动与关闭如图 1-6 所示。启动后会打开一个命令提示符窗口，这是 Tomcat 服务器的控制台界面，其上显示了服务器的状态信息，如图 1-7 所示。不要直接关闭该窗口。如果不小心关闭，必须运行一次 Tomcat 安装目录\bin\shutdown.bat 才能再次启动。该文件是关闭 Tomcat 服务器的批处理程序。安装版 Tomcat 的控制台已重定向到日志文件 stdout.log，服务器输出的状态信息可从该文件中读取。

```
C:\Windows\system32\cmd.exe
Microsoft Windows [版本 6.1.7601]
版权所有 (c) 2009 Microsoft Corporation。保留所有权利。

C:\Users\Young>D:

D:\>cd tomcat8\bin

D:\tomcat8\bin>startup.bat          启动Tomcat服务器
Using CATALINA_BASE:   "D:\tomcat8"
Using CATALINA_HOME:   "D:\tomcat8"
Using CATALINA_TMPDIR: "D:\tomcat8\temp"
Using JRE_HOME:        "D:\Java\jdk1.8.0_131"
Using CLASSPATH:       "D:\tomcat8\bin\bootstrap.jar;D:\tomcat8\bin\tomcat-juli.
jar"
D:\tomcat8\bin>shutdown             关闭Tomcat服务器
Using CATALINA_BASE:   "D:\tomcat8"
Using CATALINA_HOME:   "D:\tomcat8"
Using CATALINA_TMPDIR: "D:\tomcat8\temp"
Using JRE_HOME:        "D:\Java\jdk1.8.0_131"
Using CLASSPATH:       "D:\tomcat8\bin\bootstrap.jar;D:\tomcat8\bin\tomcat-juli.
jar"
D:\tomcat8\bin>
```

图 1-6　Tomcat 的启动与关闭

```
Tomcat
22-Oct-2017 10:42:57.810 INFO [localhost-startStop-1] org.apache.catalina.startu
p.HostConfig.deployDirectory Deploying web application directory D:\tomcat8\weba
pps\host-manager
22-Oct-2017 10:42:57.826 INFO [localhost-startStop-1] org.apache.catalina.startu
p.HostConfig.deployDirectory Deployment of web application directory D:\tomcat8\
webapps\host-manager has finished in 16 ms
22-Oct-2017 10:42:57.841 INFO [localhost-startStop-1] org.apache.catalina.startu
p.HostConfig.deployDirectory Deploying web application directory D:\tomcat8\weba
pps\manager
22-Oct-2017 10:42:57.857 INFO [localhost-startStop-1] org.apache.catalina.startu
p.HostConfig.deployDirectory Deployment of web application directory D:\tomcat8\
webapps\manager has finished in 16 ms
22-Oct-2017 10:42:57.857 INFO [localhost-startStop-1] org.apache.catalina.startu
p.HostConfig.deployDirectory Deploying web application directory D:\tomcat8\weba
pps\ROOT
22-Oct-2017 10:42:57.888 INFO [localhost-startStop-1] org.apache.catalina.startu
p.HostConfig.deployDirectory Deployment of web application directory D:\tomcat8\
webapps\ROOT has finished in 31 ms
22-Oct-2017 10:42:57.906 INFO [main] org.apache.coyote.AbstractProtocol.start St
arting ProtocolHandler ["http-apr-8080"]
22-Oct-2017 10:42:57.906 INFO [main] org.apache.coyote.AbstractProtocol.start St
arting ProtocolHandler ["ajp-apr-8009"]
22-Oct-2017 10:42:57.906 INFO [main] org.apache.catalina.startup.Catalina.start
Server startup in 3378 ms
```

图 1-7　Tomcat 控制台界面

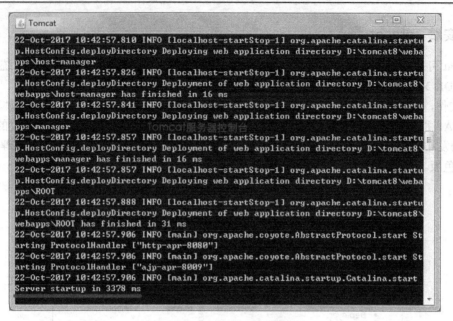

打开浏览器，在地址栏中输入 http://localhost:8080，如果显示 Tomcat 的欢迎界面(见图 1-8)，则说明服务器安装成功，并已正常启动。如果 Tomcat 服务器不能启动，可以先打开命令提示符窗口，切换到 Tomcat 安装目录下的 bin 子目录，运行 startup.bat，查看服务器控制台窗口输出的错误信息，安装版查看日志文件中记录的错误信息，根据服务器显示的错误信息查找原因，有时是 8080 端口已被占用，更多的情况是计算机感染病毒所致。

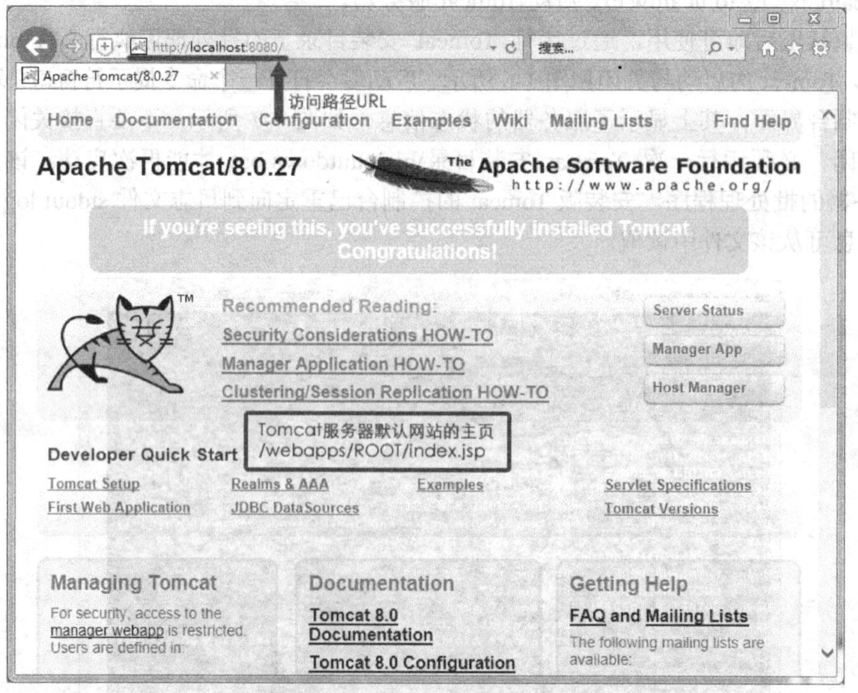

图 1-8　Tomcat 主页界面

1.2.3　Tomcat 服务器的目录结构

Tomcat 的安装目录结构及各目录下文件的功能如表 1-2 所示。

表 1-2　Tomcat 的安装目录结构及各目录下文件的功能

目　录	描　述
bin	包含启动、关闭 Tomcat 或者其他功能的脚本(.bat 文件和.sh 文件)
conf	包含各种配置文件，包括 Tomcat 的主要配置文件 server.xml 和为不同的 Web 应用设置默认值的文件 web.xml
lib	包含 Tomcat 中使用的 jar 文件。在 UNIX 平台中，此目录下的任何文件都被加到 Tomcat 的 classpath 中
logs	日志文件目录
temp	临时文件
webapps	Web 应用程序主目录
work	Tomcat 自动生成，放置 Tomcat 运行时的临时文件，有 JSP 编译出的 Servlet 的.java 和.class 文件

1.2.4　Tomcat 服务器的配置文件

Tomcat 服务器的配置文件是 conf 目录下的 server.xml，该文件的总体结构如下。

```
<!--根元素，代表整个服务器。-->
<Server> <!--服务器是服务的生存环境；关闭端口 8005，关闭指令 SHUTDOWN-->
    <!--服务器可包含多个服务，默认服务的名称为 Catalina-->
    <Service>   <!--服务，由 Engine 及相关的一组 Connectors 构成-->
        <!--每个服务由多个 Connector 和一个 Engine 容器组成-->
        <Connector/>   <!--客户端与服务器之间的连接， port 属性定义端口-->
        <Engine> <!--引擎，处理 Service 的所有请求，实现 Container 接口-->
            <!--每个 Engine 容器可包含多个 Host-->
            <Host>   <!--虚拟主机  appBase 属性设置应用程序目录-->
                <!--每个 Host 可包含多个 Context-->
                <Context/>  <!--虚拟目录，每个 Context 是一个独立的网站-->
            </Host>
        </Engine>
    </Service>
</Server>
```

配置文件各元素详解如表 1-3 所示。

表 1-3　配置文件各元素详解

元 素 名	属　性	解　释
server	port	指定一个端口，这个端口负责监听关闭 Tomcat 的请求
	shutdown	指定向端口发送的关闭命令字符串
service	name	指定 service 的名字
Connector(表示客户端和 service 之间的连接)	port	指定服务器端要创建的端口号，并在这个端口监听来自客户端的请求
	minProcessors	服务器启动时创建的处理请求的线程数
	maxProcessors	最大可以创建的处理请求的线程数
	enableLookups	如果为 true，则可以通过调用 request.getRemoteHost()进行 DNS 查询来得到远程客户端的实际主机名，若为 false 则不进行 DNS 查询，而是返回其 IP 地址
	redirectPort	指定服务器正在处理 HTTP 请求时收到了一个 SSL 传输请求后重定向的端口号
	acceptCount	指定当所有可以使用的处理请求的线程数都被使用时，可以放到处理队列中的请求数，超过这个数的请求将不予处理
	connectionTimeout	指定超时的时间数(以毫秒为单位)

续表

元素名	属性	解释
Engine(指定 service 中的请求处理机，接收和处理来自 Connector 的请求)	defaultHost	指定默认的处理请求的主机名，它至少与其中的一个 host 元素的 name 属性值是一样的
Context(表示一个 Web 应用程序，通常为 WAR 文件)	docBase	应用程序的路径或者是 WAR 文件存放的路径
	path	表示此 Web 应用程序的 URL 的前缀，这样请求的 URL 为 http://localhost:8080/path/****
	reloadable	如果为 true，则 Tomcat 会自动检测应用程序的/WEB-INF/lib 和/WEB-INF/classes 目录的变化，自动装载新的应用程序，我们可以在不重启 Tomcat 的情况下使应用程序的变化生效，一般在调试阶段设为 true，正式发布后改为 false
host(表示一个虚拟主机)	name	指定主机名
	appBase	应用程序基本目录，即存放应用程序的目录
	unpackWARs	如果为 true，则 Tomcat 会自动将 WAR 文件解压，否则不解压，直接从 WAR 文件中运行应用程序
Logger(表示日志，调试和错误信息)	className	指定 logger 使用的类名，此类必须实现 org.apache.catalina.Logger 接口
	prefix	指定 log 文件的前缀
	suffix	指定 log 文件的后缀
	timestamp	如果为 true，则 log 文件名中要加入时间，如 localhost_log.2001-10-04.txt
Realm(表示存放用户名,密码及 role 的数据库)	className	指定 Realm 使用的类名，此类必须实现 org.apache.catalina.Realm 接口
Valve(功能与 Logger 差不多，其 prefix 和 suffix 属性解释和 Logger 中的一样)	className	指定 Valve 使用的类名，如用 org.apache.catalina.valves.AccessLogValve 类可以记录应用程序的访问信息
	directory	指定 log 文件存放的位置
	pattern	有两个值，common 方式记录远程主机名或 IP 地址、用户名、日期、第一行请求的字符串、HTTP 响应代码，发送的字节数。combined 方式比 common 方式记录的值更多

配置文件 server.xml 中的默认设置一般无须修改，其服务器的端口为 8080，主目录为 $TOMCAT_HOME/webapps/Root。通过修改属性 protocol="HTTP/1.1"的 Connector 元素的 port 属性值可以修改 Tomcat 服务器的端口号。

```
<Connector port="8080" protocol="HTTP/1.1" connectionTimeout="20000"
      redirectPort="8443" />
```

通过修改 Host 元素的 appBase 属性值可以更改 Tomcat 服务器默认的应用程序发布目录，该目录下的 Root 目录为默认的主目录。

```
<Host name="localhost" appBase="webapps" unpackWARs="true" autoDeploy=
      "true" xmlValidation= "false" xmlNamespaceAware="false">
```

在 server.xml 中还可以配置虚拟主机、用户验证方式、设置单点登录等功能。实际上最常见的操作是建立虚拟路径或直接部署 Web 应用程序，1.3 节将具体介绍。注意，在修改默认配置前应对 server.xml 文件进行备份，任何错误设置将导致服务器无法启动。

在 config 目录下还有一个配置文件 web.xml，用来设置服务器上所有网站(Web 应用程序)的默认值(通用配置项)。文件 tomcat-user.xml 用来设置远程登录 Tomcat 服务器的角色和用户名，admin 角色的用户可以使用 Admin Web Application 进行系统管理，manager 角色的用户可以使用 Manager Web Application 进行应用管理。在 Tomcat 的默认主页(欢迎界面)有这两个 Web 管理程序的登录入口，还有帮助文档、Servlet 和 JSP 例程等学习资源的链接入口。

1.3　JSP Web 应用程序的目录结构与发布

浏览 Tomcat 默认主目录$TOMCAT_HOME/webapps/Root 的结构，可以了解到 JSP Web 应用程序的目录结构：

Web 应用程序的根目录

\WEB-INF\web.xml	Web 应用程序的配置文件
\WEB-INF\classes\	放置包目录结构及 Java 类
\WEB-INF\lib\	放置打包后的.jar 文件
\JSP	文件和其他资源

WEB-INF 子目录是 Web 应用程序的系统目录，该目录下的资源文件只能由服务器读取或调用，不允许从客户端来请求。注意其目录名必须大写，中间是连字符而不是下画线，如果目录名错误，该 Web 应用程序的配置文件将不起作用，classes 目录下的 Java 类和 lib 目录下的 jar 文件将不能调用。配置文件 web.xml 是 XML 格式的，其结构如下。

```
<?xml version="1.0" encoding="ISO-8859-1"?>
<web-app xmlns="http://java.sun.com/xml/ns/javaee"
   xmlns:xsi="http://www.w3.org/2001/XMLSchema-instance"
   xsi:schemaLocation="http://java.sun.com/xml/ns/javaee
   http://java.sun.com/xml/ns/javaee/web-app_2_5.xsd" version="2.5">
   <display-name>JSP Web Application Examples</display-name>
   <description>This Web site is the examples for study JSP</description>
   <!-- Web 应用程序参数设置 -->
   <context-param>
      <param-name>adminEmail</param-name>
      <param-value>admin@servername.com</param-value>
   </context-param>
   <!-- 过滤器声明 -->
   <filter>
      <filter-name>filtername</filter-name>
      <filter-class>packages.filterclass</filter-class>
      <!-- 过滤器初始化参数设置 -->
      <init-param>
         <param-name>param1</param-name>
         <param-value>value1</param-value>
      <init-param>
   </filter>
   <!-- 过滤器映射 -->
   <filter-mapping>
      <filter-name>filtername</filter-name>
      <url-pattern>/*</ url-pattern >
   </filter-mapping>
   <!-- 监听器配置 -->
   <listener>
      <listerner-class>packages.listernerclass</listerner>
   </listener>
```

```
<!-- Servlet 声明 -->
<servlet>
   <servlet-name>servletname</servlet-name>
   <servlet-class>packages.servletclass</servlet-class>
   <!-- Servlet 初始化参数设置 -->
   <init-param>
      <param-name>param1</param-name>
      <param-value>value1</param-value>
   <init-param>
</servlet>
<!-- Servlet 映射 -->
<servlet-mapping>
   <servlet-name>servletname</servlet-name>
   <url-pattern>/otherpath/requestname</ url-pattern >
</servlet-mapping>
<!-- 会话配置 -->
<session-config>
   <session-timeout>30</session-timeout>
</session-config>
<!-- MIME 文件类型配置 -->
<mime-mapping>
   <extension>gif</extension>
   <mime-type>image/gif</mime-type>
</mime-mapping>
<!-- 默认文档设置 -->
<welcome-file-list>
   <welcome-file>index.html</welcome-file>
   <welcome-file>index.htm</welcome-file>
   <welcome-file>index.jsp</welcome-file>
</welcome-file-list>
<!-- 错误页面配置 -->
<error-page>
   <exception-type>java.lang.SqlException</exception>
   <location>dberror.html</location>
</error-page>
<error-page>
   <error-code>404</error-code >
   <location>404.html</location>
</error-page>
<!-- JSP 配置元素 -->
<jsp-config>
   <taglib>
     <taglib-uri></taglib-uri>
     <taglib-location></taglib-location>
   </taglib>
   <jsp-property-group>
     <url-pattern>*.jsp</url-pattern>
```

```
            <el-ignored>false</el-ignored> <!-- 控制表达式语言的启用 -->
            <scripting-invalid>false</scripting-invalid><!--控制脚本元素的启用 -->
            <include-prelude>/header.jsp</include-prelude> <!-- 自动包含序言 -->
            <include-coda>/footer.jsp</include-coda> <!-- 自动包含页尾 -->
            <page-encoding>iso-8859-1</page-encoding> <!-- 页面编码设置 -->
        </jsp-property-group>
    </jsp-config>
    <!-- 安全控制配置 -->
    <security-constraint>
        <web-resource-collection>
            <web-resource-name>resourcename</web-resource>
            <url-pattern>/admin/*</url-pattern>
        </web-resource-collection>
        <auth-constraint>
            <role-name>admin</role-name>
        </auth-constraint>
    </security-constraint>
    <!-- 验证机制配置 -->
    <login-config>
        <auth-method>BASIC</auth-method>
    </login-config>
    <!-- 安全角色配置 -->
    <security-role>
        <role-name>admin</role-name>
    </security-role>
    <!-- 其他配置项 -->
</web-app>
```

该配置文件必须正确设置，如果有错误将导致整个 Web 应用程序无法加载。根元素为 web-app，它的各个属性指定了该 XML 文件的名称空间，其中的 web-app_2_5.xsd 是配置文件的架构(Schema)，它实际上决定了该 Web 应用程序所适用的 Servlet/JSP 版本。

display-name 元素用来为整个 Web 应用程序指定一个简略名字，以便使 GUI 工具表示 Web 应用程序的名字。description 元素为 Web 应用程序编制一个简短的文本描述，它是整个 Web 应用程序的一个简化形式的文档。context-param 元素为整个 Web 应用程序定义初始化参数。mime-mapping 元素设置 Web 应用程序中使用的 MIME 文件类型，这些类型一般在 Tomcat 安装目录 config 子目录下的全局 web.xml 配置文件中设置，这两个配置文件中的设置不能冲突。welcom-file 元素设置了应用程序的默认主页。过滤器的声明及映射在过滤器一章中介绍；监听器配置在监听器一章中介绍；Servlet 的声明及映射在 Servlet 一章中介绍；会话设置参见内置对象一章中的 session；错误页面配置、脚本元素的启用、页面编码等的使用实例见 JSP 基本语法一章；taglib 设置在自定义标签一章中介绍；表达式语言的启用参见表达式语言一章；自动包含序言的设置实例参见 JDBC 一章的 JSP 数据库开发实例；安全选项在安全性一章中介绍。可见 web.xml 配置文件中的配置项贯穿于整个 JSP 知识体系。

将 Web 应用程序发布到 Tomcat 服务器，有以下三种方法。

(1) 将 Web 应用程序目录复制到 Tomcat 的应用程序目录 webapps 下。

(2) 创建 Web 应用程序存档文件(WAR)，将.war 文件复制到应用程序目录 webapps 下。

(3)建立虚拟路径。

编写 Context 标记的 XML 片段：

```
<Context path="/虚拟目录名"  docBase="Web 应用程序目录或.war 文件的物理路径"
        reloadable="true" debug="0">
</Context>
```

属性 docBase 指定应用程序的路径或者 war 文件的存放路径，path 表示此 Web 程序的虚拟目录名(URL 前缀)，reloadable 如果为 true，Tomcat 会自动检测应用程序/WEB-INF/lib 和/WEB-INF/classes 目录的变化，自动装载新的应用程序，改变 Java 类或.jar 文件，无须重新启动 Tomcat 即可使更改生效。

将这段 XML 片段放在服务器配置文件 server.xml 的 Host 标记中，(结束标记</Host>前即可)。或者将其保存在单独的一个 XML 文件中，放置在$TOMCAT_HOME/conf/Catalina /localhost /目录下，在 Tomcat 6.0 中需新建/Catalina /localhost /子目录，其中文件名(除.xml 扩展名部分)为虚拟目录名，此时 path 属性将不起作用。

注意，JSP 中涉及的地址路径(目录、文件名等)不要使用中文，设置虚拟目录后必须重启 Tomcat 才能生效。

虚拟目录的设置和测试例程。

用记事本打开 Tomcat 的配置文件 conf\server.xml，在</Host></Engine>之前添加：

```
<Context path="/jspex" docBase="g:/jsp/jspex" reloadable="true" debug="0">
        </Context>
```

其中 jspex 是虚拟路径名，g:/jsp/jspex 是对应的物理路径。

或者在$TOMCAT_HOME\conf\Catalina\localhost 目录下创建文件 jspex.xml，文件内容为：

```
<Context path="/jspex" docBase="g:/jsp/jspex" reloadable="true" debug="0">
        </Context>
```

用记事本编写一个简单的 JSP 程序。

例程 1-1，jspTest.jsp

```
<html>
<head>
<title>JSP Running Environment Test</title>
</head>
<body>
<h1>JSP Running Environment Test</h1>
<%
    out.print("Hello! JSP running environment is OK!");
%>
</body>
</html>
```

保存到虚拟路径对应位置 g:/jsp/jspex 的 begin 子目录，文件名为 jspTest.jsp。启动 Tomcat，启动浏览器(IE)，输入 http://localhost:8080/jspex/begin/jspTest.jsp，向本地 Web 服务器 Tomcat 请求 jspTest.jsp 网页，测试虚拟路径的设置是否成功。

本 章 小 结

本章从 Web 发展过程出发，介绍了动态网页技术涉及的 URL 查询字串、HTTP 状态码、JSP 动态网页的处理过程。然后引出支持 Servlet 及 JSP 的 Web 服务器——Tomcat，介绍了 Tomcat 服务器的安装，Tomcat 服务器的目录结构，Tomcat 服务器的配置文件。最后介绍了 JSP Web 应用程序的目录结构，JSP Web 应用程序的配置文件和主要的配置项，以及将程序发布到 Tomcat 服务器上的三种方法。

思 考 题

1．常用的代码混合动态网页编程技术有哪几种？
2．通过 URL 向服务器传递数据的查询参数用什么字符标识其开始？简述其输入格式。
3．服务器返回 404 和 500 错误，分别表示什么意思？
4．简述 JSP 动态网页的处理过程。
5．Tomcat 服务器配置文件的路径和名称是什么？
6．Tomcat 服务器的主目录是什么？
7．Tomcat 服务器中设置所有网站通用配置项的配置文件的路径和名称是什么？
8．JSP Web 应用程序配置文件的路径和名称是什么？
9．将 JSP Web 应用程序发布到 Tomcat 服务器有哪几种方式？
10．如何在 Tomcat 服务器中配置虚拟目录？

第 2 章　JSP 基本语法

JSP 文件主要由 HTML 网页及其中嵌入的 Java 代码构成。组成 JSP 页面的各元素有：普通网页内容，又称为模板元素；Java 代码，又称为脚本元素；注释；指令；动作。

2.1　JSP 的构成

一个简单的 JSP 文件如例程 2-1 所示。

例程 2-1，start.jsp

```
<html>
<head>
<title>JSP Syntax Demo Page</title>
</head>
<body>
    <!-- 一个简单的 JSP 网页文件 -->
    <h1> First JSP Page</h1>
    <%-- JSP 文件基本上是在 HTML 网页中嵌入 Java 代码构成 --%>
    <%
    String str1="Hello, JSP is OK!";
    //out 是 JSP 的一个内部对象，print 方法用于向客户端输出数据
    out.print(str1);
    %>
</body>
</html>
```

程序中最简单的语法成分是注释，注释是对程序的说明，它是面向程序阅读者的，程序运行时完全忽略其中的注释内容。JSP 文件中的注释有以下三类。

HTML 注释：<!--comment -->

JSP 注释：<%--comment --%>

Java 注释：//comment；/*comment */；/**comment */

JSP 注释和 Java 注释并不传输到客户端。Java 注释只能在嵌入的 Java 代码中。

JSP 中的模板元素就是普通的网页内容，包括 HTML、JavaScript 脚本、CSS 样式等。JSP 指令、动作、脚本元素是页面中新的语法成分，下面分别进行介绍。

2.2　指 令 元 素

指令是对 JSP 解析器环境的设置，是面向 Web 容器(服务器)的，它不产生任何输出，为 Web 容器处理 JSP 页面提供全局信息。页面中所有的指令都在整个 JSP 文件范围内有效。JSP 指令的格式为：

```
<%@ directvename attribute1="value1" attribute2="value2" %>
```

JSP 中有 page、include、taglib 三种指令。

2.2.1　page 指令

page 指令，即页面指令，用来定义 JSP 文件中的全局属性。page 指令通常位于 JSP 页面的顶端，一个 JSP 页面可以包含多个 page 指令，但除了 import 属性，page 指令定义的其他属性/值只能出现一次。Web 容器在处理 JSP 页面时，所有的 page 指令都被抽出来同时应用到整个 JSP 页面中。

page 指令的详细语法格式为：

```
<%@ page
    [language="java"]
    [import="{package.class|package.*},…"]
    [contentType="TYPE;charset=CHARSET"]
    [session="true|false"]
    [buffer="8kb|sizekb|none"]
    [autoFlush="true|false"]
    [isThreadSafe="true|false"]
    [info="text"]
    [errorPage="relativeURL"]
    [isErrorPage="true|false"]
    [extends="package.class"]
    [isELIgnored="true|false"]
    [pageEncoding="peinfo"]
%>
```

page 指令如表 2-1 所示。

表 2-1　page 指令

属　性	描　述	默 认 值
language	定义要使用的脚本语言，目前只能是 Java	java
import	和一般的 Java import 意义一样，可以用“,”分隔包和类列表，以引入多个 Java 类。通常放在 JSP 文件的顶部	默认忽略(即不引入其他类或者包)
session	指定这个页面是否支持 HTTP 会话	true
buffer	指定到客户输出流的缓存模式。如果是 none，则不缓存；如果指定数值，那么输出就用不小于这个值的缓存区进行缓存。与 autoFlush 一起使用	不小于 8KB，根据不同的服务器可设置
autoFlush	true 缓存区满时，到客户端输出被刷新；false 缓存区满时，出现运行异常，表示缓存溢出	true
info	关于 JSP 页面的信息，定义一个字符串，可以使用 Servlet.getServletInfo()获得	默认忽略
isErrorPage	表明当前页是否为其他页的错误处理页(errorPage 目标)。如果被设置为 true，则可以使用 exception 内置对象；如果被设置为 false，则不可以使用 exception 对象	false
errorPage	定义此页面出现异常时调用的页面	默认忽略
isThreadSafe	用来设置 JSP 文件是否能多线程使用。如果设置为 true，该 JSP 网页能够同时响应多个用户的请求；如果设置为 false，该 JSP 网页同一时间只能处理一个请求	true
contentType	定义页面响应的 MIME 类型和输出页面的编码	contentType="text/html;" charset=ISO-8859-1
pageEncoding	JSP 文件的编码	ISO-8859-1
isELIgnored	指定 EL(表达式语言)是否被忽略。如果为 true，则忽略“${ }”表达式的计算	默认值由 web.xml 描述文件的版本确定，Servlet 2.3 的版本将忽略

pageEncoding 属性指定的编码是 JSP 文件本身的编码，JSP 网页编译时，根据 pageEncoding 设定的编码读取 JSP 文件，转化成统一的 UTF-8 编码的 Servlet 源文件(一种 Java 类)。contentType 属性指定的编码是服务器发送给客户端时的网页内容编码，是 Servlet 类输出网页时使用的编码。pageEncoding 和 contentType 的默认设置都是 ISO-8859-1，而设定了其中一个，另一个就跟着一样了。

page 指令中的大部分属性无须设置，使用默认值即可。程序中最常用的属性是 import 和 contentType。contentType 属性用于设置服务器输出到客户端的网页内容的编码，如 GB 2312，否则 JSP 页面的中文有时显示乱码。当然页面的真正编码必须是 GB 2312，用记事本编辑保存时，编码选择 ANSI。import 属性用于导入页面中要使用的 Java 类，JSP 中默认已加载了一些基本类：java.lang.*、javax.servlet.*、javax.servlet.http.*、javax.servlet.jsp.*，第一个包位于 Java 虚拟机(JVM) lib 目录下 rt.jar 文件中，后三个包位于服务器 Tomcat lib 目录下 servlet-api.jar 和 jsp-api 文件中。JSP 文件中不必再引入这些基本类。

page 指令 import 属性使用例程如下。

例程 2-2，page-imp.jsp

```
<%--使用 page 指令，在页面中引入 Date 类，指定文件编码为 GB2312，可正常显示中文 --%>
<%@ page import="java.util.Date" contentType="text/html; charset=gb2312" %>
<html>
<head>
<title>JSP 基本语法</title>
</head>
<body>
    <h1> page 指令示例页面</h1>
    <%
    //Date 类由 page 指令 import 属性引入，可直接构造其对象
    Date current=new Date();
    //out 是 JSP 的一个内部对象，print 方法用于向客户端输出数据
    out.print("当前时间是：" + current);
    %>
</body>
</html>
```

page 指令 errorPage 属性和 isErrorPage 属性使用例程如下。

例程 2-3，page-err.jsp

```
<%-- page 指令 errorPage 属性，指定页面出错时将转向的错误处理页面，此页面的
        isErrorPage 属性默认为 false --%>
<%@ page contentType="text/html; charset=gb2312" errorPage="error.jsp" %>
<html>
<head>
<title>JSP 基本语法</title>
</head>
<body>
    <h1> page 指令 errorPage 属性示例页面</h1>
    <%
    String varStr="It can't be.";
    //下面的代码将引发异常，转向 errorPage 属性指定的页面
```

```
    int x=Integer.parseInt(varStr);
    %>
</body>
</html>
```

例程 2-4，error.jsp

```
<%--错误处理页面，isErrorPage属性为true，其他网页出错时转向本页面 --%>
<%@ page info=" Exception Message page" isErrorPage="true" contentType=
        "text/html;charset=gb2312"%>
<html>
<body>
<h1> 错误处理页面</h1>
<h2> 出错了。</h2>
</body>
</html>
```

注意，在IE浏览器中(5.0及以上版本)，默认忽略服务器的错误提示页面，而显示IE自定义的错误页面。解决这个问题可用下面三种方法之一。

- 设置IE浏览器的选项工具→Internet选项→高级→显示友好HTTP错误消息，取消这个选项的选择。
- 在页面中添加下面的代码，设置错误处理页面的页面状态为正常，告诉IE浏览器这不是一个服务器错误, 从而不显示IE的自定义错误页。

```
<%
    response.setStatus(200); //200 = HttpServletResponse.SC_OK
%>
```

- 把错误页做大一点，几百KB以上(加一个div块，display设为none即可)，就可以显示错误页面。

在Web应用程序的配置文件(描述符Descriptor)中可以对页面编码、错误页面(Error Page)、脚本元素的启用集中进行设置。

下面是web.xml文件中的代码段，用于定义JSP页面组的编码。

```
<jsp-config>
  <jsp-property-group>
    <url-pattern>*.jsp</url-pattern>
    <page-encoding>gb2312</page-encoding>
  </jsp-property-group>
</jsp-config>
```

页面组由url-pattern标记设置，主要有三种定义页面组的方法。

- 按扩展名映射，格式：*.jsp。
- 按目录范围划分，格式：/d1/d2/*。
- 设置具体的页面名称，格式：/dirname/pag1.jsp。

注意，不支持同时按目录和扩展名设置页面组，如/d1/d2/*.jsp是非法的。如果在配置文件中用JSP配置元素和在页面中用page指令的pageEncoding，或者contentType属性同时设置了页面编码，两者设置的值必须相同，且大小写敏感，否则会出现编译错误。

下面是 web.xml 文件中的代码段，按 Java 异常类型和 HTTP 错误代码设置错误页面。

```
<error-page>
    <exception-type>java.lang.SqlException</exception>
    <location>dberror.html</location>
</error-page>
<error-page>
    <error-code>404</error-code >
    <location>404.html</location>
</error-page>
```

exception-type 标记定义捕捉的异常类型，error-code 标记定义 HTTP 错误代码，location 标记定义在遇到设定的异常或错误时显示的页面或其他资源。HTTP 错误代码见 1.1.4 节。

下面是 web.xml 文件中的代码段，在应用程序中禁用 Java 脚本。

```
<jsp-config>
  <jsp-property-group>
    <url-pattern>*.jsp</url-pattern>
    <scripting-enabled>false</ scripting-ignored >
  </jsp-property-group>
</jsp-config>
```

下面是 web.xml 文件中的代码段，对某个页面禁用 JSP 脚本。

```
<jsp-config>
  <jsp-property-group>
    <url-pattern>/d1/page1.jsp</url-pattern>
    <scripting-enabled>false</ scripting-ignored >
  </jsp-property-group>
</jsp-config>
```

2.2.2 include 指令

include 指令用于在当前 JSP 页面中指令所在位置将指令指定的资源内容包含进来，被包含的资源可以是 JSP 文件、HTML 文件、文本文件、inc 文件等，这些文件中都可以包含 JSP 代码，实际上不管被包含文件的扩展名是什么类型，JSP 解析器一律将其作为 JSP 文件对待，转化为 Servlet 时进行语法检查。include 指令包含是静态的， 即包含过程发生在编译时；被包含的内容将会被插入到 Servlet 源文件中去。JSP 文件编译后，被静态包含的内容就不可改变，如果改变了被包含文件的内容而要使改变在包含文件中生效，必须重新编译 JSP 文件，但静态包含的执行效率高。include 指令的格式为：

```
<%@ include file="filename" %>
```

filename 为要包含资源的路径和文件名，如果路径以文件名或目录名开头，则以当前路径，即包含该指令的 JSP 文件所在的目录为参照；如果路径以“/”开头，则以 Web 应用程序上下文路径，即网站根目录为参照。

include 指令使用例程如下。

例程 2-5，includeDir.jsp

```
<%@ page contentType="text/html; charset=gb2312" %>
<html>
<head>
<title>JSP 基本语法</title>
</head>
<body>
    <%-- 使用 include 指令包含页头部分 --%>
    <%@ include file="/jsp123/head.inc" %>
    <h1> include 指令示例页面</h1>
    <%-- 使用 include 指令包含页脚部分 --%>
    <%@ include file="/jsp123/foot.txt" %>
</body>
</html>
```

例程 2-6，head.inc

```
<%@ page contentType="text/html; charset=gb2312" %>
<h1>JSP Web 应用程序例程</h1>
<hr>
```

例程 2-7，foot.txt

```
<%@ page contentType="text/html; charset=gb2312" %>
<hr>
&copy 临沂师范学院信息学院 杨占胜 2009
```

由于使用了 include 指令，可以把一个复杂的 JSP 页面分成若干简单的部分，这样增加了 JSP 页面的易管理性。当要对页面进行更改时，只需要更改对应的部分就可以了。另外在配置文件(web.xml)中可以设定对某部分网页集中进行自动序言包含和自动页脚包含，以提高程序的可维护性。如下面的配置使应用程序中所有的 JSP 文件都包含序言和页脚。

```
<jsp-config>
    <jsp-property-group>
        <url-pattern>*.jsp</url-pattern>
        <include-prelude>/header.jsp</include-prelude>
        <include-coda>/footer.jsp</include-coda>
    </jsp-property-group>
</jsp-config>
```

2.2.3　taglib 指令

taglib 指令允许页面使用者自定义标签。自定义标签是 JSP 开发中代码复用的一种方式，可以使 JSP 页面更简洁、易于维护。taglib 指令的使用将在自定义标签中详细介绍。

2.3　脚 本 元 素

脚本元素就是网页中嵌入的 Java 代码，是 JSP 中最重要的语法成分。JSP 可以三种方式在网页中嵌入 Java 代码，分别称为 Scriptlet、表达式(Expression)、声明(Declaration)。

2.3.1 Scriptlet

Scriptlet 是包含在<%和%>之间的 Java 代码，在 Web 容器处理 JSP 页面时执行，通常会产生输出，并将输出发送到客户的输出流里。Scriptlet 除了不能定义类和方法、不能用 import 引入类外，可以包含任何有效的 Java 代码。Java 类在 JSP 外部定义，可用 page 指令的 import 属性引入，也可以 Java Bean 的形式使用。Java 中的方法必须在类内定义，但 JSP 允许使用声明定义方法。窗体(GUI)设计代码在 JSP 中无效。

Scriptlet 例程如下。

例程 2-8，scriptlet.jsp

```
<%@ page contentType="text/html; charset=gb2312" %>
<html>
<head>
<title>JSP 基本语法</title>
</head>
<body>
    <h1>Scriptlet 示例页面</h1>
    <table border="1">
    <caption>乘法口诀表</caption>
    <%-- 在网页中嵌入 Java 代码的主要方法 --%>
    <%
            for(int i=1; i<=9; i++) {
              int j=1;
              //out 是 JSP 的一个内部对象，print 方法用于向客户端输出数据
              out.println("<tr>");
              for(; j<=i; j++) {
                  out.print("<td>" + j + "*" + i + "=" + j*i + "</td>");
              }
              for(;j<=9;j++) {
                  out.print("<td> </td>");
              }
              out.println("</tr>");
            }
    %>
    </table>
</body>
</html>
```

JSP 编译为 Servlet 类时，Scriptlet 被包含在 Servlet 的 Service 方法中。多个 Scriptlet 可以按照在 JSP 中出现的顺序合并成一个。在一段 Scrptlet 中定义的变量和创建的对象，可以在另一个 Scriptlet 中使用。

2.3.2 表达式

表达式是 JSP 中动态内容的简化输出方式，其格式为:

```
<%= some Java expression %>
```

动态内容就是 Java 表达式，它必须有返回值或者本身是一个对象。JSP 编译为 Servlet 时，表达式被转换成 out.println(String.valueOf(some Java Expression))输出语句，与 Scriptlet 合并，包含在 Service 方法中。

表达式例程如下。

例程 2-9，express.jsp

```
<%@ page contentType="text/html; charset=gb2312" %>
<html>
<head>
<title>JSP 基本语法</title>
</head>
<body>
    <h1>Express 示例页面</h1>
    <%
        int x=4,y=5;
    %>
    <%-- 表达式将 Java 表达式的值输出 --%>
    <%=x%><sup><%=y%></sup>=<%= Math.pow(x,y) %>
    </body>
</html>
```

2.3.3 声明

声明是在网页中嵌入 Java 代码的另一种形式，声明的格式如下。

```
<%! variable declaration
        menthod declaration(paramType param, …) %>
```

声明例程如下。

例程 2-10，declaration.jsp

```
<%@ page contentType="text/html; charset=gb2312" %>
<html>
<head>
<title>JSP 基本语法</title>
</head>
<body>
    <h1>Declaration 示例页面</h1>
    <%-- 声明是另一种 Java 脚本元素 --%>
    <%!
        public long factor(int num) {
            if(num<=1) return 1;
            else return num * factor(num-1);
        }
    %>
    <%= factor(12) %>
</body>
</html>
```

JSP 编译为 Servlet 时，声明中的变量和方法作为 Servlet 类的字段和方法。声明中定义的变量属与类变量，是全局性的，而 Scriptlet 中定义的变量属于 Service 方法，是局部变量。

例程 2-11，compareDecScr.jsp

```
<%@ page contentType="text/html; charset=gb2312" %>
<html>
<head>
<title>JSP 基本语法</title>
</head>
<body>
    <h1>Scriptlet 变量与 Declaration 变量比较页面</h1>
    <%!
        int varClass=1;
    %>
    <%
        int varMethod=1;
    %>
    Declaration 中的变量为：<%= varClass++ %>
    <br>
    Scriptlet 中的变量为：<%= varMethod++ %>
    </body>
</html>
```

刷新该页面，或者用新的窗口再次打开该页面，声明中的变量值在增加，而 Scriptlet 中的变量值不变。该 JSP 页面转化为 Servlet 类的源文件如下。

例程 2-12，compareDecScr_jsp.java

```
package org.apache.jsp.jsp123;
import javax.servlet.*;
import javax.servlet.http.*;
import javax.servlet.jsp.*;
public final class compareDecScr_jsp extends org.apache.jasper.
            runtime.HttpJspBase
    implements org.apache.jasper.runtime.JspSourceDependent {
      int varClass=1;
  private static final JspFactory _jspxFactory = JspFactory.getDefaultFactory();
  private static java.util.List _jspx_dependants;
  private javax.el.ExpressionFactory _el_expressionfactory;
  private org.apache.AnnotationProcessor _jsp_annotationprocessor;
  public Object getDependants() {
    return _jspx_dependants;
  }
  public void _jspInit() {
    _el_expressionfactory = _jspxFactory.getJspApplicationContext
        (getServletConfig().getServletContext()).getExpressionFactory();
    _jsp_annotationprocessor = (org.apache.AnnotationProcessor)
        getServletConfig().getServletContext().getAttribute
        (org.apache.AnnotationProcessor.class.getName());
  }
  public void _jspDestroy() {
  }
  public void _jspService(HttpServletRequest request, HttpServletResponse response)
```

```
    throws java.io.IOException, ServletException {
  PageContext pageContext = null;
  HttpSession session = null;
  ServletContext application = null;
  ServletConfig config = null;
  JspWriter out = null;
  Object page = this;
  JspWriter _jspx_out = null;
  PageContext _jspx_page_context = null;
  try {
    response.setContentType("text/html; charset=gb2312");
    pageContext = _jspxFactory.getPageContext(this, request, response,
              null, true, 8192, true);
    _jspx_page_context = pageContext;
    application = pageContext.getServletContext();
    config = pageContext.getServletConfig();
    session = pageContext.getSession();
    out = pageContext.getOut();
    _jspx_out = out;
    out.write("\r\n");
    out.write("<html>\r\n");
    out.write("<head>\r\n");
    out.write("<title>JSP 基本语法</title>\r\n");
    out.write("</head>\r\n");
    out.write("<body>\r\n");
    out.write("\t<h1>Scriptlet 变量与 Declaration 变量比较页面</h1>\r\n");
    out.write("\t");
    out.write('\r');
    out.write('\n');
    out.write('    ');
     int varMethod=1;
    out.write("\r\n");
    out.write("\tDeclaration 中的变量为: ");
    out.print( varClass++ );
    out.write("\r\n");
    out.write("\t<br>\r\n");
    out.write("\tScriptlet 中的变量为: ");
    out.print( varMethod++ );
    out.write("\r\n");
    out.write("</body>\r\n");
    out.write("</html>\r\n");
  } catch (Throwable t) {
    if (!(t instanceof SkipPageException)){
      out = _jspx_out;
      if (out != null && out.getBufferSize() != 0)
        try { out.clearBuffer(); } catch (java.io.IOException e) {}
      if (_jspx_page_context != null) _jspx_page_context.handle-
              PageException(t);
    }
```

```
        } finally {
          _jspxFactory.releasePageContext(_jspx_page_context);
        }
      }
    }
```

2.4 动 作 元 素

动作是JSP内置的服务器端动态标记，Web容器处理JSP页面时调用特定的方法处理相应的动作标记。JSP动作的格式为：

```
<jsp:tag attribute1="value1" attribute2="value2">
</jsp:tag>
```

JSP 规范定义的标准动作有：<jsp:include>、<jsp:param>、<jsp:forward>、<jsp:useBean>、<jsp:setProperty>、<jsp:getProperty>、<jsp:plugin>、<jsp:fallback>、<jsp:params>、<jsp:attribute>、<jsp:body>、<jsp:invoke>、<jsp:doBody>、<jsp:element>、<jsp:text>、<jsp:output>、<jsp:root>、<jsp:declaration>、<jsp:scriptlet>、<jsp:expression>。

其中与Java Bean操作有关的动作元素<jsp:useBean>、<jsp:setProperty>、<jsp:getProperty>在第6章中介绍。与标签文件有关的动作元素<jsp:attribute>、<jsp:body>、<jsp:invoke>、<jsp:doBody>、<jsp:element>在第13章中介绍。下面介绍JSP中最常用的动作元素。

2.4.1 <jsp:include>

<jsp:include>动作在当前JSP页面中动作标记所在位置将指定的资源内容包含进来，其格式为：

```
<jsp:include page="filename flush="true">…</jsp:include>
```

filename 为要包含资源的路径和文件名，可以为一个字符串或表达式。路径的相对参照方法与include指令的file属性值一致。<jsp:include>动作标记中可以嵌套几个<jsp:param>动作标记，以传递一些参数给被包含的资源。

<jsp:include>动作中被包含的资源与include指令一样，可以是JSP文件、HTML文件、文本文件、inc文件等，但对JSP文件要单独进行编译，而对其他类型的文件只作为静态的文本插入到输出的网页中，所以除JSP文件，其他被包含的文件中不要有JSP代码。被包含的JSP文件只有对JSpWriter对象的访问权，并且不能设置HTTP头或Cookie。如果页面输出是缓存的，那么缓存区的刷新要优先于包含的刷新。

<jsp:include>动作例程如下。

例程2-13，includeAction.jsp

```
<%@ page contentType="text/html; charset=gb2312" %>
<html>
<head>
<title>JSP基本语法</title>
</head>
<body>
    <h1>include动作示例页面</h1>
    <%
        int yourGet=(int)(Math.random()*100.0);
        String strPath="";
        if(yourGet>=60 ){
```

```
            strPath="yourWin.jsp";
        }
        else {
            strPath="yourLose.jsp";
        }
    %>
    <jsp:include page="<%= strPath %>" />
</body>
</html>
```

例程 2-14，yourWin.jsp

```
<%@ page contentType="text/html; charset=gb2312" %>
<h1>Good luck! You win!</h1>
<%
    String paramVar=request.getParameter("yourGet");
    if(paramVar==null || paramVar==null) {
%>
你赢了！恭喜恭喜！
<%
    }
    else {
%>
恭喜恭喜！你赢了<%=(Integer.parseInt(paramVar)-50)*100 %>元。
<%
    }
%>
```

例程 2-15，yourLose.jsp

```
<%@ page contentType="text/html; charset=gb2312" %>
<h1>Sorry! You lose!</h1>
对不起，你输了！
<p>
<a href="<%=request.getRequestURL() %>">再试一次</a>
</p>
```

<jsp:include>动作包含是动态的，即在请求运行时包含，它不把被包含的内容插入到编译的 JSP 文件中，而是采用请求时调用的方式。资源的路径和名称不需要在编译前确定，可以动态生成。<jsp:include>动作在执行效率上比 include 指令要低。上述例程中的<jsp:include>动作在转化成的 Servlet 类中翻译为如下的语句：

```
org.apache.jasper.runtime.JspRuntimeLibrary.include(request, response,
        strPath, out, false);
```

两种 include 包含的异同如表 2-2 所示。

表 2-2　两种 include 包含的异同

语　法	状　态	资源名称	描　述
<%@ include file = "…" %>	编译时包含，被包含的内容插入到 Servlet 类中	静态	JSP 引擎将对所包含的文件进行语法分析，对各种类型的被包含文件都作为 JSP 文件对待
<jsp:include page = "…" />	运行时包含，被包含的内容插入到输出的网页中	静态和动态	JSP 引擎不对所包含的文件进行语法分析，对被包含的 JSP 文件单独编译，而对其他类型的被包含文件只作为静态文件插入到输出的网页中

2.4.2 <jsp:param>

<jsp:param>用来以“名一值”对的形式为其他标签提供附加信息。它与<jsp:include>、<jsp:forward>、<jsp:plugin>一起使用。格式为：

```
<jsp:param name="paramName" value="paramValue" />
```

name 属性指定参数名，value 属性指定参数值。

<jsp:param>动作例程如下。

例程 2-16，param.jsp

```
<%@ page contentType="text/html; charset=gb2312" %>
<html>
<head>
<title>JSP 基本语法</title>
</head>
<body>
    <h1>param 动作示例页面</h1>
    <%
        int yourGet=(int)(Math.random()*100.0);
        String strPath="";
        if(yourGet>=60 ){
            strPath="yourWin.jsp";
        }
        else {
            strPath="yourLose.jsp";
        }
    %>
    <jsp:include page="<%= strPath %>" >
        <jsp:param name="yourGet" value="<%=yourGet %>"/>
    </jsp:include>
    <%-- 上述三行代码等价于以下注释中的代码 --%>
    <%--
    <%
        strPath +="?yourGet=" + yourGet;
    %>
    <jsp:include page="<%= strPath %>" />
    --%>
</body>
</html>
```

2.4.3 <jsp:forward>

<jsp:forward>动作将请求转发到另一个 JSP、Servlet 或静态资源文件。请求被转向到的资源必须与发送请求的 JSP 位于相同的上下文环境，即是同一个 Web 应用程序或同一个网站。JSP 容器在处理过程中遇到此动作时，就停止执行当前的 JSP，转而执行被转发的资源。其格式为：

```
<jsp:forward page="uri">…</jsp:forward>
```

uri 为一个字符串或表达式，指定将要定向到的资源路径。路径的相对参照方法与<jsp:include>

动作的 file 属性值一致。<jsp:forward>动作标记中可以嵌套几个<jsp:param>动作标记，以传递一些参数给被包含的资源。

<jsp:forward>动作例程如下。

例程 2-17，forward.jsp

```
<%@ page contentType="text/html; charset=gb2312" %>
<html>
<head>
<title>JSP 基本语法</title>
</head>
<body>
    <h1>forward 动作示例页面</h1>
    <jsp:forward page="login.jsp" />
</body>
</html>
```

请求该网页将转向 login.jsp，显示 login.jsp 页面。

例程 2-18，login.jsp

```
<%@ page contentType="text/html; charset=gb2312" %>
<html>
<body>
<h1>用 forward 动作转向页面</h1>
<form method="get">
<table>
<tr><td>输入用户名：</td>
<td><input type="text" name="userName" value=<%=request.getParameter
        ("userName")%>></td>
</tr>
<tr><td>输入密码：</td>
<td><input type="password" name="password"></td>
</tr>
<tr colspan=2><td><input type="submit" value="login"></td></tr>
</table>
</form>
<p>
<a href="/jspex/servlet/CodeView?filename=/jsp123/forward.jsp">查看
        forward.jsp 网页源代码</a>
<a href="/jspex/servlet/CodeView?filename=<%=request.getServletPath()%>">
        查看本页源代码</a>
</p>
</body>
</html>
```

2.4.4 <jsp:plugin>

<jsp:plugin>动作用来在网页中动态地插入 Applet 或者 Java Bean，该动作会根据浏览器的版本在网页中产生 Object 或者 Embed 标记元素。其格式为：

```
<jsp:plugin
//指定插件的类型
type="bean|applet"
//插件的 Java 类文件名，包含扩展名.class
code="classFileName"
//Java 类所在的目录，默认为 JSP 文件的当前目录
codebase="classFileDirectoryName"
[name="instanceName"]       //Bean 或 Applet 实例的名称
//预装载一些将要使用的类的存档文件路径名
[archive=URIToArchive,…]
[align="bottom|top|middle|left|right"] //对齐方式
[height="displayPixels"]          //显示高度，单位为像素
[width="displayPixels"]           //显示宽度，单位为像素
[hspace="leftRightPixels"]        //显示时屏幕左右留的空间，单位为像素
[vspace="topBottomPixels" ]       //显示时屏幕上下留的空间，单位为像素
[jreversion="JREVersionNumber|1.1" ]    //所需的 JRE 版本，默认值是 1.1
[nspluginurl="URLToPlugin"]       //Netscape Navigator 的 JRE 下载地址
[iepluginurl="URLToPlugin"]>      //IE 的 JRE 下载地址
[<jsp:params>                     //传递的参数
[<jsp:param name="paramName" value="{paramValue|<%=expression %>}"/>]+
</jsp:params>]
//插件不能启动时显示的提示信息
[<jsp:fallback>text message for user</jsp:fallback>]
</jsp:plugin>
```

<jsp:plugin>动作例程如下。

例程 2-19，plugin.jsp

```
<%@ page contentType="text/html; charset=gb2312" %>
<html>
<head>
<title>JSP 基本语法</title>
</head>
<body>
    <h1>plugin 动作示例页面</h1>
    <jsp:plugintype="applet" code="jspex.applet.AppletEx"  jreversion="1.4"
            width="400" height="300">
        <jsp:params>
            <jsp:param name="imgPath" value="../images/hills.jpg" />
        </jsp:params>
            <jsp:fallback>
            Java Applet 插件没有正常启动。
            </jsp:fallback>
    </jsp:plugin>
</body>
</html>
```

Applet 程序 AppletEx.java 代码如下。

例程 2-20，AppletEx.java

```
package jspex.applet;
import javax.swing.*;
import java.awt.*;
public class AppletEx extends JApplet {
    String imgStr;
    public void paint(Graphics g) {
        Image img=getImage(getCodeBase(),imgStr);
        g.drawImage(img,0,0,400,300,this);
        g.setColor(Color.red);
        g.setFont(new Font("宋体",2,20));
        g.drawString("使用<jsp:plugin>在 JSP 中添加 applet",20,80);
        g.setFont(new Font("NewsRoman",2,16));
        g.setColor(Color.black);
        g.drawString(new java.util.Date().toString(),60,110);
    }
    public void init() {
        imgStr=getParameter("imgPath");
    }
}
```

注意，编译后的 AppletEx.class 文件应在当前目录下按包结构保存，即存放在当前目录的 jspex/applet 子目录下；图像 hills.jpg 应存放在当前目录父目录的 images 子目录下。

本章小结

简单地说，JSP 就是在 HTML 文档中嵌入了 Java 代码的页面，除了 HTML 和 Java 语法，JSP 本身的语法点并不多，只有指令、脚本、动作三类。JSP 指令有三个：page、inclued、taglib；JSP 脚本元素有三种：Scriptlet、表达式、声明；JSP 动作元素有：include、param、forward、plugin 等。JSP 语法中有一些容易混淆且较难理解的概念，如 page 指令中有关页面编码的 contentType 属性与 pageEncoding 属性、include 指令与 include 动作、声明中的变量定义与 Scriptlet 中变量的定义，应注意它们之间的区别。

思考题

1. JSP 页面主要由哪些元素构成？
2. JSP 中导入 Java 类包使用 page 指令的什么属性？
3. page 指令的 contentType 属性与 pageEncoding 属性有何区别？
4. page 指令的 errorPage 属性与 isErrorPage 属性如何协同进行网页的错误处理？
5. 简述 include 指令与 include 动作的异同。
6. 简述声明中定义的变量与 Scriptlet 中定义的变量的区别。
7. 写出在网站配置文件(web.xml)中设定一部分网页自动包含序言和页脚内容的配置代码。
8. JSP 动作<jsp:forward>的 page 属性指定转向地址时，如果以“/”开头，那么这个地址相对于什么路径？

第 3 章　JSP 内置对象

JSP 程序运行在 Web 容器之上，JSP 程序中不可避免地要使用容器提供的服务和资源，内置对象就是为简化 JSP 程序的开发而由容器实现和管理的一些内部对象，可以视为容器提供的 API 类库。内置对象由 JSP 引擎将 JSP 文件转化为 Servlet 源文件时，在 service 方法中自动定义，不需要程序员显式地声明，可以在 JSP 中作为已定义的 Java 对象直接使用，但只在 Scriptlet 或者表达式中使用，在 JSP 声明中不可用。JSP 中有 9 个内置对象，如表 3-1 所示。

表 3-1　JSP 中的内置对象

对　象	类　型	描　述	作用域
request	javax.servlet.http.HttpServletRequest	封装了客户端的请求，通过该对象提供的方法可以访问 HTTP 的请求数据	request
response	javax.servlet.http.HttpServletResponse	封装了对客户端的响应，通过该对象提供的方法可以进行 HTTP 的应答操作	page
pageContext	javax.servlet.jsp.PageContext	封装了 JSP 页面的上下文，即容器为 JSP 运行提供的环境属性，该对象提供了一组方法来管理 JSP 页面的各种不同作用域的属性	page
session	javax.servlet.http.HttpSession	封装了客户端的会话管理，通过该对象可对当前用户的状态进行跟踪管理	session
application	javax.servlet.ServletContext	封装了 Web 应用程序的上下文，通过该对象可对整个 Web 应用程序的状态进行管理	application
out	javax.servlet.jsp.JspWriter	封装了为客户端打开的输出流，通过该对象可向客户端输出数据	page
config	javax.servlet.ServletConfig	封装了 JSP 的配置参数，通过该对象可以使用容器获取的 Web 应用程序配置文件中设置的初始化数据	page
page	java.lang.Object	代表 JSP 页面本身，即 JSP 页面转化的 Servlet 实例	page
exception	java.lang.Throwable	封装了 JSP 页面的错误信息，通过该对象可以获取页面所发生的错误信息	page

3.1　out

out 是 javax.servlet.jsp.JspWriter 接口类型的对象，它表示为客户打开的输出流，主要用来向客户端输出数据。out 对象的主要方法如表 3-2 所示。

表 3-2　out 对象的主要方法

方　法	说　明
void clear()	清除缓存区的内容；如已有数据写到了输出流将抛出异常
void clearBuffer()	清除缓存区的内容；如已有数据写到了输出流并不抛出异常
void close()	刷新并关闭输出流
void flush()	刷新输出缓存并把缓存区的数据发送
int getBufferSize()	返回输出缓存的字节数
int getRemaining()	返回驻留在缓存中的字节数
boolean isAutoFlush()	判断缓存溢出时是否能够自动刷新

续表

方　法	说　明
void newline()	向输出流写换行符
void print(Type varData)	打印指定的原始数据类型、字符数组、String 以及 Object
void println() void println(Type varData)	打印指定的原始数据类型、字符数组、String 以及 Object，末尾跟随换行符；无参数重载方法只简单地输出换行符

out.print()有针对 Java 任意的原始数据类型、字符数组、字符串、Object 对象的重载方法，它的作用就是把这些类型的数据输出到客户端的缓存区，是 JSP 中使用最频繁的方法。println()方法除了把内容输出到客户端，还在后面添加一个空行，但这个空行被浏览器解析时忽略，要想真正在页面中换行，需要通过 out.print("<br>")语句来实现。

例程 3-1，out 对象使用例程 outfrq.jsp

```
<%@ page contentType="text/html; charset=gb2312" autoFlush="true" buffer="16kb"%>
<html>
<head>
<title>JSP 内置对象</title>
</head>
<body>
<h1>out 对象示例页面</h1>
<%!
    String str="out 对象表示为客户端打开的输出流，使用非常简单！ ";
    int num=12345;
%>
<%
    out.clear();//前面的输出不起作用
    out.print("<h1>out 对象常用方法：</h1><hr>");
    out.print("<br>输出字符串：" + str);
    out.print("<br>输出数值：" + num);
    out.print("<br>缓存区大小：" + out.getBufferSize());
    out.print("<br>isAutoFlush：" + out.isAutoFlush());
    out.flush();
    out.println("<br>调用 out.flush()后，测试是否输出。");
    out.close();
    out.println("<br>调用 out.close()后，测试是否输出。");

    System.out.println("System.out.println 的输出。");
%>
<p><a href="/jspex/servlet/CodeView?filename=<%=request.getServletPath()%>">
        查看源代码</a></p>
</body>
</html>
```

3.2　request

request 是 javax.servlet.http.HttpServletRequest 接口类型的对象。来自客户端的请求经 JSP 容

器处理后，由 request 对象进行封装。通过 request 对象提供的方法可以得到客户端提交的参数、请求的类型、HTTP 头、Cookies 等。request 对象的主要方法如表 3-3 所示。

表 3-3 request 对象的主要方法

方 法	说 明
Object getAttribute(String name)	返回指定名称的属性值
Enumeration getAttributeNames()	request 上下文中可用属性的名称集合
String getAuthType()	所用身份验证方案的名称，BASIC_AUTH、FORM_AUTH、CLIENT_CERT_AUTH、DIGEST_AUTH，如果没有则返回 null
String getCharacterEncoding()	请求正文中使用的字符编码，没有则返回 null
int getContentLength()	请求正文的字节长度，未知则返回-1
String getContentType()	请求正文的 MIME 类型
String getContextPath()	上下文路径名称
Cookie[] getCookies()	请求时发出的所有 Cookie 对象的数组
long getDateHeader(String name)	返回指定名称的页首日期值，毫秒数
String getHeader(String name)	返回指定名称的页首值
Enumeration getHeaderNames()	返回所有页首名称的集合
Enumeration getHeaders(String name)	返回指定名称的所有页首值的集合
ServletInputStream getInputStream()	返回一个 ServletInputStream 对象
int getIntHeader(String name)	返回一个指定名称的 int 类型的页首值
Locale getLocale()	返回客户端的参考位置
Enumeration getLocales()	客户端接受的所有参考位置按降序排列的集合
String getMethod()	HTTP 请求的方法名，GET、POST、PUT 等
String getParameter(String name)	获取客户端提交的指定名称的参数值
Map getParameterMap()	获取客户端提交的所有参数的名/值组成的 Map
Enumeration getParameterNames()	获取客户端提交的所有参数的名称集合
String[] getParameterValues(String name)	获取客户端提交的指定名称的多值参数的值集合
String getPathInfo()	返回 URL 中的附加路径信息，URL 中对应配置 Servlet 映射<url-pattern>中通配符“*”的部分
String getPathTranslated()	返回 URL 附加路径信息的物理地址
String getProtocol()	请求所用协议的名称和版本
String getQueryString()	返回 URL 中的查询字符串
BufferedReader getReader()	返回 BufferedReader 对象
String getRemoteAddr()	返回客户端的 IP 地址
String getRemoteHost()	返回客户端的机器名
String getRemoteUser()	返回用户的登录名
RequestDispatcher getRequestDispatcher(String path)	返回 RequestDispatcher 对象
String getRequestedSessionId()	返回会话 ID
String getRequestURI()	从网站名称到查询字符串之前的 URL 片段
StringBuffer getRequestURL()	从协议名称到查询字符串之前的 URL 片段
String getScheme()	返回请求的模式(“http”“https”“ftp”)
String getServerName()	返回服务器名
int getServerPort()	返回服务器端口号
String getServletPath()	返回 URL 中 Servlet 路径的部分，无附加信息和查询字符串。从网站名称之后到附加信息之前的 URL 片段

续表

方　法	说　明
HttpSession getSession (boolean create) HttpSession getSession ()	返回 HttpSession 对象，如果当前没有会话，默认会创建一个会话，create 为 false 时则不会新建会话
boolean isRequestedSessionIdFromCookie ()	判断 SessionID 是否通过 Cookie 传递
boolean isRequestedSessionIdFromURL ()	判断 SessionID 是否通过 URL 传递
boolean isRequestedSessionIdValid ()	判断 SessionID 是否有效
boolean isSecure ()	判断是否使用 HTTPS 协议
boolean isUserInRole (String role)	判断用户的角色
void removeAttribute (String name)	取消指定名称的属性
void setAttribute (String name,Object o)	设置指定名称的属性
void setCharacterEncoding (string env)	重载在请求正文中使用的字符编码
String getRealPath (String path)	获取 path 路径的物理地址，该方法已过时，用 ServletContext 的相应方法代替
boolean isRequestedSessionIdFromUrl ()	判断 SessionID 是否通过 URL 传递，该方法已过时，用 isRequestedSessionIdFromURL () 代替

request 对象的方法比较多，一般可由方法名而知其作用，对于那些容易混淆的方法，可将其结果显示出来，以了解其功能。下面的例程显示了 request 对象一些方法的返回结果。

例程 3-2，request.jsp

```
<%@ page contentType="text/html; charset=gb2312" %>
<html>
<head>
<title>JSP 内置对象</title>
</head>
<body>
<h2>request 对象方法示例</h2>
<hr>
<%
request.setCharacterEncoding("gb2312");
out.println("Scheme: " + request.getScheme() + "<br>");
out.println("Protocol: " + request.getProtocol() + "<br>");
out.println("ServerName: " + request.getServerName() + "<br>");
out.println("ServerPort: " + request.getServerPort() + "<br>");
out.println("RemoteAddr: " + request.getRemoteAddr() + "<br>");
out.println("RemoteHost: " + request.getRemoteHost() + "<br>");
out.println("HTTP Method: " + request.getMethod() + "<br>");
out.println("Character Encoding: " + request.getCharacterEncoding() + "<br>");
out.println("QueryString: " + request.getQueryString() + "<br>");
out.println("Session Id: " + request.getRequestedSessionId() + "<br>");
out.println("Session Created : " + session.getCreationTime() + "<br>");
out.println("LastAccessed : " + session.getLastAccessedTime() + "<br>");
out.println("RequestURL: " + request.getRequestURL() + "<br>");
out.println("RequestURI: " + request.getRequestURI() + "<br>");
out.println("ContextPath: " + request.getContextPath() + "<br>");
out.println("ServletPath: " + request.getServletPath() + "<br>");
out.println("Accept: " + request.getHeader("Accept") + "<br>");
```

```
out.println("Host: " + request.getHeader("Host") + "<br>");
out.println("Referer : " + request.getHeader("Referer") + "<br>");
out.println("Accept-Encoding : " + request.getHeader("Accept-Encoding") + "<br>");
out.println("User-Agent : " + request.getHeader("User-Agent") + "<br>");
out.println("Connection : " + request.getHeader("Connection") + "<br>");
out.println("Cookie : " + request.getHeader("Cookie") + "<br>");
%>
</body>
</html>
```

此程序执行后的显示效果如图 3-1 所示。

```
Scheme: http
Protocol: HTTP/1.1
ServerName: localhost
ServerPort: 8080
RemoteAddr: 127.0.0.1
RemoteHost: 127.0.0.1
HTTP Method: GET
Character Encoding: gb2312
QueryString: null
Session Id: DA5F98546BA6EAEECAD2B19F25D159C9
Session Created : 1237686627666
LastAccessed : 1237687213911
RequestURL: http://localhost:8080/jspex/innerObj/request.jsp
RequestURI: /jspex/innerObj/request.jsp
ContextPath: /jspex
ServletPath: /innerObj/request.jsp
Accept: */*
Host: localhost:8080
Referer : null
Accept-Encoding : gzip, deflate
User-Agent : Mozilla/4.0 (compatible; MSIE 6.0; Windows NT 5.1;
3.0.4506.2152; .NET CLR 3.5.30729)
Connection : Keep-Alive
Cookie : JSESSIONID=DA5F98546BA6EAEECAD2B19F25D159C9
```

图 3-1　request.jsp 显示效果

request 对象最重要的作用是接收客户端请求时提交的参数，最常用的方法是：getParameter(parname)、setAttribute(varname,value)、getAttribute(varname)。getParameter 方法获取客户端提交的参数，这个数据只能是字符串类型的；getAttribute 方法获取服务器端设置的属性，这个数据必须预先由 setAttribute 方法设置，不经过网络传输，可以是任何 Java 数据类型，getAttribute 方法获取数据后全部作为 Object 类型，需强制转化为原来的类型进行处理。request 对象没有也不需要 setParameter 方法。下面是使用这些方法在页面间传递数据的例程，首先是表单 requestform.jsp 文件。

例程 3-3，表单 requestform.jsp

```
<%@ page contentType="text/html; charset=gb2312" autoFlush="true" buffer="16kb"%>
<html>
<head>
<title>JSP 内置对象</title>
</head>
<body>
<h1>提交数据</h1>
<form method="post" action="requestAct.jsp">
```

```
<table>
<tr><td>姓名: </td><td>
<input type="text" name="name">
</td></tr>
<tr><td>性别: </td>
<td>
<input type="radio" name="gender" value="男" checked>男
  
<input type="radio" name="gender" value="女">女
</td></tr>
<tr><td colspan=2 align="center">
<input type="submit" value="提交">
 
<input type="reset" value="重设">
</td></tr>
</table>
</form>
</body>
</html>
```

例程 3-4，requestAct.jsp

```
<%@ page contentType="text/html; charset=gb2312" %>
<html>
<head>
<title>JSP 内置对象</title>
</head>
<body>
<h1>request 对象 setAttribute 方法示例</h1>
<%
    //使用 setAttribute 方法在服务器端设置属性 attr
    request.setAttribute("attr","request 上下文中设置的变量");
    //response.sendRedirect("url")与 forward 动作的区别
    //response.sendRedirect("requestforward.jsp");
%>
<%--转向另一 JSP 文件继续处理，注意不能使用 response 的 redirect 方法 --%>
<jsp:forward page="requestforward.jsp"/>
</body>
</html>
```

例程 3-5，requestforward.jsp

```
<%@ page contentType="text/html; charset=gb2312" %>
<html>
<head>
<title>JSP 内置对象</title>
</head>
<body>
<h1>request 对象常用方法</h1>
```

```
<hr>
<%
    String username,gender,attrvar,path,username1,attrvar1;
    //使用 getParameter 方法接收客户端提交的数据前设置编码，以正确接收中文字符。
    request.setCharacterEncoding("gb2312");
    //接收客户端提交的数据
    username=request.getParameter("name");
    gender=request.getParameter("gender");
    out.println("获取客户端提交的数据：" );
    out.println("姓名=" + username + " :  性别=" + gender);
    //接收服务器端请求上下文中设置的数据
    attrvar=(String)request.getAttribute("attr");
    out.println("<br>获取 request 上下文中的变量: attrvar=" + attrvar);
    //测试，下面的方法将不能获取到数据
    username1=(String)request.getAttribute("name");
    attrvar1=request.getParameter("attr");
    out.print("<br>测试用 getAttribute()获取客户端提交的数据: username1=" + username1);
    out.print("<br>测试用 getParameter()获取 request 上下文中的变量: attrvar1="
                + attrvar1);
%>
</body>
</html>
```

3.3 response

response 是 javax.servlet.http.HttpServletResponse 接口类型的对象，它封装了 JSP 页面产生的响应。通过 response 对象提供的方法可以设置 HTTP 状态码、HTTP 头、Cookies 等。response 对象的主要方法如表 3-4 所示。

表 3-4 response 对象的主要方法

方 法	说 明
void addCookie(Cookie cookie)	向客户端添加指定的 Cookie
void addDateHeader(String name, long date)	给指定的页首添加日期值，毫秒数，指定的页首将多值
void addHeader(String name, String value)	给指定的页首添加一个值，指定的页首将多值
void addIntHeader(String name, int value)	给指定的页首添加 int 值，指定的页首将多值
boolean containsHeader(String name)	判断是否包含指定的页首
String encodeRedirectURL(String url)	如果客户端不支持 Cookie，通过包含会话 ID 为 URL 编码，URL 可以是跨应用程序的
String encodeURL(String url)	如果客户端不支持 Cookie，通过包含会话 ID 为 URL 编码，URL 只能是本应用程序的
void flushBuffer()	将缓存区的内容提交
int getBufferSize()	返回缓存区的大小
String getCharacterEncoding()	返回响应正文的字符编码
Locale geLocale()	返回服务器的位置
ServletOutputStream getOutputStream()	返回 ServletOutputStream 对象

续表

方 法	说 明
PrintWriter getWriter()	返回 PrintWriter 对象
boolean isCommitted()	判断响应是否被提交
void reset()	清除状态码、页首和缓存区的数据。若响应已经提交则抛出异常
void resetBuffer()	清除缓存区的数据。若响应已经提交则抛出异常
void sendError(int sc, String msg) void sendError(int sc)	在响应提交前，发送响应的错误状态码及描述信息
void sendRedirect(String url)	在响应提交前，将客户请求转向指定的 URL
void setBufferSize(int size)	为响应申请一定大小的缓存区
void setContentLength()	设定响应正文的长度
void setContentType()	设定响应正文的类型
void setDateHeader(String name, long date)	给指定的页首设置日期值，毫秒数，重置原来的值
void setHeader(String name, String value)	给指定的页首设置值，重置原来的值
void setIntHeader(String name, int value)	给指定的页首设置 int 值，重置原来的值
void setLocale(Locale local)	设置响应的位置
void setStatus(int status)	设定状态码
String encodeRedirectUrl(String url)	如果客户端不支持 Cookie，通过包含会话 ID 为 URL 编码，URL 可以是跨应用程序的。该方法已过时，用 encodeRedirectURL 代替
String encodeUrl(String url)	如果客户端不支持 Cookie，通过包含会话 ID 为 URL 编码，URL 只能是本应用程序的。该方法已过时，用 encodeRedirectURL 代替
void setStatus(int sc, String sm)	设定状态码和描述信息。该方法已过时，其功能可分别由 setStatus(int status) 与 sendError(int sc, String msg) 实现

response 对象的 sendRedirect 方法与<jsp:forward>动作的作用都是页面转向，但两者有着显著的区别。<jsp:forward>动作转向前后的网页在同一个请求(request)作用域，只能在同一个应用程序间重定向，转向是在服务器端进行的，浏览器地址栏中的 URL 没有变化，转向地址参数最前面的"/"解析为当前 Web 应用程序根目录；response 对象 sendRedirect 方法的转向过程是：服务器向浏览器发送重定向指令，将转向地址发送到客户端，由浏览器重新进行一次请求。转向前后的网页不在同一个请求上下文，转向地址可以在任何位置，浏览器地址栏中显示转向后的 URL，转向地址参数最前面的"/"解析为当前服务器的根目录。3.2 节例程 requestAct.jsp 中，如果改用 response.sendRedirect("requestforward.jsp")转向，在 requestforward.jsp 中就不可能再获取 request 上下文中的数据。

response 对象使用例程如下。

例程 3-6，response.jsp

```
<html>
<head><title>JSP 内置对象</title></head>
<body>
<h1>response 对象方法示例</h1>
<%
    //下面语句的功能与在<head>标记中用<meta http-equiv="refresh" content="2">
    //静态设置的刷新功能相同
    response.setHeader("Refresh","2");
%>
the current date is:<%=new java.util.Date()%>
<p>
```

```
<%
    out.println("Buffer size: " + response.getBufferSize() + "<br>");
    //从浏览器中设置不支持 Cookie，该方法会有不同的输出
    out.println("URL encode: " + response.encodeURL("response.jsp?x=
        What's this?") + "<br>");
%>
</p>
</body>
</html>
```

3.4 Cookie

HTTP 是无状态的协议，每次客户机请求一个网页时，协议都打开一个单独的服务器连接，每个连接都是独立的，服务器并不知道一个请求与下一个请求之间的关系。这种无状态的方式有利于 HTTP 服务器的实现和运行效率，能够满足 Web 发展初期的应用，但随着 Web 应用技术的迅速发展，特别是在电子商务领域的应用，这种无状态的方式越来越不能满足应用要求。在此需求情形下，网景公司(Netscape)开发了 Cookie 技术，以改变 HTTP 的无状态性，维持客户端状态信息。

Cookie 是服务器以“名/值”对的形式保存在客户端文件中的变量，服务器每次接收到客户请求时都要查找特定名称的 Cookie，如果存在则通过该 Cookie 的值，将客户端的多次请求联系起来，如果不存在则说明该客户端是首次访问服务器，并向客户机的文件中写入关于此会话信息的 Cookie，后续的请求可以访问该 Cookie，以跟踪该客户端的多次请求。

Cookie 技术主要由浏览器实现，需要操作系统和 Web 服务器的协作。Windows 操作系统中 Cookie 保存在 C:(Windows 安装目录盘)\ Documents and Settings\用户名\Cookies 目录下，可从注册表中修改 Cookie 的存放目录。Cookie 都有有效期，写入 Cookie 时通过其 setMaxAge(int s)方法设置，默认从打开浏览器开始，到关闭浏览器结束。由于 Cookie 要在客户机硬盘上写入文件，所以必须对写入的 Cookie 进行限制，否则会对客户机的安全构成威胁。Cookie 只能是文本文件，不能作为代码执行；只能由提供它的服务器来读取；大小和数量都有限制，不同浏览器对 Cookie 的限制如表 3-5 所示；而且客户端能够对 Cookie 的限制进行设置。IE(版本 5.0 以上)浏览器的“Internet 选项”(IE→工具菜单，或者控制面板→网络和 Internet 连接)，“隐私”选项卡中即可对 Cookie 进行设置，默认级别为“中”，“阻止第三方 Cookie，限制第一方 Cookie”，第一方 Cookie 是正在访问的网站写入的 Cookie，而第三方 Cookie 是正在访问的网站以外的网站写入的 Cookie。

表 3-5 浏览器对 Cookie 大小和数量的限制

浏 览 器	Cookie 数量的限制	Cookie 总大小的限制
IE 6	20 个/每个域名	4KB
IE 7 以上	50 个/每个域名	4KB
Chrome	50 个/每个域名	大于 80KB
FireFox	50 个/每个域名	4KB
Opera	30 个/每个域名	4KB
Safari	只受 HTTP 的 Head 大小限制	4KB

Cookie 使用 HTTP 头进行设置和传递，服务器应答时设置 Cookie 的头部字段名称为 Set-Cookie，

客户端浏览器请求时传递 Cookie 的头部字段名称为 Cookie。Set-Cookie 头包含 name、expires、path、domain 四个字段，name 字段表示的名称和值会被 URL 编码，expires 字段是一个 GMT 日期，表示 Cookie 的有效日期，path 和 domain 表示 Cookie 所属的路径和域。如果浏览器被配置为存储 Cookie，它将会保留此信息直到到期日期，期间，如果用户的浏览器指向任何匹配该 Cookie 的路径和域的页面，它会重新发送 Cookie 到服务器。

Java Web 服务器都对 Cookie 技术提供了支持，在 Tomcat 服务器的类库中设计了 Cookie 类，位于 javax.servlet.http 包中。Cookie 不是内置对象，但对 Cookie 的设置与读取要使用 request、response 内置对象提供的方法。Cookie 类的主要方法如表 3-6 所示。

表 3-6　Cookie 类的主要方法

方　法	说　明
public void setDomain(String pattern)	设置 Cookie 适用的域
public String getDomain()	获取 Cookie 适用的域
public void setMaxAge(int expiry)	设置 Cookie 过期的时间(以秒为单位)。如果不设置，Cookie 只会在当前 session 会话中持续有效
public int getMaxAge()	返回 Cookie 的最大生存周期(以秒为单位)，默认情况下为-1，表示 Cookie 将持续到浏览器关闭
public String getName()	返回 Cookie 的名称。名称在创建后不能改变
public void setValue(String newValue)	设置与 Cookie 关联的值
public String getValue()	获取与 Cookie 关联的值
public void setPath(String uri)	设置 Cookie 适用的路径。如果不指定路径，与当前页面相同目录(包括子目录)下的所有 URL 都会返回 Cookie
public String getPath()	获取 Cookie 适用的路径
public void setSecure(boolean flag)	设置布尔值，表示 Cookie 是否应该只在加密的(SSL)连接上发送
public void setComment(String purpose)	设置 Cookie 的注释
public String getComment()	获取 Cookie 的注释，如果没有注释则返回 null

Cookie 操作例程，向客户端写 Cookie 的程序 setCookie.jsp。

例程 3-7，setCookie.jsp

```
<%@ page contentType="text/html; charset=gb2312" %>
<html>
<head>
<title>Cookie 操作</title>
</head>
<body>
<h1>设置 Cookie 示例</h1>
<%
Cookie cookie=new Cookie("lastLoginTime",new java.util.Date().toLocaleString());
response.addCookie(cookie);
%>
```

已经在客户端设置了 Cookie，就可以在<a href="getCookie.jsp">这个页面</a>中读取并重置这个 Cookie。

```
</body>
</html>
```

读取并重设 Cookie 的程序 getCookie.jsp。

例程 3-8，getCookie.jsp

```
<%@ page contentType="text/html; charset=gb2312" language="java" %>
<html>
<head>
<title>Cookie 操作</title>
</head>
<body>
<h1>读取并重设 Cookie 示例</h1>
<%
Cookie[] cookies = request.getCookies();
Cookie c ;
for (int i = 0; i < cookies.length; i++) {
    c = cookies[i];
    String name = c.getName();
    if(name.equals("lastLoginTime")) {
        out.println("你上次登录的时间是：" + c.getValue());
        break;
    }
}
c=new Cookie("lastLoginTime",new java.util.Date().toLocaleString());
response.addCookie(c);
%>
<p>
<a href="setCookie.jsp">返 回</a>
</body>
</html>
```

由于 Cookie 要通过网络传输，而且客户端可以完全控制，如果服务器使用 Cookie 保存一些敏感信息，总是存在安全隐患的，所以微软后来又开发了会话(session)技术。

3.5 session

会话(session)是客户端对服务器的一次访问，是间隔时间在设置的超时范围之内，同一个客户端的多次请求。默认会话超时值在 Web 应用程序配置文件 web.xml 中，由<session-config>标记的子标记<session-timeout>设置。会话管理和 Cookie 的作用一样，是为了弥补 HTTP 访问的无状态性，保持对客户端的状态跟踪，但会话将各个客户端的信息保存在服务器上，克服了 Cookie 存在的缺陷。

session 对象封装了会话管理，它是 javax.servlet.http.HttpSession 接口类型的对象。session 技术的实现主要有两个要点。一个要点是在服务器上记录各个用户信息的方式，HttpSession 是 JSP 会话机制的规范，各个 JSP Web 服务器的具体实现不尽相同。一般情况下，使用内存或文件系统来保存 session，在大型服务器上还可以使用数据库，甚至专用的 session 服务器。session 技术实现的另一个要点是对各客户端进行标识，比如用文件保存 session 的话，要为各客户端命名不同的文件名，使用数据库保存的话，要为各客户端设置不同的记录 ID，这个标识称为 sessionID，sessionID 必须与各客户端联系起来，在许多服务器上，如果浏览器支持 Cookie，就直接使用 Cookie

来保存 sessionID。如果不支持 Cookie，或者将浏览器设置为不接受 Cookie，就自动转化为 URL-rewiting(重写 URL，这个 URL 包含客户端的 sessionID)。另一种保持客户端会话的技术是表单隐藏字段，也就是服务器自动修改表单，添加一个隐藏字段，以便在表单提交时能够把 sessionID 传递回服务器。session 对象的主要方法如表 3-7 所示。

表 3-7　session 对象的主要方法

方　法	说　明
Object getAttribute(String name)	返回会话中指定名称的属性值
Enumeration getAttributeNames()	会话中所有属性的名称集合
long getCreationTime()	会话创建的时间，毫秒数
String getId()	返回 sessionId
long getLastAccessedTime()	最后一次访问会话的时间，毫秒数，负值表示永不过期
int getMaxInactiveInterval()	获取一次会话中客户端请求的最长间隔秒数，负值表示永不过期
void invalidate()	结束会话，取消所有对象绑定
boolean isNew()	判断会话是否为新建
void removeAttribute(String name)	删除会话中指定名称的属性
void setAttribute(String name,Object value)	在会话上下文中设置一个属性
void setMaxInactiveInterval(int interval)	设置一次会话中客户端请求的最长间隔秒数，负值表示永不过期
HttpSessionContext getSessionContext()	过时，HttpSessionContext 接口将被取消，没有替代的方法
Object getValue(String name)	过时，用 getAttribute(String name)代替
String[] getValueNames()	过时，用 getAttributeNames()代替
void putValue(String name, Object value)	过时，用 setAttribute(String name,Object value)代替
void removeValue(String name)	过时，用 removeAttribute (String name)代替

Cookie 与 session 比较如表 3-8 所示。

表 3-8　Cookie 与 session 比较

项　目	Cookie	session
保存位置	客户端	服务器端
值类型	文本	类对象
标识	服务器名称+Cookie 名称	sessionID
实现方	浏览器	服务器，依赖于 Cookie
开发厂家	Netscape	Microsoft
缺陷	有安全隐患，占用网络带宽	占用服务器资源，不易在多台服务器之间共享

session 对象使用例程如下。

例程 3-9，setSession.jsp

```
<%@ page contentType="text/html; charset=gb2312" language="java" %>
<html>
<head>
<title>JSP 内置对象</title>
</head>
<body>
<h1>session 对象示例</h1>
<%
    if(session.getAttribute("name")==null) {
```

```
        session.setAttribute("name","JSP Fan");
        out.println("已经在会话上下文保存用户名，单击下面的链接查看！<br>");
    }
    else {
        out.println(session.getAttribute("name") + "你好！欢迎光临！<br>");
    }
%>
<p>
<a href="getSession.jsp">查 看</a>
</body>
</html>
```

例程 3-10，getSession.jsp

```
<%@ page contentType="text/html; charset=gb2312" language="java" %>
<html>
<head>
<title>JSP 内置对象</title>
</head>
<body>
<h1>session 对象示例</h1>
<%
    if(session.getAttribute("name")==null) {
        out.println("会话上下文中没有保存 name，或者已经被注销！<br>");
    }
    else {
        out.println(session.getAttribute("name") + "你好！欢迎光临！<br>");
    }
%>
<br>会话信息:
<br>会话中的请求间隔：<%=session.getMaxInactiveInterval() %>
<br>会话 ID：<%=session.getId() %>
<br>会话的创建时间：<%=session.getCreationTime() %>
<br>最后一次访问会话的时间：<%=session.getLastAccessedTime() %>
<br>会话为新创建的：<%=session.isNew() %>
<p>
<a href="setSession.jsp">返 回</a>  <a href="removeSession.jsp">
    注 销</a>
</body>
</html>
```

例程 3-11，removeSession.jsp

```
<%@ page contentType="text/html; charset=gb2312" %>
<html>
<head>
<title>JSP 内置对象</title>
</head>
<body>
<h1>session 对象示例</h1>
<%
```

```
        if(session.getAttribute("name")==null) {
            out.println("会话上下文中没有保存 name，或者已经被注销！<br>");
        }
        else {
            out.println(session.getAttribute("name") + "你好！用户名已经被注销！<br>");
            //注销会话，用户保存在本次会话中的数据全部失效。
            session.removeAttribute("name");
        }
    %>
    <p>
    <a href="getSession.jsp">返 回</a>
    </body>
    </html>
```

3.6　application

application 是 javax.servlet.ServletContext 接口类型的对象，它封装了 Web 应用程序的上下文，为整个应用程序保存信息，通过该对象可对整个 Web 应用程序的状态进行管理。服务器启动后，就会自动创建 application 对象并一直保持，直到服务器关闭为止。application 对象的主要方法如表 3-9 所示。

表 3-9　application 对象的主要方法

方　法	说　明
Object getAttribute (String name)	返回 application 上下文中指定名称的属性值
Enumeration getAttributeNames ()	application 上下文中所有属性的名称集合
ServletContext getContext (String uripath)	服务器端指定路径资源的 ServletContext 对象
String getInitParameter (String name)	指定名称的初始化参数值
Enumeration getInitParameterNames ()	ServletContext 中所有初始化参数的名称集合
int getMajorVersion ()	服务器支持的 Servlet 的主版本号
String getMimeType (String file)	指定文件的 MIME 类型
int getMinorVersion ()	服务器支持的 Servlet 的辅版本号
RequestDispatcher getNamedDispatcher (String name)	返回一个命名的 RequestDispatcher 对象
String getRealPath (String path)	获取 path 路径的物理地址
RequestDispatcher getRequestDispatcher (String path)	返回一个 RequestDispatcher 的对象，封装了指定路径的资源
URL getResource (String path)	映射指定路径的 URL 对象
InputStream getResourceAsStream (String path)	返回一个 InputStream 对象
Set getResourcePaths ()	所有 Web 应用程序内的资源路径，以“/”开始的 String
String getServerInfo ()	返回 Web 服务器的信息
String getServletContextName ()	Web 应用程序名称，在 web.xml 中用<display-name>元素设置
void log (String msg) void log (String msg, Throwable throw)	向日志文件中写入消息。第二种形式还记录指定 Throwable 异常的堆栈
void removeAttribute (String name)	删除 application 上下文中指定名称的属性
void setAttribute (String name, Object object)	在 application 上下文中设置一个属性
Servlet getServlet (String name)	过时，用 getAttribute (String name) 代替
Enumeration getServlets ()	过时，用 getAttributeNames () 代替
Enumeration getServletNames ()	过时，用 setAttribute (String name,Object value) 代替
void log (Exception exception, String msg)	过时，用 removeAttribute (String name) 代替

下面的例程是使用 application 对象的简易聊天室，需要从一个静态表单填写用户名登录到该网页。

例程 3-12，applicationChat.jsp

```
<%@ page contentType="text/html; charset=gb2312" %>
<html>
<head>
<title>JSP 内置对象</title>
<meta http-equiv="refresh" content="8">
</head>
<body>
<h2>使用 application 的简易聊天室</h2>
<hr>
<font color=red>
<%
request.setCharacterEncoding("gb2312");
String loginName=request.getParameter("name");
if(loginName!=null && loginName!="") session.setAttribute("name", loginName);
//获取 application 上下文中的 chatTopic 属性
String content=(String)application.getAttribute("chatTopic");
//首次运行该网页，content 为空，需设置 chatTopic 属性
if(content==null || content=="") application.setAttribute("chatTopic", "闲聊: <br>");
if(session.getAttribute("name")==null) response.sendRedirect
            ("applicationLogin.html");
String contentText=request.getParameter("content");
//提交内容不为空，将用户名与提交的内容附加到原有的聊天内容之后，并重设 chatTopic
if(contentText!=null && contentText!="") {
    content=content + (String)session.getAttribute("name") + ": " +
            contentText + "<br>";
    application.setAttribute("chatTopic",content);
}
out.println(content);
%>
</font>
<hr>
<form method="post">
<textarea name="content" rows="8" cols="32"></textarea>
<input type="submit" value="发送">
</form>
</body>
</html>
```

3.7 pageContext

pageContext 是 javax.servlet.jsp.PageContext 接口的实例，封装了 JSP 页面的上下文，即容器为 JSP 运行提供的环境属性。该对象提供了一组方法来管理 JSP 页面的各种不同作用域的属性。pageContext 对象的主要方法如表 3-10 所示。

表 3-10　pageContext 对象的主要方法

方　法	说　明
Object findAttribute (String name)	按照 page、request、session、application 顺序查找指定名称的属性值
void forward (String url)	服务器内转向到 url，与<jsp:forward>功能一样
Object getAttribute (String name) Object getAttribute (String name, int scope)	获取指定名称的属性值，默认在 page 作用域，可指定具体的作用域，1：page、2：request、3：session、4：application
Enumeration getAttributeNamesInScope (int scope)	获取指定的作用域中所有属性的名称集合
int getAttributesScope (String name)	获取指定名称的属性所在的作用域代码，意义同上
Exception getException ()	返回当前的 exception 对象
Object getPage ()	获取 page 对象
JspWriter getOut ()	获取 out 对象
ServletRequest getRequest ()	获取 request 对象
ServletRespose getResponse ()	获取 response 对象
ServletConfig getServletConfig ()	获取 config 对象
ServletContext getServletContext ()	获取 application 对象
HttpSession getSession ()	获取 session 对象
void removeAttribute (String name) void removeAttribute (String name, int scope)	删除指定名称的属性值，默认在 page 作用域，可用数字指定具体的作用域，意义同上
void setAttribute (String name, Object value) void setAttribute (String name, Object value, int scope)	设置指定名称的属性值，默认在 page 作用域，可用数字指定具体的作用域，意义同上

pageContext 对象使用例程。

例程 3-13，pagecontext1.jsp

```
<%@ page contentType="text/html;charset=gb2312" %>
<html>
<head>
<title>JSP 内置对象</title>
</head>
<body>
<h1>pageContext 对象示例</h1>
使用 pageContext 设置一些属性：<br>
<%
pageContext.setAttribute("userName","in page");
//request.setAttribute("userName","in request");
pageContext.setAttribute("userName","in request",2);
//session.setAttribute("userName","in session");
pageContext.setAttribute("userName","in session",3);
//application.setAttribute("userName","in applicaion");
pageContext.setAttribute("userName","in applicaion",4);
out.println("<br>获取前面设置的属性 userName ");
out.println("<br>page 作用域中的 userName: ");
out.println(pageContext.getAttribute("userName"));
out.println("<br>request 作用域中的 userName: ");
out.println(pageContext.getAttribute("userName",2));
out.println("<br>session 作用域中的 userName: ");
out.println(pageContext.getAttribute("userName",3));
```

```
out.println("<br>application 作用域中的 userName: ");
out.println(pageContext.getAttribute("userName",4));
out.println("<br>查找到的 userName 属性: ");
out.println(pageContext.findAttribute("userName"));
%>
<p>
<a href="pagecontext2.jsp">在另一个网页中获取</a>
</p>
</body>
</html>
pagecontext2.jsp 文件:
<%@ page contentType="text/html;charset=gb2312" %>
<html>
<head>
<title>JSP 内置对象</title>
</head>
<body>
<h1>pageContext 对象示例</h1>
<%
out.println("获取上一页面设置的属性 userName ");
out.println("<br>page 作用域中的 userName: ");
out.println(pageContext.getAttribute("userName"));
out.println("<br>request 作用域中的 userName: ");
//out.println(request.getAttribute("userName"));
out.println(pageContext.getAttribute("userName",2));
out.println("<br>session 作用域中的 userName: ");
//out.println(session.getAttribute("userName"));
out.println(pageContext.getAttribute("userName",3));
out.println("<br>application 作用域中的 userName: ");
//out.println(application.getAttribute("userName"));
out.println(pageContext.getAttribute("userName",4));
out.println("<br>查找到的 userName 属性: ");
out.println(pageContext.findAttribute("userName"));
%>
<p>
<a href="pagecontext1.jsp">返 回</a>
</p>
</body>
</html>
```

pageContext 对象通常不会直接在 JSP 文件中使用，常见的用途是在标签处理程序中使用该对象获得当前页面的各个对象，这部分内容在第 10 章中介绍。

3.8　page

page 对象是 java.lang.Object 类的实例，在 JSP 对应的 Servlet 中 page 变量的声明为:

```
Object page = this;
```

page 对象就是 JSP 本身，通过该对象可以对 JSP 页面的属性进行访问。下面的例程，通过 page 对象在页面中显示 page 指令 info 属性设置的说明信息。

例程 3-14，page.jsp

```
<%@ page info="page Example" %>
<%@ page contentType="text/html;charset=gb2312" %>
<html>
<head>
<title>JSP 内置对象</title>
</head>
<body>
<h1>page 对象示例</h1>
<%
String pageInfo = ((Servlet)page).getServletInfo();
out.println("the page info is " + pageInfo);
%>
</body>
</html>
```

3.9　JSP 作用域

JSP 规范定义了 page、request、session、application 4 种作用域，通俗地讲，作用域即是有效范围。每种作用域都对应一个上下文，在这个上下文中可以关联(存储)基本类型的数据和对象引用，以供享有同一个上下文的程序代码访问。这 4 种作用域的范围逐级包含，层层扩大，如表 3-11 所示。

表 3-11　JSP 的 4 种作用域

作　用　域	描　　述
page	代表页面上下文，范围是一个页面及其静态包含的内容
request	代表请求上下文，范围是一个请求涉及的几个页面，通常是一个页面和其包含的内容以及 forward 动作转向的页面
session	代表客户的一次会话上下文，范围是一个用户在会话有效期内多次请求所涉及的页面
application	全局作用域，代表 Web 应用程序上下文，范围是整个 Web 应用中所有请求所涉及的页面

3.10　config

config 对象是 javax.servlet.ServletConfig 接口的实例，它表示 Servlet 的配置，当一个 Servlet 初始化时，容器将初始化信息通过此对象传递给 Servlet。config 对象的主要方法如表 3-12 所示。

表 3-12　config 对象的主要方法

方　　法	说　　明
String getInitParameter(String name)	获取指定名称的初始化参数值
Enumeration getInitParameterNames()	获取所有初始化参数的名称集合
ServletContext getServletContext()	返回 ServletContext 对象
String getServletName()	返回 Servlet 的名称，如果 Servlet 未命名，返回 Servlet 的类名

config 对象的主要功能是获取 Servlet 或者 JSP 的初始配置参数，参数配置在第 4 章中介绍。

3.11 exception

exception对象是java.lang.Throwable类的实例，封装了运行时的异常，只有在错误处理页面(页面的 page 指令 isErrorPage=true)中才可以使用。exception 对象的主要方法如表 3-13 所示。

表 3-13 exception 对象的主要方法

方 法	说 明
String getLocalizedMessage()	返回 Throwable 对象的本地化描述
String getMessage()	返回 Throwable 对象的错误信息描述
void printStackTrace() void printStackTrace(PrintStream ps) void printStackTrace(PrintWriter pw)	打印导致错误发生的调用堆栈，可直接导向标准的错误流或一个指定的 PrintStream 或 PrintWriter 对象
String toString()	返回 Throwable 对象的简短描述

exception 对象使用例程，修改 2.2.1 节 page 指令 errorPage 属性示例程序，在错误处理页面 error.jsp 中使用 exception 对象显示错误信息，修改后的 error.jsp 文件如下。

例程 3-15，error.jsp

```
<%--错误处理页面，isErrorPage 属性为 true，其他网页出错时转向本页面 --%>
<%--在本网页中可使用 exception 对象 --%>
<%@ page isErrorPage="true" contentType="text/html;charset=gb2312"%>
<html>
<body>
<h1> 错误处理页面 exception 对象示例</h1>
<h2> 发生了如下的错误：</h2>
<%=exception.getMessage()%>
<h2> 发生错误时的调用堆栈：</h2>
<%
    out.flush();
    exception.printStackTrace(response.getWriter());
%>
</body>
</html>
```

3.12 内置对象综合例程

学习了 JSP 基本语法和内置对象后，即可编写结构和功能较为完善的 Web 应用程序。下面的程序由 5 个页面组成。login.html：用一个表单接收用户输入的用户名和密码，然后提交给 check_login.jsp 页面；check_login.jsp：首先接收用户输入的用户名和密码，然后判断其是否为设定的常量值，如果用户名与密码正确，在会话上下文中保存用户名，并转到要登录的网页 login_success.jsp，否则转到警告页面 alert.html；session_check.jsp：获取会话上下文中保存的用户名，如果用户名不存在或者不是预设的值，则转向警告页面 alert.html，在所有需要登录后才允许访问的网页中包含该网页，即可对其进行密码保护；login_success.jsp：验证通过后才能访问的网页，其中包含 session_check.jsp 进行用户验证，以防止用户在浏览器中直接输入该网页的地址而进行非法访问；alert.html：验证未通过时显示的警告页面。

1. HTML 表单程序

例程 3-16，login.html

```
<html>
<body>
<!-- 接收用户输入的用户名和密码，提交给 check_login.jsp 页面 -->
<form method=post action="check_login.jsp">
<table align="center">
  <tr>
    <td>用户名：</td>
    <td><input type=text name="username"></td>
  </tr>
  <tr>
    <td>密码：</td>
    <td><input type=text name="password"></td>
  </tr>
  <tr>
    <td colspan=2 align="center">
      <input type=submit value="登 录">
           
       <input type=reset value="重 设">
    </td>
  </tr>
</table>
</form>
</body>
</html>
```

2. JSP 处理程序

例程 3-17，check_login.jsp

```
<%
//内置对象 request 基本用法
//获取表单提交的用户名
String name=request.getParameter("username");
//获取表单提交的密码
String password=request.getParameter("password");
//检查用户登录是否成功,这里假设用户名为 admin，密码为 123
//用户的验证通常通过连接数据库或者使用 role 来进行
if(name.equals("admin") && password.equals("123")) {
//用户名与密码正确，在会话上下文中保存并转到要登录的网页
   //内置对象 session 基本用法之一，设置会话变量
   session.setAttribute("loginuser",name);
   //内置对象 response 基本用法之一，重定向
   response.sendRedirect("login_success.jsp");
}
else {
```

```
%>
<%--JSP 常用动作之一 forward 用法：重定向，功能同上--%>
<jsp:forward page="alert.html"/>
<%
}
%>
```

3. JSP 验证程序

例程 3-18，session_check.jsp

```
<%
//内置对象 session 基本用法之二，获取会话变量
String strlogin=(String)session.getAttribute("loginuser");
//检查用户是否登录,并为管理员
if(strlogin ==null || ! strlogin.equals("admin")) {
        //内置对象 response 基本用法之一，重定向
    response.sendRedirect("alert.html");
}
%>
```

4. 登录成功页面

例程 3-19，login_success.jsp

```
<%@ page contentType="text/html; charset=gb2312" %>
<%@ include file="session_check.jsp"%>
<html>
<head>
<title>登录成功</title>
</head>
<body>
<br>
<hr width="380">
<center>
<h1>
<%
//内置对象 out 的基本用法：向网页输出
out.print(strlogin);     //显示登录的用户名
%>
登录成功。
</h1>
<h2>
<%--JSP 表达式用法，向网页输出的简易方法--%>
欢迎您！<%= strlogin %>        <!--显示登录的用户名-->
</h2>
</center>
</body>
</html>
```

5．登录失败页面

例程 3-20，alert.html

```
<html xmlns="http://www.w3.org/1999/xhtml">
<head>
<meta http-equiv="Content-Type" content="text/html; charset=gb2312" />
<title>登录失败</title>
</head>
<body>
<h1 align="center">
用户名或密码不正确!<br>
没有登录! 无权访问本网站!
</h1>
<h1 align="center"><a href="login.html">请登录!</a></h1>
</body>
</html>
```

本章小结

内置对象是 Web 服务器提供的 API，由服务器将 JSP 文件转化为 Servlet 源文件时，在 Service 方法中自动添加的，可以在 Scriptlet 和表达式中直接使用。JSP 有 9 个内置对象：out、request、response、session、application、pageContext、page、config、exception，其中 exception 对象只有在错误处理页面(page 指令的属性 isErrorPage=true)中才可以使用，在通常的网页中无效。out 对象封装了服务器向客户端打开的输出流，用来向页面中输出各种数据类型的内容；request 对象封装了客户端的请求事务，可以处理客户端浏览器提交的各项参数；response 对象封装了服务器的响应客户请求的功能，可以设置 HTTP 状态码、添加 Head 参数、发送 Cookies、重定向网页等；session 对象封装了服务器的会话功能，可设置或获取会话上下文参数；application 对象封装了 Web 应用程序的全局域，可设置或获取整个应用程序中的全局数据；pageContext 对象封装了 JSP 页面的上下文，提供了一组管理 JSP 各种不同作用域的方法；page 对象就是 JSP 本身，即 Servlet 实例；config 对象封装了 JSP 的配置参数，使用该对象的方法可获取网站配置文件(web.xml)中设置的初始化参数。本章同时介绍了与内置对象相关的 Cookie 与 session 技术，以及 JSP 的 4 个作用域：页面作用域(page)、请求作用域(request)、会话作用域(session)、全局作用域(application)。

思考题

1．JSP 提供了哪几个内置对象？
2．在声明中可以使用内置对象吗？为什么？
3．内置对象 out 的输出方法 print()和脚本中 System.out.print()输出方法有什么不同？
4．比较 request 对象的 getParameter()方法和 getAttribute()方法的不同。
5．response.sendRedirect()方法和<jsp:forward>动作的页面转向有什么不同？
6．比较 Cookie 和 session 技术的异同。
7．写出网站配置文件(web.xml)中设置 session 过期时间的代码。
8．标识用户 session 的 sessionID 如何保存和传递？
9．JSP 的 4 个作用域是什么？
10．比较 pageContext 对象的 getAttribute()方法和 findAttribute()方法的不同。

第 4 章　Servlet

4.1　Servlet 技术

4.1.1　Servlet 技术概述

Servlet 是特殊的 Java 类，只能运行在特定的 Web 容器之上。编写一个 Servlet，就是按照 Servlet 规范编写一个 Java 类，实现 Servlet 规范中的特定接口，即 Servlet 接口。Web 服务器要支持 Servlet，也要实现 Servlet 规范定义的某些接口，如 Request、Response、ServletConfig 等。目前 Servlet 规范最新的版本是 3.1。

Servlet 运行在服务器端，用来响应客户端请求的 Java 代码模块，是 Java 语言的 CGI 程序。Servlet 作为服务器端小应用程序与客户端小应用程序 Applet 对应，这两者是 Java 语言网络功能的具体体现。

JSP 与 Servlet 实质是一回事，Servlet 是 JSP 的底层技术，JSP 网页在运行时要转化为 Servlet 类，然后编译、执行，输出 HTML 网页文件。JSP 是 Servlet 的简化设计，JSP 简化了 Servlet 的编写。

4.1.2　Servlet 的特点

Servlet 是一种独立于平台和协议的服务器端 Java 应用程序，可以处理客户端传来的 HTTP 请求，结果会生成动态的 Web 页面，以 HTTP 响应的形式返回给客户端。Servlet 基本上能够实现除图形界面外所有的 Java 语言功能。与 CGI 程序相比，Servlet 具有以下优点。

- Servlet 是单实例多线程的运行方式，每个请求在一个独立的线程中运行，而提供服务的 Servlet 实例只有一个。
- Servlet 具有可升级性，能响应更多的请求，因为 Servlet 容器使用一个线程而不是操作系统进程，而线程仅占用有限的系统资源。
- Servlet 使用标准的 API，被更多的 Web 服务器所支持。
- Servlet 使用 Java 语言编写，因此拥有 Java 程序语言的所有优点，包括容易开发和平台独立性。
- Servlet 可以访问 Java 平台丰富的类库，使得各种应用的开发更为容易。
- Servlet 的安全性高，有几个不同方面为 Servlet 的安全提供了保障。首先，它是用 Java 语言编写的，所以可以使用 Java 的安全框架；其次，Servlet API 类型安全；最后，容器也会对 Servlet 的安全进行管理。在 Servlet 安全策略中，既可以使用编程的安全，也可以使用声明性的安全。声明性的安全由容器进行统一管理。

4.1.3　Servlet 的生命周期

Servlet 运行在 Servlet 容器中，其生命周期由容器来管理。Servlet 的生命周期与 javax.servlet.Servlet 接口中的 init()、service()和 destroy()方法相对应。

Servlet 的生命周期包含了以下 4 个阶段。

1．加载和实例化

Servlet 容器负责加载和实例化 Servlet。当 Servlet 容器启动时，或者在容器检测到需要这个 Servlet 来响应第一个请求时，创建 Servlet 实例。当 Servlet 容器启动后，它必须知道所需的 Servlet 类在什么位置，Servlet 容器可以从本地文件系统、远程文件系统或其他的网络服务中通过类加载器加载 Servlet 类，成功加载后，容器创建 Servlet 的实例。因为容器是通过 Java 的反射 API 来创建 Servlet 实例的，调用的是 Servlet 的默认构造方法(即不带参数的构造方法)，所以我们在编写 Servlet 类时，不应提供带参数的构造方法。

2．初始化

在 Servlet 实例化之后，容器将调用 Servlet 的 init()方法初始化这个对象。初始化的目的是让 Servlet 对象在处理客户端请求前完成一些初始化的工作，如建立数据库的连接、获取配置信息等。对于每一个 Servlet 实例，init()方法只被调用一次。在初始化期间，Servlet 实例可以使用容器为它准备的 ServletConfig 对象，从 Web 应用程序的配置信息(在 web.xml 中配置)中获取初始化的参数信息。在初始化期间，如果发生错误，Servlet 实例可以抛出 ServletException 异常或者 UnavailableException 异常来通知容器。ServletException 异常用于指明一般的初始化失败，如没有找到初始化参数；而 UnavailableException 异常用于通知容器该 Servlet 实例不可用。

3．请求处理

Servlet 容器调用 Servlet 的 service()方法对请求进行处理。要注意的是，在 service()方法调用之前，init()方法必须成功执行。在 service()方法中，Servlet 实例通过 ServletRequest 对象得到客户端的相关信息和请求信息，在对请求进行处理后，调用 ServletResponse 对象的方法设置响应信息。在 service()方法执行期间，如果发生错误，Servlet 实例可以抛出 ServletException 异常或者 UnavailableException 异常。如果 UnavailableException 异常指示了该实例永久不可用，Servlet 容器将调用实例的 destroy()方法，释放该实例。此后对该实例的任何请求，都将收到容器发送的 HTTP 404(请求的资源不可用)响应。如果 UnavailableException 异常指示了该实例暂时不可用，那么在暂时不可用的时间段内，对该实例的任何请求，都将收到容器发送的 HTTP 503(服务器暂时忙，不能处理请求)响应。

4．服务终止

当容器检测到一个 Servlet 实例应该从服务中被移除时，容器就会调用实例的 destroy()方法，以便让该实例可以释放它所使用的资源，保存数据到持久存储设备中。当需要释放内存或者容器关闭时，容器就会调用 Servlet 实例的 destroy()方法。在 destroy()方法调用之后，容器会释放这个 Servlet 实例，该实例随后会被 Java 的垃圾收集器所回收。如果再次需要这个 Servlet 处理请求，Servlet 容器会创建一个新的 Servlet 实例。

在整个 Servlet 的生命周期过程中，创建 Servlet 实例、调用实例的 init()和 destroy()方法都只进行一次，当初始化完成后，Servlet 容器会将该实例保存在内存中，通过调用它的 service()方法，为接收到的请求服务。Servlet 整个生命周期过程的 UML 序列图如 4-1 所示。

如果需要让 Servlet 容器在启动时即加载 Servlet，可以在 web.xml 文件中配置<load-on-startup>元素，具体配置方法参见 4.3 节。

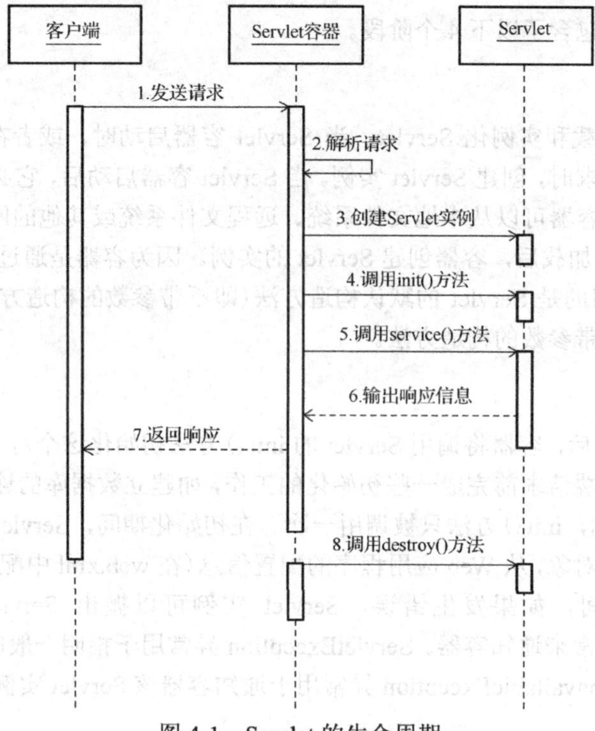

图 4-1 Servlet 的生命周期

4.2 Servlet 接口

Servlet 接口是 Servlet 规范的程式化，这些接口以及服务器 Tomcat 对某些接口的默认实现和支持类位于 servlet-api.jar 中的 javax.servlet 包与 javax.servlet.http 包，在 Tomcat6.x 中，该文件位于 Tomcat 安装目录的 lib 目录下。javax.servlet 包中的接口和类可以独立于协议，动态地处理请求并构造响应；而 javax.servlet.http 包中的接口和类是专用于 HTTP 协议的。这两个包中主要接口和类的继承关系如图 4-2 所示。

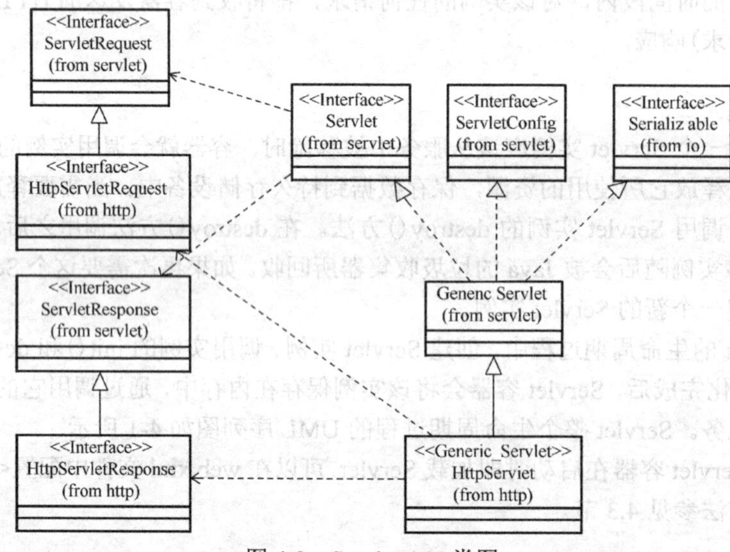

图 4-2 Servlet API 类图

Servlet API 的接口和类可从以下几个方面进行分类。

- Servlet 实现相关——定义用于实现 Servlet 相关的类和方法。
- Servlet 配置相关——主要包括 ServletConfig 接口。
- 请求和响应相关——用于接收客户端的请求，并且做出相应的响应。
- 会话相关——用于跟踪客户端的会话。
- Servlet 上下文相关——主要包括 ServletContext 接口。
- Servlet 协作相关——主要包括 RequestDispatcher 接口，用于请求转发。
- 过滤器相关——用于过滤器的 API 和接口。
- Servlet 异常相关——Servlet API 定义了两个异常类：ServletException 和 UnvailableExcepion。
- 其他支持类。

4.2.1　Servlet 实现相关

1. Servlet 接口

声明：public interface Servlet

Servlet 接口是所有 Servlet 必须直接或者间接实现的接口。它定义的方法如下。

- public void init(ServletConfig config) throws ServletException 用于初始化 Servlet。该方法有一个类型为 ServletConfig 的参数，Servlet 容器通过这个参数向 Servlet 传递配置信息。Servlet 使用 ServletConfig 对象从 Web 应用程序的配置信息中获取以名/值对形式提供的初始化参数。另外，在 Servlet 中，还可以通过 ServletConfig 对象获取描述 Servlet 运行环境的 ServletContext 对象，使用该对象，Servlet 可以和它的 Servlet 容器进行通信。
- public void destroy() 定义销毁该 Servlet 时应执行的操作。当容器检测到一个 Servlet 对象应该从服务中被移除时，容器会调用该对象的 destroy()方法。
- String getServletInfo() 返回一个 String 类型的字符串，其中包括关于 Servlet 的信息。
- public ServletConfig getServletConfig() 返回容器调用 init()方法时传递的 ServletConfig 对象，ServletConfig 对象包含了 Servlet 的初始化参数。
- public void service(ServletRequest req, ServletResponse res) throws ServletException, java.io.IOException 用来处理客户端的请求。在 service()方法中，Servlet 对象通过 ServletRequest 对象得到客户端的相关信息和请求信息，在对请求进行处理后，调用 ServletResponse 对象的方法设置响应信息。

2. GenericServlet 类

声明：public abstract class GenericServlet extends java.lang.Object implements Servlet, ServletConfig, java.io.Serializable

GenericServlet 类是一个抽象类，实现了 Servlet 接口和 ServletConfig 接口，给出了除 service()方法外的其他 4 个方法的简单实现，定义了一个通用的、不依赖于具体协议的 Servlet。如果我们要编写一个通用的 Servlet，只需要从 GenericServlet 类继承，并实现其中的抽象方法 service()。

在 GenericServlet 类中定义了下列方法。

- 两个重载的 init()方法。

```
public void init(ServletConfig config) throws ServletException
public void init() throws ServletException
```

第一个 init()方法是 Servlet 接口中 init()方法的实现。在这个方法中，首先将 ServletConfig 对象保存在一个 transient 实例变量中，然后调用第二个不带参数的 init()方法。通常我们在编写继承自 GenericServlet 的 Servlet 类时，只需要重写第二个不带参数的 init()方法就可以了。如果覆盖了第一个 init()方法，那么应该在子类的该方法中，包含一句 super.init(config)代码的调用。

- public String getInitParameter(String name) 返回名字为 name 的初始化参数的值，初始化参数在 web.xml 配置文件中进行配置。如果参数不存在，这个方法将返回 null。

注意，这个方法只是为了方便而给出的，它实际上是通过调用 ServletConfig 对象的 getInitParameter()方法来得到初始化参数的。

- public Enumeration getInitParameterNames() 返回 Servlet 所有初始化参数的名字的枚举集合。如果 Servlet 没有初始化参数，这个方法将返回一个空的枚举集合。

注意，这个方法只是为了方便而给出的，它实际上是通过调用 ServletConfig 对象的 getInitParameterNames()方法来得到所有初始化参数的名字的。

- public ServletContext getServletContext() 返回 Servlet 上下文对象的引用，关于 ServletContext 的使用，参见 4.2.5 节。

注意，这个方法只是为了方便而给出的，它实际上是通过调用 ServletConfig 对象的 getServletContext()方法来得到 Servlet 上下文对象的引用的。

3. HttpServlet 类

声明：public abstract class HttpServlet extends GenericServlet implements java.io.Serializable

HttpServlet 类是为了快速开发应用于 HTTP 协议而提供的一个抽象类，它继承自 GenericServlet 类，用于创建适合 Web 站点的 HTTP Servlet。

HttpServlet 类中提供的方法如下。

- 两个重载的 service()方法。

```
public void service(ServletRequest req, ServletResponse res) throws
      ServletException, java.io.IOException
protected void service (HttpServletRequest req,HttpServletResponse resp)
      throws ServletException, java.io.IOException
```

第一个 service()方法是 GenericServlet 类中 service()方法的实现。在这个方法中，首先将 req 和 res 对象转换为 HttpServletRequest(继承自 ServletRequest 接口)和 HttpServletResponse(继承自 ServletResponse 接口)类型，然后调用第二个 service 方法，对客户请求进行处理。

针对 HTTP1.1 中定义的 7 种请求方法 GET、POST、HEAD、PUT、DELETE、TRACE 和 OPTIONS，HttpServlet 分别提供了 7 个处理方法。

```
protected void doGet (HttpServletRequest req, HttpServletResponse resp)
      throws ServletException, java.io.IOException
protected void doPost (HttpServletRequest req, HttpServletResponse resp)
      throws ServletException, java.io.IOException
protected void doHead (HttpServletRequest req, HttpServletResponse resp)
      throws ServletException, java.io.IOException
protected void doPut (HttpServletRequest req, HttpServletResponse resp)
      throws ServletException, java.io.IOException
protected void doDelete (HttpServletRequest req, HttpServletResponse resp)
      throws ServletException, java.io.IOException
```

```
protected void doTrace (HttpServletRequest req, HttpServletResponse resp)
        throws ServletException, java.io.IOException
protected void doOptions (HttpServletRequest req, HttpServletResponse resp)
        throws ServletException, java.io.IOException
```

这 7 个方法的参数类型及异常抛出类型与 HttpServlet 类中的第二个重载的 service()方法是一致的。当容器接收到一个针对 HttpServlet 对象的请求时，调用该对象中的方法顺序如下。

① 调用公共的(public) service()方法。

② 在公共的 service()方法中，首先将参数类型转换为 HttpServletRequest 和 HttpServlet-Response，然后调用保护的(protected) service()方法，将转换后的 HttpServletRequest 对象和 HttpServletResponse 对象作为参数传递进去。

③ 在保护的 service()方法中，首先调用 HttpServletRequest 对象的 getMethod()方法，获取 HTTP 请求方法的名字，然后根据请求方法的类型，调用相应的 doXxx ()方法。

因此，我们在编写 HttpServlet 的派生类时，通常不需要去覆盖 service()方法，而只需重写相应的 doXxx()方法。

HttpServlet 类对 TRACE 和 OPTIONS 方法做了适当的实现，因此我们不需要去覆盖 doTrace()和 doOptions()方法。而对于其他的 5 个请求方法，HttpServlet 类提供的实现都是返回 HTTP 错误，对于 HTTP 1.0 的客户端请求，这些方法返回状态代码为 400 的 HTTP 错误，表示客户端发送的请求在语法上是错误的。而对于 HTTP 1.1 的客户端请求，这些方法返回状态代码为 405 的 HTTP 错误，表示对于指定资源的请求方法不被允许。这些方法都是使用 javax.servlet.ServletRequest 接口中的 getProtocol()方法来确定协议的。

HttpServlet 虽然是抽象类，但在这个类中没有抽象的方法，其中所有的方法都是已经实现的。只是在这个类中对客户请求进行处理的方法，没有真正实现，当然也不可能真正实现，因为对客户请求如何进行处理，需要根据实际的应用来决定。我们在编写 HTTP Servlet 时，根据应用的需要，重写其中的对客户请求进行处理的方法即可。一般实现 doGet()和 doPost()方法，因为浏览器只支持 GET 和 POST 请求，其他的请求方法如 PUT 和 DELETE 等都不能用浏览器发起。

4.2.2　Servlet 配置相关

ServletConfig 接口。

声明：pulbic interface ServletConfig

Servlet 容器使用 ServletConfig 对象在 Servlet 初始化期间向它传递配置信息，一个 Servlet 只有一个 ServletConfig 对象。这个接口的主要方法如下。

- public java.lang.String getInitParameter(java.lang.String name) 返回名字为 name 的初始化参数的值，初始化参数在 web.xml 配置文件中进行配置。如果参数不存在，这个方法将返回 null。
- public java.util.Enumeration getInitParameterNames() 返回 Servlet 所有初始化参数的名字的枚举集合。如果 Servlet 没有初始化参数，这个方法将返回一个空的枚举集合。
- public ServletContext getServletContext() 返回 Servlet 上下文对象的引用，关于 ServletContext 的使用，参见 4.2.5 节。
- public java.lang.String getServletName() 返回 Servlet 实例的名字。这个名字是在 Web 应用程序的部署描述符(配置文件)中指定的。如果是一个没有注册的 Servlet 实例，这个方法返回的将是 Servlet 的类名。

4.2.3 请求和响应相关

1. ServletRequest 接口

声明：public interface ServletRequest

2. ServletResponse 接口

声明：public interface ServletResponse

3. ServletRequestWraper 类

声明：public class ServletRequestWrapper implements ServletRequest

4. ServletResponseWraper 类

声明：public class ServletResponseWrapper implements ServletResponse

5. HttpServletRequest 接口

声明：public interface HttpServletRequest extends ServletRequest

6. HttpServletResponse 接口

声明：public interface HttpServletResponse extends ServletResponse

7. HttpServletRequestWrapper 类

声明：public class HttpServletRequestWrapper extends ServletRequestWrapper implements HttpServletRequest

8. HttpServletResponseWrapper 类

声明：public class HttpServletResponseWrapper extends ServletResponseWrapper implements HttpServletResponse

9. ServletInputStream 类

声明：public abstract class ServletInputStream extends InputStream

10. ServletOutputStream 类

声明：public abstract class ServletOutputStream extends OutputStream

Servlet 由支持 Servlet 容器来管理和调用，当客户请求到来时，容器创建一个 ServletRequest 对象，封装请求数据，同时创建一个 ServletResponse 对象，封装响应数据。这两个对象将被容器作为 service()方法的参数传递给 Servlet，Servlet 利用 ServletRequest 对象获取客户端发来的请求数据，利用 ServletResponse 对象发送响应数据。

ServletRequest 接口最常用的方法是获得客户端请求中的参数，getParameter()；还可以获取传送的参数名称，getParameterNames()；客户端的数据流对象，getInputStream()；主机名称，getRemoteHost()；IP 地址，getRemoteAddr()；正在使用的通信协议，getProtocol()；接收请求的服务器信息，getServerName()；等。HttpServletRequest 是 ServletRequest 的子接口可以获取更多的协议特性数据，如获取 HTTP 头部信息，getHead()；获取 HTTP 请求的方法，getMethod()； 获取 URL 中的查询字串，getQueryString()；等。ServletRequestWrapper 和 HttpServletRequestWrapper 分别

是 ServletRequest 和 HttpServletRequest 的默认实现，内置对象 request 是 HttpServletRequest 类型的实例，第 3 章中介绍的内置对象 request 具有的方法都属于 HttpServletRequest。

ServletResponse 接口代表了服务器对客户端的响应，它提供的方法用于设置内容长度，setContentLength()；设置响应的 MIME 类型，setContentType()；获取输出流对象，getOutputStream()；等等。HttpServletResponse 接口是 ServletResponse 的子接口可以设置更多的 HTTP 协议相关数据，HttpServletResponse 接口中定义了大量的 HTTP 状态码，提供了设置响应状态的方法，setStatus()；设置 HTTP 头信息，addHeader()；对 URL 进行编码，enRedirectcodingURL()；等等。ServletResponseWrapper 和 HttpServletResponseWrapper 分别是 ServletResponse 和 HttpServletResponse 的默认实现，内置对象 response 是 HttpServletResponse 类型的实例，第 3 章中介绍的内置对象 Response 具有的方法都属于 HttpServletResponse。

ServletInputStream 用于从客户端请求中读取二进制数据，包括一次读取一行数据的高效方法：public int readLine(byte[] b, int off, int len) throws java.io.IOException。因 ServletRequest 已封装了客户端的请求参数等数据，所以 ServletInputStream 并不常用。

ServletOutputStream 用于向客户端输出二进制数据，提供了 print() 和 println() 的各种重载方法。因 JSP 提供了专门用于向客户端输出的内置对象 out，out 对象的类型是 javax.servlet.jsp.JspWriter，该类型继承自 java.io.Writer，所以 ServletOutputStream 也并不常用。

4.2.4 会话相关

JSP/Servlet 技术使用会话机制保存客户端的状态，即通过会话来跟踪客户，会话对象对应的接口是 HttpSession。

声明：public interface HttpSession

JSP 提供了 HttpSession 类型的内置对象 session，第 3 章中介绍的内置对象 session 具有的方法都属于 HttpSession。

4.2.5 Servlet 上下文相关

ServletContext 接口。

声明：public interface ServletContext

ServletContext 提供了访问 Servlet 环境信息和共享资源的方法，通过共享资源可在整个 Web 应用中为所有的用户维持一个状态。JSP 提供了 ServletContext 类型的内置对象 application，第 3 章中介绍的内置对象 application 具有的方法都属于 ServletContext。

4.2.6 Servlet 协作相关

RequestDispatch 接口。

声明：public interface RequestDispatcher

RequestDispatch 接口提供了把一个请求转发到另一个资源，或者包含另一个资源的方法：

- public void forward(ServletRequest request, ServletResponse response) throws ServletException, java.io.IOException 把请求转发到服务器上的另一个资源(Servlet、JSP、HTML)。
- public void include(ServletRequest request, ServletResponse response) throws ServletException, java.io.IOException 把服务器上的另一个资源(Servlet、JSP、HTML)包含到响应中。

4.2.7 过滤器相关

1．Filter 接口

声明：public interface Filter

2．FilterChain 接口

声明：public interface FilterChain

3．FilterConfig 接口

声明：public interface FilterConfig

过滤器相关的接口用于实现 Web 应用的过滤技术，其中 FilterChain 接口和 FilterConfig 接口由 Web 服务器实现，Filter 接口由过滤程序实现。过滤器技术在第 3 篇中介绍。

4.2.8 Servlet 异常相关

1．ServletException 类

声明：public class ServletException extends Exception

ServletException 类包含几个构造方法和一个获得异常原因的方法：

public Throwable getRootCause() 返回引发此 ServletException 的原因。

2．UnavailableException 类

声明：public class UnavailableException extends ServletException

当 Servlet 暂时或者永久不能使用时，抛出此异常。

javax.servlet 程序包中大体有 12 个接口，其中 Web 容器实现其中的 7 个：ServletContext、ServletConfig、ServletResponse、ServletRequest、RequestDispatcher、FilterChain、FilterConfig；Web 应用程序的开发者需实现 5 个：Servlet、ServletContextListener、ServletAttributeListener、SingleThreadModel、Filter。另有 7 个类：GenericServlet、ServletRequestWrapper、ServletResponseWrapper、ServletInputStream、ServletOutputStream、ServletContextEvent、ServletContextAttributeEvent。javax.servlet.http 程序包专用于 HTTP 协议，其中主要的类是 HttpServlet 抽象类。这两个程序包中的一些事件类和监听接口将在第 11 章专门介绍。详细信息可参见 SUN 公司和 Apache 组织的文档：

http://java.sun.com/products/servlet/2.2/javadoc/index.html

http://tomcat.apache.org/tomcat-5.5-doc/servletapi/index.html

JSP 内置对象是 Servlet API 中某些接口或类的实例，其对应关系如表 4-1 所示。

表 4-1 JSP 内置对象与 Servlet 类型的对应关系

JSP 内置对象	Servlet 类型	JSP 内置对象	Servlet 类型
out	javax.servlet.jsp.JspWriter	page	java.lang.object
request	javax.servlet.http.HttpServletRequest	pageContext	javax.servlet.jsp.PageContext
response	avax.servlet.http.HttpServletResponse	config	javax.servlet.ServletConfig
session	javax.servlet.http.HttpSession	exception	java.lang.Throwable
application	javax.servlet.ServletContext		

4.3　Servlet 设计与配置

开发设计 Servlet 必须实现 Servlet 接口，并将编译后的 class 文件放在网站(Web 应用程序)特定的目录下，最后在网站的配置文件 web.xml 中进行配置，然后才能从客户端使用 HTTP 访问。Servlet 开发设计的详细步骤如下。

4.3.1　Servlet 的开发流程

1. 编写 Servlet 源程序

Servlet 源程序既可以直接实现 Servlet 接口；也可以继承 GernericServlet 抽象类，实现其中的 service 虚拟方法；还可以继承 HttpServlet 抽象类，覆盖其中的 doGet 和 doPost 方法。后者是最常用的方法。设计 Servlet 时必须定义包，无包结构的 Java 类，大部分版本的 Tomcat 无法识别。用 import 引入 javax.servlet 和 javax.servlet.http 包中的接口和类。另外类应定义为公有类型(public)，文件名与类名一致。

2. 编译 Servlet 程序

Servlet 程序使用到了 javax.servlet 和 javax.servlet.http 包中的接口和类，在命令方式下编译 Servlet 时应在 CLASSPATH 环境变量中加入 servlet-api.jar 文件。在其他开发环境下编译时，也要编辑配置选项，以加入此 jar 文件，如在 JCreator 中。

Servlet 编译成的 class 文件必须按包结构放在 WEB-INF 目录的 classes 子目录下。如包结构为 lytu.javaee.servlet 名称为 MyServlet.java 的 Servlet，其 classes 文件的位置为：Web 应用程序根目录(虚拟目录的物理路径)/WEB-INF/classes/lytu/javaee/servlet/MyServlet.class，注意 WEB-INF 目录名必须大写，中间为连字符而不是下画线；classes 目录名必须小写为复数形式。服务器加载运行的 Servlet 仅是其 class 文件，所以 Web 应用程序发布时不需要 Java 源程序。

3. 配置 Servlet

Servlet 应在 Web 应用程序的配置文件 web.xml 中配置后，才可以由客户端请求、由服务器加载运行，Servlet 配置分为声明<servlet>和映射<servlet-mapping>两部分，配置标记和格式为：

```
<servlet>
    <description>descriptionString</description>
    <display-name>displayName</display-name>
    <servlet-name>servletName</servlet-name>
    <servlet-class>package.class</servlet-class>
    <load-on-startup>20</load-on-startup>
    <init-param>
        <param-name>paramName</param-name>
        <param-value>paramVal</param-value>
        <description>Initial Parameter</description>
    </init-param>
</servlet>
<servlet-mapping>
    <servlet-name>servletName</servlet-name>
```

```
        <url-pattern>
            /path/urlName
        </url-pattern>
    </servlet-mapping>
```

其中<description>、<display-name>、<load-on-startup>、<init-param>配置标记为可选项，其他配置项是必需的。

(1) <description> 定义描述信息。

(2) <display-name> 设置显示名称，在开发环境 IDE 或服务器中显示的名称，与<description>一样，只是 Servlet 的一个说明信息。

(3) <load-on-startup> 设置 Web 应用程序启动时，该 Servlet 被服务器加载的先后顺序，值大于或等于 0 时有效，数值越小优先级越高。值小于 0 或者没有指定时，则在 Servlet 被请求调用时，服务器才会加载。如果两个 Servlet 的设置值相同，则由服务器来选择加载的顺序。

(4) <init-param> 声明初始化参数，每个<init-param>标签声明一个参数。其中的子标签<param-name>、<param-value>、<description>分别用于声明初始化参数的名称、值、说明，<description>是可选的。此处配置的参数可在 Servlet 的 init()方法中获取。

(5) <servlet-name> 定义 Servlet 的名称，可以是任何合法标识符，但声明与映射的名称必须一致。

(6) <servlet-class> 设置 Servlet 对应的 Java 类，必须带包结构，不带 class 扩展名，包结构与源程序中的定义和类的放置目录应一致。

(7) <url-pattern> 定义客户端请求 Servlet 时的 url，必须以“/”开始，“/”代表 Web 应用程序根目录的 url。

4．运行 Servlet

配置 Servlet 后应重新加载 Web 应用程序，通常需要重启服务器。在浏览器中访问 Servlet 时，在地址栏中输入 Web 应用程序根目录的 url 和<url-pattern>中设置的路径。如对于上面配置的<url-pattern>，Web 应用程序名为 webapp1，服务器为本机，则访问该 Servlet 的地址为：

http://localhost:8080/webapp1/path/urlName

Servlet 也可以不进行配置，使用预设的默认路径访问，Tomcat 服务器为每个 Servlet 预设的默认访问路径为：/servlet/servletName，在本地服务器上访问一个 Servlet 的 url 为：http://localhost:8080/webapp1/servlet/ServletName。但在 Tomcat 5.0 之后，出于安全方面的考虑，该功能已被屏蔽，要启用 Servlet 的默认访问功能，需将%TOMCAT_HOME%\conf\web.xml 中有关 invoker Servlet 的定义和映射前后的注释标记去掉。

例程 4-1，直接实现 Servlet 接口的 FirstServlet.java

```
package jspex.servlet;
import javax.servlet.*;
import java.io.PrintWriter;
import java.io.IOException;
public class FirstServlet implements Servlet {
    public void init(ServletConfig servletconfig )throws ServletException {

    }
    public ServletConfig getServletConfig() {
```

```
            return null;
        }
        public void service(ServletRequest servletrequest, ServletResponse
                servletresponse) throws ServletException, IOException {
            servletresponse.setContentType("text/html");
            PrintWriter out=servletresponse.getWriter();
            out.println("<html><head><title>First Servlet</title></head>");
            out.println("<body><h2>This is my first Servlet</h2>");
            out.println("<hr>");
            out.println("It works OK!<br>");
            out.println("</body></html>");
        }
        public String getServletInfo() {
            return "First Servlet";
        }
        public void destroy() {

        }
    }
```

注意，必须实现 Servlet 接口的所有方法，即使不执行任何操作。

FirstServlet 的配置：

```
<servlet>
    <servlet-name>FirstServlet</servlet-name>
    <servlet-class>jspex.servlet.FirstServlet</servlet-class>
</servlet>
<servlet-mapping>
    <servlet-name>FirstServlet</servlet-name>
    <url-pattern>/servlettest/firstservlet</url-pattern>
</servlet-mapping>
```

FirstServlet 的运行结果如图 4-3 所示。

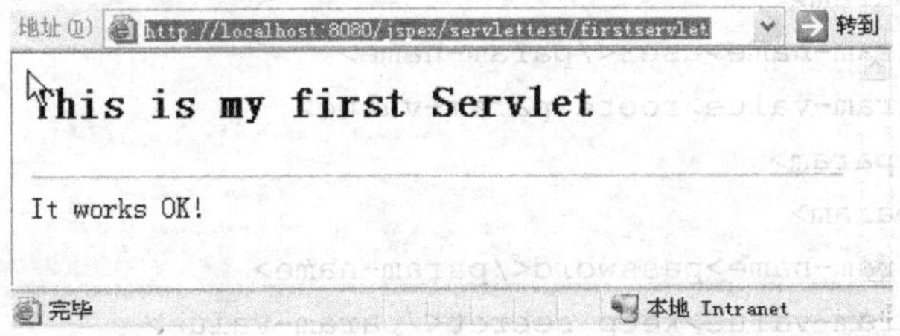

图 4-3 FirstServlet 的运行结果

注意，配置 Servlet 后必须重启服务器才能使配置项起作用。访问 Servlet 使用的是<url-pattern>配置的地址。

例程 4-2，SimpleServlet.java，继承 GenericServlet，获取配置参数

```
package jspex.servlet;
import javax.servlet.*;
import java.io.*;
```

```
public class SecondServlet extends GenericServlet {
    String password;
    String username;
    public void service(ServletRequest request, ServletResponse response)
            throws ServletException, IOException {
    response.setContentType("text/html;charset=gb2312");
    PrintWriter out = response.getWriter();
        out.println("<html>");
        out.println("<head>");
        out.println("<title>Second Servlet</title>");
        out.println("</head>");
        out.println("<body bgcolor=\"#ffeeee\">");
        out.println("<body><h2>This is my second Servlet</h2>");
        out.println("<hr>");
        out.println("获得了以下初始化参数：<br>");
        out.println("username="+username + "<br>");
        out.println("password="+password + "<br>");
        out.println("</body></html>");
        out.flush();
    }
    public void init()throws ServletException {
        password=getInitParameter("password");
        username=getInitParameter("user");
    }
}
```

SecondServlet 的配置：

```
<servlet>
    <description>This Servlet maybe used for access a database</description>
    <servlet-name>SecondServlet</servlet-name>
    <servlet-class>jspex.servlet.SecondServlet</servlet-class>
    <init-param>
        <param-name>user</param-name>
        <param-value>root</param-value>
    </init-param>
    <init-param>
        <param-name>password</param-name>
        <param-value>keep secret</param-value>
    </init-param>
</servlet>
<servlet-mapping>
    <servlet-name>SecondServlet</servlet-name>
    <url-pattern>/servlettest/secondservlet</url-pattern>
</servlet-mapping>
```

SecondServlet 的运行结果如图 4-4 所示。

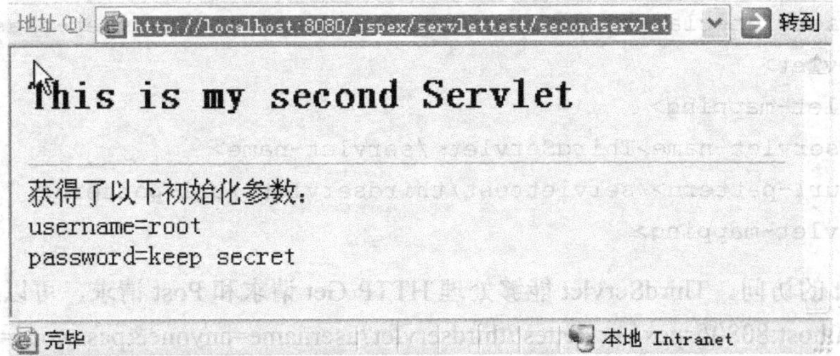

图 4-4 SecondServlet 的运行结果

例程 4-3，ThirdServlet.java，继承自 HttpServlet，处理客户端提交的数据

```
package jspex.servlet;
import javax.servlet.*;
import javax.servlet.http.*;
import java.io.*;
public class ThirdServlet extends HttpServlet {
    public  void doPost(HttpServletRequest request, HttpServletResponse
            response) throws ServletException, IOException {
    response.setContentType("text/html;charset=gb2312");
        request.setCharacterEncoding("gb2312");
        PrintWriter out = response.getWriter();
        out.println("<html>");
        out.println("<head>");
        out.println("<title>Third Servlet</title>");
        out.println("</head>");
        out.println("<body bgcolor=\"#ffeeee\">");
        out.println("<body><h2>This is my Third Servlet</h2>");
        out.println("<hr>");
        out.println("客户端提交了以下数据：<br>");
        out.println("username=" + request.getParameter("username") + "<br>");
        out.println("password=" + request.getParameter("password") + "<br>");
        out.println("</body></html>");
        out.flush();
    }
        public  void doGet(HttpServletRequest request, HttpServletResponse
            response) throws ServletException, IOException {
        doPost(request,response);
    }
}
```

ThirdServlet 的配置：

```
<servlet>
    <servlet-name>ThirdServlet</servlet-name>
```

```
    <servlet-class>jspex.servlet.ThirdServlet</servlet-class>
</servlet>
<servlet-mapping>
    <servlet-name>ThirdServlet</servlet-name>
    <url-pattern>/servlettest/thirdservlet</url-pattern>
</servlet-mapping>
```

ThirdServlet 的访问。ThirdServlet 能够处理 HTTP Get 请求和 Post 请求，可以通过下面的 url 访问：http://localhost:8080/jspex/servlettest/thirdservlet?username=anyone&password=abc，也可以通过下面的网页文件 servletaction.html 来请求。

```
<html>
<head>
<title>测试 Servlet</title>
<meta http-equiv="Content-Type" content="text/html; charset=gb2312">
</head>
<body>
<form action="/jspex/servlettest/thirdservlet" method="post">
<table>
    <tr>
        <td>用户名：<input type="text" name="username" /></td>
    </tr>
    <tr>
        <td>密 码：<input type="text" name="password" /></td>
    </tr>
    <tr>
        <td> <input type="submit" name="submit" value="确定"></td>
    </tr>
</table>
</form>
</body>
</html>
```

servletaction.html 的运行结果如图 4-5 所示。

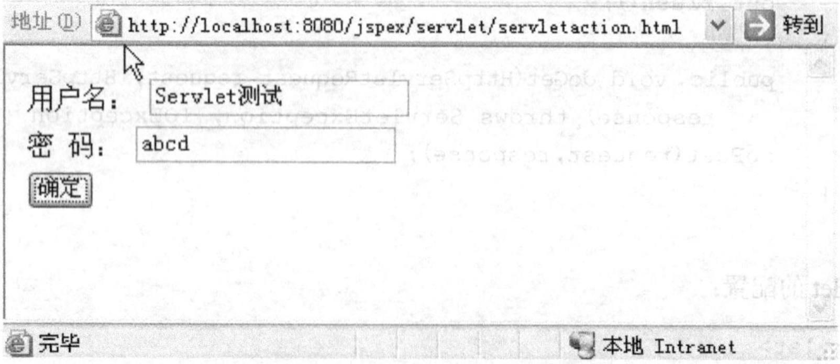

图 4-5 servletaction.html 的运行结果

ThirdServlet 的运行结果如图 4-6 所示。

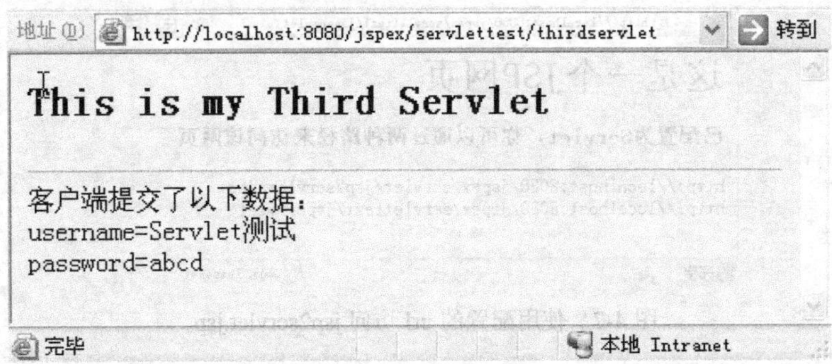

图 4-6 ThirdServlet 的运行结果

4.3.2 JSP 的配置路径

JSP 与 Servlet 本质上是一样的，其实我们也可以将一个 JSP 网页配置为 Servlet，并用映射的地址访问 JSP 文件，此时该 JSP 文件可用两种路径来访问，通常的 url 路径和配置的 url 路径。在 web.xml 文件中配置 JSP 网页与配置 Servlet 基本上一致，只需把<servlet-class>标记换为<jsp-file>，用 JSP 文件的相对路径代替 Servlet 的包和类名。

例程 4-4，jsp2servlet.jsp

```
<%@ page contentType="text/html;charset=gb2312" %>
<html>
<head><title>JSP2Servlet Test</title></head>
<body>
<h1>这是一个 JSP 网页</h1>
<h3>已配置为 Servlet，你可以通过两种路径来访问该网页</h3>
http://localhost:8080/jspex/servlet/jsp2servlet.jsp<br>
http://localhost:8080/jspex/servlettest/jspservlet
</body>
</html>
```

配置 jsp2servlet.jsp：

```
<servlet>
    <servlet-name>JspServlet</servlet-name>
    <jsp-file>/servlet/jsp2servlet.jsp</jsp-file>
</servlet>
<servlet-mapping>
    <servlet-name>JspServlet</servlet-name>
    <url-pattern>/servlettest/jspservlet</url-pattern>
</servlet-mapping>
```

jsp2servlet.jsp 文件位于 Web 应用程序的 servlet 子目录下，并配置了另外的 url 为/servlettest/jspservlet，所以我们可以使用下面两种路径访问该 JSP 网页：

http://localhost:8080/jspex/servlet/jsp2servlet.jsp

http://localhost:8080/jspex/servlettest/jspservlet

使用配置的 url 访问 jsp2servlet.jsp 如图 4-7 所示。

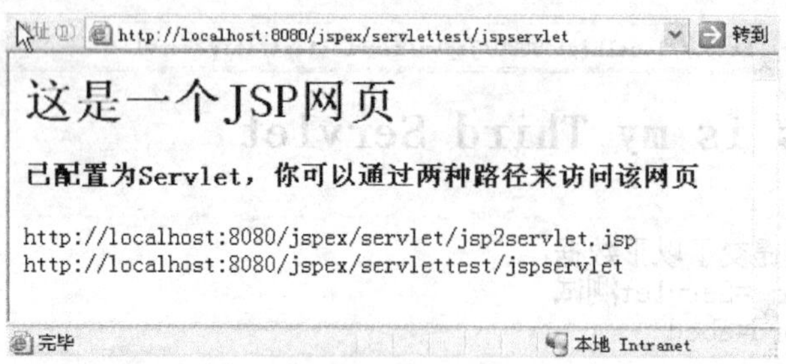

图 4-7 使用配置的 url 访问 jsp2servlet.jsp

4.3.3 Servlet 的注解配置

从 JDK5 开始，Java 增加了 Annotation 功能，称为注解或者标注。注解是对代码的一种特殊标记，是一种语法元数据。代码中的类、方法、变量、参数、包名等都可以添加注解，这些标记可以在编译，类加载和运行时被读取，并执行相应的处理。使用注解能简化很多代码，使程序更加简洁。

Servlet 3.0 规范开始支持注解(Annotation)功能，Tomcat 7.0 开始实现 Servlet 3.0 规范，从此 JSP 可以采用基于注解的方式配置 Servlet，无须再在 web.xml 文件中进行部署描述，简化了 Servlet 的配置，精简了部署描述文件 web.xml，使 Servlet 的开发流程更加简洁。

Servlet 3.0 规范中关于 Servlet 配置的注解符主要有@WebServlet 和@WebInitParam。@WebServlet 是核心注解符，该注解符作用于类，使用时标注在 Servlet 类定义语句之前；@WebInitParam 注解符标注一个初始化参数，是@WebServlet 标注内容的一部分。Servlet 注解配置的格式和支持的参数如下。

```
import javax.servlet.annotation.WebServlet;
import javax.servlet.annotation.WebInitParam;
@WebServlet(urlPatterns={"/url1", "/url2"}, name="servletName",
        loadOnStartup=1, asyncSupported=true|false, displayName=
        "displayName", description="descriptionString", initParams=
        {@WebInitParam(name="pName1", value="pVal1", description=
        "Servlet Initial parameter1"), @WebInitParam(name= "pName2",
        value="pVal2", description="Servlet Initial parameter2") })
public class ServletName implements Servlet {…}
```

1. @WebServlet 注解可配置的参数

(1) urlPatterns/value：指定访问 Servlet 的 url，类型为 String[]，可指定一组 url 地址，将一个 Servlet 映射到多个路径进行访问。基本上等价于<url-pattern>配置标签。

设置访问路径的 urlPatterns 是@WebServlet 注解唯一的、必需的参数，只有映射路径的注解配置为@WebServlet(urlPatterns="/url")时可简写为@WebServlet("/url ")，这是最简单的 Servlet 注解配置；可理解为@WebServlet(value="/url")，故设置访问路径的 urlPatterns 也可使用 value 名称，但 urlPatterns 和 value 不能同时使用，如果同时使用了 urlPatterns 和 value，通常是忽略 value 的值。

(2) name：设置 Servlet 的名称，类型为 String。等价于<servlet-name>配置标签。如果没有显式指定，则该 Servlet 的取值即为类的全限定名。

(3) loadOnStartup：指定 Web 应用程序启动时，Servlet 被加载的先后顺序，类型为 int。等价于<load-on-startup>配置标签。

(4) initParams：设置一组初始化参数，类型为@WebInitParam[]，每个@WebInitParm 注解标注一个参数。等价于<init-param>配置标签。

(5) asyncSupported：指定 Servlet 是否支持异步操作模式，类型为 boolean。异步处理是 Servlet 3.0 规范中新增的功能，其逻辑过程是当请求一个 Servlet 时，Servlet 可以先返回一部分内容给客户端，然后在 Servlet 内部新建一个线程异步处理另外一段逻辑，等到异步处理完成之后，再把异步处理的结果返回给客户端。与之相应，在配置文件 web.xml 中新增了 Servlet 配置子标签<async-supported>，用于设置 Servlet 的异步特性。

(6) displayName：设置 Servlet 的显示名，类型为 String。等价于<display-name>配置标签。

(7) description：设置 Servlet 的描述信息，类型为 String。等价于<description>配置标签。

2. @WebInitParam 注解可配置的参数

(1) name：设置初始化参数的名称，类型为 String，必需的。等价于<param-name>配置标签。

(2) value：设置初始化参数的值，类型为 String，必需的。等价于<param-vlaue>配置标签。

(3) description：关于初始化参数的描述，类型为 String。等价于<description>配置标签。该参数不是必需的。

例程 4-5，AnnotationServlet.java

```
package jspex.servlet;
import javax.servlet.*;
import javax.servlet.http.*;
import java.io.*;
@WebServlet(urlPatterns={"/servlettest/annotationsvt"},
      name="annotationServlet" initParams={@WebInitParam(name="user",
      value="root"), @WebInitParam(name= "password", value="keep secret") })
public class AnnotationServlet extends HttpServlet {
   String password;
   String username;
   public void doPost(HttpServletRequest request, HttpServletResponse
         response) throws ServletException, IOException {
      response.setContentType("text/html;charset=gb2312");
      PrintWriter out = response.getWriter();
      out.println("<html>");
      out.println("<head>");
      out.println("<title>Annotation Servlet</title>");
      out.println("</head>");
      out.println("<body bgcolor=\"#ffeeee\">");
      out.println("<body><h2>This is my Annotation Servlet</h2>");
      out.println("<hr>");
      out.println("获得了以下初始化参数：<br>");
      out.println("username="+username + "<br>");
      out.println("password="+password + "<br>");
      out.println("</body></html>");
      out.flush();
   }
```

```
    public void doGet(HttpServletRequest request, HttpServletResponse
                response) throws ServletException, IOException {
        doPost(request,response);
    }
    public void init()throws ServletException {
        password=getInitParameter("password");
        username=getInitParameter("user");
    }
}
```

该 Servlet 无须在 web.xml 文件中进行配置，将编译后的 class 文件放在网站 WEB-INF/classes/jspex/servlet/目录下，如果网站发布在本地 Tomcat 服务器上，在浏览器中用地址 http://localhost:8080/jspex/servlettest/annotationsvt 即可访问到该 Servlet，显示效果类似于图 4-4。

注意，使用注解配置需要下述条件。

(1) 设计时引用 Servlet 3.0 标准及以上的 jar 包。

(2) 使用 1.6 及以上版本的 JSDK。

(3) 编译器的编译级别为 6.0 及以上。

(4) web.xml 配置文件使用 Servlet 3.0 及以上的规范。

(5) 使用支持 Servlet 3.0 特性的 web 容器，如 tomcat7。

Servlet 3.0 的部署描述文件 web.xml 的根标签(顶层标签)<web-app> 新增一个 metadata-complete 属性，该属性指定当前的部署描述文件是否是完全的。如果设置为 true，则容器在部署时将只依赖部署描述文件，忽略所有的注解(同时也会跳过 web-fragment.xml 的扫描，亦即禁用可插性支持)；如果不配置该属性，或者将其设置为 false，则表示启用注解支持(和可插性支持)。

4.4 JSP Web 应用程序的开发模式

实质上 JSP 与 Servlet 是一样的，所有的 JSP 都要编译成 Servlet，并且在 Servlet 容器中执行。与 Servlet 相比，JSP 具有下列优点。

- JSP 以显示为中心，它为 Web 页面开发人员提供了更方便的开发模式。
- JSP 可以把显示和内容分离，实现的方法是借助 JavaBean、Taglib，这样项目的显示和业务逻辑开发可以同时进行。
- JSP 可以帮助组织 Web 应用的物理状况。
- JSP 由容器自动编译。

在 Web 应用程序开发中，选择使用 Servlet 还是 JSP 不是绝对的，Servlet 通常用于相对稳定、容易管理的任务。JSP 不能够取消 Servlet，最常见的情况是 JSP 结合 Java Bean 与 Servlet 编程。JSP 技术标准有两种 Web 应用程序开发方式，分别称为模式一和模式二。模式一以 JSP 为中心，是 JSP+Java Bean 架构，如图 4-8 所示；模式二按照 MVC 模式组织 Web 应用程序，是 JSP+Servlet+Java Bean 架构，如图 4-9 所示，适用于业务逻辑复杂、规模较大的项目。

1. 模式一 JSP+Java Bean

在模式一中，JSP 页面独自响应请求并将处理结果返回给客户。主要业务逻辑由 JavaBean 处理，JSP 一般用来实现页面显示，Java Bean 的使用在第 5 章介绍。模式一适用于小型项目。

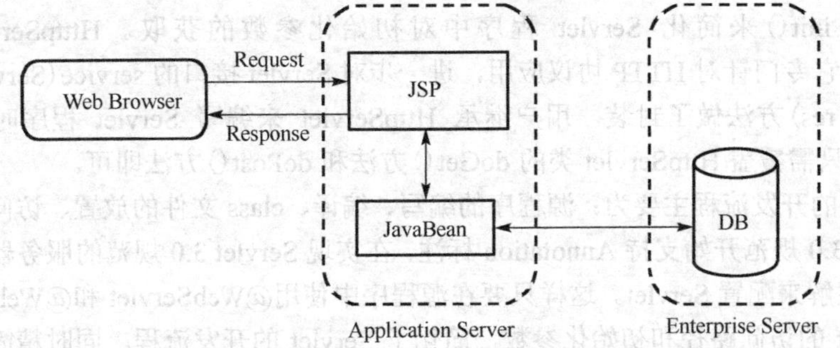

图 4-8 JSP 模式一 JSP+Java Bean

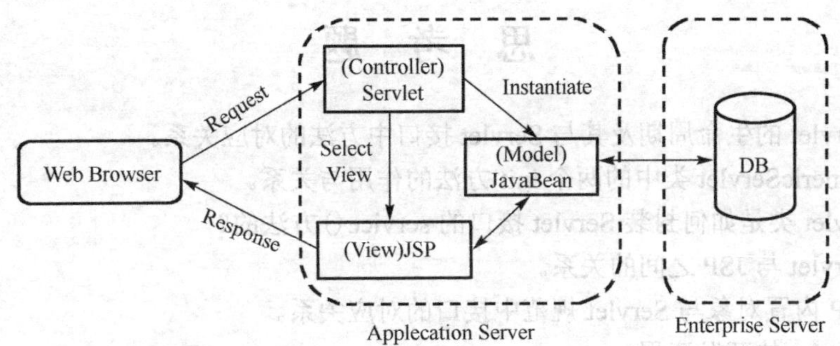

图 4-9 JSP 模式二 JSP+Java Bean+Servlet

2. 模式二 JSP+Java Bean+Servlet

在 MVC(模型 Model、视图 View、控制器 Controller)模式中：

- 模型(Model)代表业务逻辑，由 Java Bean 承担；
- 视图(View)负责应用程序的表示，一般为 JSP 页面；
- 控制器(Controller)负责过程控制，通常是 Servlet。

有关 MVC 模式的 JSP Web 应用程序开发，本书不进行探讨，可在学习完本书后，阅读有关介绍 Struts、Spring 等 MVC 框架的资料。

本 章 小 结

Servlet 是运行在服务器端的 Java 类，是 Java 语言的 CGI 程序，称为服务器端小程序。Servlet 与 JSP 本质是相同的，Servlet 是 JSP 的底层技术，JSP 是 Servlet 的简化设计。Servlet 程序要在 Web 服务器环境中运行，Web 服务器与 Servlet 都要满足一定的要求，这些要求即是 Servlet 规范，反映到代码中就是 Servlet 规范中的接口。一个支持 Servlet 和 JSP 的 Web 服务器必须实现 ServletContext、ServletConfig、ServletResponse、ServletRequest、RequestDispatcher 等接口；用户编写的 Servlet 类必须实现 Servlet 接口。JSP 中的内置对象大部分是这些接口类型的实例。

Servlet 在运行过程中要经历初始化、提供服务、结束退出三个阶段，对应于 Servlet 接口中的 init(ServletConfig config)、service(ServletRequest req, ServletResponse res)、destroy()三个方法。为了方便用户编写 Servlet 程序，服务器提供一些抽象类，对 Servlet 接口进行了包装，如 GenericServlet 类和 HttpServlet 类。GenericServlet 类是一个通用的、不依赖于具体协议的 Servlet 抽象实现，该类隐藏了 Servlet 接口的 init(ServletConfig config)方法，向用户提供了一个不带参数

的初始化方法 init()来简化 Servlet 程序中对初始化参数的获取。HtttpServlet 类继承自 GenericServlet，它专门针对 HTTP 协议应用，进一步对 Servlet 接口的 service(ServletRequest req, ServletResponse res)方法做了封装。用户继承 HttpServlet 来编写 Servlet 程序时，不会再涉及 service()方法，只需覆盖 HttpServlet 类的 doGet()方法和 doPost()方法即可。

Servlet 程序的开发流程主要为：源程序的编写、编译、class 文件的放置、访问路径的配置四个步骤。Servlet 3.0 规范开始支持 Annotation 标注，在实现 Servlet 3.0 规范的服务器中，如 Tomcat 7.0，可以使用注解来配置 Servlet。这样只要在源程序中使用@WebServlet 和@WebInitParam 标注即可设置 Servlet 的访问路径和初始化参数，简化了 Servlet 的开发流程，同时精简了部署描述文件 web.xml。

思 考 题

1．简述 Servlet 的生命周期及其与 Servlet 接口中方法的对应关系。

2．简述 GenericServlet 类中的两个 init 方法的作用与关系。

3．HttpServlet 类是如何封装 Servlet 接口的 service()方法的？

4．简述 Servlet 与 JSP 之间的关系。

5．简述 JSP 内置对象与 Servlet 规范中接口的对应关系。

6．简述 Servlet 的开发流程。

7．包结构为 jsp.info.lyu 的 Servlet，写出其 class 文件在网站中的放置路径。

8．若 Servlet 的访问路径为/servlet/antestsvt，需两个初始化参数 username="testuser" 和 pwd="abc123"。写出其注解配置代码。

第 5 章　Java Bean

5.1　Java Bean 简介

Bean 是 Java 语言的软件组件模型，类似于 Microsoft 的 COM 组件。组件是在二进制级进行代码复用的软件模块，组件体系的目的是通过组装现有组件来建立应用程序的。Bean 仍是一个 Java 类，这种类按 Bean 规范设计，从而具有软件组件的特性。Bean 组件可以加载在更复杂的组件、Java 小应用程序(applets)、窗口应用程序及其他应用程序中，通过 Java Bean 的组合可以快速地生成新的应用程序、无限扩充 Java 程序的功能。

5.1.1　Java Bean 的特性

组件技术提高了代码的复用级别，使软件更易于编写、易于维护、易于扩展。Java Bean 作为软件组件与普通的 Java 类相比具有如下一些特性。

(1) 属性(Properties)：Java Bean 的外观和行为特征，可在编程工具和开发环境中进行设置或修改。

(2) 内省(Introspection)：指 Java Bean 的属性、事件等元件能被应用程序或集成开发环境(IDE)获知。

(3) 定制(Customization)：指 Java Bean 的某些复杂属性，如果开发工具的默认机制难以编辑时，Java Bean 自身能够提供属性编辑器。

(4) 通信(Communication)：指 Java Bean 与其他程序模块之间的通信，主要的通信方式是发送/接收事件。

(5) 持久(Persitence)：指 Java Bean 的序列化，使开发工具或应用程序可以加载和恢复 Java Bean 的属性状态。可序列化用 java.io.Serializable 接口标识。

Java Bean 的功能和应用很广，有图形界面的 Bean、非可视化的 Bean 和其他类型的 Bean。JSP 中使用的 Bean 都是非可视化的，无须设计复杂的图形界面和事件处理机制。而且由于 HTTP 的无状态性，Web 服务器一般不需要对 Bean 进行序列化，可以不实现 Serializabel 接口。所以 JSP 中使用的 Bean 相对来说要简单，通常只使用 Bean 的简单属性和方法。

5.1.2　Java Bean 的属性

属性是与一组按规范命名的方法相匹配的行为，这些方法称为设置器(setter)和获取器(getter)。setter 方法的定义形式是 public void setPropertyName(PropertyType propertyValue)；getter 方法的定义形式是 public PropertyType getPropertyName()，对于布尔类型的属性，获取器方法也可以是 public boolean isPropertyName()。set 和 get(is)后的第一个字母必须大写，set 和 get(is)后的标识表示属性名，但属性名的第一个字母为小写，如上面 setter 和 getter 方法定义的属性，其名称为 propertyName。只有获取器的属性为只读属性，只有设置器的属性为只写属性，设置器与获取器都具备的属性为可读/写属性。

例程 5-1，一个简单的 JavaBean，Circle.java

```
package jspex.beans;
public class Circle {
  private double radius;
    //定义 radius 属性
  public double getRadius() {
       return radius;
  }
  public void setRadius(double newRadius) {
       radius=newRadius;
  }
    //定义 circleArea 属性，该属性只读
  public double getCircleArea() {
       return Math.PI*radius*radius;
  }
    //定义 circleLength 属性，该属性只读
  public double getCircleLength() {
       return 2.0*Math.PI*radius;  }
}
```

Bean 规范规定 Bean 中的字段必须是私有的，对字段的访问操作都要通过方法进行，这更好地体现了类的封装性。Bean 属性实质上是方法，它通常是对 Bean 中私有字段的操作，一般来说，一个属性对应于 Bean 实例的一个字段。从另一方面说，Bean 中相应的字段保存了其属性的状态。但属性与字段不是必须对应的，属性的定义方法中可实现任何逻辑操作。属性按照行为可分为以下 4 类。

(1) Simple 属性：与一个简单类型的字段对应，仅是对此类型字段的读/写操作。

(2) Indexed 属性：与一个数组类型的字段对应。使用与该属性对应的 set/get 方法可取得数组中的一个值，或者整个数组的值。此类属性可有两对 set/get 方法。

(3) Bound 属性：表示这样一种属性，该属性的值发生变化时，要通知其他对象。即每次属性值改变时，会触发 PropertyChange 事件，相应的监听器会对事件进行处理。

(4) Constrained 属性：与 Bound 属性类似，该属性值改变时，也会触发 ProperyChange 事件，而且接收事件的 Java 对象可否决属性值的改变，即 Bean 还会接收监听器的返回值，如果任意一个监听器否决属性的改变，就产生一个异常，属性值将不会被修改。

5.1.3 Java Bean 的编写

Java Bean 组件没有一个统一的父类或必须实现的接口，设计 Java Bean 遵循的准则如下。

(1) 定义 Java Bean 的包结构，无包结构的 Java Bean 在 JSP 中无法使用。

(2) Java Bean 类必须是一个公共类，即其访问属性设置为 public。

(3) Java Bean 类必须有一个不带参数的公有构造器，如果 Bean 中不定义其他的构造方法，该构造器也可以省略，因为在此条件下，编译器会默认添加一个不带参数的公有的空构造方法。

(4) 一个 java Bean 类不应有公共实例变量，类变量都为 private。

(5) 定义 JavaBean 的属性，即定义 getter 和 setter 方法。注意 getter 方法有返回值，没有参数，而 setter 方法有参数，返回值为 void。在一些开发工具中，可自动生成相应类变量的 getter 和 setter 方法。

(6) 定义 Java Bean 的方法，Java Bean 中的方法与普通 Java 类的方法一样，其公有方法作为该 Bean 的组件方法，可通过 Bean 对象来调用。

例程 5-2，TestBean.java

```
package jspex.beans;
public class TestBean
{
    private String  username;
    private String password;
    private int age;

    public void setUserName(String name) {
        this.userName=name;
    }
    public void setPassword(String password) {
        this.password=password;
    }
    public String  getUserName() {
        return this.userName;
    }
    public String getPassword() {
        return password;
    }
    public int getAge() {
        return this.age;
    }
    public void setAge(int age) {
        this.age=age;
    }
}
```

5.2　JSP 中使用 Java Bean

Java Bean 传统的应用在可视化领域，如在 AWT 中的应用。自从 JSP 诞生后，Java Bean 更多地应用在了非可视化领域，在服务器端应用方面表现出来了越来越强的生命力。Java Bean 在 JSP 程序中常用来封装事务逻辑、数据库操作等，可以很好地实现业务逻辑和前台程序(如 JSP 文件)的分离，使得 JSP 页面更简洁、更易于维护，从而使系统具有更好的健壮性和灵活性。

JSP 中使用 Java Bean 的.class 文件，Java Bean 源程序编译后的.class 文件必须按包结构放在 Web 应用程序 WEB-INF 目录的 classes 子目录下。

Java Bean 可作为一般的 Java 类在 JSP 中使用，首先用 page 指令的 import 属性引入 Bean 类，然后创建 Bean 实例并使用。

例程 5-3，作为普通 Java 类使用 Bean，deprecateduse.jsp

```
<%@ page contentType="text/html;charset=gb2312" %>
<%-- 必须引入 Circle 类 --%>
<%@ page import="jspex.beans.Circle" %>
<html>
<head><title>Java Bean 的使用</title></head>
```

```
<body>
<%
    //创建 Circle 类的实例，以下使用该实例
    Circle circle1=new Circle();
    circle1.setRadius(12);
%>
圆的半径：<%=circle1.getRadius()%><br>
圆的周长：<%=circle1.getCircleLength()%><br>
圆的面积：<%=circle1.getCircleArea()%><br>
</body>
</html>
```

deprecateduse.jsp 的运行结果如图 5-1 所示。

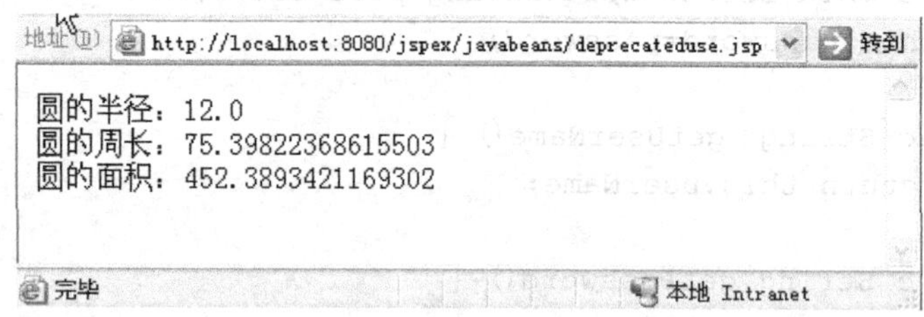

图 5-1 deprecateduse.jsp 的运行结果

在 JSP 中一般不提倡用上述方法使用 Java Bean。JSP 对 Java Bean 的使用提供了专门的支持，JSP 规范中定义了动作<jsp:useBean>、<jsp:setProperty>、<jsp:getProperty>。使用这三个动作可以很容易地创建对 JavaBean 的引用并读取/设置 Java Bean 的属性值。

5.2.1 <jsp:useBean>

<jsp:useBean>定位或创建 Bean 实例，并指定名字和作用范围，语法格式如下。

```
<jsp:useBean id="beanInstanceName"
    scope="page|request|session|application"
    {class="package.class"|
    type="package.class"|
    class="package.class" type="package.className"|
    beanName="{package.class|<%=expression%>}" type="package.class"}>
    other elements
</jsp:useBean>
```

属性：

(1) id 属性是 Bean 对象的唯一标签，代表了一个 Bean 对象的实例。它具有特定的存在范围(page|request|session|application)。在 JSP 中通过 id 来识别 Bean。

(2) scope 属性代表了 Bean 对象的生存时间，可以是 page、request、session 和 application 中的一种。默认范围是 page。

(3) class 属性代表了 Bean 对象的包结构和类名，特别注意大小写要完全一致，不带扩展名。

(4) beanName 属性使用 java.beans.Beans.instantiate 方法而不是 new 方法从 beanName 属性指定的类模板或 Bean 名称中实例化一个 Bean，beanName 属性值会传给 Beans.instantiate 方法。使用 Beans.instantiate 方法将在文件系统上搜索指定 Bean 的一个序列化版本，如果找到序列化对象，

则装入它。如果找不到它，则创建新的 Bean。Beans.instantiate 方法通常会带来性能上的损失，在 Web 应用中不常用。

(5) type 属性指定了 Bean 的类型，默认和 class 属性设置一致，一般采用默认值，也可以是 Bean 的接口或父类。

注意，不能同时使用 class 和 beanName 属性。<jsp:useBean>首先会定位一个 Bean 实例，如果发现存在一个具有相同 id 和 scope 的 Bean 则使用它；如果不存在这样的 Bean，那么<jsp:useBean>就会从一个 class 或模板中进行实例化。如果没有指定 class 或 beanName 属性，仅指定 type 属性的话，Bean 将不会被实例化。使用<jsp:useBean>无须再用 page 指令的 import 属性引入 Bean 类。<jsp:useBean>最常用的使用方式：

```
<jsp:useBean id="beanInstanceName"
    scope="page|request|session|application"
    class="package.class"/>
```

5.2.2　<jsp:getProperty>

<jsp:getProperty>获取 Bean 属性，语法格式如下。

```
<jsp:getProperty
    name="id"
    property="propertyName" />
```

属性：

(1) name="id" bean 的名字，由<jsp:useBean>id 属性指定。

(2) property="propertyName" 指定 Bean 的属性名。

5.2.3　<jsp:setProperty>

<jsp:setProperty>设置 Bean 的属性值，语法格式如下。

```
<jsp:setProperty
    name="id"
    {property="*"|
    property="propertyName" [param="parameterName"]|
    property="propertyName" value="{string|<%= expression %>}"
    } />
```

属性：

(1) name="id" bean 的名字，由<jsp:useBean>id 属性指定。

(2) property="*"，*代表所有的属性，给该 Bean 的所有属性设置值，值为客户端请求本页面时提交的各个参数，参数名与 Bean 的属性名必须一一对应，名称不一致的属性将无法赋值。

property="propertyName" 指定 Bean 的属性名，给此属性赋值，属性值从客户端提交的参数获取，或者用 param 属性指定具体的参数名，或者按名称对应的方法获取；也可以用 value 属性指定具体的字符串或表达式值。

<jsp:setProperty>一般独立使用，也可以嵌套在<jsp:useBean>标记中，此时，仅在有新的对象被实例化时<jsp:setProperty>才会执行。

使用 property="*"设置 Bean 的所有属性，属性值从客户端提交的参数获取，注意参数名与 Bean 的属性名必须一致。

例程 5-4，testbean1.htm

```
<html><body>
用户信息注册：<br><hr>
<form action="usebean1.jsp" method="post">
<table>
<tr><td>姓名：<input name="userName" type="text"></td></tr>
<tr><td>密码：<input name="password" type="password"></td></tr>
<tr><td>年龄:<input name="age" type="text"></td></tr>
<tr><td><input type=submit value="submit"></td></tr>
</table>
</form>
</body>
</html>
```

例程 5-5，usebean1.jsp

```
<%@ page contentType="text/html;charset=gb2312"%>
<% request.setCharacterEncoding("gb2312"); %>
<jsp:useBean id="user" scope="page" class="jspex.beans.TestBean"/>
<jsp:setProperty name="user" property="*"/>
<html>
<body>
注册成功：<br>
<hr>使用 bean 属性方法：<br>
用户名：<%=user.getUserName() %><br>
密码：<%=user.getPassword() %><br>
年龄：<%=user.getAge()%><br>
<hr>使用 getProperty:<br>
用户名：<jsp:getProperty name="user" property="userName"/><br>
密码：<jsp:getProperty name="user" property="password"/><br>
年龄：<jsp:getProperty name="user" property="age"/><br>
<hr><br>
  <a href="testbean2.htm">对比下一个</a>
</body>
</html>
```

usebean1.jsp 的运行结果如图 5-2 所示。

图 5-2 usebean1.jsp 的运行结果

例程 5-6 是在例程 5-5 的基础上进行了修改，在 testbean2.htm 中将用户名文本框的名称 userName 改为 UserName，使提交的参数名 UserName 与 Bean 的属性名 userName 不一致，usebean2.jsp 与 usebean1.jsp 基本上一样，则 Bean 的 userName 属性不会获得值。

例程 5-6，testbean2.htm

```
<html>
<body>
用户信息注册：<br><hr>
<form action="usebean2.jsp" method="post">
<table>
<tr><td>姓名：<input name="UserName" type="text"></td></tr>
<tr><td>密码：<input name="password" type="password"></td></tr>
<tr><td>年龄:<input name="age" type="text"></td></tr>
<tr><td><input type=submit value="submit"></td></tr>
</table>
</form>
</body>
</html>
```

usebean2.jsp 略。

usebean2.jsp 的运行结果如图 5-3 所示。

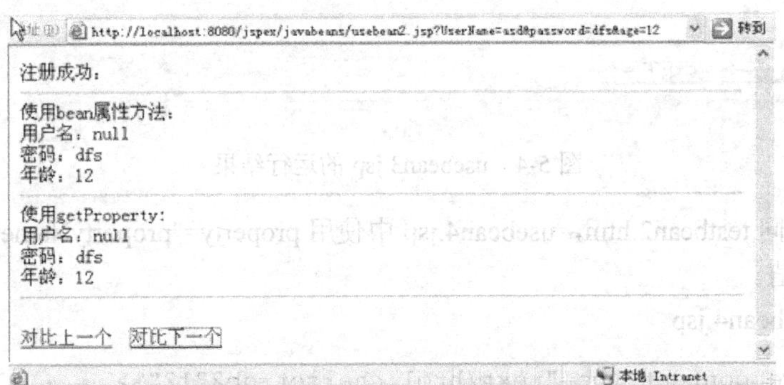

图 5-3　usebean2.jsp 的运行结果

testbean3.htm 同 testbean2.htm，usebean3.jsp 中使用 property="propertyName" [param="parameterName"]来为 Bean 的属性赋值。

例程 5-7，usebean3.jsp

```
<%@ page contentType="text/html;charset=gb2312"%>
<% request.setCharacterEncoding("gb2312"); %>
<jsp:useBean id="user" scope="page" class="jspex.beans.TestBean"/>
<jsp:setProperty name="user" property="userName" param="UserName"/>
<jsp:setProperty name="user" property="password" />
<jsp:setProperty name="user" property="age" param="age"/>
<html>
<body>
注册成功：<br>
<hr>使用 bean 属性方法：<br>
```

```
用户名：<%=user.getUserName() %><br>
密码：<%=user.getPassword() %><br>
年龄：<%=user.getAge()%><br>
<hr>使用 getProperty:<br>
用户名：<jsp:getProperty name="user" property="userName"/><br>
密码：<jsp:getProperty name="user" property="password"/><br>
年龄：<jsp:getProperty name="user" property="age"/><br>
<hr><br>
<a href="testbean2.htm">对比上一个</a>  
<a href="testbean4.htm">对比下一个</a>
</body>
</html>
```

usebean3.jsp 的运行结果如图 5-4 所示。

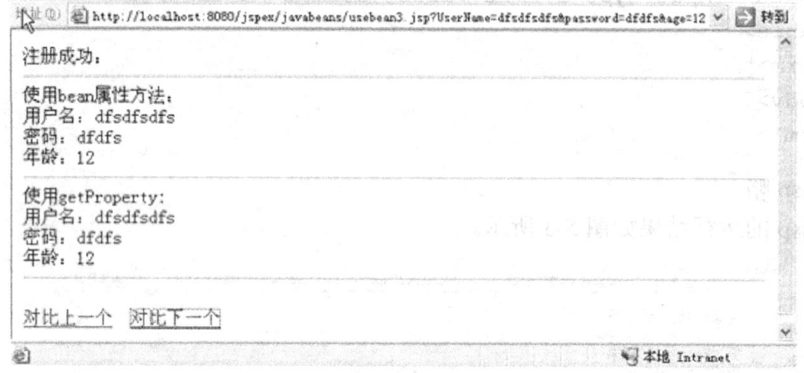

图 5-4　usebean3.jsp 的运行结果

testbean4.htm 同 testbean2.htm，usebean4.jsp 中使用 property="propertyName" value="string"来为 Bean 的属性赋值。

例程 5-8，usebean4.jsp

```
<%@ page contentType="text/html;charset=gb2312"%>
<% request.setCharacterEncoding("gb2312"); %>
<jsp:useBean id="user" scope="page" class="jspex.beans.TestBean"/>
<jsp:setProperty name="user" property="userName" param="UserName"/>
<jsp:setProperty name="user" property="password" value="keep secret" />
<jsp:setProperty name="user" property="age"/>
<html>
<body>
注册成功：<br>
<hr>使用 bean 属性方法：<br>
用户名：<%=user.getUserName() %><br>
密码：<%=user.getPassword() %><br>
年龄：<%=user.getAge()%><br>
<hr>使用 getProperty:<br>
用户名：<jsp:getProperty name="user" property="userName"/><br>
密码：<jsp:getProperty name="user" property="password"/><br>
年龄：<jsp:getProperty name="user" property="age"/><br>
```

```
    <hr><br>
    <a href="testbean3.htm">对比上一个</a>
    </body>
    </html>
```

usebean4.jsp 的运行结果如图 5-5 所示。

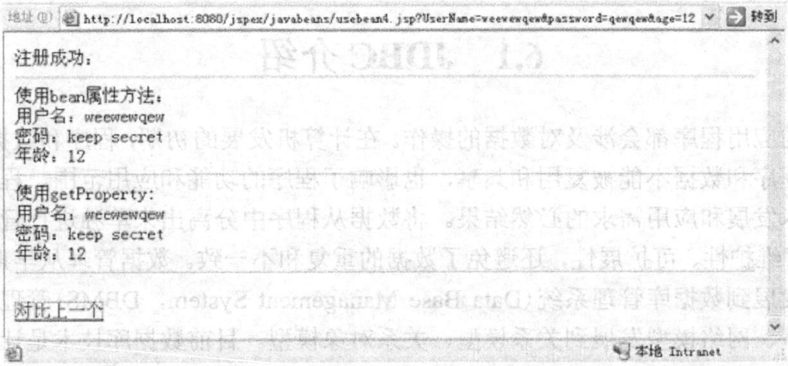

图 5-5 usebean4.jsp 的运行结果

本 章 小 结

Java Bean 是 Java 语言的软件组件模型，具有属性、内省、定制、通信、持久化等特性。Java Bean 的功能和应用很广，有图形界面的 Bean、非可视化的 Bean 和其他类型的 Bean。JSP 中使用的 Bean 都是非可视化的，无须设计复杂的图形界面和事件处理机制。通常只使用 Bean 的简单属性和方法。

Java Bean 在 JSP 程序中常用来封装事务逻辑、数据库操作等，可以很好地实现业务逻辑和前台程序(如 JSP 文件)的分离，使得 JSP 页面更简洁、更易于维护。Java Bean 可作为一般的 Java 类在 JSP 中使用，首先用 page 指令的 import 属性引入 Bean 类，然后创建 Bean 实例并使用。在 JSP 中一般不提倡用上述方法使用 Java Bean。JSP 对 Java Bean 的使用提供了专门的支持，JSP 规范中定义了动作<jsp:useBean>、<jsp:setProperty>、<jsp:getProperty>。使用这三个动作可以很容易地创建对 JavaBean 的引用并读取/设置 Java Bean 的属性值。

思 考 题

1. Java Bean 的索引属性与简单属性有什么区别？
2. Java Bean 属性的读/写性由什么决定？
3. Java Bean 属性的 Getter 方法和 Setter 方法都有返回值和参数吗？
4. 写出<jsp:userBean>动作的最常用的语法格式。
5. <jsp:setProperty name= "userBean" property= "* ">设置 userBean 的哪个属性？属性值从何处而来？
6. 写出<jsp:getProperty>动作的语法格式。

第6章 JDBC

6.1 JDBC介绍

几乎所有的应用程序都会涉及对数据的操作。在计算机发展的初期，程序和数据是不分离的，这种状况导致程序和数据不能被复用和共享，也影响了程序的功能和应用范围。程序与数据的分离是计算机技术发展和应用需求的必然结果。将数据从程序中分离出来单独进行管理，提高了程序的可靠性、可维护性、可扩展性，还避免了数据的重复和不一致。数据管理从早期的手工管理、文件系统管理发展到数据库管理系统(Data Base Management System，DBMS)管理，数据库管理系统从层次模型、网络模型发展到关系模型、关系对象模型。目前数据库技术是计算机科学中十分重要和成熟的分支，大部分应用程序都会使用数据库来管理数据，一个应用程序也只有使用了数据库才可能是实用和完备的。

结构化查询语言(Structured Query Language，SQL)是对关系型数据库进行操作的标准语言，是关系型数据库发展过程中进行标准化的重大技术成果。SQL统一和简化了对各种关系型数据库管理系统(RDBMS)的操作。SQL 语言有两种使用方式：一种是在终端交互方式下使用，称为交互式SQL；另一种是嵌入在高级语言的程序中使用，称为嵌入式SQL。嵌入式SQL是更为广泛的应用。由于不同的数据库管理系统在数据格式、对外编程接口(API)甚至语法方面都互不兼容，所以对不同的关系型数据库管理系统，嵌入式 SQL 在使用上有很大的差异。一些著名的厂商包括 Oracle、Sybase、Lotus、Ingres、Informix、HP、DEC等结成了SQL Access Group(简称SAG)，提出了SQL API的规范核心：调用级接口(Call Level Interface，CLI)，以统一数据库的编程接口。然而SAG是一个松散的组织，没有在调用级接口规范基础上进行高层扩展，实现对底层功能的进一步封装。在此情况下微软推出了自己的解决方案：开放式数据库互连(Open DataBase Connectivity，ODBC)。

ODBC基于SAG的调用级接口规范CLI。ODBC基本上分为三层：应用层、驱动程序管理器和驱动程序。应用层为开发者或用户提供标准的接口函数、语法和错误代码等；驱动程序管理器是 ODBC 技术的核心，由 ODBC 实现，建立应用层的功能调用与驱动程序的连接；驱动程序由微软、DBMS厂商或第三方开发商提供，它必须符合ODBC的规范。这个驱动对应用程序的开发者是透明的，并允许根据不同的DBMS采用不同的技术加以优化实现。ODBC技术借鉴了现代操作系统设备管理的思想，ODBC驱动程序管理器类似于操作系统的设备管理器，数据库驱动程序类似于外部设备的驱动程序，ODBC应用层接口类似于操作系统提供的有关设备的API。应用程序利用ODBC访问数据库类似于使用打印机等外部设备，尽管打印机的种类千差万别，但在应用程序中调用的 API 是一致的。ODBC 为用户提供了简单、标准、透明的数据库访问方式，由于ODBC思想上的先进性，且没有同类的标准或产品与之竞争，它一枝独秀，推出后仅两三年就受到了众多数据库厂家的支持与广大用户的青睐，成为一种广为接受的标准。

ODBC是C语言接口的API，不适合在Java中直接使用，从Java程序调用本地的C程序在安全性、完整性、可移植性等方面都存在缺陷。在这样的需求状况下，SUN公司开发了JDBC技术，用于Java语言访问数据库。JDBC是Java数据库连接(Java DataBase Connectivity)的简称，是Java语言访问数据库的API，JDBC还是SUN公司的注册商标。JDBC的原理与ODBC基本上一致，总体上分为三个层次：应用层为开发者提供统一的编程接口；驱动程序管理器加载和管理数据库驱动程序，并将应用层的调用对应于相应的驱动程序操作；驱动程序面向数据库厂商，为驱动程序的开发提供统一的接口。JDBC 在实现上克服了 ODBC 没有面向对象的特性、底层功能与高级功能混杂、复杂难学等缺点，以 Java 语言的风格和优点为基础进行了优化，所以 JDBC 十分简洁和易于使用。

JDBC 和 ODBC 都是基于 X/Open SQL 的调用级接口，是继 SQL 之后，数据库领域又一重要的标准化技术成果。JDBC 为数据库应用开发人员、数据库前台工具开发人员提供了一种标准的应用程序设计接口，使开发人员可以用纯 Java 语言编写完整的数据库应用程序。

6.2　JDBC API

JDBC API 为 Java 开发者使用数据库提供了统一的编程接口，它由一组 Java 类和接口组成，包括在 java.sql 包中，该程序包位于 JRE 安装目录 lib 子目录下的 rt.jar 文件中。从 JSDK1.1 开始，JDBC API(java.sql 包)就是 Java 语言的标准组件。在 JSDK1.4 中，JDBC 的版本升级为 3.0，JDBC3.0 又增加了 javax.sql 包。java.sql 包中的类和接口主要针对基本的数据库编程，如建立连接、执行语句或预处理语句、返回结果集等，另外也有一些高级处理，如批处理更新、事务隔离和可滚动结果集等。javax.sql 包主要为数据库方面的高级操作提供接口和类，如为连接管理、分布式事务和旧有的连接提供了更好的抽象，引入了容器管理的连接池、分布式事务和行集等。下面介绍 java.sql 包中的一些基本接口和类，有关 JDBC API 的详细信息，可参考 SUN 公司的说明文档 http://java.sun.com/j2se/1.4.2/docs/api/index.html 或 http://java.sun.com/javase/6/docs/api/。

6.2.1　Driver 接口

Driver 接口面向设计 DBMS 的程序员，每个数据库的 JDBC 驱动程序必须实现 Driver 接口。对于 JSP 程序员而言，Driver 接口是透明的，开发者不会直接使用 Driver 接口的方法，只需加载特定厂商提供的数据库驱动程序即可。加载数据库驱动程序最常用的方法为：

```
Class.forName("packages.DriverName");
```

Class 是 java.lang 包中的重要类，forName 是其静态方法。

6.2.2　DriverManager 类

DriverManager 类是 JDBC 的管理层，作用于用户程序和驱动程序之间。DriverManager 类跟踪可用的驱动程序，并在数据库和相应的驱动程序之间建立连接。DriverManager 类的常用方法如表 6-1 所示。

表 6-1 DriverManager 类的常用方法

方　法	说　明
static Connection getConnection(String url) static Connection getConnection(String url, Properties info) static Connection getConnection(String url, String user, String password)	建立与 url 中给定的数据库的连接。所使用的数据库用户名与密码在 url 中给定，或通过 Properies 类型的对象给定，或单独作为参数给出
static Driver getDriver(String url)	定位已加载的一个驱动程序
static void registerDriver(Driver driver)	加载指定的驱动程序
static int getLoginTimeout()	获取驱动程序建立连接的时间限制
static void setLoginTimeout(int seconds)	设置驱动程序建立连接的时间限制

6.2.3 Connection 接口

Connection 接口对象代表与数据库的连接，也就是在已经加载的数据库驱动程序和数据库之间建立连接。Connection 接口类型的对象由 DriverManager 类的静态方法 getConnection()获取，该接口的常用方法如表 6-2 所示。

表 6-2 Connection 接口的常用方法

方 法	说 明
void close()	关闭与数据库的连接
void commit()	提交对数据库的更改，使更改生效。这个方法只有调用了 setAutoCommit(false)方法后才有效，否则对数据库的更改会自动提交到数据库
Statement createStatement() Statement createStatement(int resultSetType, int resultSetConcurrency) Statement createStatement(int resultSetType, int resultSetConcurrency, int resultSetHoldability)	创建用于执行普通 SQL 的语句对象，可以设定所产生的结果集的类型、并发性、生存期
CallableStatement prepareCall(String sql) CallableStatement prepareCall(String sql, int resultSetType, int resultSetConcurrency) CallableStatement prepareCall(String sql, int resultSetType, int resultSetConcurrency, int resultSetHoldability)	创建用于执行存储过程的语句对象，可以设定所产生的结果集的类型、并发性、生存期
PreparedStatement prepareStatement(String sql) PreparedStatement prepareStatement(String sql, int autoGeneratedKeys) PreparedStatement prepareStatement(String sql, int[] columnIndexes) PreparedStatement prepareStatement(String sql, int resultSetType, int resultSetConcurrency) PreparedStatement prepareStatement(String sql, int resultSetType, int resultSetConcurrency, int resultSetHoldability) PreparedStatement prepareStatement(String sql, String[] columnNames)	创建用于执行预处理语句的语句对象，预处理语句是包含参数或者占位符"？"的 SQL 语句，执行前需要给这些参数赋值。可以设定所产生的结果集的类型、并发性、生存期，对 Insert 语句还可设定返回自动产生的键值
DatabaseMetaData getMetaData()	返回数据库元数据。元数据是关于 DBMS 支持的数据类型、子查询、批处理等信息
void rollback() void rollback(Savepoint savepoint)	回滚当前执行的操作，只有调用了 setAutoCommit(false)方法后才可以使用
void setAutoCommit(boolean autoCommit)	设置操作是否自动提交到数据库，在默认情况下是 true

6.2.4 Statement 接口

Statement 接口对象称为语句对象，通过语句对象可以向数据库发送并执行 SQL 语句。Statement 接口类型的对象由 Connection 对象的 createStatement()方法创建，该接口的常用方法如表 6-3 所示。

表 6-3 Statement 接口的常用方法

方 法	说 明
boolean execute(String sql) boolean execute(String sql, int autoGeneratedKeys) boolean execute(String sql, int[] columnIndexes) boolean execute(String sql, String[] columnNames)	执行 SQL 语句，返回是否有结果集。为 Insert 语句设置可返回的自动产生的键值
ResultSet executeQuery(String sql)	执行 SQL 查询语句，返回 ResultSet 对象

续表

方 法	说 明
int executeUpdate (String sql) int executeUpdate (String sql, int autoGeneratedKeys) int executeUpdate (String sql, int[] columnIndexes) int executeUpdate (String sql, String[] columnNames)	执行 Insert、Delete、Update 语句，返回受影响的行数。为 Insert 语句设置可返回的自动产生的键值
Void addBatch (String sql)	增加批处理语句
Int[] executeBatch ()	执行批处理语句
Void clearBatch ()	清除批处理语句
Connection getConnection ()	获取与语句对象关联的连接
ResultSet getResultSet ()	获取当前的结果集
Void close ()	释放语句对象及其关联的数据库和 JDBC 资源，如果存在相关的 ResultSet 也将同时关闭

Statement 接口针对静态的 SQL 语句，作为参数的 SQL 语句在传递到数据库服务器之前必须是确定的。对于 SELECT 语句，调用 executeQuery (String sql) 方法，返回一个永远不能为 null 的 ResultSet 对象，而对于 INSERT、UPDATE、DELETE 语句，调用 executeUpdate (String sql) 方法，返回整数值，表示数据库中受影响的记录数。

与 Statement 接口功能相近的还有 PreparedStatement 接口和 CallableStatement 接口，PareparedStatement 接口从 Statement 继承而来，用来执行动态的 SQL 语句，即包含参数的 SQL 语句。PareparedStatement 对象提供 setXxx () 方法为 SQL 语句中的参数赋值，这是 PareparedStatement 接口扩展的常用方法之一。数据库系统对 PareparedStatement 传递的 SQL 语句提供预编译功能，每次执行只需传递参数即可。对于多次执行相同类型的 SQL 语句，可提高数据库的性能。CallableStatement 接口从 PreparedStatement 接口继承，提供了执行数据库中存储过程的功能。

6.2.5 ResultSet 接口

ResultSet 接口封装查询的结果集合，提供了逐行、逐字段访问结果的方法。在 JDBC2.1 里增加了两种类型的 ResultSet，允许向前和向后滚动。结果集类似一个表，其中有查询所返回的列标题及相应的值。ResultSet 类型的对象由语句对象执行 SQL 语句或存储过程后产生，该接口的常用方法如表 6-4 所示。

表 6-4 ResultSet 接口的常用方法

方 法	说 明
String getString (int columnIndex) String getString (String columnName)	获取结果集中当前记录的 String 类型的字段，可指定字段索引或名称
Int getInt (int columnIndex) int getInt (String columnName)	获取结果集中当前记录的 Integer 类型的字段
Long getLong (int columnIndex) long getLong (String columnName)	获取结果集中当前记录的 Long 类型的字段
Date getDate (int columnIndex) Date getDate (String columnName)	获取结果集中当前记录的 Date 类型的字段
Double getDouble (int columnIndex) double getDouble (String columnName)	获取结果集中当前记录的 Double 类型的字段
Float getFloat (int columnIndex) float getFloat (String columnName)	获取结果集中当前记录的 Float 类型的字段

续表

方　法	说　明
byte getByte (int columnIndex) byte getByte (String columnName)	获取结果集中当前记录的 Byte 类型的字段
Blob getBlob (int columnIndex) Blob getBlob (String columnLabel)	获取结果集中当前记录的 Blob 类型（二进制数据大型对象）的字段
Clob getClob (int columnIndex) Clob getClob (String columnLabel)	获取结果集中当前记录的 Clob 类型（字符串大型对象）的字段
boolean next ()	向后移动记录集游标
boolean previous ()	向前移动记录集游标
boolean absolute (int row)	移动记录集游标到指定位置
boolean first ()	移动记录集游标到第一条记录
boolean last ()	移动记录集游标到最后一条记录
ResultSetMetaData getMetaData ()	获取记录集对象的元数据
void close ()	释放 ResultSet 对象及其关联的数据库和 JDBC 资源，如果存在相关的 ResultSetMetaData 对象也将同时关闭

ResultSet 对象的 getMetaData () 方法返回与该结果集相关的 ResultSetMetaData 接口类型的对象，ResultSetMetaData 接口封装了结果集中的字段数、字段类型等属性信息，提供了访问这些属性的方法，如表 6-5 所示。

表 6-5　ResultSetMetaData 接口的常用方法

方　法	说　明
int getColumnCount ()	获取结果集中的字段数
String getColumnLabel (int column)	获取结果集中指定字段的别名
String getColumnName (int column)	获取结果集中指定字段的名称
int getColumnType (int column)	获取结果集中指定字段的 SQL 类型 (java.sql.Types)
String getColumnTypeName (int column)	获取结果集中指定字段在数据库中使用的类型名称

6.3　JDBC 访问数据库

JDBC 访问数据库的步骤如下。

(1) 加载 JDBC 驱动：Class.forName ("package.DriverName");。

JDBC 驱动程序是针对特定数据库实现了 Driver 接口的类，这个类定义了对数据库的具体操作。数据库在提供对 JDBC 支持的发展过程中有 4 种类型的驱动程序。

- JDBC-ODBC Bridge (JDBC-ODBC 桥)：利用 ODBC 驱动程序提供 JDBC 访问，把 JDBC 调用映射为 ODBC 方法。
- JDBC-Native Bridge (部分 Java、部分本机驱动程序)：将 JDBC 调用转换为特定 DBMS 专有的客户端 API。
- JDBC-Net Bridge (中间数据访问服务器)：将 JDBC 调用转换至中间服务器，由中间服务器再进行对特定 DBMS 的调用。
- All-Java JDBC Driver (纯 Java 驱动程序)：将 JDBC 调用转换为对特定 DBMS 的直接网络调用。

从第 1 种类型的 JDBC-ODBC 桥驱动程序到第 4 种类型的全 Java 驱动程序，数据库厂家对 JDBC 的支持日臻完善。JDBC-ODBC Bridge 驱动是在 JDBC 技术出现初期，大部分数据库厂商提供了对 ODBC 的支持，而没有提供对 JDBC 支持的情况下，借用 ODBC 驱动来实现 JDBC 技术的。JDBC-ODBC 桥驱动程序由 SUN 公司提供，位于 JRE 安装目录 lib 子目录下的 rt.jar 文件中，包结构为 sun.jdbc.odbc。从 JSDK8 开始，Java 不再支持 JDBC –ODBC 驱动程序，使用 JDBC-ODBC 桥驱动必须在 JSDK7 及以下的环境中。JDBC-ODBC 桥驱动程序的明显缺点是效率低下，常作为学习 JDBC 的入门例程，目前在实际的开发中已不提倡使用。实际上微软的数据库访问技术也从 ODBC 发展到 OLE DB 和 ADO.NET。第 2 种类型的 JDBC-Native Bridge 驱动程序仍是一种过渡产品，使用该类驱动程序时，应同时安装数据库服务器及其客户端程序。第 3 种类型的驱动程序需要中间数据访问服务器，适用于大型的网络系统。第 4 种类型的全 Java 驱动程序是最完善的 JDBC 驱动程序，是数据库管理系统对 JDBC 提供的全面支持。现在大多数的数据库厂商都在其数据库产品中提供该种类型的驱动程序，可从 SUN 公司、数据库厂家的网站上下载，或者从 Internet 上搜索。

JDBC 驱动程序的包结构及类名，可用压缩程序，如 WinRAR，打开驱动程序的 jar 文件查看。除了 JDBC-ODBC Bridge 驱动外，其他驱动程序的 jar 文件要放在特定的路径下：WebRoot/WEB-INF/lib。

调用 java.lang.Class 类的静态方法 forName()，提供驱动程序的包结构和类名作为参数，显式地加载 JDBC 驱动程序。将驱动程序添加到 java.lang.System 类的 jdbc.drivers 属性中，可隐式地加载一组驱动程序，只需在 jdbc.drivers 系统属性中指定由冒号(:)分隔的驱动程序名称即可。DriverManager 类初始化时，将搜索系统属性 jdbc.driver，加载属性中指定的驱动程序。隐式加载的驱动程序文件(.jar 文件)必须在环境变量 ClassPath 中，并且需要持久的预设环境，因为 DriverManager 类初始化后，将不再检查 jdbc.drivers 属性列表。所以通常使用 Class.forName()方法显式地加载数据库驱动程序。两种方式加载的驱动程序都要调用 DriverManager.registerDriver()方法进行自我注册。

(2) 建立与数据库的连接：Connection con=DriverManager.getConnection("url","root","");。

调用 DriverManager 类的静态方法 getConnection 建立与数据库的连接，需提供连接字符串及数据库的用户名和密码，其中用户名和密码可写在连接字串中，也可放在 Properties 类型的对象中，还可单独提供。连接字串 URL 指定数据库的位置，其格式对于不同的驱动程序而存在差异，需查阅相关的驱动程序说明或手册，一般格式为：

```
jdbc:<subprotocol>:<subname>
```

协议：jdbc，JDBC URL 中的协议总是 jdbc。

子协议：一个驱动程序名或数据库连接机制的名称，用于识别数据库驱动程序。

子名称：一种标识数据库的方法。子名称可以根据不同的子协议而变化，它还可以有子名称的子名称。使用子名称的目的是为定位数据库提供足够的信息。

(3) 创建语句对象：Statement stmt=con.createStatement();。

对于存储过程必须使用 CallableStatement 类型的对象。如果要多次执行同一类型的 SQL 语句可提供带参数(占位符？)的 SQL 语句，创建 PreparedStatement 类型的对象，执行语句之前，再调用该对象的 setXxx()方法为参数赋值，详细使用参阅后面的例程。

(4) 通过语句对象执行 SQL 语句返回结果集：ResultSet rst=stmt.executeQuery("SQL");。

如果是 Insert、Delete、Update 语句，一般调用 executeUpdate 方法。

(5) 结果处理：String str=rst.getString("1");。

通过 ResultSet 接口提供的方法，可对查询返回的结果集进行任何操作，Web 应用中通常是用表格在网页显示出来。

常用数据库驱动程序和 URL 如表 6-6 所示。

表 6-6 常用数据库驱动程序和 URL

数据库名	驱动程序	URL
JDBC-ODBC	sun.jdbc.odbc.JdbcOdbcDriver	jdbc:odbc:odbcsource
Access	com.hxtt.sql.access.AccessDriver	jdbc:Access:///DB Path
SQL Server 2000	com.microsoft.jdbc.sqlserver. SQLServerDriver	jdbc:microsoft:sqlserver://serverName:portNumber;DatabaseName=DBN ame;OtherProperty=value
SQL Server 2005	com.microsoft.sqlserver.jdbc. SQLServerDriver	jdbc:sqlserver://serverName:portNumber;DatabaseName=DBName;Other Property=value
Oracle	oracle.jdbc.driver.OracleDriver	jdbc:oracle:driver_type:[username/password]@serverName:porthNumber :DBName
MySQL	com.mysql.jdbc.Driver 或：org.gjt.mm.mysql.Driver	jdbc:mysql://serverName:portNumber/database?Property=value

6.3.1 使用 JDBC-ODBC 桥访问数据库

由于 ODBC 早于 JDBC，在 JDBC 技术出现时，大部分数据库产品提供了 ODBC 驱动，而没有提供对 JDBC 的支持，在这样的技术背景下，SUN 公司开发了 JDBC-ODBC 桥驱动程序，借用已经流行的 ODBC 使 JDBC 有能力访问几乎所有的数据库。目前，对微软公司的一些单机简易数据库以及数据表格，如 Access、Excel 的访问，仍需要使用 JDBC-ODBC 桥。

JDBC-ODBC 桥驱动程序位于 Java 虚拟机(JRE)lib 目录下的 rt.jar 文件中，作为 JRE 自带的组件类，只需在运行时加载即可。通过 JDBC-ODBC 与数据库建立连接的连接字符串中需要提供 ODBC 数据源名称(DSN)，下面通过例程 access.jsp，详细说明 ODBC 数据源的建立和使用 JDBC-ODBC 访问数据库的方法。

在应用程序目录(虚拟目录)中建立 data 子目录，用 Access 创建一个名为 jspex.mdb 的数据库文件，在其中建立数据表 student，表的结构如图 6-1 所示。

student ：表

字段名称	数据类型	说明
id	自动编号	
name	文本	
sex	文本	
class	文本	
chinese	数字	
maths	数字	
physics	数字	
chemistry	数字	

图 6-1 student 表结构

在表中加入一些数据，如图 6-2 所示。

student ：表

id	name	sex	class	chinese	maths	physics	chemistry
1	李四	男	一年级一班	80.0	82.0	70.0	80.0
2	张三	男	一年级一班	76.0	86.0	90.0	90.0
3	高明	男	一年级一班	60.0	92.0	80.0	70.0
4	丁霜	男	一年级一班	75.0	78.0	86.0	90.0
5	叶玲	男	一年级一班	86.0	84.0	84.0	95.0
6	李兵斌	男	一年级一班	65.0	83.0	92.0	83.0
7	高山雪	男	一年级一班	78.0	92.0	78.0	86.0
8	李凌霜	男	一年级一班	62.0	90.0	95.0	92.0
9	万梅宏	男	一年级一班	68.0	76.0	93.0	78.0

图 6-2 student 表中的数据

● 建立 ODBC 数据源。

在控制面板中双击“数据源(ODBC)”图标，打开数据源管理器的交互界面，如图 6-3 所示。

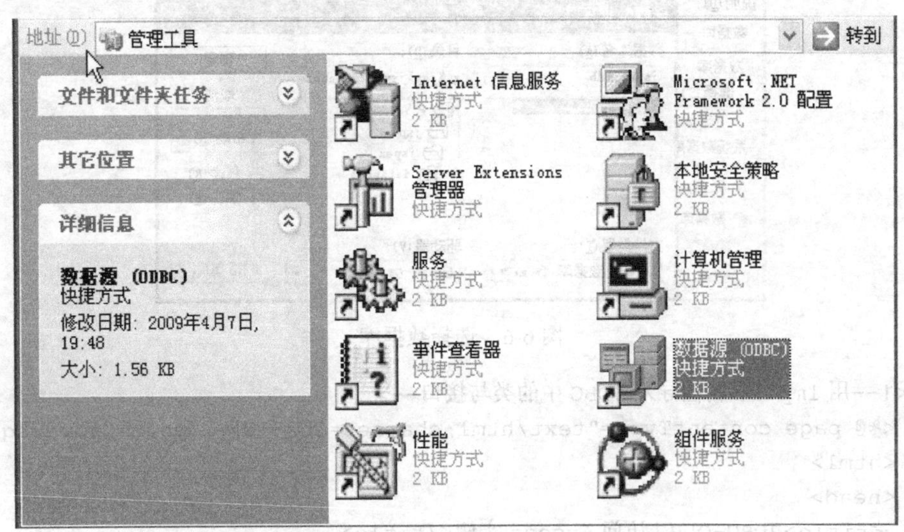

图 6-3　管理工具

● 选择“系统 DSN”选项，如图 6-4 所示。

● 单击“添加”按钮，在弹出的“ODBC 数据源管理器”对话框中，为自己所要创建的数据源选择一个驱动程序，本文的数据库文件是用 Microsoft Access 创建的，所以要选择“Microsoft Access Driver (*.mdb)”选项，如图 6-5 所示。

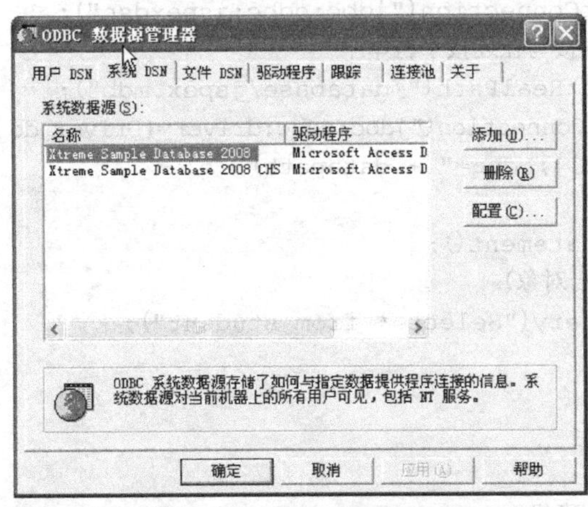

图 6-4　ODBC 数据源管理器　　　　图 6-5　选择数据源的驱动程序

● 单击“完成”按钮后，进入一个标题为“ODBC Microsoft Access 安装”的界面，在其中设置“数据源名”为“jspexdsn”，选取数据库文件 “g:\jspex\database\jspex.mdb”，然后单击“确定”按钮即可，如图 6-6 所示。

在 access.jsp 中使用建立的数据源与 jspex.mdb 数据库进行连接，在网页中显示该数据库中 student 表的内容。

例程 6-1，access.jsp

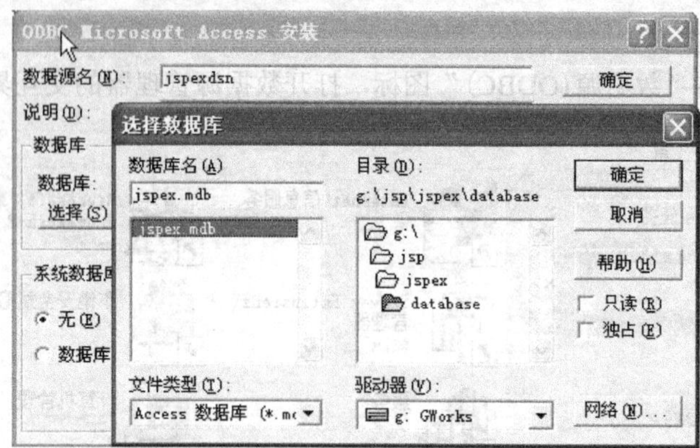

图 6-6 选择数据库

```
<!--用 import 属性导入 JDBC 中的类与接口-->
<%@ page contentType="text/html;charset=Gb2312" import="java.sql.*" %>
<html>
<head>
 <title>JDBC-ODBC 访问 Access 实例</title>
</head>
<body bgcolor=LightBlue>
<%
  //加载驱动程序
  Class.forName("sun.jdbc.odbc.JdbcOdbcDriver");
  //建立与 Access 数据库连接,数据源名称为 jspexdsn
  Connection con=DriverManager.getConnection("jdbc:odbc:jspexdsn");
  //不设置数据源，将驱动程序等连接信息直接写在连接字符串中
  //String datapath=application.getRealPath("/database/jspex.mdb");
  //Connection con=DriverManager.getConnection("jdbc:odbc:driver={Driver do
          Microsoft Access (*.mdb)}; dbq=" + datapath);
  //创建语句(Statement)对象
  Statement statement=con.createStatement();
  //执行 SQL 语句，返回结果集(ResultSet 对象)
  ResultSet rs=statement.executeQuery("Select * from student");
%>
<table align=center border=1>
 <caption>学生成绩表</caption>
 <tr align=center>
  <td>学生姓名</td><td>性别</td><td>班级</td>
  <td>语文</td><td>数学</td><td>物理</td><td>化学</td>
 </tr>
<%
 //对结果集进行处理(以表格形式显示)
 while(rs.next()) {
   out.println("<tr align=center>");
   out.println("<td>"+rs.getString("name")+"</td>");
   out.println("<td>"+rs.getString("sex")+"</td>");
   out.println("<td>"+rs.getString("class")+"</td>");
```

```
        out.println("<td>"+rs.get Float ("chinese")+"</td>");
        out.println("<td>"+rs.get Float ("maths")+"</td>");
        out.println("<td>"+rs.get Float ("physics")+"</td>");
        out.println("<td>"+rs.get Float ("chemistry")+"</td>");
        out.println("</tr>");
    }
    rs.close();
    statement.close();
    con.close();
%>
</table>
</body>
</html>
```

启动浏览器(IE)，输入网页地址(URL)，显示效果如图 6-7 所示。

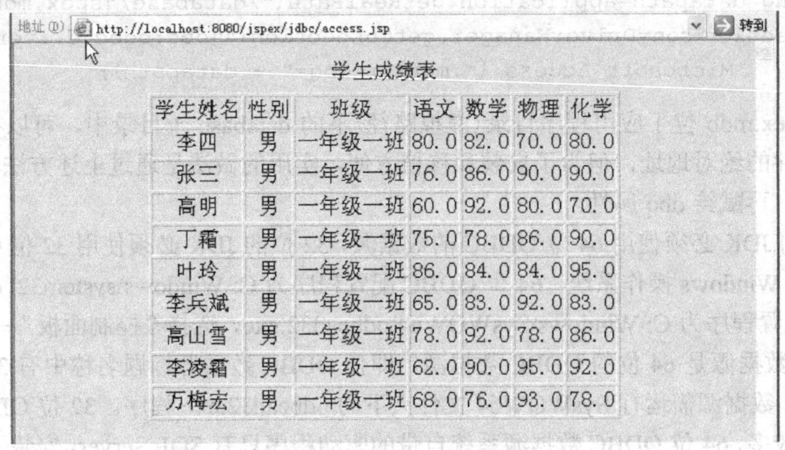

学生成绩表

学生姓名	性别	班级	语文	数学	物理	化学
李四	男	一年级一班	80.0	82.0	70.0	80.0
张三	男	一年级一班	76.0	86.0	90.0	90.0
高明	男	一年级一班	60.0	92.0	80.0	70.0
丁霜	男	一年级一班	75.0	78.0	86.0	90.0
叶玲	男	一年级一班	86.0	84.0	84.0	95.0
李兵斌	男	一年级一班	65.0	83.0	92.0	83.0
高山雪	男	一年级一班	78.0	92.0	78.0	86.0
李凌霜	男	一年级一班	62.0	90.0	95.0	92.0
万梅宏	男	一年级一班	68.0	76.0	93.0	78.0

图 6-7　access.jsp 的运行结果

关于 ODBC 数据源的问题如下。

(1) 必须选择正确的数据库驱动程序。32 位 ODBC 支持 Access 三个版本的驱动程序：driver do microsoft access (*mdb)、microsoft access driver (*mdb) 和 microsoft access_treiber (*.mdb)。SQL Server 数据库的 ODBC 驱动有 SQL Server 和 SQL Server Native Client。SQL Server 是数据库早期的驱动程序，由 Windows 操作系统自带，称为 Microsoft 数据访问组件(Microsoft Data Access Control MDAC)，从 Vista 和 Windows Server 2008 开始，也称为 Windows DAC。SQL Server Native Client 是 SQL Server 2005 引入的 ODBC 驱动程序，以支持 SQL Server 2005 的新特性。连接 SQL Server 2000 及之前版本的数据库应使用 SQL Server 驱动程序，连接 SQL Server 2005 及之后版本的数据库应使用 SQL Server Native Client 驱动程序。SQL Server 2012 又引入了 Microsoft ODBC Driver 11 for SQL Server，以支持 SQL Server 2012 的新特性，可用于连接 Microsoft SQL Server 2005、2008、2008 R2 和 SQL Server 2012 等数据库，使用上述数据库创建新的应用程序应选择 Microsoft ODBC Driver 11 for SQL Server 驱动程序。其他数据库也可能有多个驱动程序供选择。

(2) 必须选择数据库。对 SQL Server 要更改默认的数据库 Master 为相应的数据库。在 ODBC 数据源管理器中选择数据源名称，单击右侧的“配置”按钮，可重新设置选中的数据源。

注意，在配置 ODBC 数据源时，选错驱动程序和将数据库选项留空是初学者常犯的错误。

(3)一般在系统 DSN 中配置 ODBC 数据源，用户数据源只能由当前用户使用，并且只对该用户可见，然而有的 JSP 服务器(Tomcat 6.0 以下)访问数据库时使用的账户可能与当前用户不一致，所以在用户 DSN 中配置的数据源通常在 JSP 程序中无法使用。系统数据源可以由计算机上的所有用户使用，并且对于计算机上所有的用户及系统范围的服务(如 Microsoft Windows 服务)都是可见的。不要在用户 DSN 和系统 DSN 中配置相同名称的数据源，否则这两个数据源会造成冲突而导致数据库连接失败。

(4)用户数据源与系统数据源又称计算机数据源，它在指定计算机的 Windows 注册表中保存数据源的连接信息。除此之外，还有将驱动程序等连接信息保存在文本文件中的文件数据源(也称 DSN 文件)，但 JDBC-ODBC 桥驱动不支持文件数据源。另一种方式是将驱动程序直接写在连接字符串中，这样就无须建立 ODBC 数据源，简化了应用程序的安装过程，提高了应用程序的可移植性，所以在程序设计中这种方式最常用。例程 6-1 access.jsp 中的连接语句可改写为：

```
String datapath=application.getRealPath("/database/jspex.mdb");
Connection con=DriverManager.getConnection("jdbc:odbc:driver={Driver do
     Microsoft Access (*.mdb)}; dbq=" + datapath);
```

数据库 jspex.mdb 位于应用程序目录(虚拟路径)下的 database 子目录中，可以在 dbq 中直接指定数据库文件的绝对地址，但为了安装和移植方便，实用的做法是通过上述方法将相对地址转换为绝对地址，再赋给 dbq 属性。

(5)64 位的 JDK 必须使用 64 位 ODBC 的数据源，32 位的 JDK 必须使用 32 位 ODBC 的数据源。对于 64 位 Windows 操作系统，64 位 ODBC 配置程序为 C:\Windows\system32\ odbcad32.exe，32 位 ODBC 配置程序为 C:\Windows\SysWOW64\odbcad32.exe，选择“控制面板”→“管理工具”打开的 ODBC 数据源是 64 位的 ODBC 数据源，即使 ODBC 数据源标题名称中有 32 字样。要配置 32 位 ODBC 数据源需运行 SysWOW64 文件夹下的 odbcad32.exe 程序。32 位 ODBC 数据源支持的驱动程序较多，64 位 ODBC 数据源系统自带的驱动程序只有 SQL Server，安装了 64 位 Office 套件才会有 Access、Excel、Text 的 ODBC 驱动程序，安装了 SQL Server 2005 或更高版本的 SQL Server 数据库才会有 SQL Server Native Client ODBC 驱动程序。

32 位和 64 位 ODBC 驱动程序的名称是相同的。如果不使用数据源，而将 ODBC 驱动程序直接写在连接字符串中，系统会自动找到相应字长的 ODBC 程序。为了提高程序的可移植性，建议将驱动程序等连接信息都写到连接字符串这种形式来使用 ODBC。

(6)从 JDK8 开始，Java 已不再支持 JDBC-ODBC 驱动程序。使用 JDBC-ODBC 桥驱动访问数据库的应用程序必须运行于 JDK7 及以下的环境。常用数据库的 JDBC-ODBC 连接字符串如图 6-7 所示。

表 6-7　常用数据库的 JDBC-ODBC 连接字符串

数　据　库	JDBC-ODBC 连接字符串
文本文件	jdbc:odbc:driver={Microsoft Text Driver (*.txt; *.csv)}; dbq=fileDirectoryString
Excel 电子表格	jdbc:odbc:driver={Microsoft Excel Driver (*.xls)}; dbq=fileAddressString
Access	jdbc:odbc:driver={Microsoft Access Driver (*.mdb)}; dbq=dbAddressString
SQL Server 2000	jdbc:odbc:driver={SQL Server}; server=hostname/IPAddress; database=dbName
SQL Server 2005	jdbc:odbc:driver={SQL Native Client}; server=hostname/IPAddress; database=dbName
Oracle	jdbc:odbc:driver={Microsoft ODBC for Oracle}; server=hostname/IPAddress; database=dbName; UserID=username; Password=password
MySQL	jdbc:odbc:driver={MySQL ODBC 3.51 Driver}; server=hostname/IPAddress; database=dbName; UserID=username; Password=password; Port=3306

下面再给出两个例程，分别访问 Excel 数据表和文本文件，excel.jsp 连接 jspex.xsl 工作簿，在网页中显示其中 student 工作表的内容，text.jsp 查询 jspex.txt 文本文件，将其中的数据在页面中显示出来。

jspex.xsl 数据表如图 6-8 所示。

H10　fx 78

	A	B	C	D	E	F	G	H	I
1	id	name	sex	class	chinese	maths	physics	chemistry	
2	1	李四	男	一年级一班	80.0	82.0	70.0	80.0	
3	2	张三	男	一年级一班	76.0	86.0	90.0	90.0	
4	3	高明	男	一年级一班	60.0	92.0	80.0	70.0	
5	4	丁霜	男	一年级一班	75.0	78.0	86.0	90.0	
6	5	叶玲	男	一年级一班	86.0	84.0	84.0	95.0	
7	6	李兵斌	男	一年级一班	65.0	83.0	92.0	83.0	
8	7	高山雪	男	一年级一班	78.0	92.0	78.0	86.0	
9	8	李凌霜	男	一年级一班	62.0	90.0	95.0	92.0	
10	9	万梅宏	男	一年级一班	68.0	76.0	93.0	78.0	

student

就绪

图 6-8　jspex.xsl 数据表

例程 6-2，excel.jsp

```
<!--用 import 属性导入 JDBC 中的类与接口-->
<%@ page contentType="text/html;charset=Gb2312" import="java.sql.*" %>
<html>
<head>
  <title>JDBC-ODBC 访问 Excel 实例</title>
</head>
<body bgcolor=LightBlue>
<%
  //加载驱动程序
  Class.forName("sun.jdbc.odbc.JdbcOdbcDriver");
  //建立与 Excel 文件的连接，数据源名称为 exceldsn
  //Connection con=DriverManager.getConnection("jdbc:odbc:exceldsn");
  //将驱动程序等连接信息直接写在连接字符串中，访问 Excel
  String datapath=application.getRealPath("/database/jspex.xls");
  Connection con=DriverManager.getConnection("jdbc:odbc:driver={Microsoft
              Excel Driver (*.xls)}; dbq=" + datapath);
  //创建语句(Statement)对象
  Statement statement=con.createStatement();
  //执行 SQL 语句，返回结果集(ResultSet 对象)，注意 Excel 的查询语句
  ResultSet rs=statement.executeQuery("Select * from [student$]");
 %>
 <table align=center border=1>
  <caption>学生成绩表</caption>
  <tr align=center>
   <td>学生姓名</td><td>性别</td><td>班级</td>
   <td>语文</td><td>数学</td><td>物理</td><td>化学</td>
  </tr>
 <%
```

```
//对结果集进行处理(以表格形式显示)
while(rs.next()) {
  out.println("<tr align=center>");
      out.println("<td>"+rs.getString("name")+"</td>");
  out.println("<td>"+rs.getString("sex")+"</td>");
  out.println("<td>"+rs.getString("class")+"</td>");
  out.println("<td>"+rs.getFloat("chinese")+"</td>");
  out.println("<td>"+rs.getFloat("maths")+"</td>");
  out.println("<td>"+rs.getFloat("physics")+"</td>");
  out.println("<td>"+rs.getFloat("chemistry")+"</td>");
  out.println("</tr>");
 }
rs.close();
statement.close();
con.close();
%>
</table>
</body>
</html>
```

jspex.txt 文件内容如图 6-9 所示。

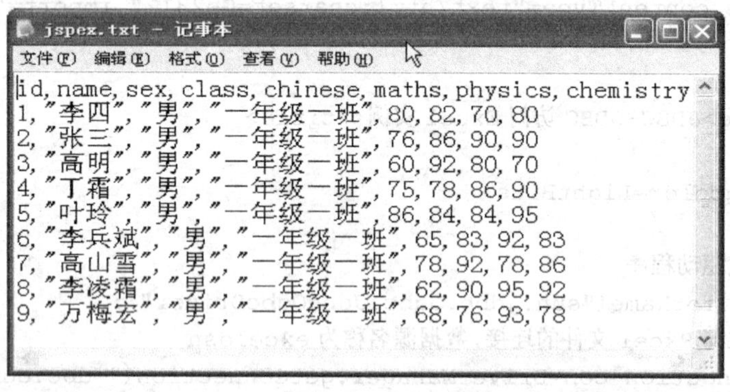

图 6-9 jspex.txt 文件内容

例程 6-3，text.jsp

```
<!--用 import 属性导入 JDBC 中的类与接口-->
 <%@ page contentType="text/html;charset=Gb2312" import="java.sql.*" %>
 <html>
 <head>
   <title>JDBC-ODBC 访问文本文件</title>
 </head>
 <body bgcolor=LightBlue>
 <%
   //加载驱动程序
   Class.forName("sun.jdbc.odbc.JdbcOdbcDriver");
   //建立与文本文件的连接,数据源名称为 textdsn
   //Connection con=DriverManager.getConnection("jdbc:odbc:textdsn");
```

```
    //将驱动程序等连接信息直接写在连接字符串中，访问文本文件
    String datapath=application.getRealPath("/database");
    Connection con=DriverManager.getConnection("jdbc:odbc:driver={Microsoft
              Text Driver (*.txt; *.csv)}; dbq=" + datapath);
    //创建语句(Statement)对象
    Statement statement=con.createStatement();
    //执行 SQL 语句，返回结果集(ResultSet 对象)
    ResultSet rs=statement.executeQuery("Select * from jspex.txt");
 %>
 <table align=center border=1>
  <caption>学生成绩表</caption>
  <tr align=center>
   <td>学生姓名</td><td>性别</td><td>班级</td>
   <td>语文</td><td>数学</td><td>物理</td><td>化学</td>
  </tr>
 <%
   //对结果集进行处理(以表格形式显示)
   while(rs.next()) {
      out.println("<tr align=center>");
      out.println("<td>"+rs.getString("name")+"</td>");
      out.println("<td>"+rs.getString("sex")+"</td>");
      out.println("<td>"+rs.getString("class")+"</td>");
      out.println("<td>"+rs.getFloat("chinese")+"</td>");
      out.println("<td>"+rs.getFloat("maths")+"</td>");
      out.println("<td>"+rs.getFloat("physics")+"</td>");
      out.println("<td>"+rs.getFloat("chemistry")+"</td>");
      out.println("</tr>");
   }
   rs.close();
   statement.close();
   con.close();
 %>
   </table>
   </body>
   </html>
```

这两个程序的显示效果与例程 6-1 的 access.jsp 一样，但数据来源则完全不同。这三个程序代码的主要不同之处是，建立连接时提供的连接字符串参数不同，可见使用 JDBC 技术的应用程序在移植数据库时很方便。对于 Excel，工作簿对应于数据库，工作表对应于数据表。对于文本文件，所在目录对应于数据库，文件对应于数据表，每一行数据对应一条记录，同一行数据以逗号分隔形成各个字段，此即所谓的 CSV(Comma Separated Value)文本数据文件。访问 Excel 数据表的 SQL 语句有些特殊之处，工作表名后必须加上“$”符号，由于“$”符号在 SQL 中是关键字，所以还应加上方括号。

注意，在连接字符串中指定驱动程序时，驱动程序的名称格式必须正确，扩展名前的小括号与其前面的驱动程序名称之间要留空格，文本文件 ODBC 驱动程序名称中的两个扩展名用分号分隔，且要留空格。

由于系统中通常没有安装 MySQL 的 ODBC 驱动程序，所以用 JDBC-ODBC 桥访问 MySQL 时，需要下载并安装 MySQL 的 ODBC 驱动程序。然而对于 MySQL、SQL Server、 Oracle 这些大型网络数据库而言，它们都对 JDBC 提供了全面的支持，最高效的方法是使用这些数据库的全 Java 驱动程序来连接访问。

6.3.2 使用 All-Java JDBC Driver 访问数据库

使用全 Java 驱动程序访问数据库时，首先要将相应数据库的 JDBC 驱动程序文件(.jar 文件)放在 Web 应用程序目录(虚拟目录)的 WEB-INF/lib/子目录下，如果驱动程序是未打包的类文件(.class 文件)，则按包结构放在 WEB-INF/classes/子目录下。JDBC 驱动程序的另一个安装位置是 JSP 服务器的 lib 目录，但为了方便应用程序的安装和移植，除非使用服务器的数据库连接池技术(在 6.5 节中介绍)，通常将其放在虚拟目录中。

安装好 JDBC 驱动程序后，即可在 JSP 中加载驱动程序，然后连接和访问数据库，程序设计步骤与使用 JDBC-ODBC 桥基本一致。下面通过例程详细介绍使用全 Java JDBC 驱动程序连接和访问各类数据库的过程。

1. 访问 Access

从 JDK8 开始，Java 已不再支持 JDBC-ODBC 驱动程序，访问 Access 数据库只能使用 Access 专用的 JDBC 驱动程序。

例程 6-4，access2.jsp，使用 Access_JDBC30 驱动程序访问 6.3.1 节的 jspex.mdb 数据库

```
<!--用 import 属性导入 JDBC 中的类与接口-->
<%@ page contentType="text/html;charset=Gb2312" import="java.sql.*"%>
<html>
<head>
<title>JDBC-ODBC 访问 Access 实例</title>
</head>
<body bgcolor="lightblue">
<%
    //加载 Access_JDBC 驱动程序
    Class.forName("com.hxtt.sql.access.AccessDriver");
    //获取 jspex.mdb 的物理路径
    String datapath = application.getRealPath("/database/jspex.mdb");
    //System.out.println("Here: " + datapath);
    //建立连接，Access_JDBC 的连接字符串"jdbc:Access:///dbpath"
    Connection con = DriverManager.getConnection("jdbc:Access:///" + datapath);
    //创建语句(Statement)对象
    Statement statement = con.createStatement();
    //执行 SQL 语句，返回结果集(ResultSet 对象)
    ResultSet rs = statement.executeQuery("Select * from student");
%>
<table align="center" border="1">
    <caption>学生成绩表</caption>
    <tr align="center">
        <td>学生姓名</td><td>性别</td><td>班级</td>
        <td>语文</td><td>数学</td><td>物理</td><td>化学</td>
```

```
    </tr>
    <%
        //对结果集进行处理(以表格形式显示)
        while (rs.next()) {
            out.println("<tr align=center>");
            out.println("<td>" + rs.getString("name") + "</td>");
            out.println("<td>" + rs.getString("sex") + "</td>");
            out.println("<td>" + rs.getString("class") + "</td>");
            out.println("<td>" + rs.getFloat("chinese") + "</td>");
            out.println("<td>" + rs.getFloat("maths") + "</td>");
            out.println("<td>" + rs.getFloat("physics") + "</td>");
            out.println("<td>" + rs.getFloat("chemistry") + "</td>");
            out.println("</tr>");
        }
        rs.close();
        statement.close();
        con.close();
    %>
</table>
</body>
</html>
```

Access 的 JDBC 驱动程序 Access_JDBC30.jar 必须放在网站的 WEB-INF/lib 目录下，或者服务器的 lib 目录中。Access_JDBC30.jar 是商业软件，试用限制使用 50 次，每次查询返回的记录数最多为 1000 条。

2. 访问 MS SQLServer

例程 6-5，在 SQL Server 2000 数据库管理系统中创建 jspex 数据库，建立 student 表，结构与前面例程类似，添加一些数据；sqlserver2k.jsp 连接访问该数据库，将 student 表中的数据在网页中显示出来

```
<!--用 import 属性导入 JDBC 中的类与接口-->
<%@ page contentType="text/html;charset=Gb2312" import="java.sql.*" %>
<html>
<head>
  <title>使用 JDBC 访问 SQL Server 2000</title>
</head>
<body bgcolor=LightBlue>
<%
  String drivername="com.microsoft.jdbc.sqlserver.SQLServerDriver";
  String urlstr="jdbc:microsoft:sqlserver://localhost:1433;DatabaseName=jspex";
  String username="sa";
  String password="123456";
  //加载驱动程序
  Class.forName(drivername);
  //建立连接，需提供连接字符串，数据库用户名及相应的密码
  Connection con=DriverManager.getConnection(urlstr,username,password);
```

```
   //创建语句(Statement)对象
   Statement statement=con.createStatement();
   //执行 SQL 语句，返回结果集(ResultSet 对象)
   ResultSet rs=statement.executeQuery("Select * from student");
 %>
<table align=center border=1>
  <caption>学生成绩表</caption>
  <tr align=center>
   <td>学生姓名</td><td>性别</td><td>班级</td>
   <td>语文</td><td>数学</td><td>物理</td><td>化学</td>
  </tr>
 <%
  //对结果集进行处理(以表格形式显示)
  while(rs.next()) {
     out.println("<tr align=center>");
     out.println("<td>"+rs.getString("name")+"</td>");
     out.println("<td>"+rs.getString("sex")+"</td>");
     out.println("<td>"+rs.getString("class")+"</td>");
     out.println("<td>"+rs.getFloat("chinese")+"</td>");
     out.println("<td>"+rs.getFloat("maths")+"</td>");
     out.println("<td>"+rs.getFloat("physics")+"</td>");
     out.println("<td>"+rs.getFloat("chemistry")+"</td>");
     out.println("</tr>");
   }
  rs.close();
  statement.close();
  con.close();
 %>
  </table>
  </body>
  </html>
```

要使上述程序正确运行，注意以下事项。

(1)将 SQL Server 2000 的 JDBC 驱动程序放在正确的目录下，虚拟目录的 WEB-INF/lib 目录，或者服务器的 lib 目录。这个驱动程序的 jar 文件包括 mssqlserver.jar、msbase.jar、msutil.jar。

(2)程序中指定的驱动程序包结构与类名，以及数据库连接字符串 URL 必须正确。可用压缩程序，如 WinRAR，打开驱动程序的 jar 文件查看驱动程序的包结构与类名。包结构名称全部小写，类名的定义符合 Pascal 命名规范，即名称中包含的单词的首字母大写，驱动程序的类名一般由数据库名加 Driver.class 组成，或者直接为 Driver.class。连接字符串的格式要查阅相关驱动程序的说明手册。

(3)MS SQL Server 2000 数据库服务器要打上 SP3 及以上的补丁才支持 JDBC 访问，因为出于安全性的考虑，SQL Server 2000 原始版本并不监听 1433 端口，故 JSP 在通过驱动程序连接数据库时会出现 Error establishing socket 错误。SQL Server 2000 的初始版本(select@@version)为 8.00.194，打 SP3 补丁后的版本为 8.00.760，而打 SP4 补丁后的版本为 8.00.2039。

(4)用户名与密码必须正确，且所提供的用户对要访问的数据库有相应的权限。只能使用数据库用户，不能使用 Windows 内置账户，因此在数据库服务器属性的安全性选项中，必须选择 SQL Server 和 Windows 身份验证模式，如果选择 Windows 身份验证模式将无法连接。

(5) 连接字符串中的端口号与数据库名称可选。不指定端口号时，使用默认的端口。SQL Server 的默认端口为 1433，MySQL 的默认端口为 3306，Oracle 的默认端口为 1521。不指定数据库时连接到默认的数据库。SQL Server 的默认数据库为 Master，有的数据库管理系统(DBMS)并没有默认的数据库。可以用 instanceName 属性指定要连接的 SQL Server 实例。要连接到 SQL Server 的命名实例，推荐使用命名实例的端口号，这将避免为了确定端口号而与服务器进行往返通信，以获得最佳连接性能。如果未指定端口号或实例名，则连接到默认实例。如果同时使用 portNumber 和 instanceName，则会优先使用 portNumber，而忽略 instanceName。可以用 user、password 属性在连接字符串中直接指定登录数据库的用户名和密码，此时就无须在 DriverManager.getConnection() 方法中提供这两个参数。更多的属性设置方法参见相应驱动程序的说明手册。

(6) 传递的 SQL 语句语法要正确，表名或字段名用到 SQL 中的保留字时，在 Excel 与 MS SQL Server 中该名前后加[]，在 MySQL 中该名前后加""(导引号)。在 Insert 或 Update 语句中，如果字段类型为字符串时，其值前后要加''，而字段类型为数值型时，其值前后不能加引号。

(7) 处理数据集时，所用的 getXxx 方法类型要与相应的字段类型一致。

(8) 空指针错误的原因可能是：数据表无数据；不符合查询条件，结果集为空；SQL 语句语法错误；与数据库连接不上。

使用 JDBC 驱动程序连接 SQL Server 2000 数据库需要注意的问题最多，连接其他数据库的步骤与例程 sqlserver2k.jsp 基本一致，主要的差别是使用的驱动程序不同，因此加载的驱动程序和提供的连接字符串各不相同，常用数据库的 JDBC 驱动程序和相应的连接字符串格式如表 6-6 所示。

注意，在/WEB-INF/lib/目录下放置 JDBC 驱动程序后，需重启服务器。不放置相应数据库的驱动程序，在连接字符串中指定的数据库名称不对，这是初学者访问数据库时常犯的错误。

例程 6-6，sqlserver90.jsp 连接访问 SQL Server 2005

```
<!--用 import 属性导入 JDBC 中的类与接口-->
<%@ page contentType="text/html;charset=Gb2312" import="java.sql.*" %>
<html>
<head>
  <title>使用 JDBC 访问 SQL Server 2005</title>
</head>
<body bgcolor=LightBlue>
<%
   String drivername="com.microsoft.sqlserver.jdbc.SQLServerDriver";
   String urlstr="jdbc:sqlserver://localhost;DatabaseName=jspex;user=
          sa;password=***";
   //加载驱动程序
   Class.forName(drivername);
   //建立连接，提供连接字符串作为参数，数据库用户名和密码在连接字符串中提供
   Connection con=DriverManager.getConnection(urlstr);
   //建立 Statement 对象
   Statement statement=con.createStatement();
   //执行 SQL 语句，返回结果集(ResultSet 对象)
```

```
    ResultSet rs=statement.executeQuery("Select * from student");
  %>
  <table align=center border=1>
   <caption>学生成绩表</caption>
   <tr align=center>
    <td>学生姓名</td><td>性别</td><td>班级</td>
    <td>语文</td><td>数学</td><td>物理</td><td>化学</td>
   </tr>
  <%
   while(rs.next()) {      //对结果集进行处理(以表格形式显示)
     out.println("<tr align=center>");
         out.println("<td>"+rs.getString("name")+"</td>");
     out.println("<td>"+rs.getString("sex")+"</td>");
     out.println("<td>"+rs.getString("class")+"</td>");
     out.println("<td>"+rs.getFloat("chinese")+"</td>");
     out.println("<td>"+rs.getFloat("maths")+"</td>");
     out.println("<td>"+rs.getFloat("physics")+"</td>");
     out.println("<td>"+rs.getFloat("chemistry")+"</td>");
     out.println("</tr>");
   }
   rs.close();
   statement.close();
   con.close();
  %>
   </table>
   </body>
   </html>
```

SQL Server 2005 JDBC 驱动程序的包结构及其连接字符串与 SQL Server 2000 JDBC 驱动程序不同。新版驱动程序与 Java 数据库连接（JDBC）3.0 兼容，JDBC 3.0 功能要求具有 1.4 或更高版本的 Java 运行时的环境（JRE）。SQL Server 2005 JDBC 驱动程序只有一个文件 sqljdbc.jar，它也可以用来访问 SQL Server 2000 数据库，旧版的 SQL Server 2000 JDBC 驱动程序也可用来访问 SQL Server 2005，但推荐使用新版的驱动程序访问 SQL Server 2005。SQL Server 2005 无须补丁即可用 JDBC 访问。SQL Server 2005 比之前版本的数据库有很大的变化，使用 JDBC 访问要注意以下事项。

(1) 启用 TCP/IP 协议连接。

打开 SQL Server 配置管理器(SQL Server Configuration Manager)，从左侧栏中选择 SQL Server 网络配置——MSSQLSERVER 的协议，从右侧栏中启用 TCP/IP 协议，如图 6-10 所示。

(2) 启用 DBMS 自身的账户。

SQL Server 2005 同样只能使用数据库自身的账户进行 JDBC 访问。与 SQL Server 2005 JDBC 驱动程序一起发布有一个 DLL 补丁文件，将此文件复制到数据库的 MSSQL\Binn 目录下，才可以在 JDBC 中使用 Windows 内置的系统账户。因为需要安装补丁文件，所以不建议使用 Windows 的系统账户。打开 Microsoft SQL Server Management Studio，右击数据库服务器，选择属性，打开“服务器属性”页面，如图 6-11 所示。在服务器属性左侧栏中选中“安全性”，在右侧第一项选中“SQL Server 和 Windows 身份验证模式”。

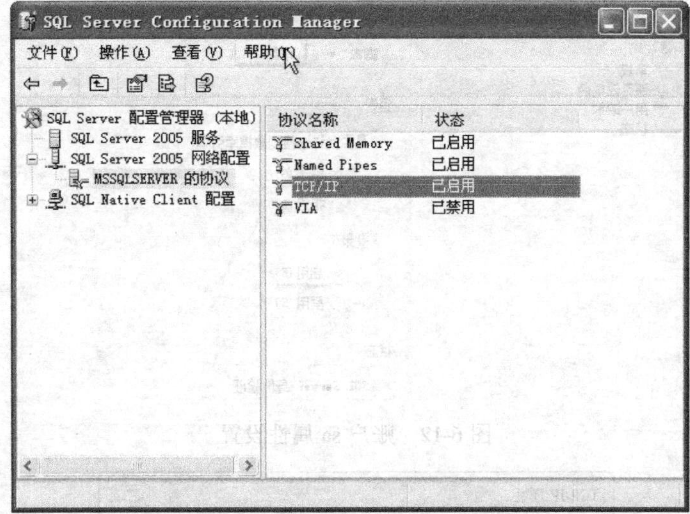

图 6-10　MSSQLSERVER 的协议设置

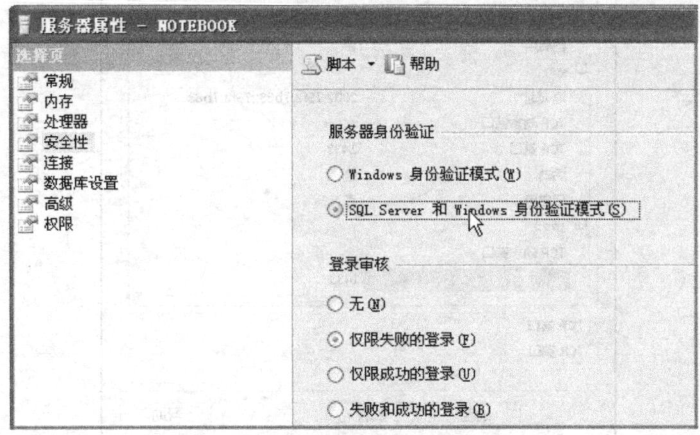

图 6-11　服务器身份验证设置

(3) 设置用户属性。

JDBC 使用的数据库用户应为启用状态，用户对相应的数据库必须具有足够的访问权限。如果使用 SQL Server 的管理账户 sa，需按下面的方式设置其属性。打开 Microsoft SQL Server Management Studio，选中左侧栏中的“安全性”—“登录名”，在右侧栏中，右击 sa，在弹出的快捷菜单中选择“属性”，打开 sa 用户的“登录属性”页面，设置登录为启用、允许连接到数据库引擎，如图 6-12 所示。

(4) 对于 SQLEXPRESS。

SQL Server EXPRESS 默认使用动态端口。如果在同一个系统中还安装有其他版本的 SQL Server 服务器，则其端口号通常不为 1433。每次重启 SQLEXPRESS 服务器，其端口号还可能改变。所以在 JDBC 连接字符串中应指定 SQLEXPRESS 实际使用的端口号。打开 SQL Server Configuration Manager，从左侧栏中选择“SQL Server 网络配置”—“MSSQLSERVER 的协议”，在右侧栏中右击 TCP/IP 协议，在弹出的右键菜单中选择“属性”，打开 TCP/IP 属性页面，再选择“IP 地址”选项卡，可查看 SQLEXPRESS 服务器实际使用的 TCP 端口，如图 6-13 所示。

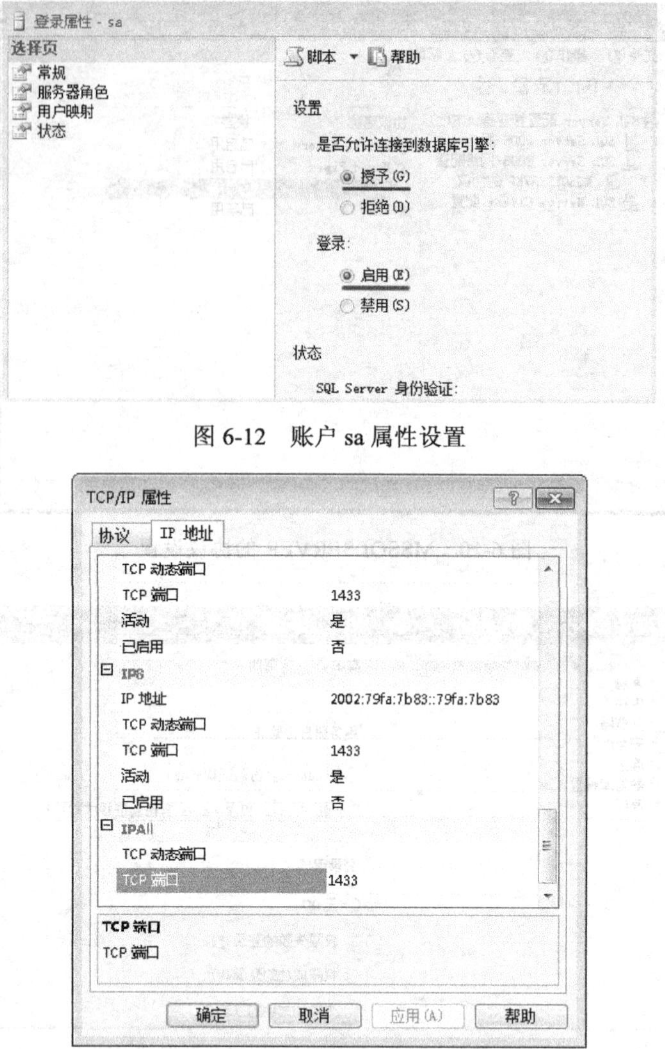

图 6-12　账户 sa 属性设置

图 6-13　服务器 IP 地址与 TCP 端口

如果不使用数据库服务器的端口号，在连接字符串 URL 中必须指定实例名 SQLEXPRESS，这样可以解决 SQLEXPRESS 端口号动态改变的问题。要使用实例名访问数据库，需要启动 SQL Server Browser 服务，SQL Server Browser 服务提供服务器的多实例管理和实例查询功能。指定实例名的 JDBC 连接字符串主要有以下两种方式：

```
jdbc:sqlserver://localhost\\SQLEXPRESS;databaseName=dbname;user=sa;
    password=***
jdbc:sqlserver://localhost;instanceName=SQLEXPRESS;DatabaseName=dbname;user=
    sa; password=***"
```

使用 SQL Server 2000 的驱动程序 msbase.jar、mssqlserver.jar、msutil.jar，也可以访问 SQL Server EXPRESS 2005，但其连接字符串 URL 中不支持 instanceName 属性，所以只能用第一种 URL。

对于 SQL Server 2005 之后更高版本的数据库，Microsoft SQL Server 2008、Microsoft SQL Server 2008 R2、Microsoft SQL Server 2012、Microsoft SQL Server 2014、Microsoft SQL Server 2016，JDBC 驱动程序的包结构和类名，以及数据库连接字符串都没有变化，访问方法与 SQL Server 2005

基本一样。只是需要更高版本的 SQL Server JDBC Driver。SQL Server JDBC Driver 3.0 支持 SQL Server 2000～SQL Server 2008 R2 版本的数据库，SQL Server JDBC Driver 4.0～SQL Server JDBC Driver 6.2 支持 SQL Server 2008～SQL Server 2016 版本的数据库。注意，高版本的 JDBC 驱动需要高版本的 JSDK。

3. 访问 MySQL

例程 6-7，mysql.jsp 连接访问 MySQL

```
<!--用 import 属性导入 JDBC 中的类与接口-->
<%@ page import="java.sql.*" %>
<html>
<head>
 <title>使用 JDBC 访问 MySQL</title>
    <meta http-equiv="Content-Type" content="text/html;charset=gb2312" />
</head>
<body bgcolor=LightBlue>
<%
  String drivername="com.mysql.jdbc.Driver";
  String urlstr="jdbc:mysql://localhost/jspex?user=root&password=";
  //加载驱动程序
  Class.forName(drivername);
  //建立连接，提供连接字符串作为参数，数据库用户名和密码在连接字符串中提供
  Connection con=DriverManager.getConnection(urlstr);
  //建立 Statement 对象
  Statement statement=con.createStatement();
  //执行 SQL 语句，返回结果集(ResultSet 对象)
  ResultSet rs=statement.executeQuery("Select * from student");
%>
<table align=center border=1>
 <caption>学生成绩表</caption>
 <tr align=center>
  <td>学生姓名</td><td>性别</td><td>班级</td>
  <td>语文</td><td>数学</td><td>物理</td><td>化学</td>
 </tr>
<%
 //对结果集进行处理(以表格形式显示)
 while(rs.next()) {
   out.println("<tr align=center>");
   out.println("<td>"+rs.getString("name")+"</td>");
   out.println("<td>"+rs.getString("sex")+"</td>");
   out.println("<td>"+rs.getString("class")+"</td>");
   out.println("<td>"+rs.getFloat("chinese")+"</td>");
   out.println("<td>"+rs.getFloat("maths")+"</td>");
   out.println("<td>"+rs.getFloat("physics")+"</td>");
   out.println("<td>"+rs.getFloat("chemistry")+"</td>");
   out.println("</tr>");
  }
```

```
rs.close();
statement.close();
con.close();
%>
</table>
</body>
</html>
```

MySQL 早期的 JDBC 驱动程序是 org.gjt.mm.mysql.Driver，后来改为 com.mysql.jdbc.Driver，现在一般都推荐使用 com.mysql.jdbc.Driver。在最新版本的 MySQL JDBC 驱动程序文件(.jar)中，为了保持对老版本的兼容，仍然保留了 org.gjt.mm.mysql.Driver。它们都符合 JDBC 规范 2。访问 MySQL 数据库可能会出现中文乱码现象，一般要求数据库编码和页面编码一致，通常为 UTF-8，并在数据库连接字符串 URL 的后部加上?useUnicode=true&characterEncoding=UTF-8 参数。关于此问题将在第 8 章中详细介绍。

4. 连接 Oracle

例程 6-8，oracle.jsp 连接访问 Oracle

```
<!--用 import 属性导入 JDBC 中的类与接口-->
<%@ page import="java.sql.*" %>
<html>
<head>
  <title>使用 JDBC 访问 Oracle</title>
      <meta http-equiv="Content-Type" content="text/html;charset=gb2312" />
</head>
<body bgcolor=LightBlue>
<%
  String drivername="oracle.jdbc.driver.OracleDriver";
  //使用第 4 类驱动，thin 方式连接
  String urlstr="jdbc:oracle:thin:@localhost:1521:orcl";
  //使用第 2 类驱动，oci 方式连接
  //String urlstr="jdbc:oracle:oci:@ ";
  //oci 方式连接，对于 Oracle8 以上的数据库
  //String urlstr="jdbc:oracle:oci8:@ ";
  String username="scott";
  String password="tiger";
  //加载驱动程序
  Class.forName(drivername);
  //建立连接，需提供连接字符串，数据库用户名及相应的密码
  Connection con=DriverManager.getConnection(urlstr,username,password);
  //创建语句(Statement)对象
  Statement statement=con.createStatement();
  //执行 SQL 语句，返回结果集(ResultSet 对象)
  ResultSet rs=statement.executeQuery("Select * from student");
%>
<table align=center border=1>
<caption>学生成绩表</caption>
```

```
<tr align=center>
 <td>学生姓名</td><td>性别</td><td>班级</td>
 <td>语文</td><td>数学</td><td>物理</td><td>化学</td>
 </tr>
<%
   while(rs.next()) {           //对结果集进行处理(以表格形式显示)
    out.println("<tr align=center>");
        out.println("<td>"+rs.getString("name")+"</td>");
    out.println("<td>"+rs.getString("sex")+"</td>");
    out.println("<td>"+rs.getString("class")+"</td>");
    out.println("<td>"+rs.getFloat("chinese")+"</td>");
    out.println("<td>"+rs.getFloat("maths")+"</td>");
    out.println("<td>"+rs.getFloat("physics")+"</td>");
    out.println("<td>"+rs.getFloat("chemistry")+"</td>");
    out.println("</tr>");
   }
 rs.close();
 statement.close();
 con.close();
%>
 </table>
 </body>
 </html>
```

JDBC 连接 Oracle 数据库注意事项如下。

(1) 启动(open) Oracle 数据库，创建数据表，设置相应的权限。从 sqlplus 中测试能够用相同的账户访问有关的数据表。

(2) 将 Oracle JDBC 驱动程序放在相应的位置。使用较新版本的驱动程序，Oracle 8 以上使用 classes 12 及更高版本的驱动程序。

(3) Oracle JDBC 连接字符串中的 drive_type 有 thin 和 oci 两个选择。thin 是纯 Java 实现 TCP/IP 的 C/S 通信，属于第 4 类 JDBC 驱动；而 oci 方式，通过 Native Java Method 调用 C Library 访问数据库服务器，而这个 C Library 就是 oci(oracle called interface)，所以 oci 方式必须安装 Oracle 客户端才能连接。oci 是第 2 类 JDBC 驱动。建议使用 thin 方式连接 Oracle。

(4) thin 方式的连接字符串为 jdbc:oracle:thin:@localhost:1521:orcl；oci 方式的连接字符串为 jdbc:oracle:oci:@orcl 或 jdbc:oracle:oci8:@orcl，由于 oci 通过 Oracle 客户端与数据进行连接，不能指定主机和端口。在 Oracle 只有一个服务器实例时，实例名 orcl 也可省略不写，thin 方式的连接字符串中不能省略实例名。

6.3.3　通过 Java Bean 访问数据库

前面介绍的访问数据库例程，所有的代码都写在了 JSP 页面中，这样程序看起来很直观，但是可维护性和代码的重用性很差。在 JSP Web 应用程序中，Java Bean 常用来封装事务逻辑、数据库操作等。在目前的 JSP 开发中，一个实用的程序通常很少直接在 JSP 页面中写入大量的 Java 代码，而是把访问数据库的逻辑代码放在 Java Bean 中，这样可以实现业务逻辑和表示层的分离，使得 JSP 页面更简洁、更易于维护，从而使系统具有更好的健壮性和灵活性。

1．页面代码分离至 Java Bean

下面将例程 mysql.jsp 中访问数据库的代码改为用 Java Bean 实现，同时增加对记录的插入操作，编写相应的网页调用这些方法完成对数据库表的查询、插入功能。对数据库的更新、删除操作过程基本相似。

例程 6-9，DbConnection.java

```
package jspex.jdbc;
import java.sql.*;
public class DbConnection {
  //定义静态方法，返回一个数据库连接
     public static Connection getConnection() {
        Connection con = null;
        String drivername = "com.mysql.jdbc.Driver";
        //加上?useUnicode=true&characterEncoding=UTF-8 参数，以访问 UTF-8 数据库
        String urlstr="jdbc:mysql://localhost/jspex_utf8?useUnicode=
              true&characterEncoding =UTF-8";
        String username = "root";
        String password = "";
        try {
            //加载驱动程序
            Class.forName(drivername);
        } catch (Exception e) {
            System.out.println("加载驱动程序错误，驱动程序名称写错或未将驱动
                    程序放在正确的位置");
            System.out.println(e);
        }
        try {
            //建立连接，需提供连接字符串，数据库用户名及相应的密码
            con = DriverManager.getConnection(urlstr, username, password);
        } catch (SQLException e) {
            System.out.println("建立连接错误，数据库 url 有错误，数据库服务器
                    端口不正确、数据库不存在、或用户密码不对");
            System.out.println(e);
        }
        return con;
     }
}
```

例程 6-10，DbOperation.java

```
package jspex.jdbc;
import java.sql.*;
public class DbOperation {
    //定义私有变量保存连接对象
    private Connection con;
    //在构造函数中获取连接对象
    public DbOperation() {
```

```
            con=DbConnection.getConnection();
        }
        //查询数据库的方法
        public  ResultSet getAllStudent() {
            Statement stm=null;
            ResultSet rs=null;
            try {
                //创建语句(Statement)对象
                stm=con.createStatement();
            }
            catch(SQLException e){
                System.out.println("建立语句对象错误，JDBC 有错误。");
                System.out.println(e);
            }
            try {
                //执行 SQL 语句，返回结果集(ResultSet 对象)
                rs=stm.executeQuery("select * from student");
            }
            catch(SQLException e) {
                System.out.println("执行 SQL 语句错误，SQL 语句有错误。");
                System.out.println(e);
            }
            return rs;
        }
        //插入记录的方法
        public int insertStudent(String name, String gender, String grade,
                String chinese, String maths, String physics, String chemistry)
                throws Exception {
            Statement stm = con.createStatement();
            String sqlStr = "insert into student(name, sex, class, chinese,
                maths, physics, chemistry) values('" + name  + "', '"
                + gender + "', '" + grade + "', " + chinese + ", " + maths
                + ", " + physics + ", " + chemistry + ")";
            return stm.executeUpdate(sqlStr);
        }
    }
```

为了使程序更易于维护，在 Java Bean 设计中，常将与数据库连接的代码与对数据库进行操作的逻辑代码分离，放在两个不同的 Bean 中，这样当移植数据库时只需修改 DbConnection.java 中的驱动程序和连接参数；而增加或修改业务逻辑时，只需修改 DbOperation.java 中的方法。在 JSP 页面中引入 DbOperation.java 即可，DbConnection.java 已位于应用程序的底层，只由 DbOperation.java 调用，而与 JSP 页面不发生关系。

JDBC API 中的许多方法都抛出 SQLException 异常，必须在调用这些方法时捕获并处理异常，如 getAllStudent()方法，或者在调用这些方法的方法中将异常向上层继续抛出，然后在 JSP 中捕获和处理，如 insertStudent()方法。实际上在 JSP 中仍然可以忽略对这些异常的处理，因为 JSP 容器在将 JSP 转化为 Servlet Java 类时会自动添加捕获异常的 try-catch 语句，这也是前面 JSP 例程中访问数据库的脚本为什么可以没有处理异常的代码。在初学 JSP 时，为了更精确地定位错误，以方便程序的调试，可以像上面的 Java Bean 例程那样，单独捕获和处理每个异常，并加上额外的错误说明信息。注意，System.out.println()方法将信息输出至服务器的控制台，安装版的 Tomcat 输出到日志文件中，所以服务器中的日志信息是调试程序时查找错误的重要信息渠道。不要在 JSP 中用 out.println()方法输出错误信息，因为 JSP 页面出现错误时，将不再显示网页内容，而显示转化为 Servlet 时容器的异常处理信息。所以用 out.println()输出至页面的错误信息往往不能够看到。

需要特别指出的是，通过 JDBC 传递给数据库执行的 SQL 语句，在 Java 语言或 JSP 脚本中，它是一个字符串，但这个字符串同时必须符合 SQL 语法才能被数据库识别和执行。其中的 SQL 关键字、表名、字段名必须正确，它们之间应有的分隔符如空格、逗号、小括号、单引号等也应包含在字符串中。注意，如果字段类型为字符串时，其值前后要加单引号，而字段类型为数值型时，其值前后不能加引号。另外需要说明的是，作为字符串类型的参数传递的这个 SQL 语句，可以是一个运行时动态生成的字符串，也就是说它可能不是一个常量字符串，而是由多个常量字符串、各类变量和表达式组合而成的字符串。这些变量及表达式的值是在程序执行时才确定的，通常是在程序运行过程中由用户输入的。正是通过这种动态生成 SQL 语句的方式实现了网页的动态功能。

在 getAllStudent()方法中，查询所有 student 的 SQL 语句是一个常量字符串："select * from student"。在 insertStudent()方法中，插入记录的 SQL 语句是由一些常量字符串和一组变量组成的。其中常量字符串中的 name、sex、class、chinese、maths、physics、chemistry 是字段名，必须与 student 表结构的定义一致，在 JSP 脚本中它是字符串的一部分，只有传递给数据库后才由 DBMS 识别。后面由“+”号连接的 name、gender、grade、chinese、maths、physics、chemistry 是 Java 变量，它必须在程序的上下文中定义，在本例中是方法的形参变量。注意，class 是 Java 语言的关键字，不能在程序中用作变量名，而在数据库中则可以用作字段名或者表名。

插入记录的 SQL 语句："insert into student(name, sex, class, chinese, maths, physics, chemistry) values('" + name + "', '" + gender + "', '" + grade + "', " + chinese + ", " + maths + ", " + physics + ", " + chemistry + ")"，注意各字段之间的逗号分隔符及 SQL 关键字 values 之后的左右圆括号都不能少。name、sex、class 这 3 个字段的数据类型为字符串型，其值 name、gender、grade 前后必须加单引号。chinese、maths、physics、chemistry 这 4 个字段的数据类型为浮点型，其值前后不能加单引号。Java 语言中的字符串用双引号标识，而 SQL 中字符串用单引号标识，这种设计方式恰好便于 Java 程序中使用嵌入式 SQL。

insertStudent()方法传递的参数都为字符串类型，其实 insertStudent()方法中的 chinese、maths、physics、chemistry 这 4 个参数也可使用数值型参数，这样在调用函数时能进行类型检查。但是 JSP 中获取的表单数据都是字符串类型，作为参数传递给 insertStudent()方法时需进行类型转换，而在方法内部形成的 SQL 语句是字符串类型，这样形成 SQL 语句的数值参数还要转换为字符串。也就是说，SQL 语句中的字段值都表现为字符串，在数据库中其被识别为字符串或数值是由其格式(是否加单引号)来决定的。为了使程序简洁高效，常将类型检验(数据验证)放在 JSP 网页中，而在方法中按字符串类型传递参数。

动态 SQL 语句可以很复杂，如 insertStudent()方法中的字符串变量 sqlStr。这是 JSP 程序设计中最易出错的部分，在程序调试时，为了定位错误，在将 SQL 语句传递给数据库执行前，可先将最终形成的 SQL 语句在服务器控制台输出，这样比较容易查找错误，根据输出的静态 SQL 语句结构，相应地修改动态的 SQL 语句。例如为 insertStudent 方法传递一些参数进行调用：insertStudent("赵六","男","一年级二班","82.5","93.0","95.0","86.0")，所形成的 SQL 语句为：

sqlStr="insert into student (name, sex, class, chinese, maths, physics, chemistry) values ('赵六', '男', '一年级二班', 82.5, 93.0, 95.0, 86.0) "。

例程 6-11，javabean.jsp

```
<!doctype html>
<%@ page import="java.sql.*" contentType="text/html; charset=UTF-8" %>
<%-- 引入 Java Bean --%>
<jsp:useBean id="jspexdb" class="jspex.jdbc.DbOperation" scope="page" />
<html>
<head>
<title>使用 JavaBean 访问 MySQL</title>
<meta charset="utf-8">
</head>
<body>
<table width="680" cellpadding="0" cellspacing="0" align="center">
    <tr>
        <td align="center"><h2>学生信息管理</h2></td>
    </tr>
    <tr>
        <td align="right"><a href="stuInput.jsp">增加</a> 
                      </td>
    </tr>
    <tr>
        <td><hr></td>
    </tr>
</table>
<br>
<table width="680" border="1" align="center" cellpadding="4" cellspacing=
                "0" bordercolor="d3effc" >
    <tr align="center" bgcolor="#d3effc">
        <td>学生姓名</td>
        <td>性别</td>
        <td>班级</td>
        <td>语文</td>
        <td>数学</td>
        <td>物理</td>
        <td>化学</td>
    </tr>
    <%
        //调用 Java Bean 的方法，获取查询数据库的结果集
        ResultSet rs = jspexdb.getAllStudent();
        //对结果集进行处理(以表格形式显示)
        while (rs.next()) {
            out.println("<tr align=center>");
            out.println("<td>" + rs.getString("name") + "</td>");
            out.println("<td>" + rs.getString("sex") + "</td>");
            out.println("<td>" + rs.getString("class") + "</td>");
```

```
                out.println("<td>" + rs.getFloat("chinese") + "</td>");
                out.println("<td>" + rs.getFloat("maths") + "</td>");
                out.println("<td>" + rs.getFloat("physics") + "</td>");
                out.println("<td>" + rs.getFloat("chemistry") + "</td>");
                out.println("</tr>");
            }
            rs.close();
        %>
</table>
<%
    if (request.getAttribute("operation") != null
        && ((int) request.getAttribute("operation")) == 1) {
%>
<%-- 显示插入成功信息。 --%>
<script type="text/javascript">
    alert("插入记录成功！");
</script>
<%
    }
%>
</body>
</html>
```

例程 6-12，stuInput.jsp

```
<%@ page contentType="text/html; charset=UTF-8"%>
<!DOCTYPE html>
<html>
<head>
<title>Insert title here</title>
<script type="text/javascript">
function inputval() {
    if (isNaN(parseFloat(document.getElementById("chinese").value))
            || isNaN(parseFloat(document.getElementById("maths").value))
            || isNaN(parseFloat(document.getElementById("physics").value))
            || isNaN(parseFloat(document.getElementById("chemistry").value))) {
        alert("数据输入不合法，成绩必须为数值！");
        return false;
    }
    return true;
}
</script>
<meta charset="utf-8">
</head>
<body>
<table align="center" cellpadding="4" cellspacing="4">
    <tr>
        <td><h2>学生信息输入</h2></td>
```

```
        </tr>
    </table>
    <form method="post" action="insert.jsp" onsubmit="return inputval()">
        <table align="center" width="260" bgcolor="lightblue" cellpadding="4"
            cellspacing="0">
            <tr>
                <td align="right">姓名：</td>
                <td align="left"><input type="text" name="name" id="name" /></td>
            </tr>
            <tr>
                <td align="right">性别：</td>
                <td align="left"><input type="text" name="gender" id="gender" /></td>
            </tr>
            <tr>
                <td align="right">班级：</td>
                <td align="left"><input type="text" name="grade" id="grade" /></td>
            </tr>
            <tr>
                <td align="right">语文：</td>
                <td align="left"><input type="text" name="chinese" id="chinese"
                        /></td>
            </tr>
            <tr>
                <td align="right">数学：</td>
                <td align="left"><input type="text" name="maths" id="maths"
                         /></td>
            </tr>
            <tr>
                <td align="right">物理：</td>
                <td align="left"><input type="text" name="physics" id="physics"
                    /></td>
            </tr>
            <tr>
                <td align="right">化学：</td>
                <td align="left"><input type="text" name="chemistry"
                    id="chemistry" /></td>
            </tr>
            <tr>
                <td colspan="2" align="center">
                    <input type="submit" value="添加">  
                    <input type="reset" value="重置"></td>
                </tr>
            </table>
    </form>
    <%
        if (request.getAttribute("operation") != null
            && ((int) request.getAttribute("operation")) == 0) {
```

```
    %>
    <%--插入不成功，显示出错警告。 --%>
    <script type="text/javascript">
        alert("插入记录出错！请检查数据输入是否合法。");
    </script>
    <%
        }
    %>
</body>
</html>
```

例程 6-13，insert.jsp

```
<!doctype html>
<%@ page contentType="text/html; charset=UTF-8" %>
<%-- 引入 Java Bean --%>
<jsp:useBean id="jspexdb" class="jspex.jdbc.DbOperation" scope="page" />
<html>
<head>
<title>数据库插入操作</title>
<meta charset="utf-8">
</head>
<body>
<%
    //获取输入页面表单提交的数据
    request.setCharacterEncoding("UTF-8");
    String name = request.getParameter("name");
    String gender = request.getParameter("gender");
    String grade = request.getParameter("class");
    String chinese = request.getParameter("chinese");
    String maths = request.getParameter("maths");
    String physics = request.getParameter("physics");
    String chemistry = request.getParameter("chemistry");
    //设置操作返回值标签
    int rslt = 0;
    request.setAttribute("operation", rslt);
    try {
        //调用 DbOperation 中的插入方法
        rslt = jspexdb.insertStudent(name, gender, grade, chinese,
                maths, physics, chemistry);
        //设置操作返回值标签
        request.setAttribute("operation", rslt);
    } catch (Exception e) {
%>
<%--插入不成功，返回输入页面。 --%>
<jsp:forward page="stuInput.jsp"></jsp:forward>
<%
    }
```

```
%>
<%--插入成功，返回查询页面。 --%>
<jsp:forward page="javabean.jsp"></jsp:forward>
</body>
</html>
```

上面使用 Java Bean 访问数据库的程序存在两个缺陷。一是 getAllStudent()方法返回的结果集 ResultSet 对象，带到了 JSP 页面，在 JSP 页面中还需引入 JDBC API。更为严重的问题是，因为 ResultSet 对象与 Connection 对象是关联的，释放连接对象，结果集也将被释放，DbOperation 中建立的 Connection 对象不能在 DbOPeration 中释放，只有在 JSP 页面中释放结果集对象后，由 Java 的垃圾收集器回收。这使得 Connection 对象可能被长时间占用，影响数据库的并发访问量。另外，降低了 DbOperation 类及其 getAllStudent()方法的内聚性，增加了与 JSP 页面的耦合性。二是 insertStudent()方法需要传递的参数太多，如果数据表中有更多的字段，插入与更新方法需要的参数会更多。

要解决上述问题，在访问数据库的过程中，通常使用下面的 ORM 模式，将查询结果和参数封装到 Java Bean 中，方法调用的返回值和参数传递都使用 Java 对象。这使得访问数据库的方法简洁，并在方法内即可关闭与数据库的连接。

2. ORM 模式访问数据库

ORM(Object Relation Map)即对象关系映射，是 Java 对象与关系数据库之间的映射模式。其思想是用一个 Java Bean 对象表示关系数据库表中的一条记录，其中 Bean 的一个属性值对应于记录的一个字段值；用多个 Java Bean 对象组成的一个集合对象表示关系数据库中的一个表，其中集合中的一个 Bean 对象对应于表中的一条记录。利用这种映射关系，允许应用程序以面向对象的方式，通过对 Java 对象的操作而达到对数据库对象操作的目的。一些专门的 ORM 框架，如 Hibernate，即可自动实现这种操作的转换。以下例程中的 O/R 映射，以及通过 Java Bean 对象实现对数据库的操作都是通过编码实现的。掌握这些例程可以为以后进一步学习各类 ORM 框架打下基础。

例程 6-14，StudentBean.java

```
package jspex.jdbc;
import java.io.*;
//每个 StudentBean 对象可以表示 Strudnet 表中的一条记录
public class StudentBean implements Serializable {
        //对象的每个属性值对应记录的一个字段值
    private int id;
    private String name;
    private String gender;
    private String grade;
    private float chinese;
    private float maths;
    private float physics;
    private float chemistry;
    public int getId() {
        return id;
    }
```

```
        public void setId(int id) {
            this.id = id;
        }
        public String getName() {
            return name;
        }
        public void setName(String aName) {
            name = aName;
        }
        public String getGender() {
            return gender;
        }
        public void setGender(String gender) {
            this.gender = gender;
        }
        public String getGrade() {
            return grade;
        }
        public void setGrade(String aGrade) {
            grade = aGrade;
        }
        public float getChinese() {
            return chinese;
        }
        public void setChinese(float chinese) {
            this.chinese = chinese;
        }
        public float getMaths() {
            return maths;
        }
        public void setMaths(float maths) {
            this.maths = maths;
        }
        public float getPhysics() {
            return physics;
        }
        public void setPhysics(float physics) {
            this.physics = physics;
        }
        public float getChemistry() {
            return chemistry;
        }
        public void setChemistry(float chemistry) {
            this.chemistry = chemistry;
        }
    }
```

例程 6-15，StuDAO.java

```
package jspex.jdbc;
import java.sql.*;
import java.util.ArrayList;
public class StuDAO {
    //定义私有变量保存连接对象
    private Connection con;
    //查询所有 Student 的方法
    public ArrayList<StudentBean> getAllStudent() throws Exception {
        con = DbConnection.getConnection();
        Statement stm = con.createStatement();
        ResultSet rs = stm.executeQuery("select * from student");
        ArrayList<StudentBean> data = new ArrayList<StudentBean>();
        while (rs.next()) {
            StudentBean item = new StudentBean();
            item.setId(rs.getInt("id"));
            item.setName(rs.getString("name"));
            item.setGender(rs.getString("sex"));
            item.setGrade(rs.getString("class"));
            item.setChinese(rs.getFloat("chinese"));
            item.setMaths(rs.getFloat("maths"));
            item.setPhysics(rs.getFloat("physics"));
            item.setChemistry(rs.getFloat("chemistry"));
            data.add(item);
        }
        rs.close();
        stm.close();
        con.close();
        return data;
    }
    //按 id 查询 Student，返回存储了学生记录信息的 StudentBean 对象
    public StudentBean getStudentById(String stuId) throws Exception {
        con = DbConnection.getConnection();
        Statement stm = con.createStatement();
        String strSql = "select * from student where id=" + stuId;
        ResultSet rs = stm.executeQuery(strSql);
        StudentBean item = null;
        while (rs.next()) {
            item = new StudentBean();
            item.setId(rs.getInt("id"));
            item.setName(rs.getString("name"));
            item.setGender(rs.getString("sex"));
            item.setGrade(rs.getString("class"));
            item.setChinese(rs.getFloat("chinese"));
            item.setMaths(rs.getFloat("maths"));
            item.setPhysics(rs.getFloat("physics"));
            item.setChemistry(rs.getFloat("chemistry"));
```

```
        }
        rs.close();
        stm.close();
        con.close();
        return item;
    }
    //插入一条记录，增加一位学生
    //传递一个 StudentBean 对象的参数,该对象中存储了学生记录的信息
    public int addStudent(StudentBean student) throws Exception {
        con = DbConnection.getConnection();
        Statement stm = con.createStatement();
        String sqlStr = "insert into student(name, sex, class, chinese, maths,
                physics, chemistry) values('" + student.getName() + "','" +
                student.getGender() + "','" + student.getGrade() + "', "+
                student.getChinese() + ", " + student.getMaths()  + ", " +
                student.getPhysics() + ", " + student.getChemistry() + ")";
        int rslt = stm.executeUpdate(sqlStr);
        stm.close();
        con.close();
        return rslt;
    }
    //修改学生信息，传递一个 StudentBean 对象的参数
    //该对象中存储了学生记录的信息
    public int modifyStudent(StudentBean student) throws Exception {
        con = DbConnection.getConnection();
        Statement stm = con.createStatement();
        String sqlStr = "update student set name='" + student.getName()
                + "', sex='" + student.getGender() + "', class='"
                + student.getGrade() + "', chinese=" + student.getChinese()
                + ", maths=" + student.getMaths() + ", physics="
                + student.getPhysics() + ", chemistry="
                + student.getChemistry() + " where id=" + student.getId();
        int rslt = stm.executeUpdate(sqlStr);
        stm.close();
        con.close();
        return rslt;
    }
    //删除一位学生的信息，传递要删除学生的 id 为参数
    public int deleteStudent(String stuId) throws Exception {
        con = DbConnection.getConnection();
        Statement stmt = con.createStatement();
        String strSql = "delete from student where id=" + stuId;
        int rslt = stmt.executeUpdate(strSql);
        stmt.close();
        con.close();
        return rslt;
    }
}
```

getAllStudent()方法将查询结果 ResultSet 对象中的每条记录，新建一个 StudentBean 对象保存，记录的每个字段值对应地赋值于 StudentBean 相应的属性，一个 StudentBean 对象即可表示 student 表中的一条记录。再把各个 StudentBean 对象加到 ArrayList 对象 data 中，这样结果集中的全部数据就复制到了 data 中，在方法内即可以关闭结果集与连接对象，而将 data 作为方法的返回值。stuSelect.jsp 页面中引入 stuDAO 对象，调用 getAllStudent()方法返回持有 StudentBean 对象的 ArrayList 集合，然后遍历该集合获取 student 表中的记录，进而对每条记录的各个字段值进行操作。网页中传递和处理的都是 Java 对象，JDBC 已位于底层，页面中无须再涉及。

addStudent()和 modifyStudent()方法不再需要大量的参数传递各个字段值，只用一个参数 StudentBean 对象，即可传递一条记录的全部信息。而且在 stuInsert.jsp 和 stuUpdate_ do.jsp 页面中不需要逐个获取输入网页提交的参数值，不需要用 new 来创建 StudentBean 对象，不需要逐个设置 StudentBean 的属性值，只要用<jsp:setProperty name="student" property="*"/>这个动作即可完成创建 StudentBean 对象、获取表单中用户输入的字段值，并将这些值赋给 StudentBean 对象相对应的属性。然后将 StudentBean 对象作为参数，调用 addStudent()或者 modifyStudent()方法插入或修改记录。比较 insert.jsp 与 stuInsert.jsp 实现代码的不同。注意，输入页面提交的参数名，即表单的输入控件名(name 属性值)必须与 StudentBean 的各个属性名对应一致，如果 StudentBean 的某个属性没有同名的参数与之对应，则该属性不会被赋值。

例程 6-16，stuSelect.jsp

```
<%@ page import="java.util.*, jspex.jdbc.StudentBean" contentType=
        "text/html; charset= UTF-8" %>
<!DOCTYPE html>
<html>
<head>
<meta http-equiv="Content-Type" content="text/html; charset=utf-8">
<title>Insert title here</title>
</head>
<jsp:useBean id="studentDao" class="jspex.jdbc.StuDAO" scope="page" />
<body>
    <br />
    <table width="680" cellpadding="0" cellspacing="0" align="center">
        <caption>学生信息管理</caption>
        <tr>
            <td align="right"><a href="stuInput.jsp">增加
                    </a>       </td>
        </tr>
        <tr>
            <td height="24"><hr /></td>
        </tr>
    </table>
    <table width="680" border="1" align="center" cellpadding="4"
        cellspacing="0" bordercolor="d3effc">
        <tr align="center" bgcolor="#d3effc">
            <td>学生姓名</td><td>性别</td><td>班级</td><td>语文</td>
            <td>数学</td><td>物理</td><td>化学</td><td>更改</td><td>删除</td>
        </tr>
```

```
            <%
                ArrayList<StudentBean> students = studentDao.getAllStudent();
                for (StudentBean temp : students) {
                    out.println("<tr bordercolor=#990066>");
                    out.println("<td align='center'>" + temp.getName() + "</td>");
                    out.println("<td align='center'>" + temp.getGender() + "</td>");
                    out.println("<td align='center'>" + temp.getGrade() + "</td>");
                    out.println("<td align='right'>" + temp.getChinese() + "</td>");
                    out.println("<td align='right'>" + temp.getMaths() + "</td>");
                    out.println("<td align='right'>" + temp.getPhysics() + "</td>");
                    out.println("<td align='right'>" + temp.getChemistry() + "</td>");
                    out.println("<td align='center'><a href='stuUpdate.jsp?stuId="
                            + temp.getId() + "'>修改</a>");
                    out.println("<td align='center'><a href='stuDelete_do.jsp?stuId="
                            + temp.getId()+ "' onclick=
                            'return confirm(\"确定要删除本记录吗? \")'>删除</a>");
                    out.println("</tr>");
                }
            %>
        </table>
        <%--获取操作返回后传回的参数--%>
        <%
            String infostr="";
            if(request.getAttribute("operation") !=null) {
                if((int)request.getAttribute("operation")==0) {
                    infostr="数据库操作不成功! ";
                }
                else if((int)request.getAttribute("operation")==1) {
                    infostr="成功添加一条记录! ";
                }
                else if((int)request.getAttribute("operation")==2) {
                    infostr="成功修改一条记录! ";
                }
                else if((int)request.getAttribute("operation")==3) {
                    infostr="成功删除一条记录! ";
                }
        %>
        <%--显示数据库操作信息--%>
        <script type="text/javascript">
            alert("<%=infostr %>");
        </script>
        <%
            }
        %>
    </body>
</html>
```

例程 6-17，stuInsert.jsp

```
<!DOCTYPE html>
<%@ page contentType="text/html; charset=UTF-8"%>
<%
//接收数据前设置编码
request.setCharacterEncoding("UTF-8");
%>
<%-- 引入 Java Bean --%>
<jsp:useBean id="student" class="jspex.jdbc.StudentBean" scope="request">
<%-- 获取输入页面表单提交的数据，并设置到 StudentBean 对象中 --%>
<jsp:setProperty name="student" property="*"/>
</jsp:useBean>
<jsp:useBean id="jspexdb" class="jspex.jdbc.StuDAO" />
<html>
<head>
<title>数据库插入操作</title>
<meta http-equiv="Content-Type" content="text/html; charset=utf-8" />
</head>
<body>
<%
    //设置操作返回值标签
    int rslt=0;
    request.setAttribute("operation", rslt);
    try {
        //调用 StuDAO 中的插入方法
        rslt=jspexdb.addStudent(student);
        //设置操作返回值标签
        request.setAttribute("operation", rslt);
    } catch (Exception e) {
%>
<%--插入不成功，返回输入页面。 --%>
<jsp:forward page="stuInput.jsp"></jsp:forward>
<%
    }
%>
<%--插入成功，返回查询页面。 --%>
<jsp:forward page="stuSelect.jsp"></jsp:forward>
</body>
</html>
```

例程 6-18，stuUpdate.jsp

```
<!DOCTYPE html>
<%@ page import="jspex.jdbc.StudentBean" contentType="text/html; charset=UTF-8" %>
<%-- 引入 Java Bean --%>
<jsp:useBean id="jspexdb" class="jspex.jdbc.StuDAO" />
<html>
<head>
```

```
<meta http-equiv="Content-Type" content="text/html; charset=utf-8">
<title>Insert title here</title>
<script type="text/javascript">
function inputval() {
    if (isNaN(parseFloat(document.getElementById("chinese").value))
            || isNaN(parseFloat(document.getElementById("maths").value))
            || isNaN(parseFloat(document.getElementById("physics").value))
            || isNaN(parseFloat(document.getElementById("chemistry").value))) {
        alert("数据输入不合法，成绩必须为数值！");
        return false;
    }
    return true;
}
</script>
</head>
<body>
<%
    //获取前一页面传递的 id 值
    String stuid = request.getParameter("stuId");
    StudentBean student = null;
    try {
        //调用 StuDAO 中的方法，获取对应 id 的记录
        student = jspexdb.getStudentById(stuid);
    } catch (Exception e) {
        //设置操作返回值标签
        request.setAttribute("operation", 0);
%>
<jsp:forward page="stuSelect.jsp"></jsp:forward>
<%
    }
%>
<table align="center" cellpadding="4" cellspacing="4">
    <tr>
        <td><h2>学生信息输入</h2></td>
    </tr>
</table>
<form method="post" action="stuUpdate_do.jsp" onsubmit="return inputval()">
    <input type="hidden" name="id" id="id" value="<%=student.getId()%>" />
    <table align="center" width="260" bgcolor="lightblue" cellpadding="4"
        cellspacing="0">
        <tr>
            <td align="right">姓名：</td>
            <td align="left"><input type="text" name="name" id="name" value="
                <%=student.getName()%>" /></td>
        </tr>
        <tr>
            <td align="right">性别：</td>
```

```
            <td align="left"><input type="text" name="gender" id="gender" value="
                <%=student.getGender()%>" /></td>
        </tr>
        <tr>
            <td align="right">班级：</td>
            <td align="left"><input type="text" name="grade" id="grade" value="
                <%=student.getGrade()%>" /></td>
        </tr>
        <tr>
            <td align="right">语文：</td>
            <td align="left"><input type="text" name="chinese" id="chinese" value="
                <%=student.getChinese()%>" /></td>
        </tr>
        <tr>
            <td align="right">数学：</td>
            <td align="left"><input type="text" name="maths" id="maths" value="
                <%=student.getMaths()%>" /></td>
        </tr>
        <tr>
            <td align="right">物理：</td>
            <td align="left"><input type="text" name="physics" id="physics" value="
                <%=student.getPhysics()%>" /></td>
        </tr>
        <tr>
            <td align="right">化学：</td>
            <td align="left"><input type="text" name="chemistry"
                id="chemistry" value="<%=student.getChemistry()%>" /></td>
        </tr>
        <tr>
            <td colspan="2" align="center">
                <input type="submit" value="修改">  
                <input type="reset" value="重置"></td>
        </tr>
    </table>
</form>
<%
    if (request.getAttribute("operation") != null
            && ((int) request.getAttribute("operation")) == 0) {
%>
<%--更新不成功，显示出错警告。 --%>
<script type="text/javascript">
    alert("更新记录出错！请检查数据输入是否合法。");
</script>
<%
    }
%>
</body>
</html>
```

例程 6-19，stuUpdate_do.jsp

```
<!DOCTYPE html>
<%@ page contentType="text/html; charset=UTF-8"%>
<%
//接收数据前设置编码
request.setCharacterEncoding("UTF-8");
%>
<%-- 引入 Java Bean --%>
<jsp:useBean id="student" class="jspex.jdbc.StudentBean" scope="request">
<%-- 获取输入页面表单提交的数据，并设置到 StudentBean 对象中 --%>
<jsp:setProperty name="student" property="*" />
</jsp:useBean>
<jsp:useBean id="jspexdb" class="jspex.jdbc.StuDAO" />
<html>
<head>
<meta http-equiv="Content-Type" content="text/html; charset=utf-8">
<title>Insert title here</title>
</head>
<body>
<%
    //如果 StudentBean 对象不为空时，则更新指定的记录
    if (student != null) {
        try {
            //调用 StuDAO 中的更新方法
            jspexdb.modifyStudent(student);
            //设置操作返回值标签
            request.setAttribute("operation", 2);
        } catch (Exception e) {
            //设置操作返回值标签
            request.setAttribute("operation", 0);
%>
<%--更新不成功，返回输入页面。 --%>
<jsp:forward page="stuUpdate.jsp"></jsp:forward>
<%
        }
    }
%>
<%--操作结束，返回查询页面。 --%>
<jsp:forward page="stuSelect.jsp"></jsp:forward>
</body>
</html>
```

例程 6-20，stuDelete_do.jsp

```
<!DOCTYPE html>
<%@ page contentType="text/html; charset=UTF-8" %>
<%-- 引入 Java Bean --%>
```

```
<jsp:useBean id="jspexdb" class="jspex.jdbc.StuDAO" />
<html>
<head>
<meta http-equiv="Content-Type" content="text/html; charset=utf-8">
<title>Insert title here</title>
</head>
<body>
<%
    //获取前一页面传递的 id 值
    String stuid = request.getParameter("stuId");
    //如果 stuiid 不为空，则删除指定的记录
    if (stuid != null && !stuid.equals("")) {
        try {
            //调用 StuDAO 中的删除方法
            jspexdb.deleteStudent(stuid);
            //设置操作返回值标签
            request.setAttribute("operation", 3);
        } catch (Exception e) {
            //设置操作返回值标签
            request.setAttribute("operation", 0);
        }
    }
%>
<%--操作结束，返回查询页面。 --%>
<jsp:forward page="stuSelect.jsp"></jsp:forward>
</body>
</html>
```

插入记录的输入页面仍使用 stuInput.jsp，表单的 action 属性值需改为 stuInsert.jsp。记录更新的过程较为复杂。查询页面 stuSelect.jsp 中有一个“更改”列，显示到更新输入页面 stuUpdate.jsp 的链接，链接中传递参数 stuId，其值为各条记录的 id 字段值。在 stuUpdate.jsp 中获取传递来的 stuId 参数值，以此值作为参数，调用 stuDAO 对象的 getStudentById()方法，返回持有该条记录数据的 StudentBean 对象。StudentBean 对象中的原记录数据要显示在表单相应的输入控件中，这是其与 stuInput.jsp 网页的不同之处。用户修改表单中的值，提交给 stuUpdate_do.jsp 页面，使用 Java Bean 动作，将参数封装到 StudentBean 对象，以此对象为参数，调用 modiftyStudent()方法，完成记录的更新。插入和删除操作都比更新操作简单，可参阅代码中的注释，其逻辑过程不再赘述。

6.3.4 JDBC 的其他操作

1．PreparedStatement 对象的使用

使用 StudentBean 封装参数，简化了插入和更新操作方法标记的定义，但是方法内生成 SQL 语句仍比较复杂。对于参数较多的 UDI(Update/Delete/Insert) SQL 语句，通常使用预处理语句对象 PreparedStatement。PreparedStatement 实例包含已编译的 SQL 语句，这就是使语句“准备好”名称的含义。包含于 PreparedStatement 对象中的 SQL 语句可具有一个或多个 in 参数(输入参数)。

in 参数的值在 PreparedStatement 对象创建时未被指定，而是为每个 in 参数保留一个问号“？”作为占位符。每个问号的值必须在该语句执行之前，通过适当的 setXxx 方法来提供。使用 PreparedStatement 对象可以避免编写复杂的动态 SQL 语句，使代码更简洁、清晰。由于 PreparedStatement 对象可以保存预编译过的 SQL 语句，所以第一次执行后，再调用该对象其速度要快于 Statement 对象。因此，多次执行的 SQL 语句经常创建为 PreparedStatement 对象，以提高效率。

修改 stuDAO.java 类中的 addStudent()和 modifyStudent()方法，使用 PreparedStatement 对象来执行 insert 和 update SQL 语句。

```
//插入方法的 PreparedStatement 版本
public int addStudent(StudentBean student) throws Exception {
    con = DbConnection.getConnection();
    String sqlStr = "insert into student(name, sex, class, chinese, maths,
            physics, chemistry) values(?,?,?,?,?,?,?)";
    PreparedStatement pstm = con.prepareStatement(sqlStr);
    //设置 in 参数
    pstm.setString(1, student.getName());
    pstm.setString(2, student.getGender());
    pstm.setString(3, student.getGrade());
    pstm.setFloat(4, student.getChinese());
    pstm.setFloat(5, student.getMaths());
    pstm.setFloat(6, student.getPhysics());
    pstm.setFloat(7, student.getChemistry());
    int rslt = pstm.executeUpdate();
    pstm.close();
    con.close();
    return rslt;
}
//修改方法的 PreparedStatement 版本
public int modifyStudent(StudentBean student) throws Exception {
    con = DbConnection.getConnection();
    String sqlStr = "update student set name=?, sex=?, class=?, chinese=?,
            maths=?, physics=?, chemistry=? where id=?";
    PreparedStatement pstm = con.prepareStatement(sqlStr);
    //设置 in 参数
    pstm.setString(1, student.getName());
    pstm.setString(2, student.getGender());
    pstm.setString(3, student.getGrade());
    pstm.setFloat(4, student.getChinese());
    pstm.setFloat(5, student.getMaths());
    pstm.setFloat(6, student.getPhysics());
    pstm.setFloat(7, student.getChemistry());
    pstm.setInt(8, student.getId());
    int rslt = pstm.executeUpdate();
    pstm.close();
    con.close();
```

```
    return rslt;
}
```

作为 Statement 的子类，PreparedStatement 继承了 Statement 的所有功能。另外它还添加了一整套方法，用于设置发送给数据库以取代 in 参数占位符的值。同时，三种方法 execute()、executeQuery()和 executeUpdate()已被更改以使之不再需要参数。这些方法的 Statement 形式(接受 SQL 语句参数的形式)不应该用于 PreparedStatement 对象。为 PreparedStatement 对象中动态 SQL 语句的参数赋值时，使用的 Setter 方法应根据字段的数据类型选用合适的方法。

2. 调用存储过程

CallableStatement 对象为所有的 DBMS 提供了一种以标准形式调用存储过程的方法。所调用的存储过程包含于 CallableStatement 对象中。这种调用是用 Statement 对象支持的一种换码语法来实现的。换码语法告诉驱动程序其中的代码应以不同方式处理。驱动程序将扫描任何换码语法，并将它转换成特定数据库可理解的代码。这使得换码语法与 DBMS 无关，并允许程序员使用在没有换码语法时不可用的功能。

换码子句由花括号和关键字界定：{keyword . . . parameters . . . }，关键字指示转义子句的类型，如下所示。

(1) escape 表示 LIKE 转义字符。

字符“%”和“_”是 SQL LIKE 子句中的通配符，具有特殊的含义，“%”表示零个或多个字符，“_”表示任意一个字符。如果要在 LIKE 子句中表示“%”和“ ”字符本身，应在其前面加上反斜杠(“\”)，它是字符串中的特殊转义字符。在查询语句末尾使用如下语法，即可指定用作转义字符的字符：

```
{escape 'escape-character'}
```

例如，下列查询使用反斜杠字符作为转义字符，查找以下画线开头的标识符名：

```
stmt.executeQuery("SELECT name FROM Identifiers WHERE Id LIKE `\_%' {escape `\'})";
```

(2) fn 表示标量函数。

几乎所有 DBMS 都具有标量值的数值、字符串、时间、日期、系统和转换函数。要使用这些函数，可使用如下转义语法：关键字 fn 后跟所需的函数名及其参数。例如，下列代码调用函数 concat 将两个参数连接在一起：

```
{fn concat("Hot", "Java")};
```

可用下列语法获得当前数据库用户名：

```
{fn user()};
```

标量函数可能由语法稍有不同的 DBMS 支持，而它们可能不被所有驱动程序支持。各种 DatabaseMetaData 方法将列出所支持的函数。例如，方法 getNumericFunctions()返回用逗号分隔的数值函数列表，而方法 getStringFunctions()将返回字符串函数。驱动程序将转义函数调用映射为相应的语法，或者直接实现该函数。

(3) d、t 和 ts 表示日期和时间文字。

DBMS 用于日期、时间和时间标记文字的语法各不相同。JDBC 使用转义子句支持这些语法的 ISO 标准格式。驱动程序必须将转义子句转换成 DBMS 表示。例如，可用下列语法在 JDBC SQL

语句中指定日期：

```
{d 'yyyy-mm-dd'}
```

在该语法中，yyyy 为年代，mm 为月份，而 dd 则为日期。驱动程序将用等价的特定于 DBMS 的表示替换这个转义子句。例如，如果 '28- FEB-99' 符合基本数据库的格式，则驱动程序将用它替换{d '1999-02-28'}。

对于 TIME 和 TIMESTAMP 也有类似的转义子句：{t 'hh:mm:ss'}和{ts 'yyyy-mm-dd hh:mm:ss.f . . .'}。

TIMESTAMP 中的小数点后的秒(.f . . .)部分可忽略。

(4) call 或? = call 表示对存储过程的调用。

如果数据库支持存储过程，则可用此转义子句从 JDBC 中调用它们，语法为：

```
{call procedure_name[(?, ?, . . .)]}或{? = call procedure_name[(?, ?, . . .)]}
```

其中，等号前面的？表示存储过程返回的结果(使用 return 返回的值)。括号中的？是存储过程的参数，是 in 参数、out 参数或者 inout 参数，由存储过程的定义确定。方括号指示其中的内容是可选的，它们不是语法的必要部分。

下面通过例程介绍 JDBC 使用 CallableStatement 调用存储过程的详细步骤。

在 MySQL 中创建存储过程 getStudentById2，该存储过程除了返回指定 id 的记录之外，还在输出参数中返回数据库的版本信息。

例程 6-21，getStudentById2 存储过程

```
CREATE PROCEDURE getStudentById2(stuid Int,OUT serversion Varchar(10))
BEGIN
select * from student where id=stuid;
select version() into serversion;
END
修改 stuDAO.java 类中的 getStudentById()方法，使用 CallableStatement 对象来调用
        存储过程 getStudentById2 来查询指定 id 的记录。
//按 id 查询 Student，返回存储了学生记录信息的 StudentBean 对象
//存储过程版，同时在服务器控制台输出 MySQL 数据库的版本信息
public StudentBean getStudentById(String stuId) throws Exception {
    con = DbConnection.getConnection();
    CallableStatement cstm = con.prepareCall("{call getStudentById2(?,?)}");
    //设置 in 参数
    cstm.setInt(1, Integer.parseInt(stuId));
    //注册 out 参数
    cstm.registerOutParameter(2, java.sql.Types.VARCHAR);
    ResultSet rs = cstm.executeQuery();
    //获取 out 参数的返回值，并显示
    String serversion = cstm.getString(2);
    System.out.println("数据库服务器的版本为：" + serversion);
    StudentBean item = null;
    while (rs.next()) {
        item = new StudentBean();
        item.setId(rs.getInt("id"));
```

```
            item.setName(rs.getString("name"));
            item.setGender(rs.getString("sex"));
            item.setGrade(rs.getString("class"));
            item.setChinese(rs.getFloat("chinese"));
            item.setMaths(rs.getFloat("maths"));
            item.setPhysics(rs.getFloat("physics"));
            item.setChemistry(rs.getFloat("chemistry"));
        }
        rs.close();
        cstm.close();
        con.close();
        return item;
    }
```

CallableStatement 类继承自 PreparedStatement，使用时调用 Connection 的 prepareCall()方法创建该类的对象，prepareCall()方法的参数是 call 换码语法形式的字符串。存储过程中无修饰符的参数默认为 in 参数(输入参数)，将 in 参数传给 CallableStatement 对象是通过 setXxx()方法完成的。所传入参数的类型决定了所用的 setXxx() 方法，例如，用 setInt()来传入 int 类型的参数值等。在 getStudentById()方法中，要将 stuId 参数转换为 int 类型，再传递给存储过程。

对于有输出参数(out 参数)的存储过程，要获取输出参数中的返回值，在执行 CallableStatement 对象以前必须先注册每个 out 参数的 JDBC 类型。JDBC 类型是定义在 java.sql.Types 类型中的一组字符常量，如 BINARY、CHAR、DATE、DECIMAL、DOUBLE、FLOAT、INTEGER 等。注册 JDBC 类型是用 registerOutParameter()方法来完成的。语句执行完毕后，callableStatement 的 getXxx()方法将取回参数值。getXxx()方法是将各参数所注册的 JDBC 类型转换为所对应的 Java 类型。换言之，registerOutParameter()使用的是 JDBC 类型(因此它与数据库返回的 JDBC 类型匹配)，而 getXxx()将之转换为 Java 类型。上面的 getStudentById()方法，演示了如何获取存储过程中 out 参数的返回值。每次执行该方法都会在 Web 服务器控制台上，输出 MySQL 数据库服务器的版本号。

既可传递参数又能接受输出的参数称为 inout 参数，输出参数除了需要调用适当的 setXxx()方法外，还支持 registerOutParameter()方法。setXxx()方法为输入参数设置参数值，而 registerOutParameter()方法为输出参数注册 JDBC 类型。特别要注意，存储过程中的 inout 参数需位于参数列表之首，否则 JDBC 无法为其设置参数值，因为 JDBC 要求 inout 参数位于其他参数的前面。详见例程 6-29 存储过程 Paging，以及 StudentPaging 类的存储过程版 getPageStudent()。

由于某些 DBMS 的限制，为了实现最大的可移植性，建议先检索由执行 CallableStatement 对象所产生的结果集，然后再用 CallableStatement.getXxx()方法来检索 out 参数。如果 CallableStatement 对象返回多个 ResultSet 对象(通过调用 execute()方法)，在检索 out 参数前应先检索所有的结果。在这种情况下，为确保对所有的结果都进行了访问，必须对 Statement 对象的方法 getResultSet()、getUpdateCount()和 getMoreResults()进行调用，直到不再有结果为止。

3. 获取元数据

ResultSetMetaData 类主要获取表本身的元数据信息(表结构信息)，它包含的方法可获取结果集信息和结果集中列的各种信息。下面的例程演示了获取结果集元数据的方法。

例程 6-22，rsmetadata.jsp

```
<%@ page import="java.sql.*,java.io.*"%>
<%-- 引入Java Bean --%>
<jsp:useBean id="jspexdb" class="jspex.jdbc.DbOperation" scope="page"/>
<html>
<head>
<title>数据集信息</title>
<meta http-equiv="Content-Type" content="text/html;charset=gb2312" />
</head>
<body style="text-align:center">
<h3>student 表结构</h3>
 <%
   //查询结果集
   ResultSet rs=jspexdb.getAllStudent();
   //创建 ResultSetMetaData 对象
   ResultSetMetaData mdata=rs.getMetaData();
   //获取数据集的列数
   int cols=mdata.getColumnCount();
   out.println("表 student 共有: " + cols + "个字段, 这些字段是: ");
   out.println("<table border='1' bgcolor='lightblue' cellpadding='4'
           cellspacing='0'>");
   out.println("<tr><td align='right' width='64'>字段名</td>");
   for(int i=1; i<=cols; i++) {
      out.println("<td>");
      out.println(mdata.getColumnName(i));
      out.println("</td>");
   }
   out.println("</tr>");
   out.println("<tr><td align='right'>列标题</td>");
   for(int i=1; i<=cols; i++) {
      out.println("<td>");
      out.println(mdata.getColumnLabel(i));
      out.println("</td>");
   }
   out.println("</tr>");
   out.println("<tr><td align='right'>数据类型</td>");
   for(int i=1; i<=cols; i++) {
      out.println("<td>");
      out.println(mdata.getColumnClassName(i));
      out.println("</td>");
   }
   out.println("</tr>");
   out.println("<tr><td align='right'>类型编号</td>");
   for(int i=1; i<=cols; i++) {
      out.println("<td>");
      out.println(mdata.getColumnType(i));
      out.println("</td>");
   }
```

```
        out.println("</tr>");
        out.println("<tr><td align='right'>类型名称</td>");
        for(int i=1; i<=cols; i++) {
          out.println("<td>");
          out.println(mdata.getColumnTypeName(i));
          out.println("</td>");
        }
        out.println("</tr>");
        out.println("<tr><td align='right'>是否为空</td>");
        for(int i=1; i<=cols; i++) {
          out.println("<td>");
          out.println(mdata.isNullable(i));
          out.println("</td>");
        }
        out.println("</tr>");
        out.println("<tr><td align='right'>是否递增</td>");
        for(int i=1; i<=cols; i++) {
          out.println("<td>");
          out.println(mdata.isAutoIncrement(i));
          out.println("</td>");
        }
        out.println("</tr>");
        out.println("<tr><td align='right'>是否只读</td>");
        for(int i=1; i<=cols; i++) {
          out.println("<td>");
          out.println(mdata.isReadOnly(i));
          out.println("</td>");
        }
        out.println("</tr>");
        out.println("</table>");
        rs.close();
      %>
    </body>
    </html>
```

JDBC 中关于元数据信息的类还有 DatabaseMetaData，该类用于获取数据库的信息，使用方法与 ResultSetMetaData 类似，不再举例介绍。

6.4　数据分页显示

在数据查询时，当查询的结果集非常大时，就需要进行分页显示。分页显示技术实际上是记录的再选择问题，总体上说，有两种解决方案。一种方案是把满足条件的所有记录都从数据库中查询出来，再按照用户请求的页码，从中选择记录，只显示属于用户请求的页面的记录。另一种方案是每次只获取一页数据，根据用户请求的页码，从数据库中仅查询要显示的页面的记录。由于第一种方案实际上进行了两次查询，而且从数据库中一次性获取大量的数据，花费的时间较长，消耗的系统资源较大，这都会影响服务器的性能。可以使用缓存策略以改善此方案的性能，将查询结果缓存在 HttpSession 或有状态 Java Bean 中，在翻页时取出一页数据显示。但这种方法存在两个主要的缺点：一是用户可能看到的是过期的数据；二是如果数据量很大，缓存数据也会占用大量内存，效率仍然不高。至于缓存结果集 ResultSet 的方法则完全是一种错误的做法。因为 ResultSet 在 Statement 或 Connection 关闭时也会被关闭，如果要使 ResultSet 有效，则势必长时间占用数据库连接，而数据库连接是应用程序中代价最大的操作，长时间保持与数据库的连接，系统效率会明显下降。因此，第二种分页方案比较好，每次翻页时只从数据库中检索页面大小的数据块。这样虽然每次翻页都需要查询数据库，但查询出的记录数少，网络传输的数据量不大。如果使用数据库连接池技术，还可以略过最耗时的建立数据库连接过程。而且在数据库管理系统(DBMS)中有各种成熟的优化技术用于提高查询速度，比在应用服务器中缓存数据更加有效。

(1)方案 1-1，从数据库中查询所有的记录，在 JSP 脚本中选择页面要显示的记录。

例程 6-23，paging1.jsp

```
<!doctype html>
<%@ page import="java.sql.*,java.io.*"
    contentType="text/html;charset=utf-8"%>
<%-- 引入 Java Bean --%>
<jsp:useBean id="jspexdb" class="jspex.jdbc.DbOperation" scope="page" />
<html>
<head>
<title>数据库中记录分页显示实例</title>
<meta charset="utf-8">
<link type="text/css" rel="stylesheet" href="../common/style.css">
</head>
<body>
<%
    //查询满足条件的所有记录
    ResultSet rs = jspexdb.getAllStudent();
    int pageSize = 2; //设置每页显示的记录数
    int showPage = 1; //设置欲显示的页数
    int rowCount = 0; //ResultSet 的记录笔数
    int pageCount = 0; //ResultSet 分页后的总页数
    rs.last(); //将游标移至最后一笔记录，以获取记录数
    rowCount = rs.getRow(); //取得 ResultSet 中记录的笔数
    //计算总页数
    pageCount = ((rowCount % pageSize) == 0 ? (rowCount / pageSize)
            : (rowCount / pageSize) + 1);
    //获取要显示的页码
    String toPage = request.getParameter("page");
    //判断是否取得 page 参数,如果页码不为空，将页码转化为整数
    if (toPage != null && toPage != "") {
        showPage = Integer.parseInt(toPage);
        //下面的 if 语句将判断用户输入的页数是否正确
        if (showPage > pageCount) {
            //判断指定页数是否大于总页数，是则设置显示最后一页
            showPage = pageCount;
        } else if (showPage <= 0) {
```

```
                showPage = 1;    //若指定页数小于 0，则设置显示第一页的记录
            }
        }
        //关键语句，在 rs 中定位当前页的第一笔记录位置
        rs.absolute((showPage - 1) * pageSize + 1);
        //include page 传递参数，要对字符编码，有中文字符需要设置编码
        request.setCharacterEncoding("UTF-8");
    %>
    <!-- 添加标题、分页信息及顶部导航 -->
    <jsp:include page="pagenavtop.jsp">
        <jsp:param value="学生成绩表" name="titleStr"/>
        <jsp:param value="<%=rowCount %>" name="rowCount"/>
        <jsp:param value="<%=pageCount %>" name="pageCount"/>
        <jsp:param value="<%=showPage %>" name="showPage"/>
        <jsp:param value="paging1.jsp" name="pageName"/>
        <jsp:param value="3" name="pageNavNum"/>
    </jsp:include>
    <table align="center" border="1" bgcolor="lightblue" width="800">
        <tr align="center">
            <td>学生姓名</td><td>性别</td><td>班级</td>
            <td>语文</td><td>数学</td><td>物理</td><td>化学</td>
        </tr>
        <%
            //利用 for 循环配合 pageSize 属性输出一页中的记录
            for (int i = 1; i <= pageSize; i++) {
                out.println("<tr align=center>");
                out.println("<td>" + rs.getString("name") + "</td>");
                out.println("<td>" + rs.getString("sex") + "</td>");
                out.println("<td>" + rs.getString("class") + "</td>");
                out.println("<td>" + rs.getFloat("chinese") + "</td>");
                out.println("<td>" + rs.getFloat("maths") + "</td>");
                out.println("<td>" + rs.getFloat("physics") + "</td>");
                out.println("<td>" + rs.getFloat("chemistry") + "</td>");
                out.println("</tr>");
                //最后一页的记录数，可能小于设定的每页显示的记录数
                //判断是否到达最后一笔记录
                if(!rs.next())
                    break; //最后一页可能不满，无记录时，退出 for 循环
            }
            rs.close();
        %>
    </table>
    <!-- 添加底部导航 -->
    <jsp:include page="pagenavbottom.jsp">
        <jsp:param value="<%=pageCount %>" name="pageCount"/>
        <jsp:param value="<%=showPage %>" name="showPage"/>
        <jsp:param value="paging1.jsp" name="pageName"/>
```

```
</jsp:include>
</body>
</html>
```

调用 ResultSet 的 getRow()方法获取记录数时，必须先调用其 last()方法移动游标至最后一条记录。包含顶部导航页面时要传递中文字符串，需在之前用 request.setCharacterEncoding()方法设置 UTF-8 编码。<jsp:include>动作传递的参数附加在所包含页面的 URL 之后，以 GET 方式传输。传递中文字符还需在 Tomcat 服务器的配置文件 server.xml 中的 Connector 标记内加入属性：useBodyEncodingForURI="true" URIEncoding="UTF-8"，并在接收参数时，设置 request 的编码为 UTF-8。详见 9.2.3 节。

例程 6-24，pagenavtop.jsp

```
<%@ page contentType="text/html; charset=UTF-8"%>
<!DOCTYPE html>
<html>
<head>
<meta http-equiv="Content-Type" content="text/html; charset=UTF-8">
<title>Insert title here</title>
<style type="text/css">
.title {
    font-family: "隶书", "宋体";
    font-size: 3em;
}

.pageinfo {
    color: #00F;
}
.pagenow {
    color: #F00;
}
</style>
</head>
<body>
<%
    request.setCharacterEncoding("UTF-8");
    String titleStr = request.getParameter("titleStr");
    String rowCount = request.getParameter("rowCount");
    String pageName = request.getParameter("pageName");
    int pageCount = Integer.parseInt(request.getParameter("pageCount"));
    int showPage = Integer.parseInt(request.getParameter("showPage"));
    int pageNavNum = Integer.parseInt(request.getParameter("pageNavNum"));
%>
<table align="center" border="0" width="800">
    <tr>
        <td align="center" class="title"><%=titleStr%></td>
    </tr>
```

```
<tr>
    <td width="600" height="10">
        <!-- 显示记录总数，总页数，当前页 -->
        共:<span class="pageinfo"><%=rowCount%></span>条 
        共<span class="pageinfo"><%=pageCount%></span>页 
        当前页为第<span class="pagenow"><%=showPage%></span>页
        <%
            //p 为循环变量，m 为当前页之前要显示的页码
            //n 为当前页之后要显示的页码
            int p, m, n;
            if (pageCount > 1) {
                //m 为当前页前 pageNavNum 页的页码
                //如果当前页属于最前的 pageNavNum 页，则 m=1
                if (showPage - pageNavNum > 0) {
                    m = showPage - pageNavNum;
                } else {
                    m = 1;
                }
                //n 为当前页后 pageNavNum 页的页码
                //如果当前页属于最后的 pageNavNum 页，则 n=总页数
                if (showPage + pageNavNum < pageCount) {
                    n = showPage + pageNavNum;
                } else {
                    n = pageCount;
                }
        %>
        <!-- 顶部导航栏，以页码数字，显示到当前页前后页的链接 -->
        转到页码:[
        <%
                for (p = m; p <= n; p++) {
                    //如果是当前页则显示为红色、普通文本
                    if (showPage == p){
                        out.print("<span class='pagenow'>" + p + "</span>
                             ");
                    }
                    //不是当前页则显示为链接，链接到相应的页码
                    else {
                        out.print("<a href=" + pageName + "?page=" + p +
                            ">" + p + "</a> ");
                    }
                }
        %>
        ]
        <%
            }
        %>
    </td>
```

```
    </tr>
</table>
</body>
</html>
```

例程 6-25，pagenavbottom.jsp

```
<%@ page contentType="text/html; charset=UTF-8"%>
<!DOCTYPE html>
<html>
<head>
<meta http-equiv="Content-Type" content="text/html; charset=UTF-8">
<title>Insert title here</title>
</head>
<body>
<%
    request.setCharacterEncoding("UTF-8");
    int pageCount = Integer.parseInt(request.getParameter("pageCount"));
    int showPage = Integer.parseInt(request.getParameter("showPage"));
%>
<!-- 显示底部导航栏 -->
<table align="center" border="0" width="800">
    <tr valign="baseline">
        <td align="right">
            <%
                //当前页不为第 1 页时，显示到上一页和第一页的链接
                if (showPage != 1) {
                    out.print("<a href='" + pageName + "?page=1'>第一页</a>
                             ");
                    out.print("<a href='" + pageName + "?page=" + (showPage - 1) +
                        "'>上一页</a> ");
            }
            //当前页不为最后 1 页时，显示到下一页和最后一页的链接
            if (showPage != pageCount) {
                out.print("<a href='" + pageName + "?page=" + (showPage + 1) +
                        "'>下一页</a> ");
                out.print("<a href='" + pageName + "?page=" + pageCount + "'>最
                        后一页</a> ");
                }
            %>
            </td>
    </tr>
</table>
</body>
</html>
```

(2)方案 1-2，从数据库中查询所有的记录，在 Java Bean 中选择页面要显示的记录。

使用 PageDataBean 对象保存分页属性，以及页面要显示的记录。这些记录用一个集合对象表

示,集合中的每个元素是一个 StudentBean 对象,表示一条记录。集合对象本身是 PageDataBean.java 的属性，StudentBean 见例程 6-14。

例程 6-26，PageDataBean.java

```
package jspex.jdbc;
import java.util.ArrayList;
public class PageDataBean implements java.io.Serializable {
   private int curPage; //当前是第几页
   private int totalPage; //总页数
   private int totalRows; //一共有多少行
   private int rowsPerPage; //每页的行数
   private ArrayList<StudentBean> data; //当前页的数据
   public ArrayList<StudentBean> getData() {
      return this.data;
   }
   public void setData(ArrayList<StudentBean> data) {
      this.data = data;
   }
   public int getCurPage() {
      return curPage;
   }
   public void setCurPage(int curPage) {
      this.curPage = curPage;
   }
   public int getRowsPerPage() {
      return rowsPerPage;
   }
   public void setRowsPerPage(int rowsPerPage) {
      this.rowsPerPage = rowsPerPage;
   }
   public int getTotalRows() {
      return totalRows;
   }
   public void setTotalRows(int totalRows) {
      this.totalRows = totalRows;
   }
   public int getTotalPage() {
      return totalPage;
   }
   public void setTotalPage(int totalPage) {
      this.totalPage = totalPage;
   }
}
```

StudentPaging 类的 getPageStudent()方法，查询 student 表，获取满足条件的记录；根据总记录数和每页显示的记录数计算总页数；并将当前页的每条记录用一个 StudentBean 对象表示，所有的 StudentBean 对象放在 ArrayList 集合中；然后把保存页面记录的 Java 集合对象和所有分页信息设置到 PageDataBean 对象中，返回该 Java Bean 对象。

例程 6-27，StudentPaging.java

```
package jspex.jdbc;
import java.sql.*;
import java.util.ArrayList;
/**
 * StudentPaging 类负责从数据库中获得分页的学生信息
 */
public class StudentPaging {
    //返回存储了指定页数据的 PageDataBean 对象
    public PageDataBean getPageStudent(int rowsPerPage, int pageNum) throws
            Exception {
        ArrayList<StudentBean> data = new ArrayList<StudentBean>();
        PageDataBean pageBean = new PageDataBean();
        Connection con = DbConnection.getConnection();
        Statement stm = con.createStatement();
        ResultSet rs = stm.executeQuery("select * from student");
        rs.last(); //将游标移至最后一笔记录，以获取记录数
        int totalRows = rs.getRow(); //取得 ResultSet 中记录的笔数
        //计算总页数
        int totalPages = (totalRows % rowsPerPage) == 0 ? (totalRows / rowsPerPage)
            : (totalRows / rowsPerPage) + 1;
        //下面的 if 语句将判断用户输入的页数是否正确
        if(pageNum > totalPages ) {
            //页码上界的有效性验证
            //判断指定页数是否大于总页数，是则设置显示最后一页
            pageNum = totalPages ;
        }
        //关键语句，在 rs 中定位当前页的第一笔记录位置
        rs.absolute((pageNum - 1) * rowsPerPage + 1);
        for (int i = 1; i <= rowsPerPage; i++) {
            StudentBean item = new StudentBean();
            item.setId(rs.getInt("id"));
            item.setName(rs.getString("name"));
            item.setGender(rs.getString("sex"));
            item.setGrade(rs.getString("class"));
            item.setChinese(rs.getFloat("chinese"));
            item.setMaths(rs.getFloat("maths"));
            item.setPhysics(rs.getFloat("physics"));
            item.setChemistry(rs.getFloat("chemistry"));
            data.add(item);
            if (!rs.next())
                break; //最后一页可能不满，无记录时，退出 for 循环
        }
        pageBean.setCurPage(pageNum);
        pageBean.setData(data);//将当前页对应的数据封装到 pageBean 对象中
```

```
            pageBean.setTotalPage(totalPages);
            pageBean.setTotalRows(totalRows);
            pageBean.setRowsPerPage(rowsPerPage);
            rs.close();
            stm.close();
            con.close();
            return pageBean;
        }
    }
```

paging2.jsp 页面中调用 StudentPaging 类的 getPageStudent()方法，返回 PageDataBean 对象。该对象中保存了当前页面所有的分页信息，包括页面要显示的数据记录，这些数据保存在 ArrayList 类型的 Data 属性中。用循环语句遍历 ArrayList 对象，可将当前页面中的数据记录显示出来。

例程 6-28，paging2.jsp

```
<!doctype html>
<%@ page import="java.sql.*,java.io.*,jspex.jdbc.*"
    contentType="text/html;charset=utf-8"%>
<%-- 引入 Java Bean --%>
<jsp:useBean id="jspexdb" class="jspex.jdbc.StudentPaging" scope="page" />
<html>
<head>
<title>数据库中记录分页显示实例</title>
<meta charset="utf-8">
<link type="text/css" rel="stylesheet" href="../common/style.css">
</head>
<body>
<%
    int pageSize = 2; //设置每页显示的记录数
    int showPage = 1; //设置欲显示的页数
    int rowCount = 0; //ResultSet 的记录笔数
    int pageCount = 0; //ResultSet 分页后的总页数
    String toPage = request.getParameter("page");
    //判断是否取得 page 参数,如果页码不为空时，将页码转化为整数
    if (toPage != null && toPage != "") {
        try {
            showPage = Integer.parseInt(toPage);
            //页码下界的有效性验证
            if (showPage <= 0) {
                //若指定页数小于 0，则设置显示第一页的记录
                showPage = 1;
            }
        } catch (Exception e) {
            //showPage = 1;
            System.out.println("输入的页码格式不正确！");
        }
```

```
    }
    //关键语句，获取保存当前页面数据的 PageDataBean 对象
    PageDataBean pageBean = jspexdb.getPageStudent(pageSize, showPage);
    //include page 传递参数，要对字符编码，有中文字符需要设置编码
    request.setCharacterEncoding("UTF-8");
%>
<!-- 添加标题、分页信息及顶部导航 -->
<jsp:include page="pagenavtop.jsp">
    <jsp:param value="学生成绩表" name="titleStr"/>
    <jsp:param value="<%=pageBean.getTotalRows() %>" name="rowCount"/>
    <jsp:param value="<%=pageBean.getTotalPage() %>" name="pageCount"/>
    <jsp:param value="<%=pageBean.getCurPage() %>" name="showPage"/>
    <jsp:param value="paging2.jsp" name="pageName"/>
    <jsp:param value="3" name="pageNavNum"/>
</jsp:include>
<table align="center" border="1" bgcolor="lightblue" width="800">
    <tr align="center">
        <td>学生姓名</td><td>性别</td><td>班级</td>
        <td>语文</td><td>数学</td><td>物理</td><td>化学</td>
    </tr>
    <%
        //利用 for 循环配合 pageSize 属性输出一页中的记录
        for (int i = 0; i < pageBean.getData().size(); i++) {
            StudentBean stu = pageBean.getData().get(i);
            out.println("<tr align=center>");
            out.println("<td>" + stu.getName() + "</td>");
            out.println("<td>" + stu.getGender() + "</td>");
            out.println("<td>" + stu.getGrade() + "</td>");
            out.println("<td>" + stu.getChinese() + "</td>");
            out.println("<td>" + stu.getMaths() + "</td>");
            out.println("<td>" + stu.getPhysics() + "</td>");
            out.println("<td>" + stu.getChemistry() + "</td>");
            out.println("</tr>");
        }
    %>
</table>
<!-- 添加底部导航 -->
<jsp:include page="pagenavbottom.jsp">
    <jsp:param value="<%=pageBean.getTotalPage() %>" name="pageCount"/>
    <jsp:param value="<%=pageBean.getCurPage() %>" name="showPage"/>
    <jsp:param value="paging2.jsp" name="pageName"/>
</jsp:include>
</body>
</html>
```

(3)方案 2-1，从数据库中只查询一页数据，直接在 SQL 语句中加上页码条件，只有少数 DBMS 支持这样的 SQL 扩展功能。

MySQL 数据库管理系统扩展了 SELECT 语句，增加 LIMIT 关键字，指定两个数值参数限定返回哪些记录。第 1 个值指定在满足条件的记录中从哪条记录开始，第 2 个值指定从开始位置起返回几条记录。下面使用 MySQL 的 LIMIT 子句功能重写 StudentPaging 类的 getPageStudent()方法，每次查询从数据库中只返回当前页要显示的数据记录。

```
//LIMIT 子句版，返回存储了指定页数据的 PageDataBean 对象
public PageDataBean getPageStudent(int rowsPerPage, int pageNum)
        throws Exception {
    ArrayList<StudentBean> data = new ArrayList<StudentBean>();
    PageDataBean pageBean = new PageDataBean();
    int totalRows = 0;
    Connection con = DbConnection.getConnection();
    Statement stm = con.createStatement();
    //取得 ResultSet 中记录的笔数
    ResultSet countRS = stm.executeQuery("select count(id) as t from student");
    while (countRS.next()) {
        totalRows = countRS.getInt("t");
    }
    countRS.close();
    //计算总页数
    int totalPages = (totalRows % rowsPerPage) == 0 ? (totalRows / rowsPerPage)
            :(totalRows / rowsPerPage) + 1;
    //下面的 if 语句将判断用户输入的页数是否正确
    if(pageNum > totalPages ) {
        //页码上界的有效性验证
        //判断指定页数是否大于总页数，是则设置显示最后一页
        pageNum = totalPages ;
    }
    //关键语句，使用 LIMIT 子句查询当前页面的数据记录
    ResultSet rs = stm.executeQuery("select * from student limit " +
            (pageNum - 1) * rowsPerPage + ", " + rowsPerPage);
    while (rs.next()) {
        StudentBean item = new StudentBean();
        item.setId(rs.getInt("id"));
        item.setName(rs.getString("name"));
        item.setGender(rs.getString("sex"));
        item.setGrade(rs.getString("class"));
        item.setChinese(rs.getFloat("chinese"));
        item.setMaths(rs.getFloat("maths"));
        item.setPhysics(rs.getFloat("physics"));
        item.setChemistry(rs.getFloat("chemistry"));
        data.add(item);
    }
    pageBean.setCurPage(pageNum);
    pageBean.setData(data);//将当前页对应的数据封装到 pageBean 对象中
    pageBean.setTotalPage(totalPages);
    pageBean.setTotalRows(totalRows);
```

```
        pageBean.setRowsPerPage(rowsPerPage);
        rs.close();
        stm.close();
        con.close();
        return pageBean;
    }
```

MySQL 的 LIMIT 子句，使查询特定的一页数据较为简单，极大地方便了数据记录的分页显示。对于其他 DBMS 则要用复杂的嵌套语句来实现。

(4)方案 2-2，从数据库中只查询一页数据，使用存储过程，传递页大小和页码参数给存储过程，返回本页要显示的记录及其他属性。

例程 6-29，在 MySQL 的 jspex 数据库中创建下面的存储过程

```
CREATE PROCEDURE Paging(inout pageIndex Int, in pageSize Int, out totalRows
        Int, out totalPages Int)
Begin
select count(id) into totalRows from student;
Set totalPages=ceil(totalRows/pageSize);
If pageIndex > totalPages Then
    Set pageIndex=totalPages;
End If;
Set @startRow=(pageIndex-1) * pageSize;
Set @pageSize=pageSize;
Prepare stmt from 'select * from student limit ?,?';
Execute stmt using @startRow, @pageSize;
End;
```

在存储过程的参数列表中，inout 参数位于第一个。存储过程中计算页面数，同时还进行了页码下界的有效性验证，最终返回了总记录数、总页数、有效页码、当前页的记录数据。MySQL 提供的 CEIL 函数极大地简化了页数的计算。getPageStudent()方法无须再进行分页计算，无须也不能对当前页码的上界进行有效性验证。

使用上面的存储过程，重写 StudentPaging 类的 getPageStudent()方法，每次查询返回当前页要显示的数据记录以及其他分页信息。

```
//存储过程版，返回存储了指定页数据的 PageDataBean 对象
public PageDataBean getPageStudent(int rowsPerPage, int pageNum)
        throws Exception {
    ArrayList<StudentBean> data = new ArrayList<StudentBean>();
    PageDataBean pageBean = new PageDataBean();
    Connection con = DbConnection.getConnection();
    CallableStatement cstm = con.prepareCall("{call Paging(?,?,?,?)}");
    //设置存储过程参数，第一个参数是 inout 的 pageIndex
    cstm.setInt("pageIndex", pageNum);
    cstm.setInt("pageSize", rowsPerPage);
    //注册输出参数
    cstm.registerOutParameter("pageIndex", java.sql.Types.INTEGER);
    cstm.registerOutParameter(3, java.sql.Types.INTEGER);
```

```
        cstm.registerOutParameter(4, java.sql.Types.INTEGER);
        //System.out.println("rowsPerPage=" + rowsPerPage);
        //System.out.println("pageNum=" + pageNum);
        //执行存储过程
        ResultSet rs = cstm.executeQuery();
        //检索输出参数， 获取修正后的页码、总记录数、总页数
        int pageIndex=cstm.getInt("pageIndex");
        int totalRows = cstm.getInt(3);
        int totalPages=cstm.getInt(4);
        while (rs.next()) {
            StudentBean item = new StudentBean();
            item.setId(rs.getInt("id"));
            item.setName(rs.getString("name"));
            item.setGender(rs.getString("sex"));
            item.setGrade(rs.getString("class"));
            item.setChinese(rs.getFloat("chinese"));
            item.setMaths(rs.getFloat("maths"));
            item.setPhysics(rs.getFloat("physics"));
            item.setChemistry(rs.getFloat("chemistry"));
            data.add(item);
        }
        pageBean.setCurPage(pageNum);
        pageBean.setData(data);//将当前页对应的数据封装到 pageBean 对象中
        pageBean.setTotalPage(totalPages);
        pageBean.setTotalRows(totalRows);
        pageBean.setRowsPerPage(rowsPerPage);
        rs.close();
        cstm.close();
        con.close();
        return pageBean;
    }
```

对于 SQL Server 或 Oracle 数据库，同样，可以写一个存储过程来实现分页功能，比 MySQL 的存储过程要复杂一些，JDBC 调用过程类似。

6.5　数据库连接池

在一个基于数据库的 Web 应用程序中，数据库的建立及关闭是最耗费系统资源的操作，对系统的性能影响尤为明显。在传统的数据库连接方式中，对于每次 Web 请求，都要通过 DriverManager 建立一次与数据库的连接，使用完后将连接关闭。如果网站的访问量较小，这不成问题，但如果网站的访问量大的话，系统的开销是相当大的，这时数据库连接操作可能成为网站速度的瓶颈。另外需要注意的是，连接用完后，要确保其被正确关闭，如果由于设计错误或程序出现异常而使某些连接未能关闭，将导致数据库系统中的内存泄露，最终将不得不重启数据库。

数据库连接池的基本思想是预先建立一些连接放置于内存对象中以备使用。这个内存对象即称为连接池，通常使用 Java 集合对象来实现，其中的元素为各个连接对象。程序需要与数据库建

立连接时，只需从连接池中取一个来用而不用新建，使用完后再放回连接池即可。而连接的建立、断开、分配，以及连接的动态增加或减少，都由连接池自身来管理。连接池技术尽可能地重用了资源，节省了服务器的内存，提高了程序的效率。同时，利用连接池自身的管理机制，还可以进一步来监视数据库连接的数量、使用情况等。

JDBC3.0 规范中提供了一个支持数据库连接池的框架，包括如下的类和接口。

- javax.sql.ConnectioEvent 连接事件。
- javax.sql.ConnectionPoolDataSource 连接池数据源。
- javax.sql.PooledConnection 被池化的连接。
- javax.sql.ConnectionEventListener 连接事件监听接口。

利用这个框架提供的类和接口，程序员可以实现一个自定义的数据库连接池类。实际上这个类的核心是一个元素为数据库连接对象的 Java 集合对象，如 Set 对象。另外包括一些对这个集合进行操作的方法，如连接对象元素的增加、减少、申请、分配、释放等。目前，一些应用服务器和第三方开发商提供了许多高性能的数据库连接池服务程序，在应用程序开发中，只需要适当配置就可以使用数据库连接池了。Tomcat 服务器从 4.0 版以后就提供了数据库连接池服务，5.0 版以后其配置方法有些变化。下面通过例程介绍 Tomcat 5.0 以后其数据库连接池的配置和使用方法。

1. 在配置文件中配置数据源

Tomcat 提供了两种配置数据源的方式：一种数据源可以让容器中所有的 Web 应用都访问，称为全局数据源；另一种数据源只能在单个的 Web 应用中访问，称为局部数据源。全局数据源作为全局资源配置。局部数据源只与特定的 Web 应用相关，在该 Web 应用对应的 Context（上下文）中配置。例如，为 jspex Web 应用配置局部数据源，修改 Tomcat 安装目录下 conf\Catalina\localhost 内的 jspex.xml 文件，为 Context 元素增加一个 Resources 子元素，详细代码如下。

例程 6-30，jspex.xml

```
<Context docBase="G:\jsp\jspex" path="/jspex" reloadable="true">
<Resource name="jspex/conpool"
    driverClassName="com.mysql.jdbc.Driver"
    url="jdbc:mysql://localhost/jspex_utf8?useUnicode=true&amp;charact
            erEncoding =UTF-8"
    username="root"
    password=""
    type="javax.sql.DataSource"
    maxActive="10"
    maxIdle="4"
    maxWait="-1"
    auth="Container"
    description="jspex DataBase Connection pool"
/>
<!-- name 数据源名称，通过此名称在代码中获取数据源配置的数据源对象 -->
<!-- driverClassName 数据库的驱动程序 -->
<!-- url数据库的连接字符串，参数之间的连接字符&在XML文档中是特殊字符，要用其实体名代替。 -->
<!-- username 连接数据库的用户名 -->
<!-- password 数据库用户的密码 -->
<!-- type 数据源的类型 -->
```

```
<!-- maxActive 连接池中的最大活动连接数 -->
<!-- maxIdle 连接池中的最大空闲连接数 -->
<!-- maxWait 达到最大活动连接数后，再申请连接允许等待的最长时间 -->
<!-- auth 验证方式 -->
<!-- description 数据源描述 -->
</Context>
```

2．在程序中获取数据源对象，利用数据源对象获取数据库连接，使用连接访问数据库

例程 6-31，DbConnPool.java

```
package jspex.jdbc;
//引入 JNDI 名字服务包中的类
import javax.naming.*;
import javax.sql.*;
import java.sql.*;
public class DbConnPool {
    private final static String DATASOURCE = "java:comp/env/jspex/conpool";
    public static Connection getConnection() {
        Connection con = null;
        try {
            //使用 InitialContext 初始化 Context
            Context ctx = new InitialContext();
            //通过 JNDI 获取数据源对象
            DataSource ds = (DataSource) ctx.lookup(DATASOURCE);
            //获取数据库连接
            con = ds.getConnection();
        }
        catch (Exception e) {
            System.out.println("Connection to pool failed!");
            System.out.println(e);
        }
        finally {
            return con;
        }
    }
```

JNDI 的全称是 Java Naming Directory Inteface，即 Java 命名和目录接口。该技术本质上是为某个 Java 对象起一个名字，从而使其他程序可以通过名称来访问该 Java 对象。上面的程序，首先在配置文件中为 Tomcat 容器中的数据源起一个名字：jspex/conpool，该 JNDI 为：java:comp/env/jspex/conpool，分成两部分：java:comp/env 是 Tomcat 固定的，Tomcat 提供的 JNDI 绑定都必须加该前缀，jspex/conpool 是定义数据源时的数据源名。将前面各例程中使用的 DbConnection 类换为 DbConnection2 类，即使用了数据库连接池来访问数据库。

6.6　JSP 数据库开发实例

本节结合前面介绍的技术，开发一个较完整的简易学生信息管理应用程序。用户必须提供正确的用户名和密码，经过验证登录后才可以访问系统，登录验证原理同 3.12 节。登录后显示管理列表页面，从该页面可分别连接到学生信息、班级信息、用户信息显示页面，这些子列表页面分页显示相应数据表中的记录，并有相应的链接，连接到修改、删除、增加等功能页面，完成对学生信息表、班级表、用户表的管理操作。

系统的总体结构如图 6-14 所示。

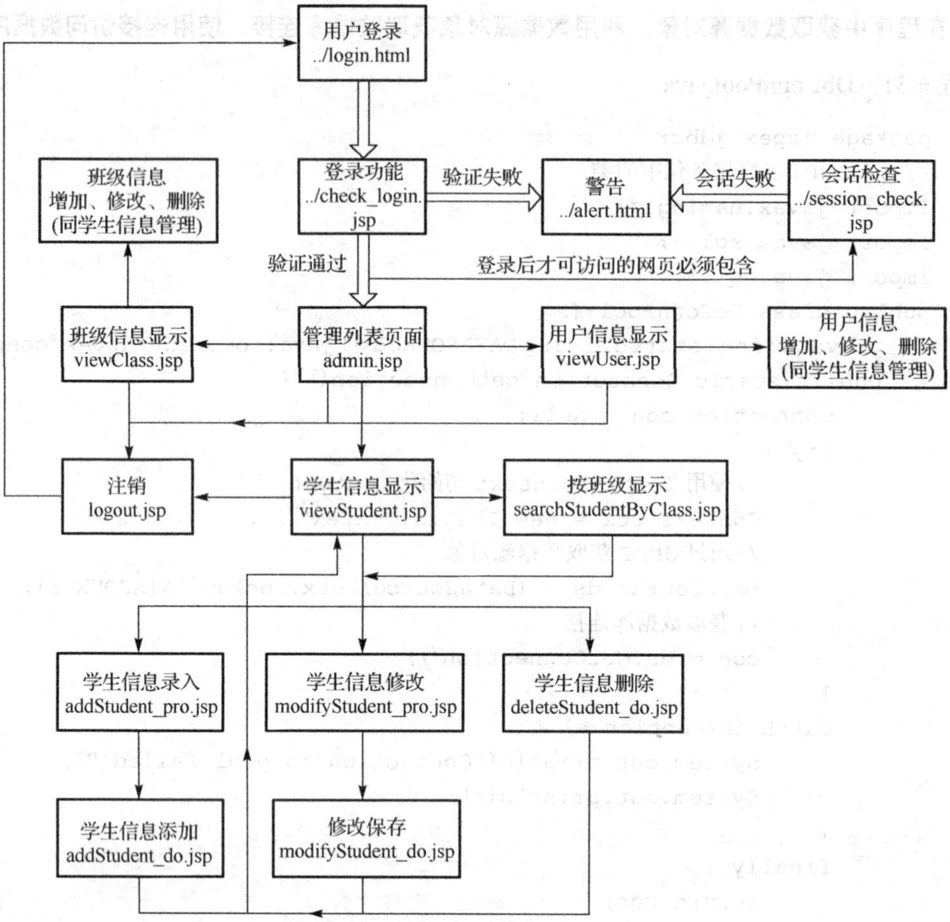

用户登录
../login.html
登录功能
../check_login.jsp
验证失败
警告
../alert.html
会话失败
会话检查
../session_check.jsp
班级信息
增加、修改、删除
(同学生信息管理)
验证通过
登录后才可访问的网页必须包含
班级信息显示
viewClass.jsp
管理列表页面
admin.jsp
用户信息显示
viewUser.jsp
用户信息
增加、修改、删除
(同学生信息管理)
注销
logout.jsp
学生信息显示
viewStudent.jsp
按班级显示
searchStudentByClass.jsp
学生信息录入
addStudent_pro.jsp
学生信息修改
modifyStudent_pro.jsp
学生信息删除
deleteStudent_do.jsp
学生信息添加
addStudent_do.jsp
修改保存
modifyStudent_do.jsp

图 6-14 系统的总体结构

程序运行后的主要页面如图 6-15 至图 6-20 所示。

地址(D) http://localhost:8080/jspex/jdbc/login.html
转到
学生信息管理登录
用户名:
密 码:
登 录
重 设

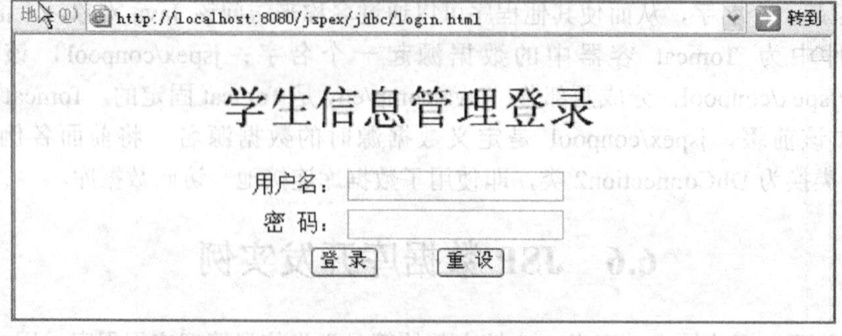

图 6-15 管理员登录页面

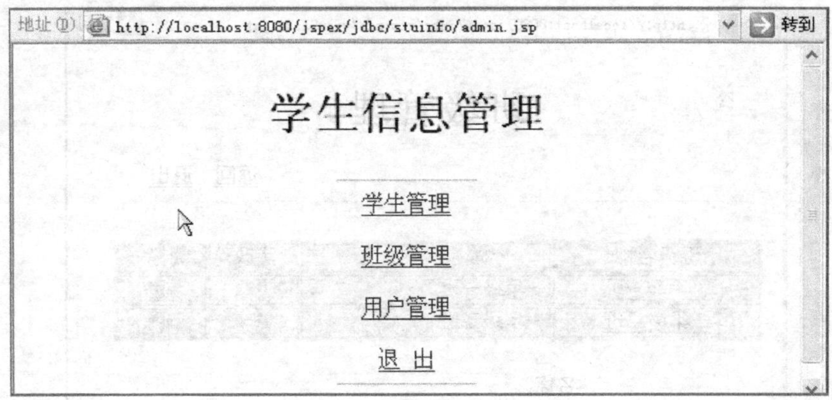

图 6-16　程序主页面

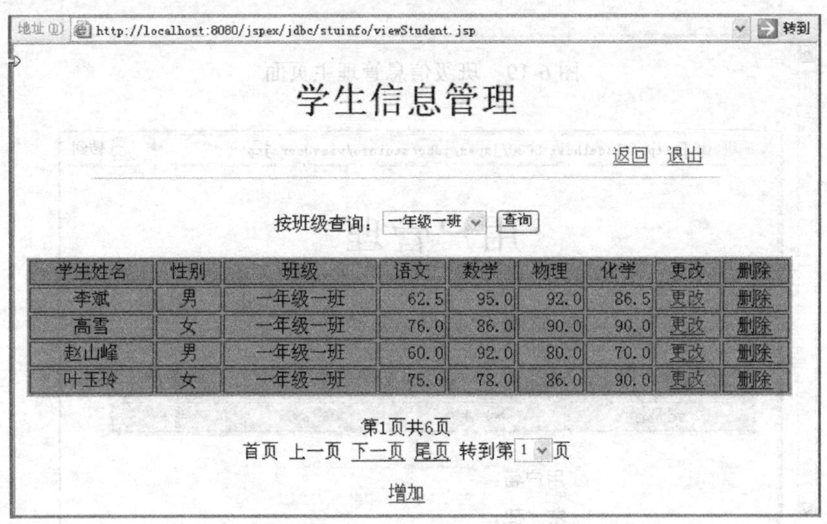

图 6-17　学生信息管理主页面

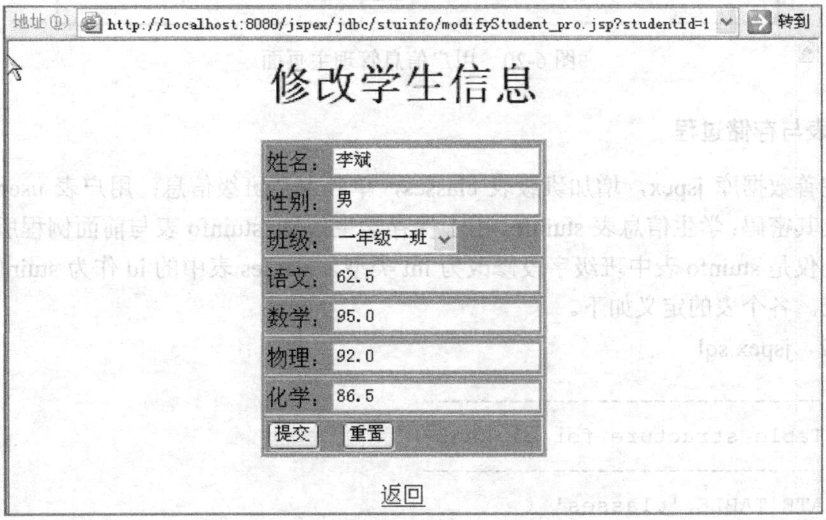

图 6-18　修改学生信息页面

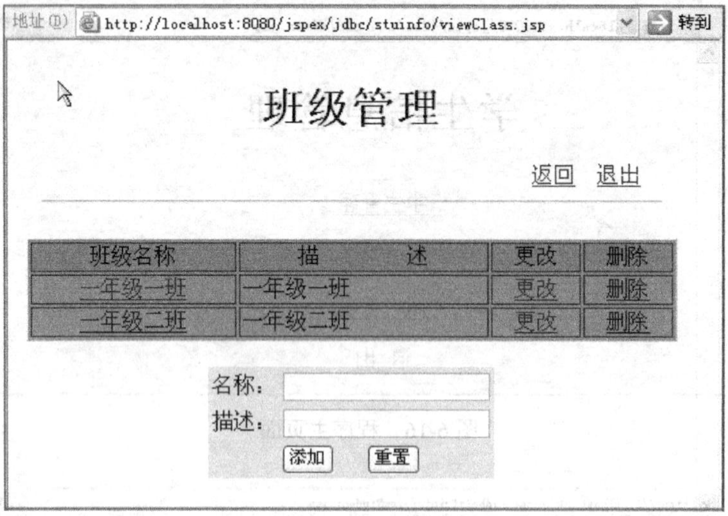

图 6-19　班级信息管理主页面

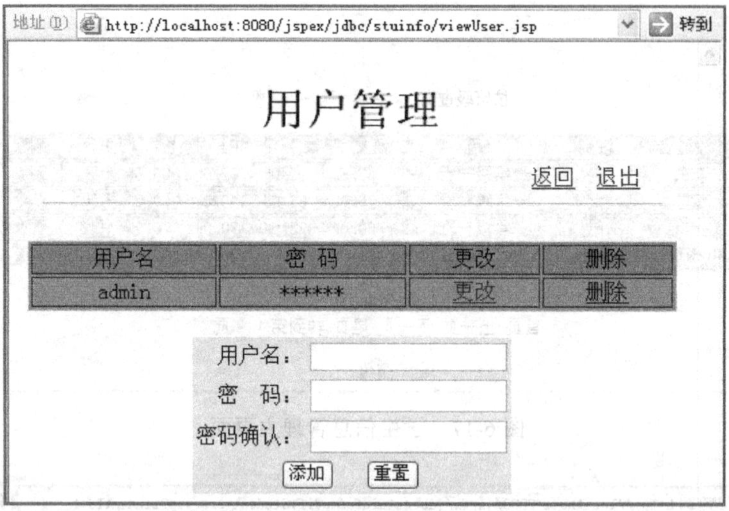

图 6-20　用户信息管理主页面

1. 数据表与存储过程

修改与完善数据库 jspex，增加班级表 classes，单独保存班级信息；用户表 users，用于保存系统的用户及其密码；学生信息表 stuinfo，用于保存学生信息。stuinfo 表与前面例程所用的 student 表的不同之处仅是 stuinfo 表中班级字段修改为 int 类型，classes 表中的 id 作为 stuinfo 表的外键，与该字段对应。各个表的定义如下。

例程 6-32，jspex.sql

```
-- ----------------------------
-- Table structure for classes
-- ----------------------------
CREATE TABLE 'classes' (
  'id' int(11) NOT NULL auto_increment,
```

```
    'name' varchar(50) default NULL,
    'description' varchar(255) default NULL,
    PRIMARY KEY  ('id'),
    KEY 'id' ('id')
  ) ENGINE=InnoDB DEFAULT CHARSET=utf8;
  -- ----------------------------
  -- Table structure for stuinfo
  -- ----------------------------
  CREATE TABLE 'stuinfo' (
    'id' int(11) NOT NULL auto_increment,
    'name' varchar(50) default NULL,
    'sex' varchar(10) default '?D',
    'class' int(11) default NULL,
    'chinese' float default NULL,
    'maths' float default NULL,
    'physics' float default NULL,
    'chemistry' float default NULL,
    PRIMARY KEY  ('id'),
    KEY 'id' ('id'),
    KEY 'class' ('class'),
    CONSTRAINT 'stuinfo_ibfk_1' FOREIGN KEY ('class') REFERENCES 'classes'
          ('id') ON DELETE SET NULL
  ) ENGINE=InnoDB DEFAULT CHARSET= utf8;
  -- ----------------------------
  -- Table structure for users
  -- ----------------------------
  CREATE TABLE 'users' (
    'id' int(11) NOT NULL auto_increment,
    'name' varchar(50) default NULL,
    'pwd' varchar(50) default NULL,
    PRIMARY KEY  ('id')
  ) ENGINE=MyISAM AUTO_INCREMENT=3 DEFAULT CHARSET= utf8;
```

分页使用存储过程，每次请求只访问一次数据库，返回当前页面的记录集，以及满足条件的总记录数、总页数、有效页码。具体的存储过程有：AllStudentPageData、AllClassPageData、AllUserPageData、StudentByClassPageData，类似于例程 6-29 的 Paging 存储过程。AllStudentPageData 存储过程联合查询 stuinfo 表和 classes 表，同时获取班级字段的名称；StudentByClassPageData 存储过程增加了对页码下界的有效性验证，以应对查询结果为空，导致 pageIndex=0，从而@startRow 为负数时的异常情况。这两个存储过程的代码如下，其他存储过程的代码类同且更为简单，见本书所附的源代码。

例程 6-33，AllStudentPageData.sql

```
CREATE DEFINER='root'@'localhost' PROCEDURE 'AllStudentPageData'(INOUT
        pageIndex int, pageSize int, OUT totalRows int, OUT totalPages int)
Begin
select count(id) into totalRows from stuinfo;
Set totalPages = Ceil(totalRows/pageSize);
```

```
If pageIndex > totalPages Then
    Set pageIndex = totalPages;
End If;
Set @startRow=(pageIndex-1) * pageSize;
Set @pageSize=pageSize;
Prepare stmt from 'select s.id,s.name,s.sex,c.name as class,chinese,
        maths,physics,chemistry from stuinfo as s inner join classes
        as c on s.class=c.id limit ?,?';
Execute stmt using @startRow, @pageSize;
End
```

例程 6-34，StudentByClassPageData.sql

```
CREATE DEFINER='root'@'localhost' PROCEDURE 'StudentByClassPageData'
        (INOUT pageIndex int, pageSize int, classId int, OUT totalRows int,
        OUT totalPages int)
Begin
select count(id) into totalRows from stuinfo where class=classId;
Set totalPages = Ceil(totalRows/pageSize);
If pageIndex > totalPages Then
    Set pageIndex = totalPages;
End If;
-- 应对查询结果为空，导致 pageIndex=0，从而@startRow 为负数时的异常情况。
If pageIndex < 1 Then
    Set pageIndex = 1;
End If;
Set @classId=classId;
Set @startRow=(pageIndex-1) * pageSize;
Set @pageSize=pageSize;
Prepare stmt from 'select s.id,s.name,s.sex,c.name as class,chinese,
        maths,physics,chemistry from stuinfo as s inner join classes as
        c on s.class=c.id where class=? limit ?,?';
Execute stmt using @classId, @startRow, @pageSize;
End
```

2. 普通 Java Beans(POJO Plain Ordinary Java Object)

普通 Java Bean 对象保存记录数据，其属性与后台数据表中的字段对应，也与前台表单中输入控件的名称对应，是程序之间传递数据的载体。特别是利用<jsp:setProperty>动作，使得获取页面中用户输入数据更加简单、方便。普通 Java Bean 有 StudentBean.java、ClassBean.java、UserBean.java。尽管 stuinfo 表中班级字段为 int 类型，保存 classes 表相应班级的 id，但 StudentBean 的 grade 属性仍采用字符串。对于查询操作，可联合查询 stuinfo 表和 classes 表，直接获取班级字段的名称；对于插入和更新操作，也可获取和保存班级 id 值，但在为 PreparedStatement 对象的参数赋值时要进行类型转换，将 String 类型强制转换为 int 类型。StudentBean.java 见例程 6-14，其他普通 Java Bean 与其类似且比较简单，参见本书所附的源代码。

3. 数据库访问的程序文件

访问数据库的 Java Bean 有 DbConnPool.java、PageDataBean.java、StudentDAO.java、

ClassDAO.java、UserDAO.java，使用数据库连接池技术还需要配置数据源的 XML 文件。数据源配置见例程 6-30，DbConnPool.java 见例程 6-31，PageDataBean.java 见例程 6-26，StudentDAO.java 类似于例程 6-15 和例程 6-27，增加了 getStudentByClassPageData()方法和 getStudentById()方法，UserDAO.java 代码如下，比其他 DAO 类多了 login()方法，进行用户登录验证，传递用户名与密码，从用户表中查询相应的记录，返回保存用户信息的 UserBean 对象或者 null。ClassDAO.java 与 UserDAO.jvas 类似，参见本书所附的源代码。

例程 6-35，UserDAO.java

```
package jspex.jdbc.stuinfo;
import java.sql.*;
import java.util.*;
/**
 * UserDAO 类负责从数据库中获得用户信息
 */
public class UserDAO {
//定义私有变量保存连接对象
private Connection con;
//分页查询所有 User，每次只获取一页数据
//返回存储了指定页面数据的 PageDataBean 对象
public PageDataBean getAllUserPageData(int rowsPerPage, int pageNum)
        throws Exception {
    con = DbConnPool.getConnection();
    CallableStatement cstm = con.prepareCall("{call AllUserPageData(?,?,?,?)}");
    //设置存储过程参数
    cstm.setInt(1, pageNum);
    cstm.setInt(2, rowsPerPage);
    //注册输出参数
    cstm.registerOutParameter(1, java.sql.Types.INTEGER);
    cstm.registerOutParameter(3, java.sql.Types.INTEGER);
    cstm.registerOutParameter(4, java.sql.Types.INTEGER);
    //执行存储过程
    ResultSet rs = cstm.executeQuery();
    //检索输出参数，获取修正后的页码、总记录数、总页数
    int pageIndex = cstm.getInt("pageIndex");
    int totalRows = cstm.getInt(3);
    int totalPages = cstm.getInt(4);
    ArrayList<UserBean> data = new ArrayList<UserBean>();
    PageDataBean pageBean = new PageDataBean();
    while (rs.next()) {
        UserBean item = new UserBean();
        item.setId(rs.getInt("id"));
        item.setName(rs.getString("name"));
        item.setPwd(rs.getString("pwd"));
        data.add(item);
    }
    pageBean.setCurPage(pageIndex);
```

```
        //将page页对应的数据封装到pageBean对象中
        pageBean.setData(data);
        pageBean.setTotalPage(totalPages);
        pageBean.setTotalRows(totalRows);
        pageBean.setRowsPerPage(rowsPerPage);
        rs.close();
        cstm.close();
        con.close();
        return pageBean;
    }
    //查询所有User，返回的Collection对象中包含UserBean值对象
    public ArrayList<UserBean> getAllUser() throws Exception {
        con = DbConnPool.getConnection();
        Statement stmt = con.createStatement();
        ArrayList<UserBean> data = new ArrayList<UserBean>();
        String strSql = "select * from users";
        ResultSet rs = stmt.executeQuery(strSql);
        while (rs.next()) {
            UserBean item = new UserBean();
            item.setId(rs.getInt("id"));
            item.setName(rs.getString("name"));
            item.setPwd(rs.getString("pwd"));
            data.add(item);
        }
        rs.close();
        stmt.close();
        con.close();
        return data;
    }
    //按id查询User，返回存储了用户记录信息的UserBean对象
    public UserBean getUserById(String userId) throws Exception {
        con = DbConnPool.getConnection();
        Statement stmt = con.createStatement();
        String strSql = "select * from users where id=" + userId;
        ResultSet rs = stmt.executeQuery(strSql);
        UserBean item = null;
        while (rs.next()) {
            item = new UserBean();
            item.setId(rs.getInt("id"));
            item.setName(rs.getString("name"));
            item.setPwd(rs.getString("pwd"));
        }
        rs.close();
        stmt.close();
        con.close();
        return item;
    }
```

```
//增加一个用户，传递一个 UserBean 对象的参数
//该对象中存储了用户记录的信息
public void addUser(UserBean user) throws Exception {
    con = DbConnPool.getConnection();
    PreparedStatement pstmt = con
            .prepareStatement("insert into users(name,pwd) values(?,?)");
    pstmt.setString(1, user.getName());
    pstmt.setString(2, user.getPwd());
    pstmt.execute();
    pstmt.close();
    con.close();
}
//修改用户信息，传递一个 UserBean 对象的参数
//该对象中存储了用户记录的信息
public void modifyUser(UserBean user) throws Exception {
    con = DbConnPool.getConnection();
    PreparedStatement pstmt = con
            .prepareStatement("update users set name=?,pwd=? where id=?");
    pstmt.setString(1, user.getName());
    pstmt.setString(2, user.getPwd());
    pstmt.setInt(3, user.getId());
    pstmt.execute();
    pstmt.close();
    con.close();
}
//删除一个用户的信息，传递要删除用户的 id 为参数
public void deleteUser(String userId) throws Exception {
    con = DbConnPool.getConnection();
    Statement stmt = con.createStatement();
    String strSql = "delete from users where id=" + userId;
    stmt.executeUpdate(strSql);
    stmt.close();
    con.close();
}
//验证登录，传递用户名和密码参数
//返回保存相应用户信息的 UserBean 对象，或者 null
public UserBean login(String userName, String pwd) throws Exception {
    con = DbConnPool.getConnection();
    Statement stmt = con.createStatement();
    String strSql = "select * from users where name='" + userName
            + "' and pwd='" + pwd + "'";
    ResultSet rs = stmt.executeQuery(strSql);
    UserBean item = null;
    while (rs.next()) {
        item = new UserBean();
        item.setId(rs.getInt("id"));
        item.setName(rs.getString("name"));
```

```
            item.setPwd(rs.getString("pwd"));
        }
        rs.close();
        stmt.close();
        con.close();
        return item;
    }
}
```

4. 网页文件

学生信息方面的 JSP 网页有 viewStudent.jsp、searchStudentByClass.jsp、addStudent.jsp、addStudent_do.jsp、modifyStudent_pro.jsp、modifyStudent_do.jsp、deleteStudent_do.jsp。班级管理方面的网页有 viewClass.jsp、addClass_do.jsp、modifyClass_pro.jsp、modifyClass_do.jsp、deleteClass_do.jsp。用户管理方面的网页有 viewUser.jsp、addUser_do.jsp、modifyUser_pro.jsp、modifyUser_do.jsp、deleteUser_do.jsp。另外还有查询页面中包含的分页导航文件 pageman.jsp，登录成功后显示的管理列表页面 admin.jsp。pageman.jsp 使用表单，以 POST 方式传递页码，以便与原网页中的 URL 参数混扰，如 searchStudentByClass.jsp 页面。addStudent.jsp 见例程 6-12，addStudent_do.jsp 见例程 6-17，modifyStudent_pro.jsp 见例程 6-18，modifyStudent_do.jsp 见例程 6-19，deleteStudent_do.jsp 见例程 6-20，viewStudent.jsp 和 searchStudentByClass.jsp 与例程 6-16 类似，两者包含的分页导航文件与例程 6-16 不同，另外 viewStudent.jsp 界面中多了返回、退出、按班级进行查询的链接，searchStudentByClass.jsp 带了查询条件。班级管理和用户管理的页面与学生信息管理类似，班级表与用户表字段少，插入记录时直接在查询页面下部的表单中输入，没有专门的输入页面。下面是 pageman.jsp 和 viewStudent.jsp 的代码，其他网页文件的代码不再附加，参见本书所附的源代码。

例程 6-36，pageman.jsp

```
<!DOCTYPE html>
<%@ page contentType="text/html;charset=utf-8"%>
<html>
<head>
<meta http-equiv="Content-Type" content="text/html; charset=utf-8">
<title>Insert title here</title>
<style type="text/css">
.pageinfo {
    color: #00F;
}

.pagenow {
    color: #F00;
    font-weight: bold;
}

.pagenav {
    margin-top:8px;
    margin-bottom:4px;
```

```
}
</style>
<script language="javascript" type="text/javascript">
<!--
function gotoPage(pagenum) {
    document.getElementById("jumpPage").value = pagenum;
    document.getElementById("pageForm").submit();
    return;
}
-->
</script>
</head>
<body>
<%
    request.setCharacterEncoding("UTF-8");
    String rowCount = request.getParameter("rowCount");
    int pageCount = Integer.parseInt(request.getParameter("pageCount"));
    int showPage = Integer.parseInt(request.getParameter("showPage"));
%>
<form name="pageForm" id="pageForm" method="post">
    <table align="center" cellspacing="0" class="pagenav">
        <tr>
            <td align="center">
                <!-- 显示记录总数，总页数，当前页 -->
                共<span class="pageinfo"><%=rowCount%></span>条记录 
                分<span class="pageinfo"><%=pageCount%></span>页 
                当前为第<span class="pagenow"><%=showPage%></span>页  
            </td>
        </tr>
        <%
            if (pageCount > 1) {
        %>
        <tr>
            <td align="center">
            <%
                if (showPage != 1) {
            %>
            <a href="javascript:gotoPage(1)">首页</a> 
            <a href="javascript:gotoPage(<%=showPage-1%>)">上一页</a> 
            <%
                }
                if (showPage != pageCount) {
            %>
            <a href="javascript:gotoPage(<%=showPage+1%>)">下一页</a> 
            <a href="javascript:gotoPage(<%=pageCount%>)">尾页</a> 
            <%
                }
```

```
            %>
            转到第<input type="text" name="jumpPage" id="jumpPage" size="3" />页
            <input type="submit" value="Go" />
            </td>
        </tr>
        <%
            }
        %>
    </form>
</body>
</html>
```

例程 6-37，viewStudent.jsp

```
<!doctype html>
<%@ page import="jspex.jdbc.stuinfo.*,java.util.*,java.io.*"
    contentType="text/html;charset=utf-8"%>
<html>
<head>
<title>学生信息管理</title>
<meta charset="utf-8">
</head>
<jsp:useBean id="gradeDao" class="jspex.jdbc.stuinfo.ClassDAO"
    scope="page" />
<jsp:useBean id="studentDao" class="jspex.jdbc.stuinfo.StudentDAO"
    scope="page" />
<body>
    <div style="width: 682px; margin: auto">
        <table width="580" align="center">
            <tr>
                <td align="center"><h2>学生信息管理</h2></td>
            </tr>
            <tr>
                <td align="right"><a href="admin.jsp">返回</a>  <a
                    href="logout.jsp">退出</a>  </td>
            </tr>
            <tr>
                <td><hr></td>
            </tr>
            <tr height="32">
                <td align="center" valign="top">
                    <form name="byClass" action="searchStudentByClass.jsp">
                        按班级查询: <select name="classId">
                        <%
                        ArrayList<ClassBean> grades=gradeDao.getAllClass();
                        Iterator its=grades.iterator();
                        while(its.hasNext()) {
                            ClassBean temp=(ClassBean)its.next();
```

```
                    out.println("<option value=" + temp.getId() + ">"
                        + temp.getName() + "</option>");
                }
            %>
            </select> <input type="submit" value="查询">
        </form>
    </td>
  </tr>
</table>
<table width="680" border="1" bgcolor="#0099CC" cellspacing="0">
  <tr align="center" bgcolor="#009966" bordercolor="#990066">
    <td>学生姓名</td><td>性别</td><td>班级</td>
    <td>语文</td><td>数学</td><td>物理</td><td>化学</td>
    <td>更改</td><td>删除</td>
  </tr>
  <%
  int rowsPerPage = 2;
  int pageIndex = 1;
  String jumpPage = request.getParameter("jumpPage");
  if (jumpPage != null && !jumpPage.equals("")) {
      try {
          pageIndex = Integer.parseInt(jumpPage);
          //页码下界的有效性验证
          if (pageIndex <= 0) {
              //若指定页数小于 0, 则设置显示第一页的记录
              pageIndex = 1;
          }
      } catch (Exception e) {
          //pageIndex = 1;
          System.out.println("输入的页码格式不正确！");
      }
  }
  PageDataBean pageData = studentDao.getAllStudentPageData
              (rowsPerPage,pageIndex);
  ArrayList<StudentBean> students = (ArrayList<StudentBean>)
              pageData.getData();
  Iterator<StudentBean> it = students.iterator();
  while (it.hasNext()) {
      StudentBean temp = it.next();
      out.println("<tr bordercolor=#990066>");
      out.println("<td align='center'>" + temp.getName() + "</td>");
      out.println("<td align='center'>" + temp.getGender() + "</td>");
      out.println("<td align='center'>" + temp.getGrade() + "</td>");
      out.println("<td align='right'>" + temp.getChinese() + "</td>");
      out.println("<td align='right'>" + temp.getMaths() + "</td>");
      out.println("<td align='right'>" + temp.getPhysics() + "</td>");
      out.println("<td align='right'>" + temp.getChemistry() + "</td>");
```

```
                        out.println("<td align='center'><a href='modifyStudent_pro.
                        jsp?studentId=" + temp.getId() + "'>更改</a>");
                        out.println("<td align='center'><a href='deleteStudent_
                        do.jsp?studentId=" + temp.getId() + "' onclick=
                        'return confirm(\"确定要删除本记录吗？\")'>删除</a>");
                        out.println("</tr>");
                    }
                    %>
                </table>
                <!-- 添加底部导航 -->
                <jsp:include page="pageman.jsp">
                    <jsp:param value="<%=pageData.getTotalRows()%>" name="rowCount" />
                    <jsp:param value="<%=pageData.getTotalPage()%>" name="pageCount" />
                    <jsp:param value="<%=pageData.getCurPage()%>" name="showPage" />
                </jsp:include>
                <table width="580" align="center">
                    <tr>
                        <td align="center"><a href="addStudent.jsp">增加</a></td>
                    </tr>
                </table>
            </div>
        </body>
        </html>
```

5．登录验证

学生信息管理系统中除了登录输入页面、登录验证页面、验证检查文件和警告页面外，访问其他页面都要进行验证检查，整个登录验证原理见 3.12 节。采用 3.12 节中的程序，完善其中的逻辑代码，将用户名和密码的验证比对修改为采用查询数据库来实现。验证方面的网页主要有 login.html 见例程 3-16；check_login.jsp 在例程 3-17 的基础上，通过查询数据库实现，代码；session_check.jsp 见例程 3-18；alert.html 见例程 3-20；logout.jsp 见例程 3-11。

例程 6-38，check_login.jsp

```
<%@ page import="jspex.jdbc.stuinfo.*" %>
<jsp:useBean id="userDao" class="jspex.jdbc.stuinfo.UserDAO" />
<%
//内置对象 request 基本用法
//获取表单提交的用户名
String name=request.getParameter("username");
//获取表单提交的密码
String password=request.getParameter("password");
//检查用户登录是否成功,通过查询数据库进行验证
UserBean user=userDao.login(name,password);
if(user!=null)
//用户名与密码正确，在会话上下文中保存并转到要登录的网页
{
   //内置对象 session 基本用法之一，设置会话变量
   session.setAttribute("loginId",user.getId());
```

```
    session.setAttribute("loginUser",name);
    //内置对象 response 基本用法之一，重定向
    response.sendRedirect("stuinfo/admin.jsp");
  }
  else
  {
  %>
  <%--JSP 常用动作之一 forward 用法：重定向，功能同上--%>
  <jsp:forward page="alert.html"/>
  <%
  }
  %>
```

每个需要密码保护的页面，即只有登录以后才能访问的页面，都必须在头部包含 session-check.jsp 进行验证检查。这些网页放在一个独立的子文件夹 stuinfo 中，通过 web.xml 配置文件中的 JSP 属性<jsp-property-group>设置自动包含。

例程 6-39，web.xml 配置文件中自动序言包含的代码

```
<jsp-config>
  <jsp-property-group>
    <url-pattern>/jdbc/stuinfo/*</url-pattern>
    <include-prelude>/jdbc/session_check.jsp</include-prelude>
  </jsp-property-group>
</jsp-config>
```

Web 应用程序主目录下/jdbc/stuinfo/子目录中所有页面的顶端都将自动包含 session_check.jsp 文件，该文件检查设定的会话变量是否存在，这些会话变量在用户名和相应的密码验证通过，即登录后设置，注销后失效。如果设定的会话变量不存在，则为非法访问，转向 alert.html 页面。注意，登录验证和验证检查文件不能包含 session_check.jsp，否则系统无法登录，check_login.jsp 如果包含验证检查会总是转向警告页面；session_check.jsp 如果包含自身，会造成死循环。所以，这些页面不能放在 stuinfo 子目录中。

本 章 小 结

数据库访问是 Web 应用程序开发的重点和难点。JDBC 是 Java 语言嵌入式访问数据库技术。JDBC 与 ODBC 的基本原理相同，借鉴了现代操作系统设备管理的思想，总体上分为三个层次：应用层为开发者提供统一的编程接口；驱动程序管理器加载和管理数据库驱动程序，并将应用层的调用对应于相应的驱动程序操作；驱动程序面向数据库厂商，为驱动程序的开发提供统一的接口。

JDBC API 由一组 Java 接口和类组成，包括在 java.sql 包中。Driver 接口面向设计数据库驱动程序的程序员，每个数据库的 JDBC 驱动程序必须实现 Driver 接口。DriverManager 类是 JDBC 的管理层，作用于用户程序和驱动程序之间，跟踪可用的驱动程序，并在数据库和相应的驱动程序之间建立连接。Connection 接口对象代表与数据库的连接，也就是在已经加载的数据库驱动程序和数据库之间建立连接。Statement 接口对象称为语句对象，通过语句对象可以向数据库发送并执行 SQL 语句。ResultSet 接口封装查询的结果集合，提供了逐行、逐字段访问结果的方法。

PreparedStatement 接口继承自 Statement，用于执行带参数的 SQL 语句。CallableStatement 接口继承自 Preparedstatement，用于执行存储过程和函数。ResultSetMetaData 类型的对象封装了结果集的元数据信息(表结构信息)。

JDBC 访问数据库的步骤：加载 JDBC 驱动；建立与数据库的连接；创建语句对象；执行 SQL 语句；对返回的结果集进行处理。访问各类数据库的过程基本相同，仅所用的驱动程序和连接字符串不同。分页显示是查询结果的再选择，主要有两种解决方案：一种是把满足条件的所有记录都从数据库中查询出来，再按照用户请求的页码，从中选择记录，只显示属于当前页面的记录；另一种是每次只获取一页数据，根据用户请求的页码，从数据库中返回显示页面的记录。数据库连接池是解决数据库访问瓶颈的有效方法，一个实用的 Web 应用程序通常使用数据库连接池技术。

思 考 题

1．简述交互式和嵌入式两种访问数据库方式。

2．简述 ODBC 与 JDBC 的基本原理。

3．JDBC 核心 API 在什么位置？包结构是什么？

4．JDBC 核心 API 有哪些常用的接口和类？

5．简述 JDBC 访问数据库的过程。

6．使用 DriverManager 类的 getConnection("url")方法建立与数据库连接时，传递的参数：连接字符串 url，可以提供哪些信息？

7．数据库的 JDBC 驱动程序.jar 文件通常要放在网站的什么位置？

8．对于 64 位 Windows 操作系统，32 位 ODBC 配置程序的路径与名称是什么？

9．JDBC 访问数据库时通常用 Statement 对象的哪个方法执行 SQL 查询语句？用哪个方法执行 SQL 更新语句？

10．简述 ORM 模式的原理。

11．JDBC 执行存储过程的语句对象是什么？指定存储过程的语法格式是什么？

12．Tomcat 服务器的局部数据源如何配置？主要设置哪些连接信息？

第 7 章　Eclipse

Eclipse 是一个开放源代码的、跨平台的、可自由集成的开发工具。Eclipse 最初是由 IBM 公司开发的替代商业软件 Visual Age for Java 的下一代集成开发环境(IDE)，2001 年 11 月贡献给开源社区，现在由非营利软件供应商联盟 Eclipse 基金会(Eclipse Foundation)管理。

Eclipse 本身只是一个开放的框架平台，自身的核心非常小，其设计思想基于插件(plugin)机制。Eclipse 内核具有一组强大的服务，这些服务支持插件，其所有的功能都以插件的形式附加到内核服务上。插件是一个与 Eclipse 框架无缝集成的独立外挂程序。Eclipse 的出现导致了插件开发这样一个软件开发行业的产生，目前在互联网上各种各样的 Eclipse 插件应有尽有。Eclipse 是以插件为中心的，具备高度的灵活性和强大的可扩展性，它所提供的功能是无限的。Eclipse 可以说是一个万用开发工具平台，不仅能用于 Java 语言和自身插件的开发，通过安装相应的插件，几乎可作为任何一个语言的开发工具，如安装 WTP(Web Tools Platform)和 WST(Web Standard Tools)插件就可以开发 Java Web 程序；安装 CDT(C Development Toolkit)插件就可以开发 C/C++ 程序；安装 PDT(PHP Development Tools)插件可以开发 PHP 程序；安装 PyDev(Python IDE for Eclipse)插件可以开发 Python 语言程序；安装 ADT(Android Development Tools)插件可以开发 Android 程序。

7.1　Eclipse 开发环境的建立

7.1.1　Eclipse 的下载安装

Eclipse 的下载地址为 https://www.eclipse.org/downloads/。Eclipse 运行的前提是安装 JSDK，并设置了环境变量 CLASSPATH 和 JAVA_HOME，详见 1.2.1 节。下载 Eclipse 时有下面有几个事项需要注意。

(1) 选择针对相应操作系统平台的发布程序：取决于用户的操作系统，Windows 操作系统选择 Release for Windows 的程序。

(2) 安装版与非安装版的选择：安装版是 Eclipse Installer 安装包，下载文件的扩展名为.exe，下载后双击安装。非安装版是扩展名为.zip 的压缩文件，下载后解压即可运行，无须安装。非安装版还要选择不同用途的程序包，安装版只有一个程序包，在安装时进行功能选择。推荐下载非安装版。

(3) 32 位与 64 位的选择：取决于系统中安装的 JSDK，32 位 JSDK 只能运行 32 位的 Eclipse；64 位的 JSDK 只能运行 64 位的 Eclipse。

(4) 新版与旧版的选择：取决于系统中安装的 JSDK 版本，较新版本的 JSDK 可选择当前新版的 Eclipse，旧版的 JSDK 应选择 Eclipse 的历史版本，具体见下载页面的提示(Hint)或参阅 Eclipse 的发布文档。

(5) 选择合适的功能发布包：取决于应用目的，对于 Java Web 应用开发，应下载 Eclipse IDE for Java EE Developers 发布包。当然下载经典发布版，或者其他功能的发布版，通过安装相关的插件也能实现对应的功能。因为 Java Web 开发需要的 Eclipse 插件较多，如果有此任务的话，强烈建议下载 Eclipse IDE for Java EE Developers 发布包，增加其他开发功能时再安装相应的插件。

Eclipse 下载主页和下载选项分别如图 7-1 和图 7-2 所示。

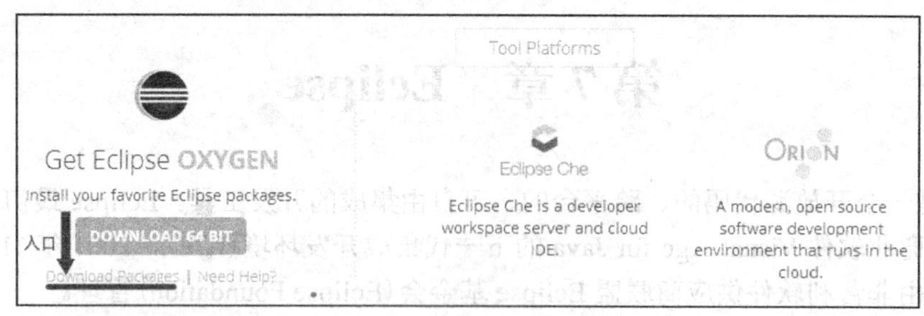

图 7-1　Eclipse 下载主页

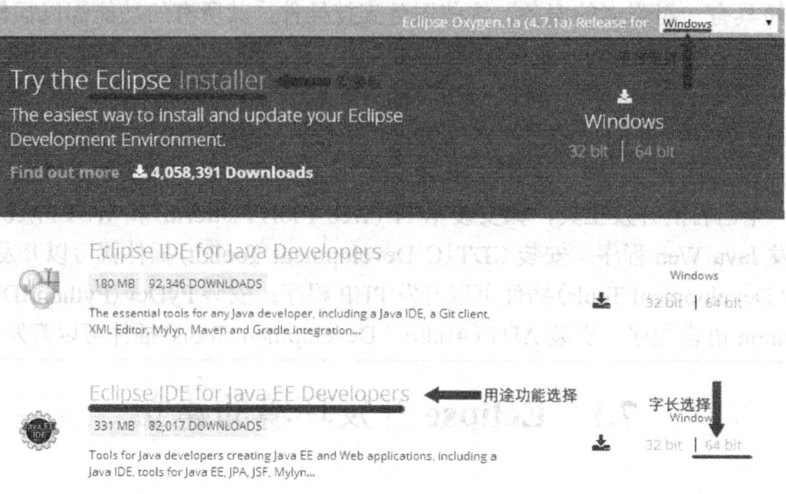

图 7-2　Eclipse 下载选项

7.1.2　插件安装

Eclipse 的早期版本只有一个经典发布版，仅带有 JDT(Java Development Toolkit)、PDE(Plug-in Development Environment)等少数插件，只能用于 Java 语言和 Eclipse 插件的开发。要作为 Java Web 开发的 IDE，需要安装一系列的插件，或者下载别人预装好相关插件的 Eclipse，或者试用 MyEclipse，MyEclipse 就是一个安装了各种 Java EE 开发插件的 Eclipse 商业软件。Eclipse 的功能主要在于其所安装的插件，插件的安装是搭建 Eclipse IDE 的重要步骤，如在经典版上安装 WTP 和 WST 插件搭建 Java Web 开发，或者在 Eclipse IDE for Java EE Developers 发布包安装 ADT 插件，使其同时支持 Android 的开发。

随着新版本的不断推出，Eclipse 的发展日臻完善，其插件的安装方法越来越方便。目前主要有以下几种安装方式。

1. 直接复制法

将下载的 Eclipse 插件解压，将解压后文件夹中两个子文件夹 features 和 plugins 包含的所有内容，分别复制到 Eclipse 安装目录下所对应的 features 和 plugins 下。重启 Eclipse 即完成插件的安装。

复制前要注意插件支持的版本与 Eclipse 版本要一致。因为复制后 Eclipse 目录下 features 和 plugins 子目录中的文件太多，日后想要删除这些插件也很困难，现在不推荐使用直接复制法。

2．使用 link 文件连接法

建立任意一个文件夹放置插件文件，如 D:\eclipseplugs，在该文件夹下再建立一个子文件夹，文件夹名必须为 eclipse。将解压后插件文件夹中的两个子文件夹 features 和 plugins 复制到刚建立的 eclipse 文件夹下，即 D:\eclipseplugs\eclipse\文件夹中。

在 Eclipse 安装目录中新建 links 子目录，在 links 目录中建立一个文本文件，文本文件可任意命名，但扩展名必须为.link，如 plugins.link，用记事本(notepad.exe)编辑文本文件内容为：path=D:/eclipseplugs 或者 path=D:\\eclipseplugs(插件放置目录)，保存后重启 Eclipse 插件就会安装完成。

注意，link 文件中 path=插件路径，路径中的分隔符要用“/”或“\\”。每个插件可以分别安装在各个自定义的目录中；一个自定义目录可以安装多个插件。link 文件可以有多行 path=插件目录，对应多个自定义插件目录，每一行的 path 参数都将生效；在 links 目录也可以有多个 link 文件，每个 link 文件中的 path 参数都将生效。

3．在线安装插件

打开菜单项 Help→Install New Software，单击“Add”按钮，根据需要，填写插件的 Name(插件别名，可自定义或省略)和填写或选择 Location(在线下载链接地址，或者插件所在的本地目录，或者本地插件的.jar 文件和.zip 文件路径)，单击“OK”按钮；在中间列表框中会显示匹配的插件项，选择要安装的插件；单击“Next”按钮，逐步进行安装，如图 7-3 所示。

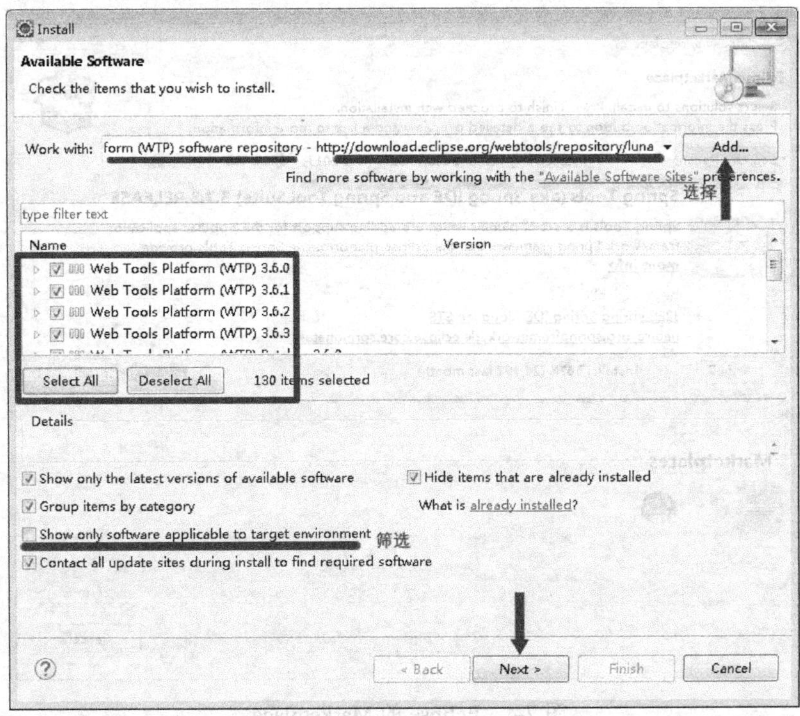

图 7-3　Eclipse 插件安装

Eclipse 早期版本在线查找安装插件的菜单项为 Help→Software Updates→Manager Configuration 与 Help→SoftwareUpdates→Find and install。

使用此方法安装下载好的本地插件，同方法 2 一样指向的目录都是“eclipse”子目录所在的目录。在 eclipse 目录下必须有文件.eclipseextension，如果下载的插件中没有这个文件，那就从 Eclipse 安装目录某个文件夹中找一个复制过去，只要有这个文件就可以了，内容主要是一些版本信息。推荐插件在线安装方法，安装时可筛选版本兼容的插件，自动下载安装，无须重启 Eclipse，可以方便地添加删除。

4．使用 dropins 目录安装插件

从 Eclipse 3.5 开始，安装目录下就多了一个 dropins 目录。只要将插件解压后拖到该目录即完成插件的安装。由于此种安装方式可以将不同的插件安装在不同的目录里，并且不用麻烦地写 link 文件，因此管理起来会非常方便，推荐使用。

dropins 目录与插件的子目录 features 和 plugins 之间只能分隔一层目录(没有也行)，目录名自定义，通常取插件名称，或者以传统的“eclipse”命名。dropins 目录同时具有 links 目录的作用，在其中也可以放.link 文件，连接其他位置的插件。在 dropins 目录下放置插件时要注意插件版本的兼容及依赖项等问题。

5．使用 Eclipse Marketplace 安装插件

在新版的 Eclipse 中增加了 Marketplace 功能，Marketplace 是 Eclipse 插件应用商店。选择 Help → Eclipse Marketplace，打开 Eclipse 的插件市场，如图 7-4 所示，可以在其中进行搜索，或者直接选择需要的插件，自动进行下载安装。使用 Marketplace 功能，不必配置，一键安装，使用更加方便。

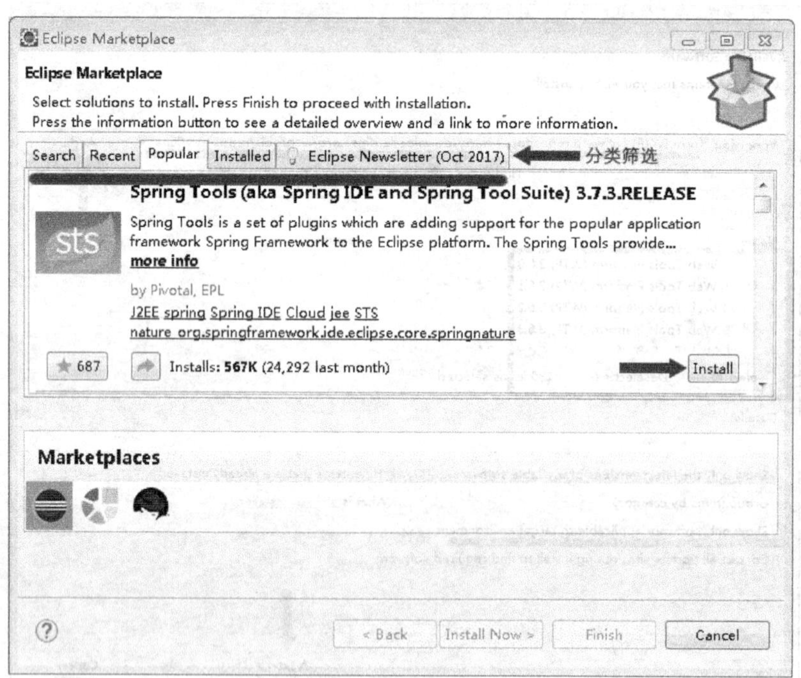

图 7-4　Eclipse 的 Marketplace

可以在 Eclipse 的菜单 Help→Installation Details 中看到已安装插件的信息。在参数设置对话框中还可以开启和关闭插件，菜单路径为 Window→Preferences→General→StartUp and Shutdown。

Eclipse 的汉化包也以插件方式提供，可按上述任意一种方法下载和安装。下载地址为 http://www.eclipse.org/babel/，根据 Eclipse 的版本选择相应的简体中文语言包，语言包中的各个压

缩文件分别对应 Eclipse 整体以及各个功能模块和一些插件的汉化。建议不汉化，使用英文原版。

如果更新或安装了插件之后不起作用，则可将 Eclipse 安装目录中 configuration 子目录下的包 org.eclipse.update 删除，该包的作用是描述当前使用插件的情况。删除了之后，在重启 Eclipse 时会重新扫描所有的插件，重建 org.eclipse.update 包，内部生成一个新的包含插件信息的 xml 文件。

7.2 Eclipse 的界面与参数设置

7.2.1 Eclipse 的界面

将下载的 Eclipse IDE for Java EE Developers 压缩包解压到任意一个目录中，在 Eclipse 的根目录中有一个 eclipse.exe 文件，双击该文件，即启动了 Eclipse。为以后启动方便，可在桌面上建立此可执行文件的快捷方式。

关闭启动时的欢迎界面，Eclipse IDE for Java EE Developers 默认显示的透视图是 Java EE 透视图。整个窗口称为工作台，主要有以下几个组成部分：主菜单、工具栏、透视图、状态栏，如图 7-5 所示。而透视图又由若干视图和编辑器组合而成。视图(View)和透视图(Perspective)是 Eclipse 界面中最重要的两个要素。

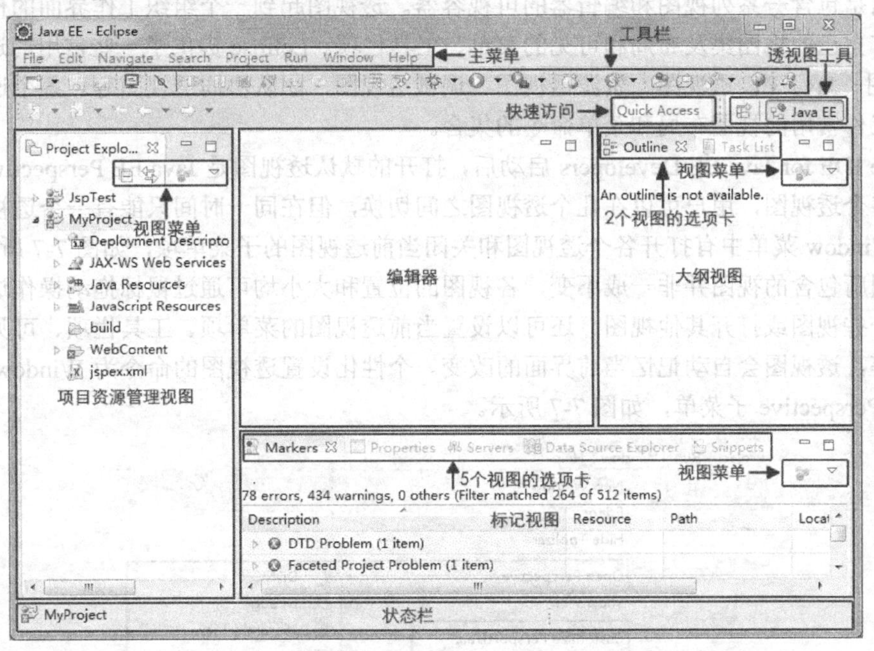

图 7-5 Eclipse 的界面

1. 视图

视图是界面中的基本单元，它是一个功能窗口，以图表形式直观地显示项目中的某类数据。视图右上方有下拉菜单，可以设置视图的属性，或者进行与视图相关的一些操作。一个工作台窗口可以显示任意数量的视图，通过菜单 Window→Show View 打开其他视图。视图通常以选项卡的形式组织，单击并移动视图标题栏，可以将视图从一个选项卡移动到另一个选项卡，或者移到选项卡外新建一个视图选项卡，如图 7-6 所示。

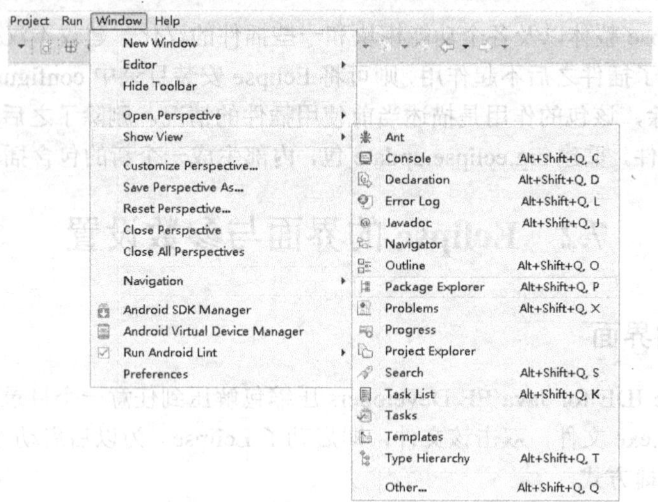

图 7-6　Eclipse 显示视图的菜单

2．透视图

透视图是包含一系列视图和编辑器的可视容器。透视图起到一个组织工作界面的作用，每个透视图都有自己的视图集及布局和可见的菜单、工具栏项。Eclipse 提供了一些常用的透视图，如 Java 透视图、Java EE 透视图、资源透视图、调试透视图、团队协同透视图等。各个透视图都是完成相关工作常用的视图布局和菜单命令的集合。

Eclipse IDE for Java EE Developers 启动后，打开的默认透视图是 Java EE Perspective。Eclipse 可以打开多个透视图，用户可以在几个透视图之间切换，但在同一时间只能有一个透视图处于激活状态。Window 菜单中有打开各个透视图和关闭当前透视图的子菜单项，如图 7-7 所示。

透视图所包含的视图并非一成不变，各视图的位置和大小均可通过鼠标拖动操作进行更改，也可关闭一些视图或打开其他视图，还可以设置当前透视图的菜单项、工具栏项、可见的命令集和快捷键等，透视图会自动记忆当前界面的改变。个性化设置透视图的命令为 Window 菜单中的 Customize Perspective 子菜单，如图 7-7 所示。

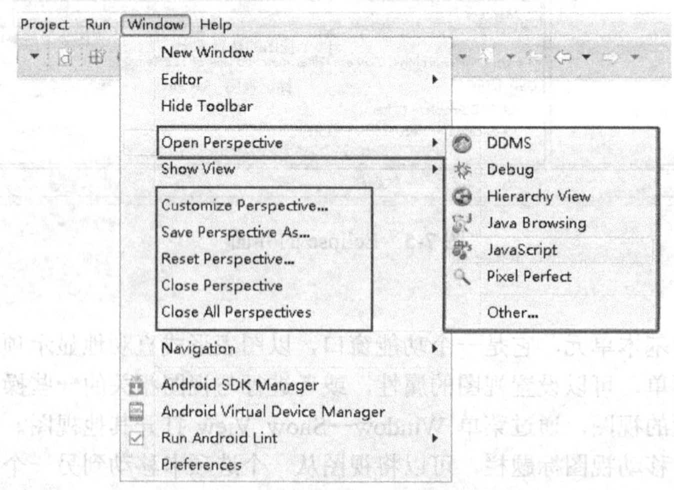

图 7-7　Eclipse 透视图操作菜单

如果觉得修改后的透视图更合适，可以将当前的透视图命名保存，这样在 Eclipse 中就会有一个自定义的透视图，与 Eclipse 自带的透视图一样，供用户使用。如果透视图改变得不太合适，可随时重置当前的透视图，使其恢复到最初的默认状态。保存和重置透视图的命令分别为 Window 菜单中的 Save Perspective As 子菜单和 Window 菜单中的 Reset Perspective 子菜单。

7.2.2　Eclipse 的参数设置

Eclipse 是一个高度灵活、可无限扩展的 IDE，能够设置的参数有很多，且随着插件的安装增加相应的设置项。Eclipse 的参数设置很集中，全局参数都在 Preferencees 窗口中设置，通过 Window→Preferences 菜单项打开。安装了插件后，其设置项也添加在该窗口中。各个项目的属性在项目的 Properties 窗口(Properties for PrjectName 窗口)中设置，通过 Project→Properties 菜单项打开(必须先选中一个项目)，或者通过项目的右键菜单项打开。另外，每个视图带有视图菜单，提供本视图的属性设置和快捷操作。

1. Java Web 开发的基本设置

(1) JRE (Java Runtime Environment)。

配置 Java 运行环境以及编译时依赖的类库，配置路径：Preferences→Java→Installed JREs，如图 7-8 所示。

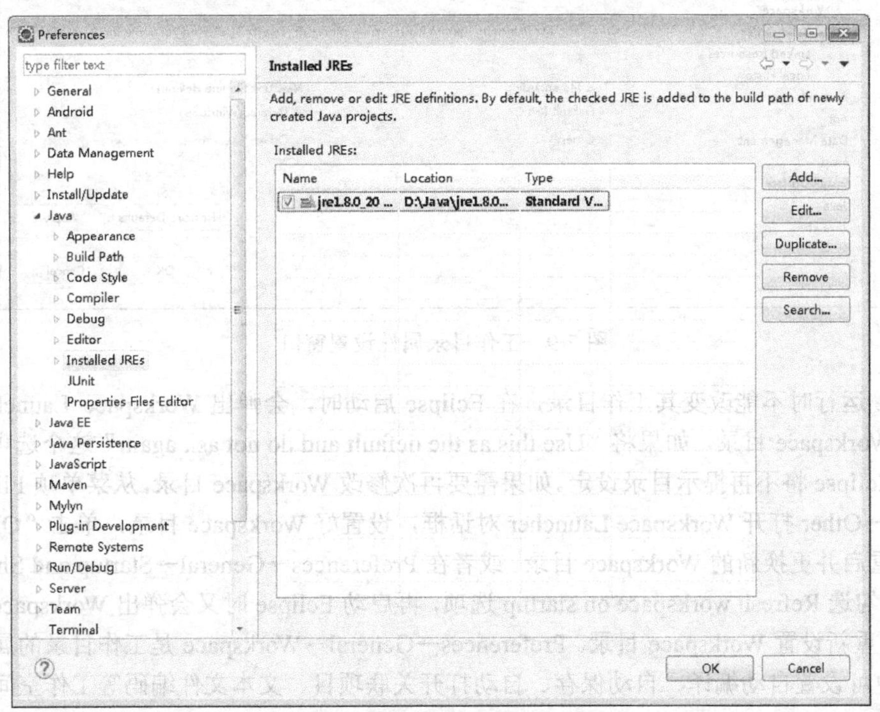

图 7-8　Installed JREs 设置

Installed JREs 是 Java 程序最基本的配置项，Eclipse 在安装时会要求用户输入此信息，非安装版在第一次运行时会从系统的环境变量中获取，或者提示用户输入。JRE lib 目录中的 Jar 包将自动添加到项目的编译路径(Build Path)中，作为 Java 文件编译所依赖的类库。与 Installed JREs 邻近的 Preferences→Java→Compiler 配置项，设置源代码的编译级别，即 class 文件的兼容版本，以及其他编译属性。注意，高版本的 JRE 可以兼容低版本的 class 文件，而低版本的 JRE 不能运行高版本的 class 文件。

(2) Workspace。

设置 Eclipse 工作空间的路径，Eclipse 中的项目默认保存在该目录下。工作目录是 Eclipse IDE 的基本设置项。Eclipse 启动时将自动加载工作目录下的项目。工作目录属性设置窗口如图 7-9 所示。

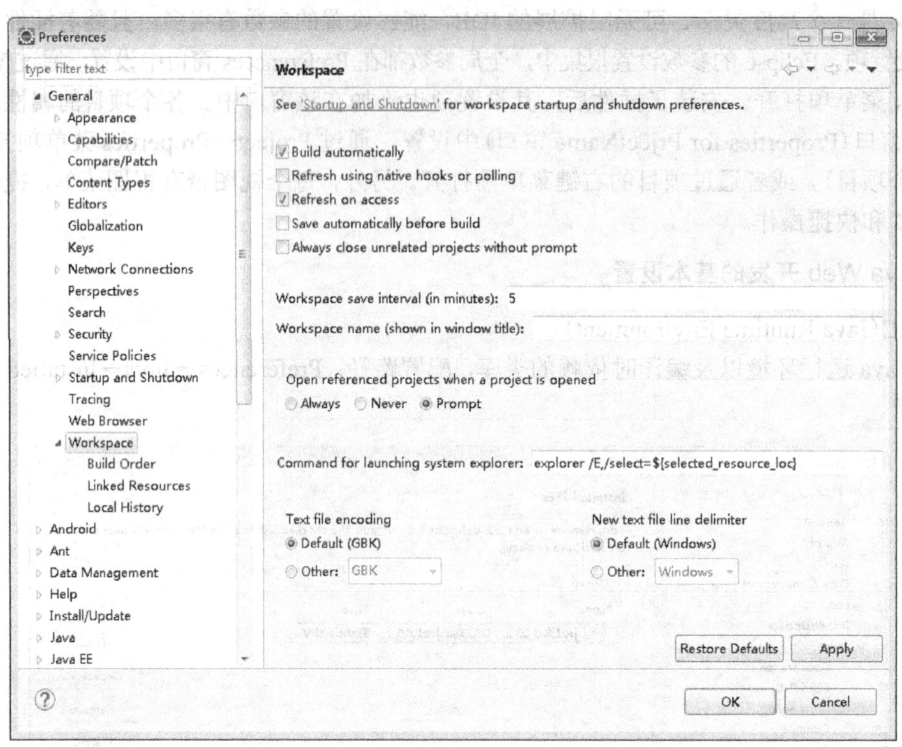

图 7-9　工作目录属性设置窗口

Eclipse 运行时不能改变其工作目录，在 Eclipse 启动时，会弹出 Workspace Launcher 对话框提示设定 Workspace 目录，如果将“Use this as the default and do not ask again”这个选项勾选，之后再启动 Eclipse 将不再提示目录设定。如果需要再次修改 Workspace 目录，从菜单项 File→Switch Workspace→Other 打开 Workspace Launcher 对话框，设置好 Workspace 目录，单击“OK”按钮，Eclipse 将重启并更换新的 Workspace 目录。或者在 Preferences→General→Startup and Shutdown 配置窗口中，勾选 Refresh workspace on startup 选项，再启动 Eclipse 时又会弹出 Workspace Launcher 对话框，可重新设置 Workspace 目录。Preferences→General→Workspace 是工作目录的属性配置窗口，在其中可设置自动编译、自动保存、自动打开关联项目、文本文件编码等工作空间的属性。

(3) Server。

Web 服务器设置，是 Java Web 开发的基本设置项。配置路径：Preferences→Server→Runtime Environment，如图 7-10 所示。服务器 lib 目录中的 Jar 包将自动添加到项目的编译路径中，作为项目依赖的类库。此处配置的服务器，还不能由 Eclipse 进行启动、关闭，要用 Eclipse 管理服务器，还要新建服务器项目，详见 5.3.2 节。

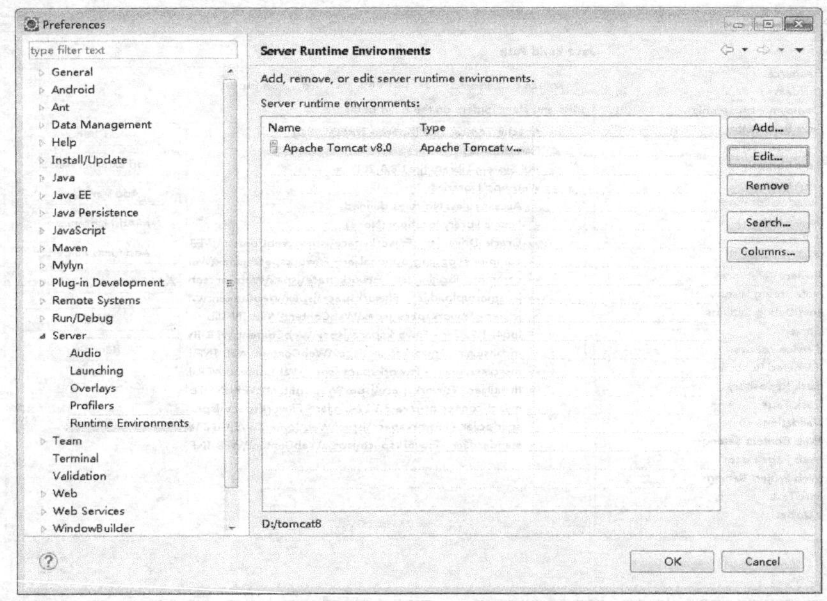

图 7-10　Web 服务器设置

2. 其他常用设置

(1)编译路径。

编译路径是项目属性中最重要的设置项，通过 Project 菜单 Properties→Java Build Path 打开设置窗口，或者在 Project Explorer 视图中右击项目名，在快捷菜单中选择 Build Path→Configure Build Path，也可打开 Java Build Path 设置窗口，如图 7-11 所示。窗口中的选项卡有 4 个标签页。Source 标签页中可设置源文件的路径、编译输出的 class 文件的路径。Project 标签页中可设置项目依赖的其他项目。Libraries 标签页中的设置项最常用，设置项目编译时依赖的类库。对于 Java Web 项目主要有 JSDK 类库、Server(Tomcat) lib 目录下的类库、项目 WEB-INF\lib 添加的第三方类库(Web App Libraries)，还有一个通常为空的 EAR 类库，ear 类似于 jar 和 war，它是企业级 Java 组件 Enterprise Java Bean (EJB)的打包封装文件。Libraries 标签页右侧有一列按钮，其中“Add JARs”添加 Eclipse 管理的其他项目中的 JAR 打包类；“Add External JARs”添加 Eclipse 之外的 JAR 打包类；“Add Variable”添加环境变量中的类库；“Add Libraries”添加项目依赖的类库，如果建立 Java Web 项目(Dynamic Web Project)之前没有配置服务器运行时环境(Server Runtime Environment)，Libraries 标签页中就不会有 Server 类库，此时需要补充配置 Server，并使用该按钮手工添加 Server 类库；“Add Class Folder”添加 Eclipse 管理的其他项目中的类目录；“Add External Class Folder”添加 Eclipse 之外的类目录。Order and Export 标签页中设置编译时依赖项的优先级和项目发布时的输出项，通常输出项目的 class 文件和第三方类库，而不输出 JSDK 和 Server 中的类库。

(2)字符编码。

Eclipse 设置字符编码较为复杂，不同类型的文件需单独设置，同一类型的文件还可在多处设置。Java Web 开发中文网站时通常使用 UTF-8 编码，通过 Preferences→General→Workspace→Text file encoding→Other→UTF-8，设置整个工作空间文本文件的编码格式为 UTF-8，之后工作台中新建的 HTML 文件(.html)、CSS 文件(.css)、JavaScript 文件(.js)、XML 文件(.xml)、SQL 文件(.sql)等的编码即为 UTF-8；再通过 Preferences→Web→JSP Files→Encoding→UTF-8 设置 JSP 文件的编码为 UTF-8 即可。

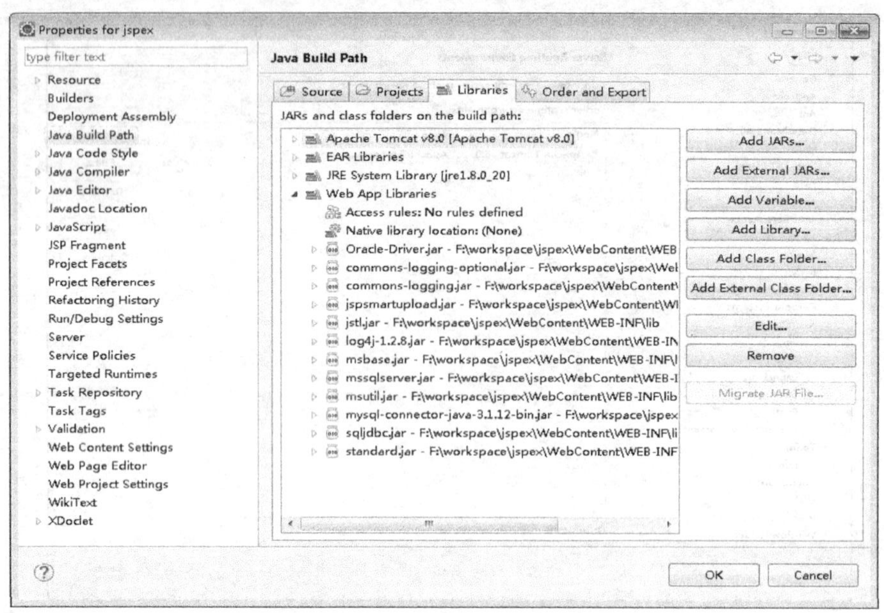

图 7-11 Java Build Path 设置

其他几处编码设置如下。项目范围的编码设置：Properties→Resource→Text file encoding→Other。某类型文件的编码设置：Preferences→General→Content Types 右边找到要修改的文件的类型，在底部的 Default encoding 中设置编码。单个文件编码设置：在 Project View 中右击文件，在弹出的快捷菜单中选择属性，打开文件属性对话框，在 Resource→Attributes→Other 处设置编码。在文件属性对话框中改变字符编码，并不能改变文件内容中的文字编码，应慎重操作。

(3) 编辑器字体、颜色。

在 Preferences→General→Appearance→Colors and Fonts 节点项右侧的列表框中，展开 Basic 选择后面的 Text Font 子项，之后单击列表框右侧的“Edit”按钮，设置编辑器的字体。选择 Basic 之下的其他子项，可设置编辑器中各个要素的颜色。语法要素的颜色设置在各类型文件设置处，如 JSP 各语法要素的颜色设置：Preferences→Web→JSP Files→Editor→Syntex Coloring。

(4) 显示行号。

默认情况下 Eclipse 的代码编辑器是不显示行号的，要显示行号，展开节点 General→Editors→Text Editors，在右侧的设置中选中复选框 Show line numbers 即可。

(5) 拼写检查。

展开节点 Perferences→General→Editors→Text Editors→Spelling，在右侧设置启用或关闭拼写检查，以及拼写检查的选项、拼写使用的字典等。

(6) 验证设置。

JSP 文档中有时会显示一些波浪线，提示 HTML 或 XML 的语法验证信息，通过设置验证参数，用户可以修改、禁用 Eclipse 的验证功能。在 Preferences→Validation 中设置验证器(Validator)、自动或手动验证；在各类型文件设置处，还可设置验证的安全级别，错误(Error)、警告(Warning)、忽略(Ignore)，如 JSP 文档的验证设置 Preferences→Web→JSP Files→Validation。在项目属性中还可以针对本项目的验证设置：Properties→Validation。

(7) 文件的默认编辑器。

文件类型与编辑器的关联：Preferences→General→Editors→File Associations。

(8) 文件的模板和样式。

Eclipse 自动生成的 Java 代码的模板：Perferences→Java→Code Style→Code Template；用户编辑的 Java 各语法要素的模板：Perferences→Java→Editor→Template；Java 源代码的格式化样式：Perferences→Java→Code Style→Formatter；编辑器中语法结构的呈现样式：Preferences→General→Editors→Structured Text Editors；JSP 编辑器中各类型文件的模板：Preferences→Web→JSP Files→Editor→Templates。

7.3 使用 Eclipse 开发 JSP

Eclipse 具有项目管理、文件组织、代码智能编辑、自动编译、程序打包发布、调试运行等功能，可以高效地开发 Java Web 等各类应用程序。

7.3.1 动态 Web 项目的建立

使用 Eclipse IDE for Java EE Developers 无须安装插件，只要设置一下 Server 参数（JSDK 可从环境变量中获取，Workspace 目录在启动时提示设置），即可进行 Java Web 项目的开发，基本开发流程：建立动态 Web 项目框架；建立目录、包；编辑接口、类、JSP 等各类文件，其中接口、类等 Java 源程序在保存时可自动进行编译（默认选择菜单项 Project→Build Automatically）；调试运行；打包发布。

1．建立动态 Web 项目

从“文件”菜单下依次单击 New→Dynamic Web Project，打开“New Dynamic Web Project”向导对话框；或者依次单击 New→Other，在弹出的新建类型选择对话框中，选择 Web→Dynamic Web Project。

第 1 步输入项目名、选择保存路径（默认保存在 Workspace 目录下，建议采用）、选择目标服务器（自动选择 Server 配置值）、选择 Servlet 版本（根据目标服务器选择，默认值为目标服务器支持的最高版本）、选择项目配置（主要是 Servlet 版本和编译的 class 文件支持的 JSDK 版本，建议保留默认值），还有两项是将项目添加到 EAR 项目中和将项目添加到工作集中，通常留空不选择。第 2 步选择 Java 源程序和编译输出 class 文件的路径，建议保留默认值。之后需要修改时，可以在 Build Path 中重新设置。第 3 步设置 Java Web 应用程序发布名称（网站名），默认同项目名，没有修改的意义和必要；设置 Web 内容的放置目录（对应于网站的根目录），默认为名称为 WebContent，没有修改的意义和必要；选择是否创建网站描述符文件（网站配置文件）web.xml，强烈建议勾选此选项，在创建项目时自动生成 web.xml，省得手动添加。

动态 Web 项目新建向导如图 7-12 所示。

2．Java Web 项目的目录结构

在 Eclipse IDE 中开发动态 Web 项目应使用 Java EE 透视图，项目目录结构组织在 Project Explorer 视图中，该视图中显示的新建动态 Web 项目的目录结构如图 7-13 所示。

Deployment Descriptor：部署描述符文件（网站的配置文件）web.xml 中配置项列表。

JAX-WS Web Services：项目中应用的 Web 服务组件。

Java Resources：项目中的 Java 资源，src 子目录中的是 Java 包与源程序；Libraries 子目录中的是项目依赖的类库。

New Dynamic Web Project

Dynamic Web Project

Create a standalone Dynamic Web project or add it to a new or existing Enterprise Application.

Project name: jspex

Project location

Use default location

Location: F:\workspace\jspex　Browse...

Target runtime

Apache Tomcat v8.0　New Runtime...

Dynamic web module version

3.1

Configuration

Default Configuration for Apache Tomcat v8.0　Modify...

A good starting point for working with Apache Tomcat v8.0 runtime. Additional facets can later be installed to add new functionality to the project.

EAR membership

Add project to an EAR

EAR project name: EAR　New Project...

Working sets

Add project to working sets

Working sets:　Select...

< Back　Next >　Finish　Cancel

图 7-12　动态 Web 项目新建向导

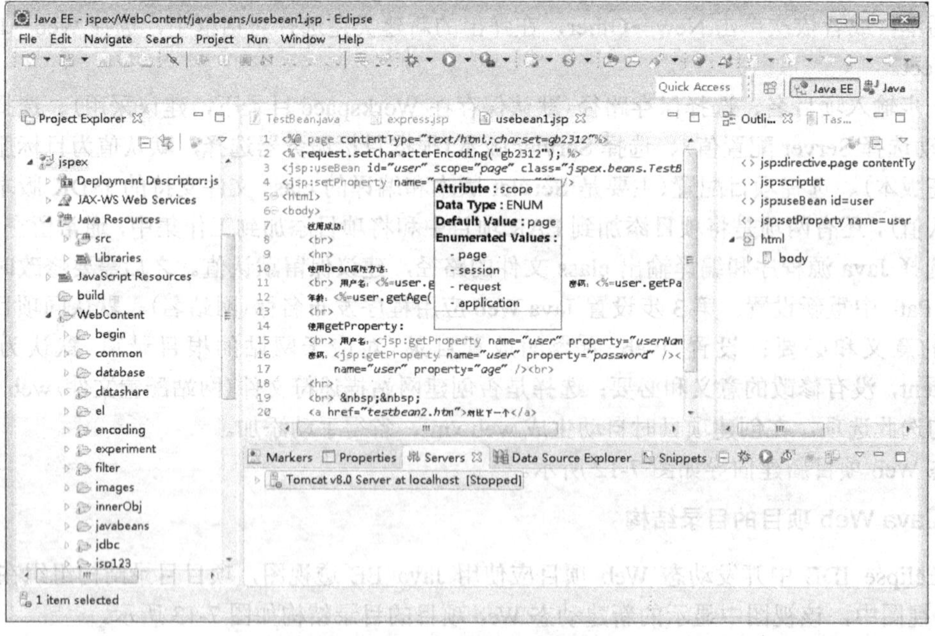

图 7-13　动态 Web 项目的目录结构

build：Java 源程序编译后输出的 class 文件默认的保存目录。

WebContent：项目的主要目录，Web 资源都在该目录下，如 JSP 网页文件、WEB-INF 及其下的配置文件 web.xml 和放第三方类库的 lib 子目录等，对应于 JSP 应用程序的根目录，详见 1.3 节。

Project Explorer 视图中的目录结构按类型组织，不是实际的物理目录结构。打开项目保存的文件夹，默认路径应该为：Workspace 目录/项目名/，具体路径显示在项目属性窗口的资源节点 Properties→Resource 右侧的 Location 条目，可看到项目建立的实际目录结构，如图 7-14 所示。

名称	修改日期	类型	大小
.settings	2017/10/26 21:42	文件夹	
build	2016/6/4 9:04	文件夹	
src	2016/6/4 9:04	文件夹	
WebContent	2017/10/26 21:41	文件夹	
.classpath	2016/6/4 10:01	CLASSPATH 文件	1 KB
.project	2015/5/20 9:02	PROJECT 文件	2 KB

图 7-14　动态 Web 项目的物理目录

.project 文件：Eclipse 项目文件，项目启动时需要的描述信息，如项目名称、依赖项目、构建参数等，一般不能修改。

.classpath 文件：Eclipse 使用的类路径设置，一般不能修改。

src 文件夹：Java 源程序保存路径。

build 文件夹：编译输出的 class 文件默认的保存目录，更改项目的编译输出路径后可以删除。

WebContent 文件夹：Web 内容的保存目录，对应于网站的根目录，可根据 JSP 应用程序目录结构的要求进行修改。

.settings 文件夹：项目的一些属性设置，慎重修改。

3．使用外部服务器运行程序

使用 Eclipse 建立了动态 Web 项目框架，在编写了 Java 程序、JSP 网页等，即可从外部服务器(如 Tomcat)，建立虚拟目录运行调试网站。虚拟路径对应至 WebContent 目录：Workspace 目录/项目名/WebContent/。在新建的动态 Web 项目，Java 源程序编译输出的 class 文件，默认保存在 build 目录中。WebContent/WEB-INF/目录下也没有 classes 文件夹。要使用外部服务器通过虚拟路径运行网站，需在 WebContent/WEB-INF/目录下新建 classes 文件夹，并打开项目属性设置窗口，在 Java Build Path 选项卡 Source 标签页(Properties→Java Build Path→Source)底部的 Default output folder 设置项，修改输出路径(可选择)为：Project 名称/WebContent/WEB-INF/classes。这样即可启动 Eclipse 外部的服务器，在浏览器输入该网站的 URL 进行显示。

编译输出路径中保存的 class 文件不可编辑，Eclipse IDE 默认隐藏该目录，所以设置为编译目标路径后，在 Project Explorer 视图中就看不到 WebContent/WEB-INF/目录中的 classes 子目录。如果要将 classes 目录显示出来，可以打开 Project Explorer View 的视图菜单(单击视图标题栏右上方倒立的小三角形图标)，单击 Customize View 菜单项，打开 Available Customizations 设置窗口，在 Filter 标签页中，去掉 Java output folders 选项前的对钩(不过滤)，如图 7-15 所示。

7.3.2　Eclipse 内嵌 Web 服务器

将 Web 服务器嵌入 Eclipse，由 Eclipse 来管理 Web 服务器，可以使用 Eclipse 中的功能按钮启动、停止服务器；向服务器发布项目；用文件的右键菜单 Run As→Run on Server，类似执行带 Main 方法的 Java 类那样来运行 Web 程序，自动完成项目发布、服务器启动、HTTP 请求、浏览器显示等一系列操作。

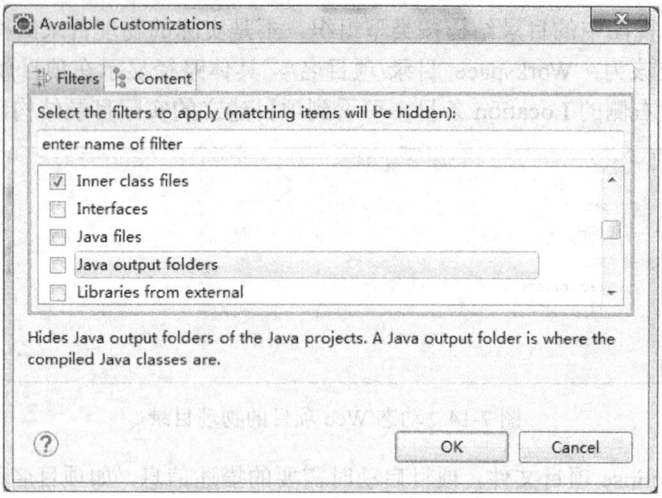

图 7-15　Available Customizations 设置

1. 创建 Server 项目

在 Eclipse IDE for Java EE Developers 中嵌入 Web 服务器，需要新建 Server 类型的项目，具体过程如下。

从“文件”菜单下依次单击 New→Other，在弹出的新建类型选择对话框中，选择 Server→Server，打开“新建服务器”向导对话框。在 Server 视图中，如果没有建立服务器，则会有“新建服务器链接”，也可打开“新建服务器”向导对话框；如果已存在服务器，则通过服务器的右键菜单 New→Server，同样可打开“新建服务器”向导对话框，如图 7-16 所示。

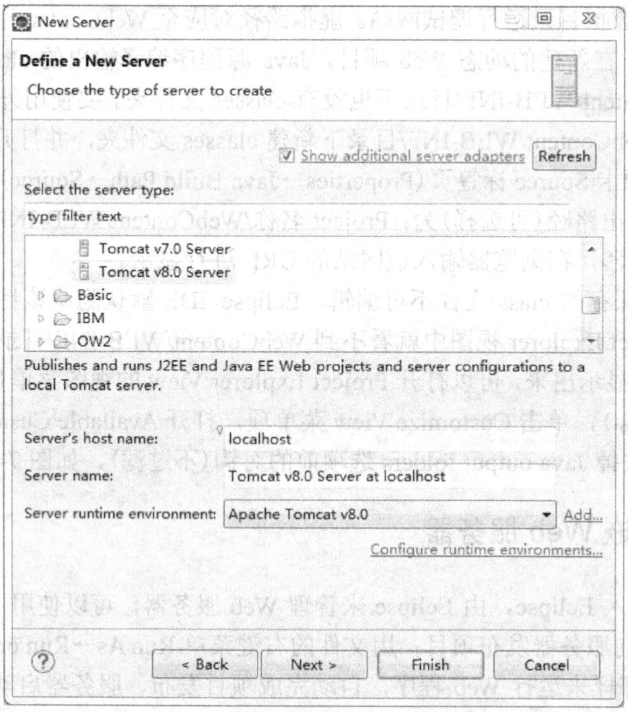

图 7-16　“新建服务器”向导对话框

选择服务器类型，如 Apache→Tomcat v8.0 Server。如果选择的服务器还没有配置到 Eclipse 中，则下一步会弹出设置服务器对话框；如果选择的服务器已配置到 Eclipse 中(Preferences→Server→Runtime Environment)，对话框下部会显示服务器运行信息，下一步弹出向导的最后一个对话框，将 Web 项目加入服务器，这一步可略过，在上一步中直接单击“Finish”按钮，完成 Server 项目的创建，之后可随时添加发布项目。

2. Eclipse 管理 Web 服务器

创建 Server 项目后，在 Project Explorer 视图中会显示 Servers 项，其下列出建立的所有 Server 项目及其配置文件。在 Server 视图中将显示建立的所有 Server 项目列表。通过 Server 视图标题栏上的工具按钮，或者服务器的右键菜单，可启动、停止服务器。服务器的右键菜单中还有添加、移除项目，发布、清理项目等功能项如图 7-17 所示。在 Project Explorer 视图中右击项目中的网页文件，在弹出的快捷菜单中选择：Run As→Run on Server，可以在服务器上运行该网页，并自动打开浏览器显示运行效果。服务器启动时会打开 Console 视图，显示服务器运行的信息。注意，由 Eclipse 内部启动服务器时，如果已从 Eclipse 外部启动了服务器，则应先将其关闭，以免因端口冲突而启动失败。

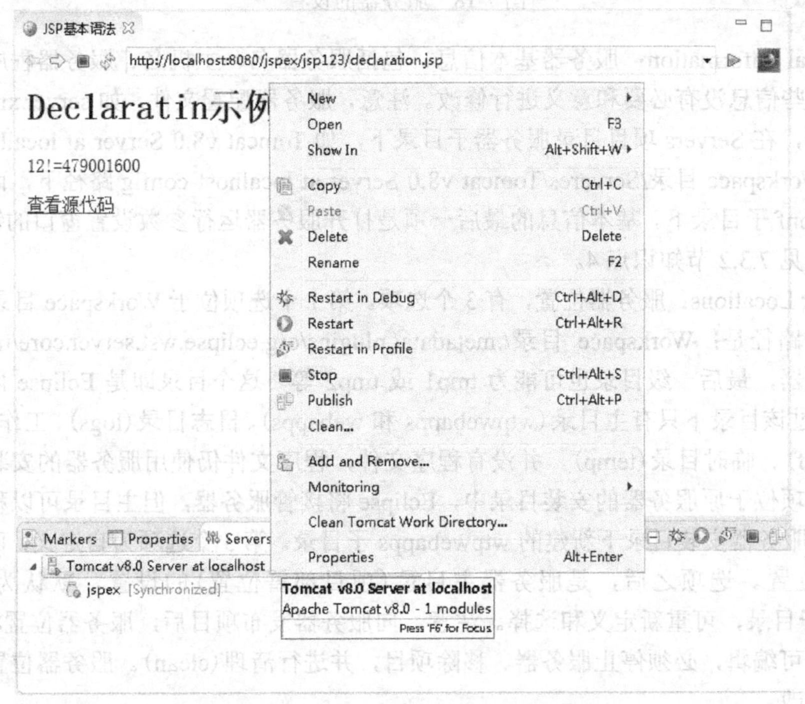

图 7-17 Server 视图及服务器的右键菜单

3. 服务器项目设置

在 Server 视图中双击服务器，或者单击服务器的右键菜单项 Open，可打开服务器项目编辑窗口。窗口中的选项卡有 OverView 和 Modules 两个标签页。Modules 标签页中是服务中发布的项目列表，列表右侧的按钮可以添加、修改、移除项目。OverView 标签页中有服务器基本信息、服务器位置、服务器选项、发布设置、超时设置、端口设置、MIME 类型映射七类设置项，如图 7-18 所示。

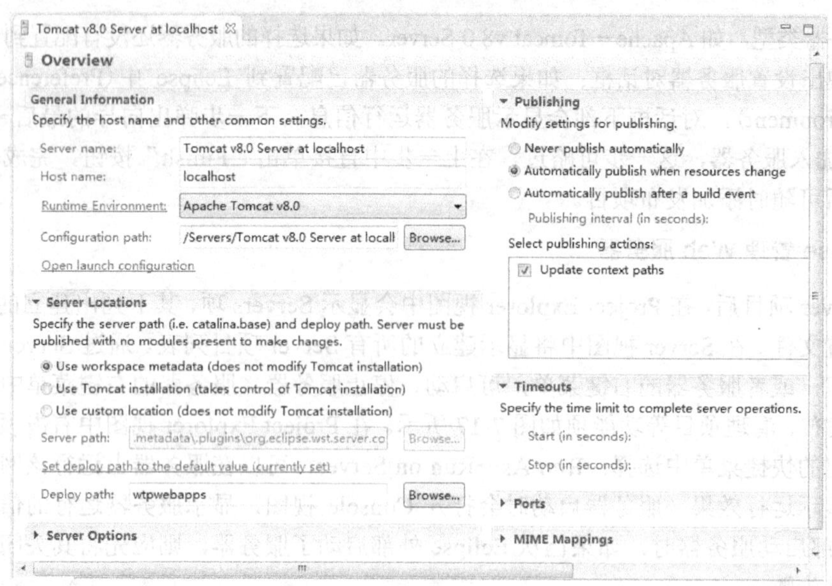

图 7-18　服务器的设置

(1) General Information：服务器基本信息，包括服务器名、主机名、服务器程序、配置文件所在目录。这些信息没有必要和意义进行修改。注意，服务器配置文件，如 server.xml、web.xml、context.xml 等，在 Servers 项目目录服务器子目录下，如 Tomcat v8.0 Server at localhost 服务器的配置文件在 Workspace 目录/Serveres/Tomcat v8.0 Server at localhost-config 路径下，而不在服务器安装目录的 conf 子目录下。基本信息的最后一项是打开服务器运行参数设置窗口的链接，服务器运行参数设置见 7.3.2 节知识点 4。

(2) Server Locations：服务器位置，有 3 个选项。第 1 个选项位于 Workspace 目录 metadata 子目录下，具体路径是：Workspace 目录/.metadata/.plugins/org.eclipse.wst.server.core/tmp0，如果建立过多个服务器，最后一级目录也可能为 tmp1 或 tmp2 等。这个目录即是 Eclipse 内嵌服务器的安装目录，不过该目录下只有主目录(wtpwebapps 和 webapps)、日志目录(logs)、工作目录(work)、配置目录(conf)、临时目录(temp)，并没有程序文件，程序文件仍使用服务器的安装目录下的程序。第 2 个选项位于原服务器的安装目录中，Eclipse 将接管服务器，但主目录可以移动至其他目录，默认为原服务器安装目录下新建的 wtpwebapps 子目录。第 3 个选项为自定义，可以自定义服务器所在的位置。选项之后，是服务器主目录(项目部署位置)的设置，默认为服务器下的 wtpwebapps 子目录，可重新定义和选择。注意，向服务器发布项目后，服务器位置将不能修改。要使该设置项可编辑，必须停止服务器、移除项目，并进行清理(clean)。服务器位置通常使用默认值，无须修改。

(3) Server Option：服务器选项，各选项的含义如下。

- server modules without publishing：在 server.xml 的<Context>中配置虚拟路径，经引用直接将 WebContent 作为网站根目录，不需要发布到服务器主目录(wtpwebapps)中，建议选择。
- publish module contexts to separate XML files：在 conf/Catalina/localhost/目录下独立的 XML 文件(appName.xml)中配置虚拟路径，经引用直接将 WebContent 作为网站根目录，不需要发布到服务器主目录(wtpwebapps)中，建议选择。
- Modules auto reload by default：项目自动热部署，服务器启动后，会监视项目工程，如果任何文件有变动，会重新加载这些变动的文件，建议选择。

- Enable security：启用安全验证，一般不选择。

(4) Publishing：发布设置。

- Never publish automatically：加入的项目，不自动发布。
- Automatically publish when resources change：资源更改时，自动发布。
- Automatically publish after a build event：编译后自动发布，建议选择。

(5) Timeouts：启动、关闭服务的超时设置。

(6) Ports：服务器所用的端口号设置。

(7) MIME Mappings：MIME 类型与文件扩展名之间的映射。

4．运行时参数设置

在 Project Explorer 视图中右击项目中的文件，在弹出的快捷菜单中选择：Run As→Run Configurations，打开运行时参数设置窗口。Tomcat 服务器运行参数设置选项卡有 4 个标签页，如图 7-19 所示。

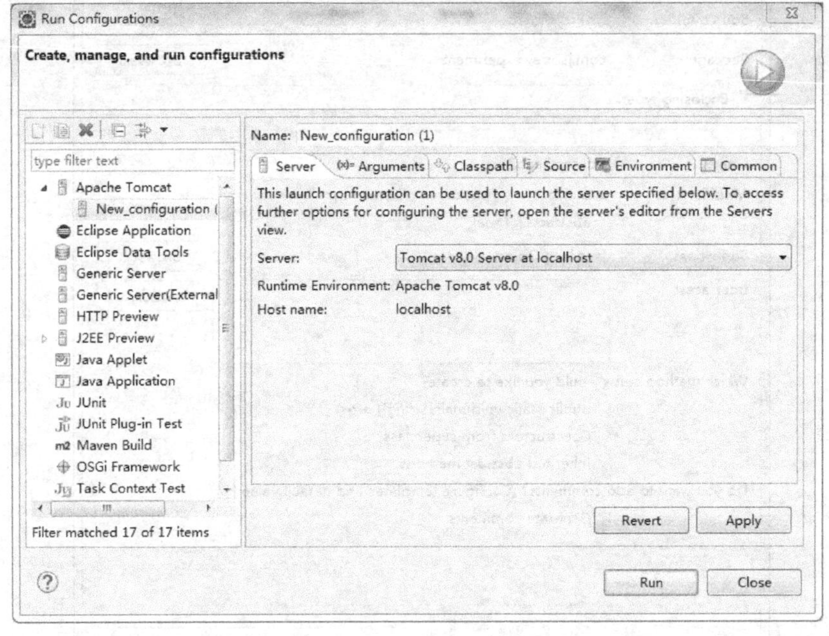

图 7-19　运行时参数设置

(1) Server：服务器基本信息。

(2) Arguments：Tomcat 服务器和 Java 虚拟机(JVM)运行时参数。

(3) Classpath：Tomcat 服务器依赖的类库。

(4) Source：Tomcat 服务器查找资源的路径。

(5) Environment：为 Tomcat 服务器设置的环境变量。

(6) Common：其他参数，如 Tomcat 服务器的菜单命令、输入/输出地址等。

运行时参数一般不需要设置。

7.3.3　增强的代码编辑功能

作为一个功能强大的 IDE，Eclipse 对代码编辑的支持非常细致、完善，提供了各类文件的创建向导以及编辑模板等；具有代码提示(Code Sensetive)、代码自动生成和各种辅助编辑功能。

1. Java 包、接口、类的创建和编辑

(1) 创建 Java 包、接口、类。

从 File→New 菜单，或者 Project Explorer 视图的右键菜单项 New，选择相应类型(Package、Interface、Class)，打开新建向导窗口，根据向导提示，输入需要的参数，可视化地进行类型的创建。如图 7-20 所示，以 Java 类为例，选择源文件的保存路径(Source Folder)和包名(Package)；输入类名；选取类修饰符；输入超类(Superclass)的名称或单击“Browse”按钮选择已存在的类；单击“Add”按钮选择类实现的接口；在复选框中可以选择方法创建方式及是否自动生成注释；最后单击“Finish”按钮生成类的模板代码。输入参数时，向导会自动检查参数的效性，有不合法的参数会给出错误提示，“Finish”按钮或“Next”按钮无效。

图 7-20 新建 Java 类向导

(2) 生成 Getter 和 Setter 方法。

设计 Java 类属性时，需要定义 getXxx() 和 setXxx() 方法。如果属性与变量关联，其 Getter 和 Setter 方法的代码是程式化的，Eclipse 提供了自动生成这些代码的编辑功能。先定义类变量，如 private String name，然后选择菜单 Source→Generate Getters and Setters…，或者在编辑器中选择右键菜单 Source→Generate Getters and Setters…，打开 Generate Getters and Setters 对话框，如图 7-21 所示，在对话框中选择要生成的方法，然后单击“OK”按钮即可。

Eclipse 还提供了生成 toString()、hashCode()、equals()、构造函数、方法覆盖、代理方法等框架代码的功能。

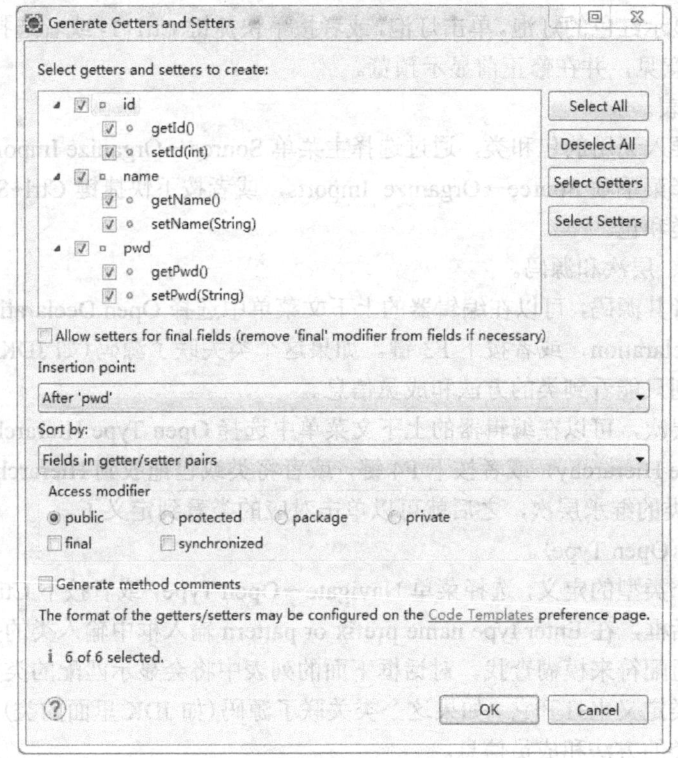

图 7-21　生成 Getter 和 Setter 方法

(3) 添加 try-catch 块。

代码编辑时经常需要写 try-catch 语句来捕获错误，Eclipse 提供了自动为语句添加 try-catch 嵌套的编辑功能。先选择被嵌套的语句块，然后选择菜单 Source→Surround With→try/catch (或其他 try-catch 块菜单项)，或者在编辑器中选择右键菜单 Surroud With→try/catch (或其他 try-catch 块菜单项)，即可为选择的语句嵌套 try-catch 块。

根据所选语句块的语法功能，Eclipse 还提供了为语句添加 if、for、while、do、lock、synchronized、runable 等嵌套结构的编辑功能。

(4) 格式化源代码。

Eclipse 提供了格式化代码的功能，可以将编辑器中格式凌乱的代码自动排列整齐。先选中要格式化的代码 (不选择是格式化当前文件的所有代码)，通过选择主菜单 Source→Format，或者在编辑器中选择右键菜单 Source→Format，或者使用快捷键 Ctrl+Shift+F，快速地将代码排列成格式规范的形式，以便于编辑和阅读理解。

(5) 注释和取消注释。

通过主菜单项，或者编辑器右键菜单项 Source→Toggle Comment，或者使用快捷键 Ctrl + /，或者使用快捷键 Ctrl + 7，可以将选中的代码快速地添加或去掉两个斜线 (//) 风格的注释。通过主菜单项，或者编辑器右键菜单项 Source→Add Block Comment，或者使用快捷键 Ctrl + Shift + /，可以为选中的代码快速地添加块风格的注释 (/* */)。通过主菜单项，或者编辑器右键菜单项 Source→Remove Block Comment，或者使用快捷键 Ctrl + Shift + \，可以快速地去除选中代码中的块注释。

(6) 快速修正代码错误。

在 Eclipse 的编辑器中编写代码，以及编译后，会显示检查出来的错误或警告，并在出问题的代码行首的边栏上显示红色的灯泡。单击灯泡，或者按下快捷键 Ctrl+1，或者选择菜单 Edit→Quick Fix，可以显示修正意见，并在修正前显示预览。

(7) 优化导入列表。

代码中可能会导入无用的包和类，通过选择主菜单 Source→Organize Imports，或者在编辑器的上下文菜单中选择菜单项 Source→Organize Imports，或者按下快捷键 Ctrl+Shift+O，可以重新组织并去掉无用的类和包。

(8) 查看类定义、层次和源码。

查看类定义或者其源码，可以在编辑器的上下文菜单中选择 Open Declaration，或者选择菜单 Navigate→Open Declaration，或者按下 F3 键。如果这个类关联了源码(如 JDK 里面的类)，就可以看到源代码，否则只能看到类的方法和成员信息。

查看类的继承层次，可以在编辑器的上下文菜单中选择 Open Type Hierarchy，或者选择菜单 Navigate→Open Type Hierarchy，或者按下 F4 键，或者将类或包拖放到 Hierarchy 视图，就可以在 Hierarchy 视图看到类的继承层次，之后就可以单击对应的类看到定义了。

(9) 查找类文件(Open Type)。

要快速找到某个类型的定义，选择菜单 Navigate→Open Type，或者按下 Ctrl+Shift+T 快捷键，打开 Open Type 对话框，在 Enter type name prefix or pattern 输入框中输入类的头几个字母，也可以使用?和*这样的通配符来模糊查找。对话框下面的列表中将会显示匹配的类文件，选中列表中显示的单个或多个类定义来打开它。如果这个类关联了源码(如 JDK 里面的类)，就可以看到源代码，否则只能看到类的方法和成员信息。

(10) 查看当前类被哪些类引用。

在项目中如果能看到类、变量、方法在哪些地方被引用，将会有助于理解程序的逻辑结构，加快调试的进度。选择类、变量、方法后，在编辑器的上下文菜单中选择 References→Project，可以显示当前项目中引用它的情况，选择 References→Workspace，可以显示整个工作区中引用它的情况。查找结果显示在 Search 视图中。

2．Web 文件的创建和编辑

(1) HTML、CSS、JavaScript、XML、JSP 文件的创建。

从 File→New 菜单，或者 Project Explorer 视图的右键菜单项 New，选择相应的文件类型，打开新建向导窗口，根据向导提示，选择文件的保存路径、输入文件名、选择模板，完成各类 Web 文件的创建。以新建 JSP 文件向导为例，如图 7-22 所示。

(2) Servlet 的创建和编辑。

第 1 步，在创建 Servlet 之前，应创建 Servlet 所在的包(package)。从包的右键菜单中选择 New→Servlet，或者选择 New→Other 菜单项，打开新建类型选择对话框中，选择 Web→Servlet，打开 Servlet 新建向导对话框。也可从主菜单项选择 File→New→Servlet 打开对话框，但 Java package 选项需要手工选择或填写。

在 Servlet 新建向导的第 1 个窗口中填写 Servlet 类名，所属项目、源程序目录、包、父类等参数一般都预设了默认值，可以重新输入或选择。在进入下一步之前，应检查这些默认值是否合适。在该窗口的下部有一个复选框，勾选此复选框是对项目中已经存在的 Servlet 或 JSP 进行访问路径重配置，并不会创建新的 Servlet，Servlet 类名、包名等参数就无须填写，如图 7-23 所示。

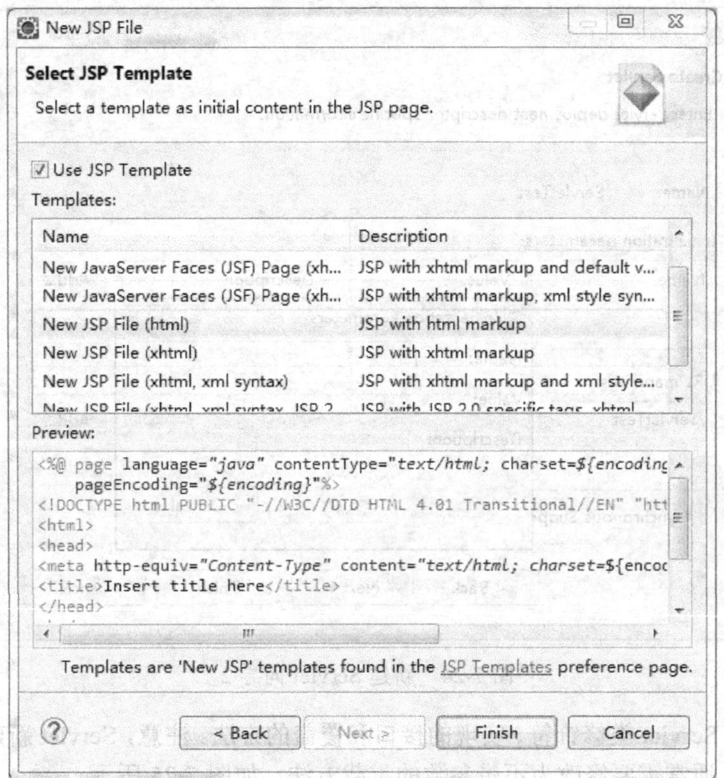

图 7-22 新建 JSP 文件向导

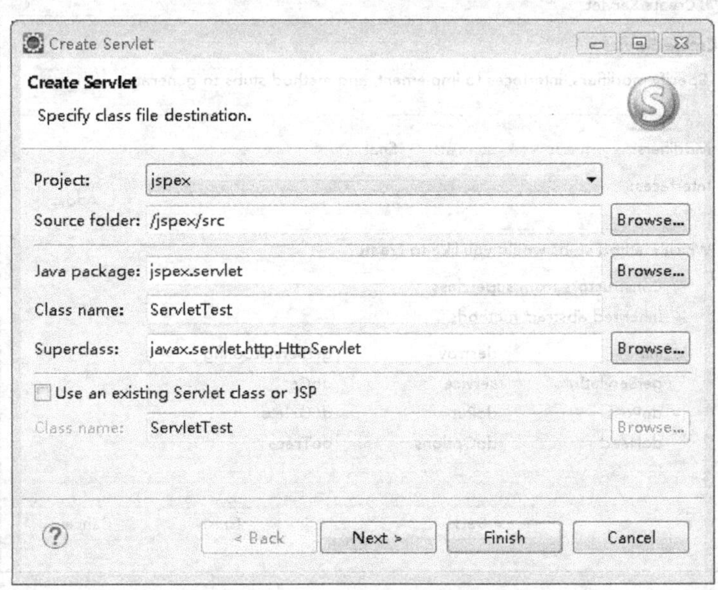

图 7-23 新建 Servlet 向导 1

第 2 步，填写 Servlet 名称、设置初始化参数、定义访问路径、选择异步支持，如图 7-24 所示。Servlet 名称和映射路径默认都为 Servlet 的类名；初始化参数和映射路径用各自的“Add”按钮添加，可设置多个初始化参数和映射路径。这一步设置的参数，在 Servlet 3.0 之前的项目中添加到 web.xml 文件中，Servlet 3.0 及其之后的项目，会在源程序中添加相应的注解。

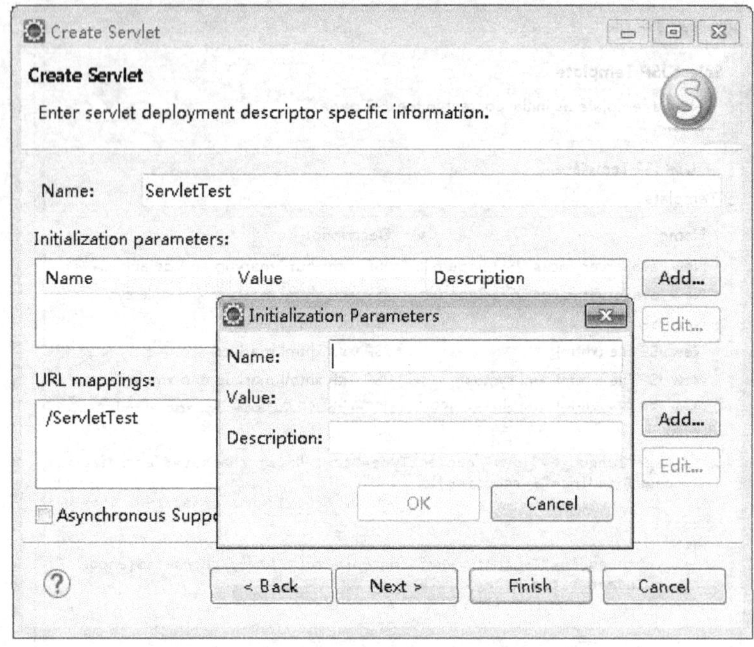

图 7-24 新建 Servlet 向导 2

第 3 步，选择 Servlet 类修饰符、实现的接口和覆盖的方法。注意，Servlet 新建向导生成的 init 方法是带参数的，通常需要修改为不带参数的重载方法，如图 7-25 所示。

图 7-25 新建 Servlet 向导 3

(3) 部署描述符文件的编辑。

新建项目时，选择生成部署描述符，Eclipse 会自动生成项目的配置文件 web.xml。XML 文件在编辑器中有两种视图模式，即设计视图和源代码视图。web.xml 文件除了在源代码视图中直接进行编辑外，在设计视图中可以使用各个标签的右键菜单可视化地编辑，如图 7-26 所示。

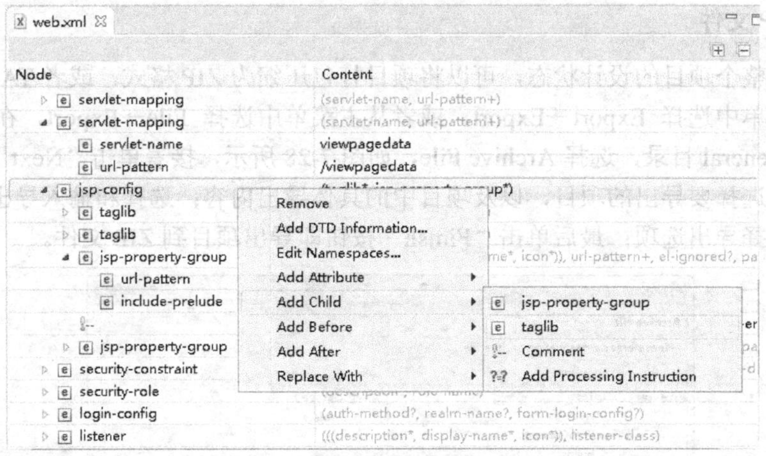

图 7-26 web.xml 的编辑

7.4 Eclipse 项目管理

7.4.1 项目导出

1. 导出 WAR 文件

WAR 文件是 Web 应用程序的存档文件，与普通 Java 程序的 JAR 文件类似，是项目最终的打包封装文件，可直接发布到服务器的主目录下运行。WAR 文件也使用 jar.exe 程序生成，通常在命令方式下手工进行操作。Eclipse 提供了将 Web 项目自动导出 WAR 文件的简单方法。选择 Web 项目的右键菜单项 Export→WAR file，打开 WAR Export 对话框，选择和输入导出文件的保存位置和文件名。如果要同时导出源文件，需勾选 Export source files 复选项。最后单击“Finish”按钮，即生成项目的 WAR 文件，如图 7-27 所示。从主菜单 File→Export 导出时，需要首先在 Export 对话框中选择 Web→WAR file，然后单击“Next”按钮打开 WAR Export 对话框，再选择要导出的 Web 项目，同样输入 WAR 文件的保存路径和文件名完成项目的导出。

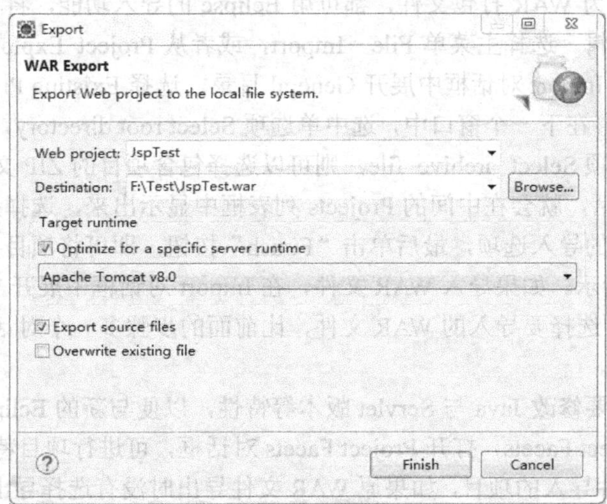

图 7-27 导出 WAR 文件

2. 导出 ZIP 文件

如果要保存整个项目的设计状态，可以将项目打包压缩为 ZIP 格式，或者 TAR 格式的文件。从项目的右键菜单中选择 Export→Export，或者从主菜单中选择 File→Export，在弹出的 Export 对话框中展开 General 目录，选择 Archive File，如图 7-28 所示，接着单击“Next”按钮，然后在下一个对话框中选择要导出的项目，以及项目中的具体导出内容；选择和输入导出文件的保存位置和文件名；选择导出选项；最后单击“Finish”按钮即导出项目到 ZIP 文件。

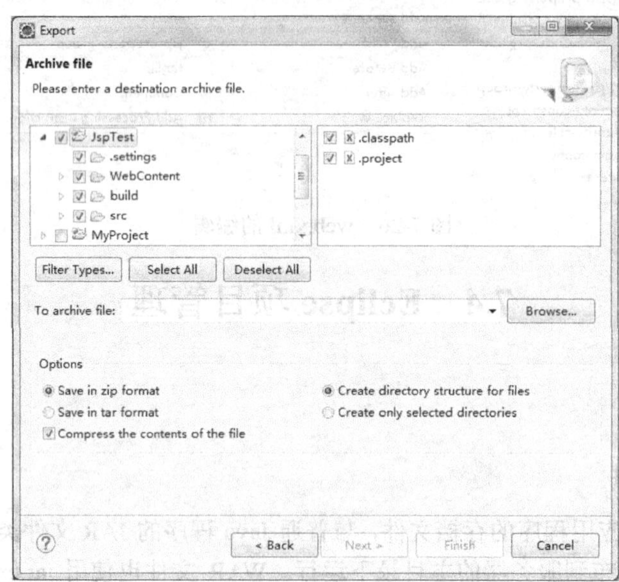

图 7-28 导出 ZIP 文件

7.4.2 导入项目

1. 导入项目至工作空间

如果有存在的 Eclipse IDE for Java EE Developers 动态 Web 项目，保存在文件夹中，或者保存为 ZIP 压缩文件，或者为 WAR 打包文件，都可用 Eclipse 的导入功能，将项目导入到 Eclipse 工作区，继续进行设计编辑。选择主菜单 File→Import，或者从 Project Explorer 视图的右键菜单中选择 Import，在弹出的 Import 对话框中展开 General 目录，选择 Existing Projects into Workspace，然后单击“Next”按钮，在下一个窗口中，选中单选项 Select root directory，则可以选择包含项目的文件夹；而选中单选项 Select archive file，则可以选择包含项目的 ZIP 文件，如果在文件夹或 ZIP 文件中包含项目的话，就会在中间的 Projects 列表框中显示出来，选择列表中要导入的项目，再选择列表框下面合适的导入选项，最后单击“Finish”按钮，即可将项目导入 Eclipse 并在工作区中打开，如图 7-29 所示。如果导入 WAR 文件，在 Import 对话框中展开 Web 目录，选择 WAR file，在下一个窗口中，选择要导入的 WAR 文件，比前面的步骤多一个对话框窗口，可选择 JAR 包作为引用的其他项目。

导入的项目通常需要修改 Java 与 Servlet 版本等特性，以便与新的 Eclipse IDE 相适应。选择菜单项 Properties→Project Facets，打开 Project Facets 对话框，可进行项目特性的修改，如图 7-30 所示。对于从 WAR 文件导入的项目，如果原 WAR 文件导出时没有选择导出源文件，则项目中不会导入 class 文件，项目中的 Java 程序需要手工处理。

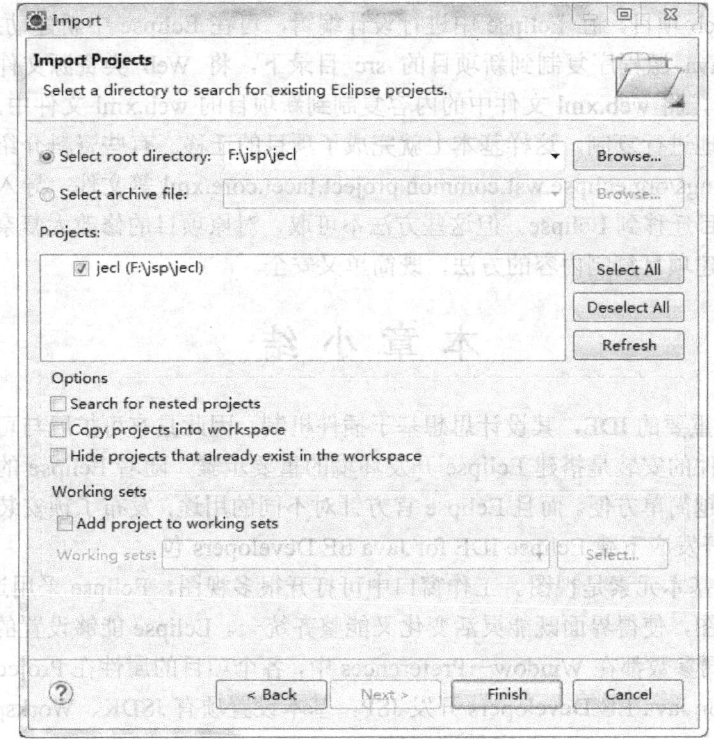

图 7-29 项目导入

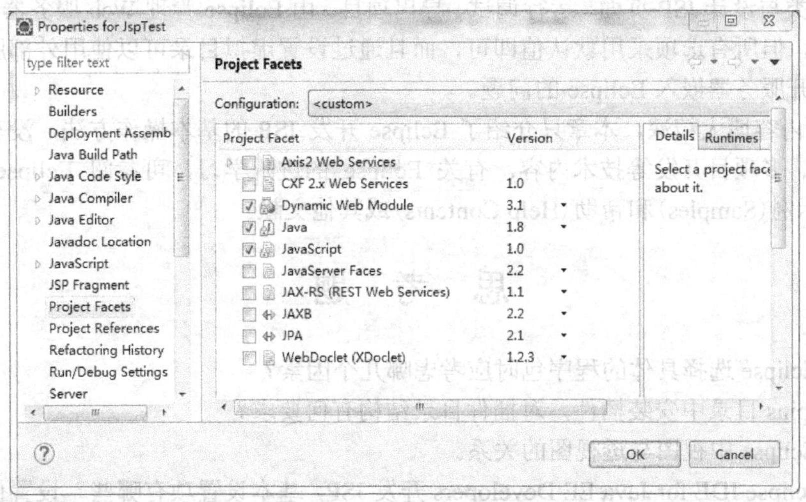

图 7-30 Project Facets 对话框

2．导入文件至项目

在 Eclipse 的 Import 对话框中，还可以导入文件夹，或者 ZIP、JAR 等文件。与导入项目到 Eclipse 工作空间不同，这些内容是导入项目内部的，导入时需要选择具体的项目及其下面的子目录。

3．项目迁移

对于与当前 Eclipse IDE for Java EE Developers 不兼容的 Web 项目，甚至其他 Java 项目，如

果想转换为动态 Web 项目，在 Eclipse 中进行设计编辑，可在 Eclipse 中新建动态 Web 项目，然后将原项目中的 Java 源程序复制到新项目的 src 目录下，将 Web 类资源文件复制到新项目的 WebContent 目录内，将 web.xml 文件中的内容复制到新项目的 web.xml 文件中，WEB-INF 目录下的其他文件对应地进行复制，这样基本上就完成了项目的迁移。有些资料介绍，通过修改原项目的.project 和.settings/org.eclipse.wst.common.project.facet.core.xml 等文件，导入后再修改项目的一些属性，来把项目迁移到 Eclipse。但这些方法不可取，对原项目的修改太复杂，有的项目修改后仍不可用。用新建项目复制内容的方法，既简单又安全。

本 章 小 结

Eclipse 是一个重要的 IDE，其设计思想基于插件机制，因此具有可扩展与可配置性，功能强大而使用灵活。插件的安装是搭建 Eclipse 开发环境的重要步骤，随着 Eclipse 的不断发展，其插件的安装方法越来越简单方便。而且 Eclipse 官方针对不同的用途，发布了预安装不同插件的各种功能包，JSP 应用开发应下载 Eclipse IDE for Java EE Developers 包。

Eclipse 界面的基本元素是视图。工作窗口中可打开很多视图，Eclipse 采用选项卡组织视图，使用透视图整合视图，使得界面既能灵活变化又能整齐统一。Eclipse 能够设置的参数较多，但参数设置很集中，全局参数都在 Window→Preferences 中，各个项目的属性在 Project→Properties 中。使用 Eclipse IDE for Java EE Developers 开发 JSP，基本设置项有 JSDK、Workspace、Server，其他主要的设置项有 Java Build Path、字符编码等。

使用 Eclipse IDE for Java EE Developers 开发 JSP 的基本流程：设置 Server、创建动态 Web 项目、编辑 Java 类与设计 JSP 页面、运行调试、导出项目。由 Eclipse 管理 Web 服务器运行调试 JSP 程序略显复杂，但所有选项采用默认值即可，而且通过设置虚拟目录可以使用外部服务器来运行调试，完全避开服务器嵌入 Eclipse 的问题。

Eclipse 的内容博大精深，本章只介绍了 Eclipse 开发 JSP 的基本操作方法，没有介绍程序调试、团队合作、多项目开发等技术内容。有关 Eclipse 的进阶学习，可参阅 Eclipse 提供的教程(Tutorials)、示例(Samples)和帮助(Help Contents)或其他文献。

思 考 题

1．下载 Eclipse 选择具体的程序包时应考虑哪几个因素？

2．在 dropins 目录中安装插件，对插件目录结构有何要求？

3．简述 Eclipse 中视图与透视图的关系。

4．使用 Eclipse IDE for Java EE Developers 开发 JSP，基本设置项有哪些？设置位置在何处？

5．Eclipse 内嵌的 Tomcat 服务器，默认设置下其主目录的物理路径是什么？假设 Eclipse 的 Workspace 路径设置为 D：\workspace。

6．简述使用 Eclipse IDE for Java EE Developers 开发 JSP 的基本流程。

第2篇 JSP应用开发专题

第8章 页面之间数据的传递

Web应用程序中用户与程序的交互、客户端与服务端之间的请求与应答，通常伴随着数据的传递。对于不同的应用场景，页面之间的数据传递有多种方式。

8.1 同一个会话页面间数据的传递

对于同一个用户会话，在不同的页面之间传递数据的方法如下。

(1)通过URL。

(2)通过表单隐藏域。

(3)通过Cookie。

(4)通过session。

(5)通过ServletContext对象。

(6)通过application。

(7)通过文件系统或者数据库。

例程8-1，submit.html，用户输入数据，提交到receive.jsp页面

```
<html>
<body>
<h2 align="center">参数录入页面</h2>
<hr width=380>
<form method=post action="receive.jsp">
<table width="343" align="center">
  <tr>
    <td width="120">请输入参数值：</td>
    <td width="211">
      <input type=text name=paramName>  </td>
  </tr>
  <tr>
    <td colspan=2 align="center">
      <input type=submit value="提交参数">    
          <input type=reset value="重 设">
    </td>
  </tr>
</table>
```

```
</form>
</body>
</html>
```

例程 8-2，receive.jsp，接收上一页面提交的参数，通过 URL 传递到 url.jsp 页面

```
<%@ page contentType="text/html; charset=gb2312" %>
<html>
<head>
<title>接收参数</title>
</head>
<body>
<h2 align="center">接收参数页面</h2>
<hr width=380>
<center>
<%
request.setCharacterEncoding("gb2312");
String paramName1=request.getParameter("paramName");
out.print("接收到参数 param=");
out.print(paramName1);
%>
<hr width=380>
<a href="url.jsp?paramName2=<%=paramName1%>">在 URL 中传递参数</a>
</center>
</body>
</html>
```

例程 8-3，url.jsp，接收上一页面通过 URL 传递的参数，使用表单隐藏域传递到 hidden.jsp 页面

```
<%@ page contentType="text/html; charset=gb2312" %>
<html>
<head>
<title>接收参数</title>
</head>
<body>
<h2 align="center">接收 URL 中传递的参数</h2>
<hr width=380>
<center>
<%
request.setCharacterEncoding("gb2312");
String paramName3=request.getParameter("paramName2");
out.print("接收到参数 param=");
out.print(paramName3);
%>
<hr width=380>
<form action="hidden.jsp">
<input type="hidden" name="paramName4" value="<%=paramName3%>">
<input type="submit" value="通过表单隐藏域传递参数">
```

```
</form>
</center>
</body>
</html>
```

例程 8-4，hidden.jsp，接收上一页面通过表单隐藏域传递的参数，将数据写入 Cookie 中

```
<%@ page contentType="text/html; charset=gb2312" %>
<html>
<head>
<title>接收参数</title>
</head>
<body>
<h2 align="center">接收表单隐藏域中传递的参数</h2>
<hr width=380>
<center>
<%
request.setCharacterEncoding("gb2312");
String paramName5=request.getParameter("paramName4");
out.print("接收到参数 param=");
out.print(paramName5);
paramName5=java.net.URLEncoder.encode(paramName5);
Cookie cookie=new Cookie("paramName6",paramName5);
response.addCookie(cookie);
%>
<hr width=380>
<a href="cookie.jsp">通过 Cookie 传递参数</a>
</center>
</body>
</html>
```

例程 8-5，cookie.jsp，读取 Cookie 中的数据，将数据设置到会话变量中

```
<%@ page contentType="text/html; charset=gb2312" %>
<html>
<head>
<title>接收参数</title>
</head>
<body>
<h2 align="center">接收 Cookie 传递的参数</h2>
<hr width=380>
<center>
<%
    String paramName7="";
    Cookie[] cookies = request.getCookies();
    Cookie c ;
    for (int i = 0; i < cookies.length; i++) {
        c = cookies[i];
        String name = c.getName();
```

```
        if(name.equals("paramName6")) paramName7=c.getValue();
    }
    paramName7=java.net.URLDecoder.decode(paramName7);
    out.print("接收到参数 param=");
    out.print(paramName7);
    session.setAttribute("paramName8",paramName7);
%>
<hr width=380>
<a href="session.jsp">通过 session 传递参数</a>
</center>
</body>
</html>
```

例程 8-6，session.jsp，读取会话上下文中的参数，将数据设置到 ServletContext 上下文变量中

```
<%@ page contentType="text/html; charset=gb2312" %>
<html>
<head>
<title>接收参数</title>
</head>
<body>
<h2 align="center">接收 session 传递的参数</h2>
<hr width=380>
<center>
<%
    String paramName9=(String)session.getAttribute("paramName8");
    out.print("接收到参数 param=");
    out.print(paramName9);
    pageContext.getServletContext().setAttribute("paramNasme10",paramName9);
%>
<hr width=380>
<a href="servletContext.jsp">通过 ServletContext 传递参数</a>
</center>
</body>
</html>
```

例程 8-7，servletContext.jsp，读取 ServletContext 上下文中的参数，将数据写入 application 变量中

```
<%@ page contentType="text/html; charset=gb2312" %>
<html>
<head>
<title>接收参数</title>
</head>
<body>
<h2 align="center">接收 ServletContext 传递的参数</h2>
<hr width=380>
<center>
<%
```

```
    String paramName11=(String)pageContext.getServletContext().getAttribute
            ("paramNasme10");
    out.print("接收到参数 param=");
    out.print(paramName11);
    application.setAttribute("paramNasme12",paramName11);
%>
<hr width=380>
<a href="application.jsp">通过 application 传递参数</a>
</center>
</body>
</html>
```

例程 8-8，application.jsp，读取 application 上下文中的参数，将数据保存到文本文件 file.txt 中，注意通过 JSP 页面操作服务器端文件的方法

```
<%@ page contentType="text/html; charset=gb2312" import="java.io.*"%>
<html>
<head>
<title>接收参数</title>
</head>
<body>
<h2 align="center">接收 application 传递的参数</h2>
<hr width=380>
<center>
<%
    String paramName13=(String)application.getAttribute("paramNasme12");
    out.print("接收到参数 param=");
    out.print(paramName13);
    try {
        /*
        PrintWriter writer=new PrintWriter(new BufferedWriter(new FileWriter
                (application.getRealPath("/zhongwen/file.txt"))));
        writer.write(paramName13);
        writer.close();
        */
        String filePath=application.getRealPath("/datashare/file.txt");
        FileWriter fWriter=new FileWriter(filePath);
        BufferedWriter bufWriter=new BufferedWriter(fWriter);
        bufWriter.write(paramName13);
        bufWriter.close();
        /*
        String filePath=application.getRealPath("/zhongwen/file.txt");
        FileWriter fWriter=new FileWriter(filePath);
        fWriter.write(paramName13);
        fWriter.close();
        */
    }catch(Exception e) {
        out.print(e);
```

```
    }
    out.print("<hr width=380><p>已经把内容写入到 file.txt</p>");
%>
<a href="file.jsp">通过文件传递参数</a>
</center>
</body>
</html>
```

例程 8-9，file.jsp，读取文本文件 file.txt 中内容并显示，注意通过 JSP 页面操作服务器端文件的方法

```
<%@ page contentType="text/html; charset=gb2312"  import="java.io.*"%>
<html>
<head><title>接收参数</title></head>
<body>
<h2 align="center">接收文件传递的参数</h2>
<hr width=380>
<center>
<%
    try {
        BufferedReader in=new BufferedReader(new FileReader
            (application.getRealPath("/datashare/file.txt")));
        String paramName14="";
        String temp="";
        while((temp=in.readLine())!=null) {
            paramName14+=temp;
        }
        in.close();
        out.print("接收到参数 param=");
        out.print(paramName14);
    }
    catch(Exception e) {
        out.print(e);
    }
%>
<hr width=380>
<a href="datashare.html">返 回</a>
</center>
</body>
</html>
```

8.2 不同会话页面间数据的传递

要在不同用户之间共享数据，通常的方法如下。

(1) 通过 ServletContext 对象。

(2) 通过 application。

(3) 通过文件系统或者数据库。

对于在不同用户之间共享数据的实现方法，同样适用于在同一个用户的不同页面实现数据共享。

本 章 小 结

页面之间数据的传递是 Web 应用程序中常用的操作，数据传递的主要方式有：通过 URL；通过表单隐藏域；通过 Cookie；通过 session；通过 ServletContext 对象；通过 application；通过文件系统或者数据库。前两种方式只能应用于请求作用域，Cookie 和 session 可应用于会话作用域，后两种方式可应用于全局作用域。

思 考 题

1．对于同一个用户会话，在不同的页面之间传递数据的方法有哪些？
2．在不同用户之间共享数据的方法有哪些？

第9章　JSP中文问题

在JSP程序设计过程中，经常会遇到中文乱码现象。这是JSP程序在编写、转化为Servlet、编译、输出、显示过程中，中文编码设置不一致而造成的。要解决好中文乱码现象，必须了解字符编码和JSP程序各处理步骤中编码的使用。

9.1 字 符 编 码

计算机中的字符从用户输入到处理、保存，再到输出(显示或打印)要使用三种编码：外码、内码、显示码。外码是输入时字符的键盘编码，每种输入法是一种类型的外码。显示码是字符显示时的外观式样描述，即通常所说的字体，每种字体是一种类型的字形编码。而计算机中保存的字符则一律使用内码，这样保证了数据在输入、处理、传输、显示过程中的简单一致，使用不同的输入法输入的字符是无差别的，同一个字符可以使用不同的字体显示或打印。内码同样有多种编码类型，主要有两种编码体系：一种是统一编码，包括 Unicode、UCS、UTF-8、UTF-16；另一种是非统一编码，包括ASCII、ISO-8859-1、GB 2312、GB 18030。

最初，计算机中只有一种字符集——ANSI(American National Standards Institute)的ASCII字符集，它使用7 bit来表示一个字符，总共表示128个字符。随着计算机的普及，许多国家在ASCII码的基础上进行扩展，对自己的语言编码。ISO-8859-1即以ASCII为基础，在空置的0xA0～0xFF的范围内，加入192个字母及符号，实现了对拉丁字母的编码。

GB 2312是一个在ASCII码基础上派生的简体中文字符集。GB 2312采用双字节编码，为了与系统中基本的ASCII字符集区分开，所有汉字编码的每个字节的第一位都是1。其编码规则为：第一个字节的值在0x81～0xFE之间，第二个字节的值在0x40～0xFE之间。GB 2312标准共收录6763个汉字，其中一级汉字3755个，二级汉字3008个；同时，收录了包括拉丁字母、希腊字母、日文平假名及片假名字母、俄语西里尔字母在内的682个全角字符。

由于GB 2312收录的汉字少，不能满足一些复杂的应用需求，于是利用GB 2312没有使用的编码空间，制定了GBK编码，共收录汉字21 003个、符号883个，并提供1894个造字码位，简体、繁体字融于一库。GBK全名为汉字内码扩展规范，英文名为Chinese Internal Code Specification。K即是“扩展”所对应的汉语拼音中“扩”字的声母。GBK并非国家正式标准，只是原国家技术监督局标准化司、原电子工业部科技与质量监督司发布的“技术规范指导性文件”。

GB 18030采用多字节编码，每个字可以由1个、2个或4个字节组成。单字节，其值为0～0x7F。双字节，第1个字节的值为0x81～0xFE，第2个字节的值为0x40～0xFE(不包括0x7F)。4字节，第1个字节的值为0x81～0xFE，第2个字节的值为0x30～0x39，第3个字节的值为0x81～0xFE，第4个字节的值为0x30～0x39。总共160万(23 949+1 587 600)个码位，共收录汉字70 244个。 与GB 2312完全兼容，与GBK基本兼容，支持GB 13000及Unicode的全部统一汉字。支持中国国内少数民族的文字，不需要动用造字区。GB 18030标准作为强制标准实行，所有不支持GB 18030标准的软件将不能作为产品出售。

ASCII 字符集，以及由此派生并兼容的字符集，如 GB 2312、GBK 正式的名称为 MBCS(Multi-Byte Chactacter System，多字节字符系统)，通常也称为ANSI字符集。许多语言都在ASCII

码的基础上制定了自己的字符集，导致存在的各种字符集太多，编码不统一，在国际交流中要经常转换字符集非常不便。因此，产生了统一编码的 Unicode 和 UCS。

Unicode 是一个软件制造商组成的协会组织。Unicode 字符集，固定使用 16 bit(两个字节)来表示一个字符，共可以表示 65 536 个字符。

国际标准 ISO 10646 定义了通用字符集(Universal Character Set，UCS)。UCS 是所有其他字符集标准的一个超集，31 位。它保证与其他字符集是双向兼容的。UCS 分三个实现级别(对组合字符的支持度不同)。UCS 的 16 位子集称为基本多语言面(Basic Multilingual Plane, BMP)，被编码在 16 位 BMP 以外的字符都属于非常特殊的字符(如象形文字)。Unicode 标准严密地包含了 ISO 10646—1 实现级别 3 的基本多语言面。

1991 年前后，Unicode 和 UCS 这两个项目的参与者都认识到，世界上不需要两个不同的单一字符集。它们合并双方的工作成果，并为创立一个单一编码表而协同工作。从 Unicode 2.0 开始，Unicode 项目采用了与 ISO 10646—1 相同的字库和字码。

UCS 实现了全世界语言文字的统一编码，但这种编码也有其缺陷，首先，对于使用最普遍的英文，如果用 UCS 编码保存的话，占用的空间就会多出三倍。其次，在传输过程中，如果出现某个字节丢失的现象，其后的所有字符编码都将出错。还有，使用 UCS 无法与以前的程序兼容，比如在 C 语言函数库中，编码为 0 的字符作为字符串的结束符，有其特殊含义，而在 UCS 字符集中，ASCII 字符编码的前 3 个字节都为 0。为了克服这些缺点，于是设计了 UTF-8(UCS Transformation Format)编码。

UTF-8 以下面的规则用多字节来表示字符的 UCS 编码。

UCS 字符 U+0000～U+007F 被编码为字节 0x00～0x7F(与 ASCII 编码兼容)。这意味着只包含 7 位 ASCII 字符的文件在 ASCII 和 UTF-8 两种编码方式下是一样的。

所有大于 U+007F 的 UCS 的字符被编码为一个多个字节的串，每个字节都有标记位集。因此，ASCII 字节(0x00～0x7F)不可能作为任何其他字符的一部分。表示非 ASCII 字符的多字节串的第一个字节总是在 0xC0～0xFD 的范围里，并指出这个字符包含多少个字节。多字节串的其余字节都在 0x80～0xBF 范围里。这使得重新同步非常容易，很少受丢失字节的影响，且可以编入所有可能的 2^{31} 个 UCS 代码。UTF-8 编码字符，理论上可以最多到 6 个字节长，然而 16 位 BMP 字符最多只用到 3 个字节长。

UTF-8 编码字节流(二进制)：

0000 - 007F 0xxxxxxx

0080 - 07FF 110xxxxx 10xxxxxx

0800 - FFFF 1110xxxx 10xxxxxx 10xxxxxx

Unicode 字符 U+00A9 = 1010 1001 (版权符号) 在 UTF-8 里的编码为：

11000010 10101001 = 0xC2 0xA9

字符 U+2260 = 0010 0010 0110 0000 (不等于) 编码为：

11100010 10001001 10100000 = 0xE2 0x89 0xA0

UTF-16 以 16 位为单元对 UCS 进行编码。对于小于 0x10000 的 UCS 码，UTF-16 编码就等于 UCS 码对应的 16 位无符号整数。对于不小于 0x10000 的 UCS 码，定义了一个算法。不过由于实际使用的 UCS BMP 必然小于 0x10000，所以就目前而言，可以认为 UTF-16 和 Unicode 基本相同。

UTF-16 以两个字节为编码单元，在解析一个 UTF-16 文本前，首先要弄清楚每个编码单元的字节序。例如，“奎”的 Unicode 编码是 594E，“乙”的 Unicode 编码是 4E59。如果我们收到 UTF-16 字节流“594E”，那么这是“奎”还是“乙”？Unicode 规范中推荐的标记字节顺序的方法是 BOM

(Byte Order Mark)。BOM 是一个很聪明的设计：在 UCS 编码中有一个叫"ZERO WIDTH NO-BREAK SPACE"的字符，它的编码是 FEFF。而 FFFE 在 UCS 中是不存在的字符，所以不应该出现在实际传输中。UCS 规范建议我们在传输字节流前，先传输字符"ZERO WIDTH NO-BREAK SPACE"。这样如果接收者收到 FEFF，就表明这个字节流是 Big-Endian 的，高字节在前；如果收到 FFFE，就表明这个字节流是 Little-Endian 的，高字节在后。因此字符"ZERO WIDTH NO-BREAK SPACE"又被称作 BOM。

UTF-8 不需要 BOM 来表明字节顺序，但可以用 BOM 来表明编码方式。字符"ZERO WIDTH NO-BREAK SPACE"的 UTF-8 编码是 EF BB BF（读者可以用我们前面介绍的编码方法验证一下），所以如果接收者收到以 EF BB BF 开头的字节流，就知道这是 UTF-8 编码了。Windows 就是使用 BOM 来标记文本文件的编码方式的。

9.2　Java 语言中的编码

Java 是一个跨平台的编程语言，内部采用 Unicode 编码。字符串在内存中运行时，表现为 Unicode 代码，而当要保存到文件或其他介质中去时，用的是 UTF-8。

Input (charsetA) → Process (Unicode) → Output (charsetB)

Java (charsetA) → Class (Unicode，保存为 UTF-8) → OS Console, DB (charsetB)

JSP (charsetA) → Servlet (UTF-8) → Class (Unicode，保存为 UTF-8) → Browser, DB (charsetB)

9.2.1　Java 程序处理中的编码转换

Java 源程序编译为.class 文件时，编译器(javac.exe)使用-encoding 参数接收用户指定的 Java 源程序的编码格式，将源程序中的字符按指定的编码格式转换为 Unicode 编码，保存时再转换为 UTF-8。如果编译时用户没有指定-encoding 参数的值，则编译器使用 JSDK 的默认文件编码对源程序进行处理，JSDK 的默认文件编码保存在 file.encoding 属性中，这个属性值获取至操作系统默认采用的编码格式(Windows XP 的值为 GBK)。如下面的示例程序，查看 JSDK 的 file.encoding 属性值，同时显示字符串"00 中文 00"。

例程 9-1，JavaEncoding.java

```
public class JavaEncoding {
    public static void main(String[] args) {
        String teststr="00 中文 00";
        String encoding = System.getProperty("file.encoding");
        System.out.println("Char encoding test: " + teststr);
        System.out.println("System default encoding is: " + encoding);
    }
}
```

源文件使用操作系统默认的编码 GBK 保存，编译时指定-encoding 参数为 GBK，或者不指定该参数使用默认值(同样是 GBK 编码)编译。用 UltraEdit 分别打开其源文件和.class 文件，可以看到"中文"这两个字符的 GBK(也是 GB 2312)编码为"D6 D0 CE C4"，UTF-8 编码为"E4 B8 AD E6 96 87"，如图 9-1 和图 9-2 所示。使用 charmap.exe 程序，查表知"中文"的 Unicode 编码为中=4E2D、文=6587，其 UTF-8 编码与.class 文件中显示的一致。

```
G:\jsp\jspex\encoding\JavaEncoding.java
            0  1  2  3  4  5  6  7  8  9  a  b  c  d  e  f
00000000h: 70 75 62 6C 69 63 20 63 6C 61 73 73 20 4A 61 76 ; public class Jav
00000010h: 61 45 6E 63 6F 64 69 6E 67 20 7B 0D 0A 70 75 62 ; aEncoding {..pub
00000020h: 6C 69 63 20 73 74 61 74 69 63 20 76 6F 69 64 20 ; lic static void 
00000030h: 6D 61 69 6E 28 53 74 72 69 6E 67 5B 5D 20 61 72 ; main(String[] ar
00000040h: 67 73 29 20 7B 0D 0A 53 74 72 69 6E 67 20 74 65 ; gs) {..String te
00000050h: 73 74 73 74 72 3D 22 30 30 D6 D0 CE C4 30 30 22 ; ststr="00中文00"
00000060h: 3B 0D 0A 53 74 72 69 6E 67 20 65 6E 63 6F 64 69 ; ;..String encodi
00000070h: 6E 67 20 3D 20 53 79 73 74 65 6D 2E 67 65 74 50 ; ng = System.getP
00000080h: 72 6F 70 65 72 74 79 28 22 66 69 6C 65 2E 65 6E ; roperty("file.en
00000090h: 63 6F 64 69 6E 67 22 29 3B 0D 0A 53 79 73 74 65 ; coding");..Syste
000000a0h: 6D 2E 6F 75 74 2E 70 72 69 6E 74 6C 6E 28 22 43 ; m.out.println("C
000000b0h: 68 61 72 20 65 6E 63 6F 64 69 6E 67 20 74 65 73 ; har encoding tes
000000c0h: 74 A3 BA 22 20 2B 20 74 65 73 74 73 74 72 29 3B ; t: " + teststr);
000000d0h: 0D 0A 53 79 73 74 65 6D 2E 6F 75 74 2E 70 72 69 ; ..System.out.pri
000000e0h: 6E 74 6C 6E 28 22 53 79 73 74 65 6D 20 64 65 66 ; ntln("System def
```

图 9-1 JavaEncoding.java 源文件的“中文”编码

```
G:\jsp\jspex\encoding\JavaEncoding.class
            0  1  2  3  4  5  6  7  8  9  a  b  c  d  e  f
00000030h: 00 06 00 20 0A 00 21 00 22 08 00 23 07 00 24 07 ; ... ..!."..#..$.
00000040h: 00 25 01 00 06 3C 69 6E 69 74 3E 01 00 03 28 29 ; .%...<init>...()
00000050h: 56 01 00 04 43 6F 64 65 01 00 0F 4C 69 6E 65 4E ; V...Code...LineN
00000060h: 75 6D 62 65 72 54 61 62 6C 65 01 00 04 6D 61 69 ; umberTable...mai
00000070h: 6E 01 00 16 28 5B 4C 6A 61 76 61 2F 6C 61 6E 67 ; n...([Ljava/lang
00000080h: 2F 53 74 72 69 6E 67 3B 29 56 01 00 0A 53 6F 75 ; /String;)V...Sou
00000090h: 72 63 65 46 69 6C 65 01 00 11 4A 61 76 61 45 6E ; rceFile...JavaEn
000000a0h: 63 6F 64 69 6E 67 2E 6A 61 76 61 0C 00 0F 00 10 ; coding.java.....
000000b0h: 01 00 0A 30 30 E4 B8 AD E6 96 87 30 30 01 00 0D ; ...00涓  枃00...
000000c0h: 66 69 6C 65 2E 65 6E 63 6F 64 69 6E 67 07 00 26 ; file.encoding..&
000000d0h: 0C 00 27 00 28 0C 00 29 00 2A 01 00 17 6A 61 76 ; ..'.(..).*...jav
000000e0h: 61 2F 6C 61 6E 67 2F 53 74 72 69 6E 67 42 75 69 ; a/lang/StringBui
000000f0h: 6C 64 65 72 01 00 15 43 68 61 72 20 65 6E 63 6F ; lder...Char enco
```

图 9-2 JavaEncoding.class 文件的“中文”编码

Java 程序的输出编码，由字符输出流中的编码格式决定，在源程序中创建字符输出流对象时可指定编码格式。如果没有指定，则使用 JSDK file.encoding 属性中的编码格式，即操作系统默认采用的编码，或者用字节输出流直接输出字节。因此，Java 程序一般不会出现中文乱码现象。

9.2.2 JSP 程序处理过程中的编码转换

JSP 解析器(JSPC)按 JSP 页面中设定的字符集解释 JSP 文件中出现的所有字符，包括中文字符和 ASCII 字符，然后把这些字符转换成 Unicode 字符进行处理，再转化成 UTF-8 格式存为 Servlet(.java)文件；编译后的类(.class)文件，在内存中为 Unicode 编码，保存时仍用 UTF-8 格式；执行.class 文件时的输出，使用 JSP 设定的字符集。

JSP 文件中 page 指令的 contentType 属性指定的编码用于第一步转化，pageEncoding 属性指定的编码用于最后的.class 文件输出。如果这两个属性只指定一个，则另一个也取同样的值。如果在 JSP 文件中未指定任何编码，则使用服务器默认的编码 ISO-8859-1 对源文件进行解析和最后的页面输出。与 Java 程序的编译不同，服务器处理 JSP 文件所采用的默认编码与操作系统的默认编码无关。有些人对这种设计颇有微词，但 JSP 应用程序属于 Internet 类型，源文件的编码与服务器所在的操作系统相关性不大，默认采用 ISO-8859-1 编码，以单字节来处理有更大的灵活性。

例程 9-2，zhwgb.jsp

```
<%@ page contentType="text/html; charset=GB2312" %>
```

```
<html>
<head>
<title>Char Encoding Example</title>
</head>
<body>
<%
String teststr="0 中文 0";
out.print("Char encoding test: " + teststr);
%>
</body>
</html>
```

源文件以默认的 GB 2312(ANSI)保存，程序中设定编码格式为 GB 2312，程序运行过程中各步骤的编码如表 9-1 所示。

表 9-1 zhwgb.jsp 文件的处理过程

序号	步 骤 说 明	结 果
1	编写 JSP 源文件，且存为 GB 2312 格式	D6 D0 CE C4(GBK 中 D6D0=中 CEC4=文)
2	jspc 把 JSP 源文件转化为临时 Java 文件，并把字符串按照 GB 2312 映射到 Unicode，并用 Unicode 格式写入 Java 文件中	4E 2D 65 87(在 Unicode 中 4E2D=中 6587=文)
3	把临时 Java 文件编译成 class 文件	E4 B8 AD E6 96 87(在 UTF-8 中 E4 B8 AD = 中 E6 96 87 =文)
4	运行时，先从 class 文件中用 readUTF 读出字符串，在内存中的是 Unicode 编码	4E 2D 65 87
5	根据 Jsp-charset=GB 2312 把 Unicode 转化为字节流	D6 D0 CE C4
6	把字节流输出到 IE 中，并设置 IE 的编码为 GB 2312(这个信息隐藏在 HTTP 头中)	D6 D0 CE C4
7	IE 用“简体中文”查看结果	“中文”(正确显示)

例程 9-3，zhwdefault.jsp

```
<html>
<head>
<title>Char Encoding Example</title>
</head>
<body>
<%
String teststr="0 中文 0";
out.print("Char encoding test: " + teststr);
%>
</body>
</html>
```

源文件以默认的 GB 2312(ANSI)保存，程序中没有设定编码，服务器使用默认的编码对程序进行处理，各步骤的编码如表 9-2 所示。

表 9-2 zhwdefault.jsp 文件的处理过程

序号	步 骤 说 明	结 果
1	编写 JSP 源文件，且存为 GB 2312 格式	D6 D0 CE C4 (D6D0=中 CEC4=文)

续表

序号	步 骤 说 明	结 果
2	jspc 把 JSP 源文件转化为临时 Java 文件，并把字符串按照 ISO-8859-1 映射到 unicode，并用 unicode 格式写入 Java 文件中	00 D6 00 D0 00 CE 00 C4
3	把临时 Java 文件编译成 class 文件	C3 96 C3 90 C3 8E C3 84
4	运行时，先从 class 文件中用 readUTF 读出字符串，在内存中的是 Unicode 编码	00 D6 00 D0 00 CE 00 C4
5	根据 Jsp-charset=ISO-8859-1 把 Unicode 转化为字节流	D6 D0 CE C4
6	把字节流输出到 IE 中	D6 D0 CE C4
7	IE 用"西欧字符"查看结果 乱码，由于大于 128，所以显示出来的怪模怪样	D6 D0 CE C4
8	改变 IE 的页面编码为"简体中文""中文"(正确显示)	D6 D0 CE C4

9.2.3 JSP 中文处理

(1)页面使用 GB 2312 编码来编写和保存，设置页面编码为 GB 2312，以 GB 2312 编码来传递和处理数据。

采用这种方式处理 JSP 中的编码，对页面间的数据传递可用以下一些方法解决其编码。其中，用 get 方法发送和接收数据时，必须重设服务器的连接属性，需要修改服务器的配置文件，这是较复杂的中文编码问题解决方法。第 8 章中页面间数据传递的例程就是采用这种方法设置页面编码的，注意，必须按下面对 get 请求的处理方法，重设服务器的连接属性后，才能用 url 正确传递中文。

① 用 page 指令的 contentType 属性，或者 pageEncoding 属性指定页面编码为 GB 2312:

```
<%@ page contentType="text/html;charset=GB 2312" %>
```

② 接收数据前指定编码:

```
request.setCharacterEncoding("GB 2312");
```

③ 对 get 请求传递中文，除了指定接收数据的编码 GB 2312 外，在 Tomcat 的配置文件 Server.xml 中的 Connector 标签中加入属性 useBodyEncodingForURI="true" URIEncoding= "GB 2312":

```
request.setCharacterEncoding("GB 2312");
<Connector port="8080" maxThreads="150" minSpareThreads="25"
    maxSpareThreads="75" enableLookups="false" redirectPort="8443"
    acceptCount="100" connectionTimeout="20000" disableUploadTimeout=
    "true" useBodyEncodingForURI="true" URIEncoding='GB 2312' />
```

④ 如果需要，可进行编码转换，如:

```
str = new String(str.getBytes("ISO-8859-1"), "GB 2312");
```

⑤ Cookie 传递中文:

写入 Cookie 时使用 java.net.URLEncoder.encode(Cookie 中要保存的字符)；获取 Cookie 后使用 java.net.URLDecoder.decode(Cookie 中保存的字符)。

⑥ RequestDispatch 转向时，在调用 response.getWriter()前先指定 response 的编码:

```
response.setCharacterEncoding("GB 2312");
```

⑦ 对数据库连接，如与 MySQL 数据库连接时指定编码:

```
con=DriverManager.getConnection("jdbc:mysql://localhost/test?seUnicode
        =true&characterEncoding=GB 2312");
```

⑧ 在某些 MVC 框架中，表单变量自动填充 Java Bean，如 struts。此时可用 filter 来设置中文编码。

(2)页面使用 GB 2312 编码来编写和保存，页面中不设置编码，以 ISO-8859-1 编码来传递和处理数据。

页面虽然使用 GB 2312 编码，但在页面中不设置其编码为 GB 2312，服务器以默认的编码，即 ISO-8859-1 编码来处理页面，所有字符编码都当单字节来传递和处理。如在之前节分析的那样，JSP 程序处理后输出的页面其编码仍然正确，只是浏览器在显示时，有时不能正确识别会出现乱码，但这个乱码是假乱码。在大部分浏览器中设置编码自动选择(这个功能在浏览器中是默认选择的)基本上可正确显示。或者手动选择正确的编码来显示。但手动选择不是实用的方法，可用下面的方法来解决问题。在 JSP 中用静态 HTML 标记来设置页面编码：<meta http-equiv= "Content-Type" content="text/html;charset=GB 2312">。但有的 JSP 服务器会忽略静态设置的编码，有时仍不能正确显示，可在显示前进行编码转换:str = new String(str.getBytes("ISO-8859-1")，"GB 2312")；。但编码转换需要额外的代码行，增加了服务器的处理负担，是不提倡的。这也是这种页面编码处理方法的不足之处。另一个缺点是，JSP 转化为 Servlet 的源文件中，中文都显示乱码。这种编码处理方法的好处是，页面间传递数据时，除用 Cookie 传递中文外，其他传递方法都不需要进行特别处理，特别是用 get 请求传递中文，无须重设服务器的连接属性。下面列出这种方法解决中文乱码问题的要点。

① 在页面中编写静态头标记：

```
<meta http-equiv="Content-Type" content="text/html;charset=GB 2312">
```

② Cookie 传递中文。

写入时编码：

```
java.net.URLEncoder.encode(cvalue,"UTF-8");
```

获取后解码：

```
java.net.URLDecoder.decode(cvalue,"UTF-8");
```

改写第 8 章中页面间数据传递的例程，使用 ISO-8859-1 编码来传递和处理数据。只要去掉页面中的编码设置和接收数据前对 request 对象的设置，即可在 IE 6.0 中正确运行。但注意对文件的读/写不能再使用字符流，必须使用字节流。

例程 9-4，改写后的 receive.jsp

```
<%-- 无须设置页面的编码 --%>
<html>
<head>
<title>接收参数</title>
</head>
<body>
<h2 align="center">接收参数页面</h2>
<hr width=380>
<center>
<%
//无须设置 request 对象的编码格式
String paramName1=request.getParameter("paramName");
```

```
out.print("接收到参数 param=");
out.print(paramName1);
%>
<hr width=380>
<a href="url.jsp?paramName2=<%=paramName1%>">在 URL 中传递参数</a>
</center>
</body>
</html>
```

例程 9-5，写入文件程序：application.jsp

```
<%@ page import="java.io.*"%>
<html>
<head>
<title>接收参数</title>
</head>
<body>
<h2 align="center">接收 application 传递的参数</h2>
<hr width=380>
<center>
<%
  String paramName13=(String)application.getAttribute("paramNasme12");
  out.print("接收到参数 param=");
  out.print(paramName13);
  String filePath=application.getRealPath("/encoding/file.txt");
  //使用字节流而不是字符流
  FileOutputStream fOutStream=new FileOutputStream(filePath);
  BufferedOutputStream bufOutStream=new BufferedOutputStream(fOutStream);
  //按单字节写入
  bufOutStream.write(paramName13.getBytes("ISO-8859-1"));
  bufOutStream.close();
  out.print("<hr width=380><p>已经把内容写入到 file.txt</p>");
%>
<a href="file.jsp">通过文件传递参数</a>
</center>
</body>
</html>
```

例程 9-6，从文件读取例程：file.jsp

```
<%@ page import="java.io.*"%>
<html>
<head>
<title>接收参数</title>
</head>
<body>
<h2 align="center">接收文件传递的参数</h2>
<hr width=380>
<center>
<%
```

```
        String filePath=application.getRealPath("/encoding/file.txt");
        //使用字节流而不是字符流
        BufferedInputStream bins=new BufferedInputStream(new FileInputStream(filePath));
        String paramName14="";
        byte[] temp=new byte[2048];
        if(bins.read(temp,0,2048)!=-1) {
        //将字节数组以单字节组成字符串
        paramName14=new String(temp,"ISO-8859-1");
        }
        bins.close();
        out.print("接收到参数 param=");
        out.print(paramName14);
    %>
    <hr width=380>
    <a href="submit.html">返 回</a>
    </center>
    </body>
    </html>
```

(3)所有页面都使用 UTF-8 编码来编写和保存，以 UTF-8 编码来传递和处理数据。

页面使用 UTF-8 编码，则不论是否在页面中设置其编码为 UTF-8，服务器都会识别出源文件的编码，并按 UTF-8 来处理、传递数据。此时解决页面间数据传递的中文编码方法基本上与使用 GB 2312 一致，只是编码设定为 UTF-8。

① 接收数据前指定编码：

```
request.setCharacterEncoding("UTF-8");
```

② 对 get 请求传递中文，除了指定接收数据的编码 UTF-8 外，在 Tomcat 的配置文件 Server.xml 中的 Connector 标签中加入属性 useBodyEncodingForURI="true" URIEncoding="UTF-8"：

```
request.setCharacterEncoding("UTF-8");
<Connector port="8080" maxThreads="150" minSpareThreads="25" maxSpareThreads="75"
    enableLookups="false" redirectPort="8443" acceptCount="100"
    connectionTimeout="20000" disableUploadTimeout="true"
    useBodyEncodingForURI="true" URIEncoding='UTF-8' />
```

③ Cookie 传递中文。

写入时编码：

```
java.net.URLEncoder.encode(cvalue,"UTF-8");
```

获取后解码：

```
java.net.URLDecoder.decode(cvalue,"UTF-8");
```

④ RequestDispatch 转向时，在调用 response.getWriter()前先指定 response 的编码：

```
response.setCharacterEncoding("UTF-8");
```

⑤ 对数据库连接，如与 MySQL 数据库连接时指定编码：

```
con=DriverManager.getConnection("jdbc:mysql://localhost/test?useUnicode
        =true&characterEncoding=UTF-8");
```

改写第 8 章中页面间数据传递的例程，使用 UTF-8 编码来编写、传递、处理数据。将所有文件用记事本打开，使用 UTF-8 另存为。然后将其中的 GB 2312 修改为 UTF-8。

例程 9-7，改写后的 receive.jsp

```
<%-- 是否设置页面编码 UTF-8 的处理方法一样 --%>
<html>
<head>
<title>接收参数</title>
</head>
<body>
<h2 align="center">接收参数页面</h2>
<hr width=380>
<center>
<%
//设置 request 对象的编码格式为 UTF-8
request.setCharacterEncoding("UTF-8");
String paramName1=request.getParameter("paramName");
out.print("接收到参数 param=");
out.print(paramName1);
%>
<hr width=380>
<a href="url.jsp?paramName2=<%=paramName1%>">在 URL 中传递参数</a>
</center>
</body>
</html>
```

(4) JSP 中文编码原则如下。

① 尽量使用 UTF-8 编码，UTF-8 包含全世界所有国家需要用到的字符，是国际编码，通用性强，是未来的发展趋势。UTF-8 编码的文字可以在各国支持 UTF-8 字符集的浏览器上显示。世界各地的用户，无须安装简体中文支持就能正常显示中文。如果设计一个国际化的，或者多国语言混合的网站，则必须使用 UTF-8 编码。另外许多浏览器发送请求时采用 UTF-8 编码，页面采用 UTF-8 编码，提高了编码之间的一致性。

② 使用 ISO-8859-1 编码来传递数据，用单字节来处理所有字符，可简化中文编码的处理。

③ 使用 GB 2312 编写、处理、传递数据，必须正确设置各步骤的编码。

④ 除了终端浏览器中显示的信息外，尽量避免使用中文，如 Cookie、session 参数等。

(5) Servlet 中文编码。

对于 Servlet，其编译选项可人为参与设置。只要编译时的编码设置正确，保证从 Servlet 源文件到.class 文件能正确转化。.class 文件是统一编码，可正确输出任何编码。使用默认编码输出，或者在程序中设置都可以：

```
response.setContentType("text/html;charset=GB 2312");
```

9.2.4　数据库中文问题

JSP 访问数据库时，又涉及数据库的编码、与数据库连接的编码等问题，所以中文编码问题更为复杂。下面以 MySQL 数据库为例，介绍 JSP 访问数据库过程中解决中文编码问题的原理，访问其他数据库时可进行类似的处理。

MySQL 中涉及的几个编码如下。

character-set-server/default-character-set：服务器编码，默认情况下所采用的。

character-set-database：数据库编码。

character-set-table：数据库表编码。

优先级依次增加。可只设置 character-set-server，在创建数据库和表时不指定编码，统一采用 character-set-server 编码。最一般的情况是在创建数据库时设置编码，而设计表时不特别指定编码，这样每个数据库采用一致的编码。

character-set-client：客户端的编码。当客户端向服务器发送请求时，请求信息以该编码进行解析。

character-set-results：结果编码。服务器向客户端返回结果或信息时，结果以该编码进行输出。

character_set_connection：连接编码。发送请求时，将请求信息由客户端编码转换为此编码后进行传输；返回结果时，将信息由数据库表编码转换为此编码后传输。

在客户端，如果没有定义 character-set-results，则采用 character-set-client 编码作为默认的编码。所以只需要设置 character-set-client 编码。

我们可以在 MySQL 命令行下输入下面的命令查看 MySQL 编码设置情况:

```
mysql> show variables like '%char%';
```

在查询结果中可以看到 MySQL 中客户端、数据库连接、数据库、数据文件系统、查询结果、服务器、数据库管理系统的编码设置，数据保存的文件系统编码是固定的，数据库管理系统、服务器的编码在安装时确定，与乱码问题无关。乱码的问题与客户端的实际编码、客户端的设置编码、数据库连接编码、数据库编码、查询结果的编码有关。

数据库的编码可以修改 MySQL 的启动配置来指定数据库的默认编码，也可以在 create database 时加上 default character set 编码来强制设置 database 的编码。

在登录数据库时，我们用 mysql --default-character-set=字符集-u root -p 进行连接，这时我们再用 show variables like '%char%';命令查看编码设置情况，可以发现客户端、数据库连接、查询结果的编码已经设置成登录时选择的编码了。如果已经登录了，可以使用 set names=字符集;命令来实现上述效果，等同于下面的命令：

```
set character_set_client = 字符集
set character_set_connection = 字符集
set character_set_results = 字符集
```

如果是通过 JDBC 连接数据库，可以编写 URL：

```
URL=jdbc:mysql://localhost:3306/dbname?useUnicode=true&characterEncoding=字符集
```

设置客户端、数据库连接、查询结果的编码为指定的字符集。

客户端是看访问 MySQL 数据库的方式，通过命令行访问，命令行窗口就是客户端，通过 JDBC 等连接访问，程序就是客户端。

在向 MySQL 写入中文数据时，在客户端、数据库连接、写入数据库时分别要进行编码转换。在执行查询时，在返回数据库结果、数据库连接、输出时分别进行编码转换。乱码发生在数据库、客户端、查询结果以及数据库连接这其中的一个或多个环节。

为什么从命令行直接写入中文不设置也不会出现乱码呢？可以明确的是从命令行下，客户端、数据库连接、查询结果的编码设置没有变化。输入的中文经过一系列转码又转回初始的编码，我们查看到的当然不是乱码，但这并不代表中文在数据库里被正确作为中文字符存储。

举例来说，现在有一个 ISO-8859-1(也就是 MySQL 中的 latin1)编码的数据库，客户端编码为 GBK，character_set_client、character_set_connection、character_set_results 使用默认的 latin1，我们在客户端发送“中文”这个字符串，该字符串以 ISO-8859-1 编码进行解析，解析后的编码是“中文”GBK 编码的单字节二进制串，将解析后的二进制码传给 connection 层，connection 层以 ISO-8859-1 格式将这段二进制码发送给数据库，数据库将这段编码以 ISO-8859-1 格式存储下来，我们将这些字符以 ISO-8859-1 格式读取出来，肯定是得到乱码，也就是说中文数据在写入数据库时是以乱码形式存储的，但在同一个客户端进行查询操作时，做了一套和写入时相反的操作，错误的 ISO-8859-1 格式二进制码又被传送到客户端，这些二进制码实际上还是 GBK 编码的单字节形式，可以在客户端以 GBK 编码正确地显示出来。

MySQL 客户端如图 9-3 所示，classes 表中的数据如图 9-4 所示。

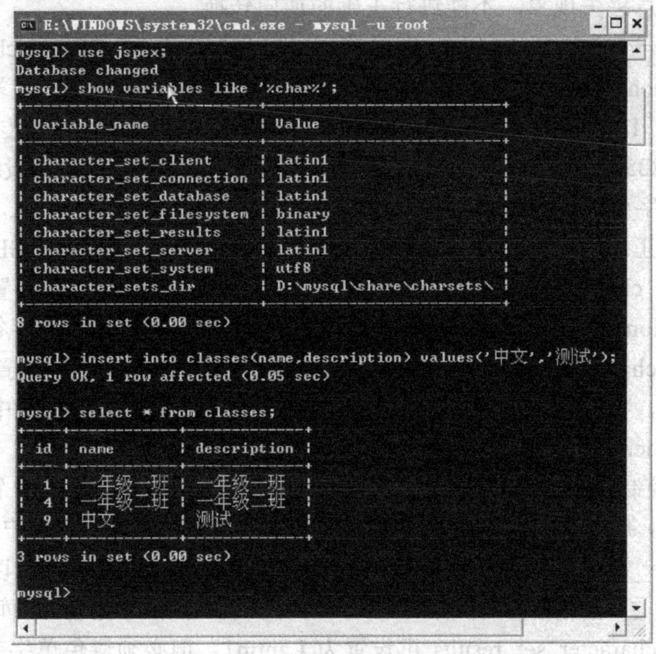

图 9-3　MySQL 客户端

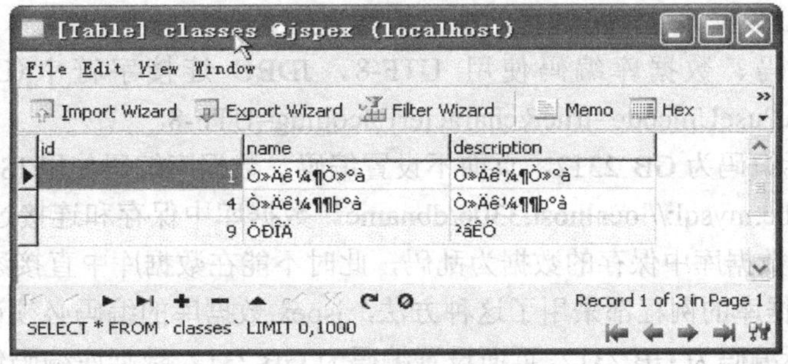

图 9-4　classes 表中的数据

例如，现在有一个 UTF-8 编码的数据库，客户端编码为 GBK，character_set_client、character_set_connection、character_set_results 使用默认的 latin1，我们在客户端发送“中文”这个

字符串，该字符串以 ISO-8859-1 编码进行解析，并将解析后的二进制码传给 connection 层，connection 层以 ISO-8859-1 格式将这段二进制码发送给数据库，数据库将这段编码转化为 UTF-8 格式存储下来，中文数据在写入数据库时同样是以乱码形式存储的。在同一个客户端使用上述编码设置进行查询操作时，这些 UTF-8 格式的二进制码又被转换成单字节形式的 GBK 码，并被正确地显示出来。其中 character_set_connection 设置为 UTF-8 也可实现上述功能，但 character_set_connection 设置为 GBK，则无法完成正常的写入与读出，因为单字节形式的 GBK 码按 ISO-8859-1 码制可以转换为 UTF-8，却无法转换为 GBK。异常的编码转换会导致编码信息丢失现象，使其不能进行正确的逆向转换。编码为 UTF-8 的数据库对于编码为 GBK 的客户端，最好将 character_set_client、character_set_connection、character_set_results 都设置为 GBK，其中 character_set_connection 也可设置为 UTF-8，这样客户端和数据库中的中文字符都可正确显示，但 character_set_connection 不能设置为 latin1。因为这种设置会导致字符编码在多次转换到达数据库保存时，产生编码信息丢失现象，不能进行正确的逆向转换。

例如，现在有一个 GBK 编码的数据库，客户端编码为 GBK，character_set_client、character_set_connection、character_set_results 使用默认的 latin1，我们在客户端发送“中文”这个字符串，该字符串以 ISO 8859-1 编码进行解析，并将解析后的二进制码传给 connection 层，connection 层以 ISO 8859-1 格式将这段二进制码发送给数据库，数据库将这段编码转化为 GBK 格式存储，同样因为单字节形式的 GBK 码按 ISO-8859-1 码制无法转换为 GBK，而产生了编码信息丢失现象，不能进行正确的逆向转换。编码为 GBK 的数据库对于编码为 GBK 的客户端，应将 character_set_client、character_set_connection、character_set_results 都设置为 GBK，其中 character_set_connection 也可设置为 UTF-8，这样客户端和数据库中的中文字符都可正确显示，但 character_set_client、character_set_connection、character_set_results 都不能设置为 latin1。

通过上面的分析，在 JSP 数据库应用程序设计中，为了避免系统中出现中文乱码现象，尽量设置 character_set_client、character_set_database、character_set_connection、character_set_results 与客户端实际编码(控制台、JSP 页面等的编码)一致，通过这样的设置，整个数据写入、读出流程中都统一了字符集，减少了对数据库操作过程中的编码转换，数据库和客户端都不会出现乱码。至少应使 character_set_client、character_set_results 与客户端实际编码一致，以使数据在客户端能正确显示。如果为了适用于多种编码的客户端，同时不考虑数据库中的乱码现象，character_set_client、character_set_results 可设置为 Lantin1，但必须避免单字节形式的 GBK 码按 ISO-8859-1 码制转换为 GBK 编码，即 GBK-Latin1-GBK 的转换过程。

JSP 访问 MySQL 数据库时，可选择的编码策略为如下。

(1) JSP 页面编码、数据库编码使用 UTF-8，JDBC 连接字符串(URL)：jdbc:mysql://localhost:3306/dbname?useUnicode=true&characterEncoding=UTF-8。

(2) JSP 页面实际编码为 GB 2312，页面不设置编码，数据库编码使用 ISO-8859-1，JDBC 连接字符串(URL)：jdbc:mysql://localhost:3306/dbname。数据库中保存和连接过程传递的都是单字节，如果是中文，则数据库中保存的数据为乱码，此时不能在数据库中直接添加中文字符。第 6 章中访问 MySQL 数据库的例程都采用了这种方法，jspex 数据库的编码必须设置为 ISO-8859-1。

(3) JSP 页面实际编码为 GB 2312，页面设置编码为 GB 2312，数据库编码使用 GB 2312，JDBC 连接字符串(URL)：

```
jdbc:mysql://localhost:3306/dbname?useUnicode=true&characterEncoding=GB 2312
```

其中，MySQL 的版本为 5.0.x 以上，JDBC 驱动程序版本为 3.1.x 以上，驱动程序为

com.mysql.jdbc.Driver。前两种方式适用于各种语言的客户端，可以设计国际化的网站。

解决 JSP 中文乱码问题比较复杂，但只要弄清楚 JSP 程序处理过程中编码转换原理，分析哪一步的编码转换不一致，且这种不一致又不能逆向消除，采用其他方法避免这种情况的发生，或者进行适当的处理，即可消除 JSP 出现的中文乱码现象。

本章小结

JSP 程序在编写、转化为 Servlet、编译、输出、显示过程中涉及字符编码，JSP 解析器默认以 ISO-8859-1 编码处理字符，如果页面中有中文，为避免出现乱码现象，各个环节中设置的字符编码应一致。为适应国际化的需要，中文网页通常设定 UTF-8 编码。UTF-8 是统一编码 UCS 的压缩格式，克服了 UCS 编码英文空间浪费大、传输过程中的字节丢失灾难，以及与 C 语言中字符串不兼容等问题。UTF-8 编码的文字可以在各国支持 UTF-8 字符集的浏览器上显示，通用性强，是未来的发展趋势。页面和数据库都使用 UTF-8 编码来编写和保存，以 UTF-8 编码来传递和处理数据，MySQL 数据库连接字符串需添加参数 useUnicode=true&characterEncoding=UTF-8 接收请求参数之前需要指定编码：request. setCharacterEncoding("UTF-8") 。

思　考　题

1．简述 ASCII 码与 GB 2312 编码的关系。

2．简述 Unicode、UCS、UTF-8 编码的关系。

3．简述 Java 源程序编译为 class 文件过程中的编码转换。

4．简述 JSP 程序转化为 Servlet 源程序，再编译为 class 文件过程中的编码转换。

5．页面使用 UTF-8 编码来编写和保存，设置页面编码为 UTF-8，以 UTF-8 编码来传递和处理数据，接收客户端 POST 的中文参数前，如何设置 request 内置对象的编码，才不会出现乱码现象？

6. 页面和数据库都使用 UTF-8 编码来编写和保存，以 UTF-8 编码来传递和处理数据，MySQL 数据库连接字符串需加哪些参数，中文才不会乱码？

第 10 章 JSP 应用程序的安全性

Web 应用程序要部署到 Internet 上，安全性尤为重要。Web 应用的安全问题主要有两种解决机制，一种是在程序中通过代码实现，另一种是使用 Web 服务器提供的解决方案实现。在第 3 章内置对象和第 6 章数据库访问的综合例程中，我们在程序中用代码进行页面的验证和授权。这种安全机制能够很好地运行，但可扩展性和可维护性很差，验证方式或用户授权的任何更改，都要修改程序代码。使用 Web 服务器提供的可控安全机制，通过在配置文件 web.xml 中设置 Web 资源的安全约束、验证方式、用户、角色等实现页面的访问控制。这种可配置的安全机制使应用程序的维护和扩展变得容易灵活。从 Servlet 2.2 规范开始就内置了安全机制，服务器提供的这些安全特性，为 Web 应用程序的安全性提供了简单和有力的保证。

10.1 安全配置元素

1. <security-constraint>元素

配置描述符 web.xml 中的<security-constraint>元素用于定义 Web 资源的安全约束，指明 Web 应用程序中的哪些资源受保护，哪些角色可以访问这些受保护的资源。

```
<security-constraint>
  <web-resource-collection>
    <web-resource-name>administration</web-resource-name>
    <description>administration pages</description>
    <url-pattern>/admin/*</url-pattern>
    <http-method>POST</http-method>
    <http-method>GET</http-method>
  </web-resource-collection>
  <auth-constraint>
    <description>access by authorised administrators</description>
    <role-name>admin</role-name>
  </auth-constraint>
</security-constraint>
```

以上安全约束声明表示，客户以 GET、POST 方式访问/admin/下的资源时要进行安全验证，只有属于 admin 角色的用户才可以通过验证。

<web-resource-collection>：声明受保护的资源。

<web-resource-name>：定义受保护的资源的名称。

<description>：说明性描述，可以包含多个<url-pattern>子元素，即指定多个资源的路径。

<url-pattern>：指定受保护的资源的路径。

<http-method>：指定受保护的 HTTP 方法，如 GET、POST、PUT。如果没有定义此属性，

则所有的 HTTP 方法都受保护。如果设定了某种方法，如 GET，则表示客户通过该方法访问资源要进行安全验证。

<auth-constrain>：声明允许访问受保护资源的角色，可以包含多个<role-name>子元素，即可以指定多个角色。

<role-name>：指定可以访问该资源的角色。

2. <security-role>元素

部署描述符 web.xml 中的<security-role>元素用于声明 Web 应用程序中的安全角色。

```
<security-role>
  <description>an administrator role</description>
  <role-name>admin</role-name>
</security-role>
```

安全角色是一个抽象化的逻辑概念，与用户组类似。在一个 Web 应用程序中，开发人员定义一个角色，再把此角色与 Web 服务器安全域中的实际用户或用户组对应起来，然后在定义受保护的资源时，指定可以访问资源的角色，这样就将受保护的资源与具体的用户联系起来。引入角色将资源的授权独立于具体的用户，使程序具有更好的可维护性和可扩展性。

3. <login-config>元素

配置描述符 web.xml 中的<login-config>元素用于定义验证方式。目前 JSP 支持的验证方式有 4 种：HTTP 基本身份验证 BASIC；HTTP 概要身份验证 DIGEST；HTTPS 客户端身份验证 CLIENT-CERT；基于表单的身份验证 FORM。

- HTTP 基本身份验证，服务器用来自客户端的用户名和密码来验证一个用户。在 Web 环境中，一般是一个弹出式对话框，如图 10-1 所示。它基于用户名和密码，密码使用简单的基于 64 位的编码发送，但未加密。注意，设置验证方式时区分大小写，BASIC 这几个字母都不能小写，其他验证方式的设置也一样。

```
<login-config>
  <auth-method>BASIC</auth-method>
  <realm-name>BASIC authentication test! </realm-name>
</login-config>
```

- HTTP 概要身份验证同样基于用户名和密码验证用户，但客户端是以加密形式传输密码的，如 SHA 或 MD5。使用概要身份验证时，服务器提供给用户一个有用户名/密码的对话框，看起来与基本身份验证的对话框类似，但概要身份验证对话框表明用户正在访问一个安全的站点，如图 10-2 所示。

```
<login-config>
  <auth-method>DIGEST</auth-method>
  <realm-name>DIGEST authentication test! </realm-name>
</login-config>
```

- HTTPS 客户端身份验证需要用户拥有一份公共钥匙证书(Public Key Centification，PKC)，并是基于 SSL 上的 HTTP 的，因此取名 HTTPS。为了使用这些，用户需要申请、接受，并在浏览器上安装一份证书。公共钥匙证书适用于有严格安全要求的程序，以及从浏览器内部要求单独登录的情况。

● 基于表单的身份验证允许开发者定义一个登录页面和登录失败的错误处理页面。登录页面可以是 HTML、JSP 或 Servlet。使用这种验证方式的好处是可以对程序有更进一步的控制。登录页面应让用户输入用户名和密码，错误处理页面应将验证失败的信息反馈给用户。

```
<login-config>
  <auth-method>FORM</auth-method>
  <form-login-config>
    <form-login-page>/security/login.html</form-login-page>
    <form-error-page>/security/login_fail.html</form-error-page>
  </form-login-config>
</login-config>
```

图 10-1 基本身份验证的登录界面

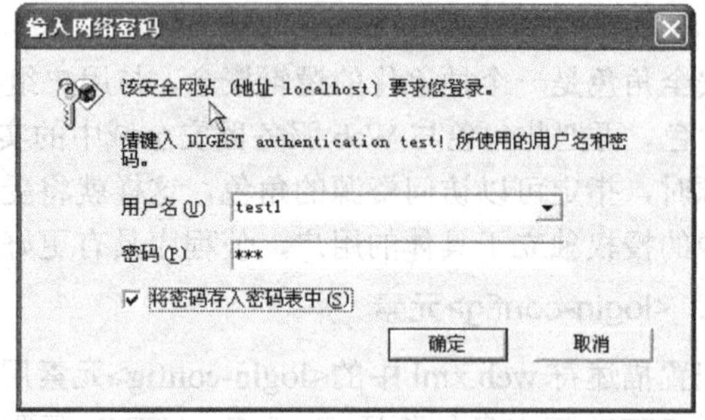

图 10-2 概要身份验证的登录界面

为了实现基于表单的身份验证，需要设计一个表单页面和一个错误提示页面。JSP 规范要求表单的动作是 j_security_check，用户名和密码域分别命名为 j_username 和 j_password。错误提示页面可以是任何形式，但最常用的是页面，用来说明用户输入了无效的用户名或密码。下面是登录页面和错误提示页面的代码。

例程 10-1，login.html

```
<html>
<head><title>登录页面</title></head>
<body>
<form method="post" action="j_security_check">
<table align="center">
  <tr>
    <td align="right">用户名：</td>
    <td><input type="text" name="j_username">    </td>
  </tr>
  <tr>
    <td align="right">密 码：</td>
    <td><input type="password" name="j_password">    </td>
  </tr>
  <tr>
    <td colspan=2 align="center">
      <input type=submit value="登 录">    
      <input type=reset value="重 设">
```

```
        </td>
      </tr>
    </table>
    </form>
    </body>
    </html>
```

例程 10-2，login_fail.html

```
<html xmlns="http://www.w3.org/1999/xhtml">
<head>
<meta http-equiv="Content-Type" content="text/html; charset=GB2312" />
<title>登录失败</title>
</head>
<body>
<h1 align="center">
请输入正确的用户名和密码！
</h1>
<h1 align="center"><a href="login.html">重新登录！</a></h1>
</body>
</html>
```

以上定义了资源的访问权限、角色、验证方式等安全控制要素。要对应用程序进行有效的访问控制还需要设置具体的用户名、登录密码，以及安全角色与用户的对应关系。这些安全配置项在容器的安全领域中定义。

10.2 Tomcat 安全域

安全域是应用服务器存储安全配置的地方。在安全域中可以配置安全验证信息，如用户信息以及用户和角色的映射关系等。Tomcat 服务器有 4 种类型的安全域。

- 内存域：在初始化阶段，从 XML 文件中读取安全验证信息，并把它们以一组对象的形式放在内存中。
- 数据库域：安全信息存放在数据库中，通过配置 JDBC 访问数据库中保存的安全信息。
- 数据源域：通过 JNDI 数据源访问存放在数据库中的安全信息。
- JNDI 域：通过 JNDI 访问存放于 LDAP 目录服务器中的安全验证信息。

Tomcat 中的安全域在其配置文件 conf/server.xml 中用<Realm>元素来定义，该元素可按其作用范围嵌入到<Engine>、<Host>或<Context>元素中，作用范围小的安全域可以重载作用范围大的安全域。在应用程序中要获取登录的用户名，可使用 request.getRemoteUser()方法。

1. 内存域

内存域是 Tomcat 的默认安全域，在 conf/server.xml 中定义。内存域中的用户信息默认存储在%TOMCAT_HOME%/conf/tomcat-user.xml 文件中。在 Tomcat4.1.x 以前该文件是硬编码的，路径和名称都不可更改。从 Tomcat4.1.x 开始，保存用户信息的 XML 文件及其路径都是可配置的。Tomcat6.0.x 中配置方法如下。

```
<GlobalNamingResources>
  <Resource name="UserDatabase" auth="Container"
```

```
            type="org.apache.catalina.UserDatabase"
            description="User database that can be updated and saved"
            factory="org.apache.catalina.users.MemoryUserDatabaseFactory"
            pathname="conf/tomcat-users.xml" />
  </GlobalNamingResources>
  <Engine name="Catalina" defaultHost="localhost">
    <Realm className="org.apache.catalina.realm.UserDatabaseRealm" debug="0"
            resourceName="UserDatabase" />
  </Engine>
```

Tomcat6.0.x 以前的 tomcat-user.xml 文件定义了默认的用户信息如下。

```
<tomcat-users>
  <user name="tomcat" password="tomcat" roles="tomcat" />
  <user name="role1" password="tomcat" roles="role1" />
  <user name="both" password="tomcat" roles="tomcat,role1" />
</tomcat-users>
```

从 Tomcat6.0.x 开始，出于安全性的考虑，tomcat-user.xml 文件中未定义任何用户。需要时可以在其中添加用户信息。

2．数据库域

数据库域使用数据库来存储用户信息。下面是使用 MySQL 中的 jspex 数据库保存安全域信息的配置。

```
<Context docBase="G:\jsp\jspex" path="/jspex" reloadable="true">
<Realm className="org.apache.catalina.realm.JDBCRealm"
    driverName="com.mysql.jdbc.Driver"
    connectionURL="jdbc:mysql://localhost:3306/jspex"
    connectionName="root"
    connectionPassword=""
        userTable="realm_users"
        userNameCol="username"
        userCredCol="password"
        userRoleTable="user_roles"
        roleNameCol="rolename"
/>
</Context>
```

在 jspex 数据库中必须有 realm_users 表，表中每一行对应这个安全域能识别的每个有效用户。realm_users 表一定至少包含两栏：username（用户名，由 userNameCol 属性指定）和 password（密码，由 userCredCol 属性指定）。还必须有一张 user_roles 表，表中每一行对应于为每个特定用户指定的每个有效角色。一个用户可以没有或有一个或多个角色。这张表也至少包含两栏，用户名和角色名（由 roleNameCol 属性指定）。来自 realm_users 表和 user_roles 表的用户名应匹配用户登录时使用的用户名。角色名要和应用程序的 web.xml 文件中指定的角色相匹配。

下面的 SQL 代码创建了所需要的表。

```
use jspex;
-- ----------------------------
-- Table structure for realm_users
```

```
-- ----------------------------
CREATE TABLE realm_users (
   username varchar(50) NOT NULL,
   password varchar(50) NOT NULL,
   PRIMARY KEY  (username)
);
-- ----------------------------
-- Table structure for user_roles
-- ----------------------------
CREATE TABLE user_roles (
   username varchar(50) NOT NULL,
   rolename varchar(50) NOT NULL,
   PRIMARY KEY  (username,rolename)
);
INSERT INTO realm_users VALUES ('test1', '123');
INSERT INTO user_roles VALUES ('test1', 'admin1');
```

10.3　安全控制实例

在应用程序主目录下建立 security/admin 子目录，在 security 目录下创建 login.html、login_fail.html、logout.jsp 文件，在 admin 目录下创建 pages.jsp。前两个页面的代码见例程 10-1 和例程 10-2。

例程 10-3，logout.jsp

```
<%
session.invalidate();
%>
<script language="JavaScript">
<!--
window.close();
//-->
</script>
例程 10-4，pages.jsp
<html xmlns="http://www.w3.org/1999/xhtml">
<head>
<meta http-equiv="Content-Type" content="text/html; charset=GB2312" />
<title>登录成功</title>
</head>
<body>
<h3 align="center">Congratulation! <br>容器可控安全验证通过！</h3>
<h1 align="center"><%=request.getRemoteUser()%>你好！欢迎进入管理员页面！</h1>
<h3 align="center"><a href="../logout.jsp">退出</a></h3>
</body>
</html>
```

在应用程序的配置文件 web.xml 中设置资源的访问权限、角色。

```
<security-constraint>
  <web-resource-collection>
    <web-resource-name>admintest1</web-resource-name>
    <description>administration pages1</description>
    <url-pattern>/security/admin/*</url-pattern>
  </web-resource-collection>
  <auth-constraint>
    <description>access by authorised administrators</description>
    <role-name>admin1</role-name>
  </auth-constraint>
</security-constraint>
<security-role>
  <role-name>admin1</role-name>
</security-role>
```

1. 使用表单身份验证策略，使用内存域保存用户信息

在配置文件 web.xml 中设置验证方式为 FORM：

```
<login-config>
  <auth-method>FORM</auth-method>
  <form-login-config>
    <form-login-page>/security/login.html</form-login-page>
    <form-error-page>/security/login_fail.html</form-error-page>
  </form-login-config>
</login-config>
```

在%TOMCAT_HOME%/conf/tomcat-user.xml 文件中添加用户信息：

```
<?xml version='1.0' encoding='UTF-8'?>
<tomcat-users>
  <role rolename="admin1"/>
  <user username="test1" password="123" roles="admin1"/>
</tomcat-users>
```

也可以使用其他 xml 文件保存信息，必须修改%TOMCAT_HOME%/conf/server.xml 文件中 Resource 元素的 pathname 属性，或者定义新的 Resources 资源，在<Content>元素中用<realm>标记定义新的内存域，重载默认的域。

在浏览器中访问受保护的页面/security/pages.jsp，首先显示登录页面 login.html，输入用户名 test1 和正确的密码并提交后，进入 pages.jsp 页面，如图 10-3 所示。

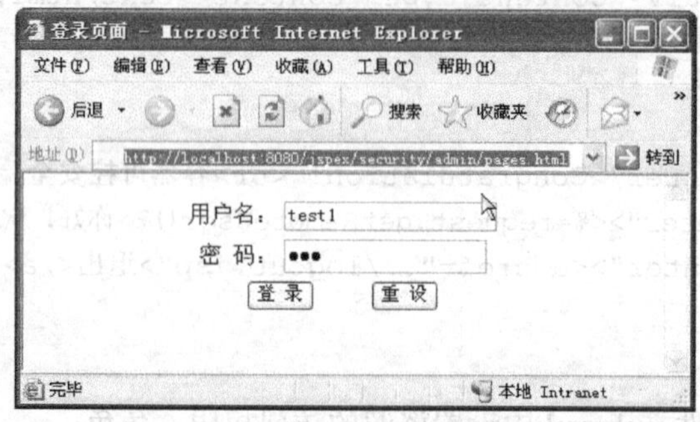

图 10-3 基于表单的身份验证的登录界面

2．使用基本身份验证策略，使用数据库域保存用户信息

在配置文件 web.xml 中设置验证方式为 BASIC：

```
<login-config>
  <auth-method>BASIC</auth-method>
  <realm-name>BASIC authentication test! </realm-name>
</login-config>
```

在 MySQL 中建立数据库 jspex，利用上一节数据库域中的 SQL 代码建立 realm_users 和 user_roles 表，并添加相应的记录。

按数据库域中的介绍，在配置文件 conf/server.xml，或者虚拟路径设置文件 jspex.xml 的 <Content>标记中定义数据库安全域。

在浏览器中访问受保护的页面/security/pages.jsp，首先显示基本验证方式的登录对话框，输入用户名 test1 和正确的密码并提交后，进入 pages.jsp 页面，显示效果如图 10-4 所示。

图 10-4　登录成功

本 章 小 结

Web 应用的安全问题主要有两种解决机制：一种是在程序中通过代码实现；另一种是使用 Web 服务器提供的解决方案实现。从 Servlet 2.2 规范开始 JSP 容器就内置了安全机制，通过在配置文件 web.xml 中设置 Web 资源的安全约束、验证方式、用户、角色等实现页面的访问控制。服务器提供的这种可配置的安全机制使应用程序的维护和扩展变得容易灵活。

服务器内置安全机制的配置元素主要有：<security-constraint>用于定义 Web 资源的安全约束，指明 Web 应用程序中的哪些资源受保护，哪些角色可以访问这些受保护的资源；<security-role>用于声明 Web 应用程序中的安全角色；<login-config>用于定义验证方式。目前 JSP 支持的验证方式有 4 种：HTTP 基本身份验证 BASIC；HTTP 概要身份验证 DIGEST；HTTPS 客户端身份验证 CLIENT-CERT；基于表单的身份验证 FORM。安全域是应用服务器存储安全配置的地方。Tomcat 服务器有 4 种类型的安全域。内存域：在初始化阶段，从 XML 文件中读取安全验证信息，并把它们以一组对象的形式放在内存中。数据库域：安全信息存放在数据库中，通过配置 JDBC 访问数据库中保存的安全信息，数据库、用户表、用户角色表及相应的字段都可进行配置。数据源域：通过 JNDI 数据源访问存放在数据库中的安全信息。JNDI 域：通过 JNDI 访问存放于 LDAP 目录服务器中的安全验证信息。

思 考 题

1．简述 Servlet 服务器的内置安全机制。

2．用什么元素、如何配置安全约束规则？

3．用什么元素、如何配置角色？

4．用什么元素、如何配置验证方式？

5．基于表单的身份验证，JSP 规范要求表单的动作(action)属性值是什么？用户名、密码输入框的名称(name)属性值分别是什么？

6. Tomcat 服务器内置安全机制中，应用程序的用户及其角色等安全信息有哪几种保存形式？

7．数据库域保存用户及角色和数据表及字段有哪些？

8．如何配置数据库域？

第 3 篇　JSP 高级技术

第 11 章　Servlet 监听器

监听器是 JSP 的 Web 事件处理机制。Servlet 技术预定义了一些事件，在应用程序中可以针对这些事件编写事件监听器，以便对事件做出相应的处理。Servlet 中定义的事件主要有三类：Servlet 上下文事件、会话事件、请求事件。

11.1　Servlet 事件监听相关的 API

Servlet 中与事件监听相关的有 8 个监听器接口和 6 个事件类。所有的监听器接口都继承自 java.util.EventListener 接口，所有的事件类都是 javax.servlet.ServletContextEvent 的子类，如表 11-1 所示。

表 11-1　Listener 接口与 Event 类

监听对象	Listener	Event
监听 Servlet 上下文	ServletContextListener	ServletContextEvent
	ServletContextAttributeListener	ServletContextAttributeEvent
监听 Session	HttpSessionListener	HttpSessionEvent
	HttpSessinActivationListerner	
	HttpSessionAttributeListener	HttpSessionBindingEvent
	HttpSessionBindingListener	
监听 Request	ServletRequestListener	ServletRequestEvent
	ServletRequestAttributeListener	ServletRequestAttributeEvent

11.1.1　ServletContext 监听 API

(1) ServletContextEvent 类： Servlet 上下文事件类。主要方法为 getServletContext()方法，返回事件源 ServletContext 对象。

(2) ServletContextListener 接口：用于监听 ServletContext 的创建和删除。该接口提供了 2 个方法，它们被称为“Web 应用程序的生命周期方法”。

① ContextInitialized(ServletContextEvent event)方法：通知正在收听的对象，应用程序已加载及初始化。

② ContextDestroyed(ServletContextEvent event)方法：通知正在收听的对象，应用程序已卸载。

(3) ServletContextAttributeEvent 类：Servlet 上下文属性事件类，该类继承自 ServletContextEvent 类。ServletContextAttributeEvent 主要有两个方法。

① getName()方法：返回引发事件的属性名。

② getValue()方法：返回引发事件的属性值。

(4) ServletContextAttributeListener 接口：用于监听 ServletContext 属性的增加、删除、修改。该接口提供 3 个方法。

① AttributeAdded(ServletContextAttributeEvent event)方法：若有对象加入 Application 的范围时，通知正在收听的对象。

② AttributeReplaced(ServletContextAttributeEvent event)方法：若在 Application 的范围内，有对象取代另一个对象时，通知正在收听的对象。

③ AttributeRemoved(ServletContextAttributeEvent event)方法：若有对象从 Application 的范围移除时，通知正在收听的对象。

11.1.2　HttpSession 监听 API

(1) HttpSessionEvent 类：会话事件类。主要方法为 getSession()，返回事件源会话。

(2) HttpSessionListener 接口：用于监听 HTTP 会话创建、销毁。该接口提供两个方法。

① SessionCreated(HttpSessionEvent event)方法：通知正在收听的对象，Session 被加载或初始化。

② SessionDestroyed(HttpSessionEvent event)方法：通知正在收听的对象，Session 被卸载(HttpSessionEvent 类的 getSession()方法返回一个 Session 对象)。

(3) HttpSessionActivationListener 接口：用来监听 HTTP 会话 Active、Passivate 情况。该接口提供两个方法。

① SessionDidActivate(HttpSessionEvent event)方法：通知正在收听的对象，它的 Session 已经变为有效状态。

② SessionWillPassivate(HttpSessionEvent event)方法：通知正在收听的对象，它的 Session 已经变为无效状态。

Activate 与 Passivate 是 Session 对象置换的动作，当 Web 服务器因为资源利用或负载平衡等原因要将内存中的 Session 对象暂时储存至硬盘或其他存储器时(通过对象序列化)，所做的动作称为 Passivate，而硬盘或其他存储器上的 session 对象重新加载到 JVM 中时所做的动作称为 Activate。sessionDidActivate()方法与 sessionWillPassivate()方法分别于 Activeate 后与 Passivate 前被调用。

(4) HttpSessionBindingEvent 类：会话绑定事件类，继承自 HttpSessionEvent 类。HttpSessionBindingEvent 类主要有 3 个方法。

① getName()方法：返回引发事件的属性名。

② getValue()方法：返回引发事件的属性值。

③ getSession()方法：返回事件源的会话。

(5) HttpSessionAttributeListener 接口：用来监听 HTTP 会话中属性的设置情况。该接口提供 3 个方法。

① AttributeAdded(HttpSessionBindingEvent event)方法：若有对象加入 Session 对象时，通知正在收听的对象。

② AttributeReplaced(HttpSessionBindingEvent event)方法：若在 Session 的范围有对象取代另一个对象时，通知正在收听的对象。

③ AttributeRemoved(HttpSessionBindingEvent event)方法：若有对象从 Session 的范围移除时，通知正在收听的对象。

若有属性加入到某个 Session 对象，则会调用 attributeAdded()，同理，在替换属性与移除属性时，会分别调用 attributeReplaced()、attributeRemoved()。

(6) HttpBindingListener 接口：实现用来监听 HTTP 会话中对象的绑定信息。该接口提供两个方法。

① ValueBound(HttpSessonBindingEvent event)方法：当有对象加入 Session 的范围时会被自动调用。

② ValueUnBound(HttpSessionBindingEvent event)方法：当有对象从 Session 的范围内移除时会被自动调用。

HttpBindingListener 是唯一不需要在 web.xml 中设定的监听器。如果一个对象 object 实现了 HttpSessionBindingListener 接口时，当把 object 对象保存到 session 中时，就会自动调用 object 对象的 valueBound()方法，如果对象 object 被从 session(HttpSession)移除时，则会调用 object 对象的 valueUnbound()方法。使用这个接口，可以让一个对象知道它自己是被保存到了 Session 中，还是从 Session 中被删除了。

11.1.3 ServletRequest 监听 API

(1) ServletRequestEvent 类：请求事件类。ServletRequestEvent 类主要有两个方法。

① getServletContext()方法，返回事件源的应用程序 ServletContext 对象。

② getServletRequest()方法，返回引发事件的 ServletRequest 对象。

(2) ServletRequestListener 接口：用来监听客户端的请求。该接口提供了两个方法。

① RequestInitalized(ServletRequestEvent event)方法：通知正在收听的对象 ServletRequest 已经被加载及初始化。

② RequestDestroyed(ServletRequestEvent event)方法：通知正在收听的对象 ServletRequest 已经被卸载。

(3) ServletRequestAttributeEvent 类：请求属性事件类，该类继承自 ServletRequestEvent 类。ServletRequestAttributeEvent 类主要有两个方法。

① getName()方法：返回引发事件的属性名。

② getValue()方法：返回引发事件的属性值。

(4) ServletRequestAttributeListener 接口：用来监听请求属性的增加、删除、修改。该接口提供了 3 个方法。

① AttributeAdd(ServletRequestAttributeEvent event)方法：若有对象加入 Request 的范围时，通知正在收听的对象。

② AttributeReplaced(ServletRequestAttributeEvent event)方法：若在 Request 的范围内有对象取代另一个对象时，通知正在收听的对象。

③ AttributeRemoved(ServletRequstAttributeEvent event)方法：若有对象从 Request 的范围移除时，通知正在收听的对象。

11.2 监听器程序的开发

事件处理机制使用观察者设计模式，事件发生时会自动触发该事件对应的监听器方法。事件监听模型涉及 3 个组件：事件源、事件对象、事件监听器。当事件源上发生某个动作时，它会调用事件监听器的一个方法，并在调用该方法时把事件对象传递进去。监听器是一个实现特定 Listener 接口的 Java 类，在 Listener 接口的方法中编写逻辑代码处理相应的事件。

11.2.1 监听器的设计与配置

1. Web 监听程序的开发流程

(1) 编写一个实现相关 Listener 接口的 Java 类。

(2) 针对相应的事件动作，在 Listener 接口的相应方法中实现程序逻辑。

(3) 在 Web 应用程序中配置监听器。监听器只有部署到网站中，并且有相应的事件发生后，监听器中的相应方法才会执行。

与其他事件监听器不同，Web 监听器不是直接注册在事件源上的，而是由 Web 服务器负责注册的。开发人员在 web.xml 文件中使用<listener>标签配置监听器，Web 容器就会自动把监听器注册到事件源中。

配置文件 web.xml 中 Web 监听程序的部署代码：

```
<listener>
   <listener-class>package.ListenerName</listener-class>
</listener>
```

Web 服务器按照 web.xml 文件中的配置顺序来加载和注册事件监听器，并按照“监听器→过滤器→Servlet”的优先级顺序加载各类 Web 组件。

2. 监听器的注解配置

从 Servlet 3.0 规范开始，监听器可以使用注解配置，不再需要在 web.xml 中进行部署。Servlet 3.0 规范中关于监听器配置的注解符为@WebListene。@WebListene 作用于类，使用时标注在监听器类定义语句之前。@WebListene 注解符的属性只有 value、String 类型，且是可选的，value 属性值为监听器的描述信息。

监听器注解配置的格式如下。

```
import javax.servlet. ServletRequestListener;
import javax.servlet.annotation.WebListener;
@WebListener("This is a listener")
public class FirstListener impliements ServletRequestListener{}
```

注解配置无法定义监听器的加载顺序。

3. 使用 Eclipse 设计监听器

第 1 步，Eclipse IDE for Java EE Developers 提供了新建监听器类的向导，以支持监听器程序的设计。从监听器类所属包的右键菜单中选择 New→Listener，或者选择 New→Other 菜单项，在打开的新建类型选择对话框中，选择 Web→Listener，打开 Listener 新建向导对话框。也可通过主菜单项 File→New→Listener 打开对话框，但 Java package 选项需要手工选择或填写。

在 Listener 新建向导的第 1 个窗口中填写 Listener 类名，所属项目、源程序目录、包、父类等参数一般都预设了默认值，可以重新输入或选择。在进入下一步前，应检查这些默认值是否合适。在该窗口的下部有一个复选框，选择此复选框，这是对项目中已经存在的 Listener 进行重新注册，并不会创建新的 Listener，Listener 类名、包名等参数就无须填写，如图 11-1 所示。

第 2 步，选择 Listener 要监听的事件类型，实现相应的监听器接口，如图 11-2 所示。

第 3 步，选择 Listener 类修饰符、实现的其他接口和覆盖的方法，如图 11-3 所示。

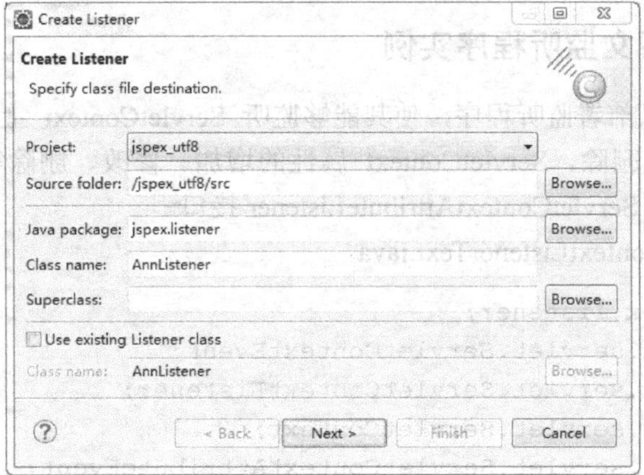

图 11-1　新建 Listener 向导 1

图 11-2　新建 Listener 向导 2

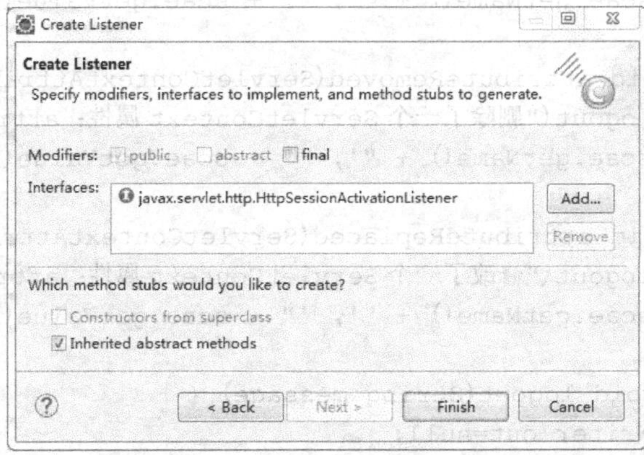

图 11-3　新建 Listener 向导 3

11.2.2 Servlet 上下文监听程序实例

在 Web 应用中可以部署监听程序，使其能够监听 ServletContext 上下文中引发的事件，如 ServletContext 的创建和删除，ServletContext 属性的增加、修改、删除等。监听程序必须实现 ServletContextListener 和 ServletContextAttributeListener 接口。

例程 11-1，ServletContextListenerText.java

```
package jspex.listener;
import javax.servlet.ServletContextEvent;
import javax.servlet.ServletContextListener;
import javax.servlet.ServletContext;
import javax.servlet.ServletContextAttributeEvent;
import javax.servlet.ServletContextAttributeListener;
import java.io.*;
public final class ServletContextListenerTest
    implements ServletContextListener,ServletContextAttributeListener {
    private ServletContext context = null;
    /**
     *以下代码实现 ServletContextListener 接口
     */
    public void contextDestroyed(ServletContextEvent sce) {
            logout("contextDestroyed()-->ServletContext 被销毁");
            this.context = null;
    }
    public void contextInitialized(ServletContextEvent sce) {
            this.context = sce.getServletContext();
            logout("contextInitialized()-->ServletContext 初始化了");
    }
    /**
     *以下代码实现 ServletContextAttributeListener 接口
     */
    public void attributeAdded(ServletContextAttributeEvent scae) {
            logout("增加了一个 ServletContext 属性: attributeAdded('" +
            scae.getName() + "', '" + scae.getValue() + "')");
    }
    public void attributeRemoved(ServletContextAttributeEvent scae) {
            logout("删除了一个 ServletContext 属性: attributeRemoved('" +
            scae.getName() + "', '" + scae.getValue() + "')");
    }
    public void attributeReplaced(ServletContextAttributeEvent scae) {
            logout("修改了一个 ServletContext 属性: attributeReplaced('" +
            scae.getName() + "', '" + scae.getValue() + "')");
    }
    private void logout(String message) {
        PrintWriter out=null;
            try {
          String filePath=context.getRealPath("/listener/log/event.txt");
```

```
            out=new PrintWriter(new FileOutputStream(filePath,true));
            out.println(new java.util.Date().toLocaleString()+"::From
                  ContextListener: " + message);
            out.close();
            }
            catch(Exception e) {
            out.close();
            e.printStackTrace();
            }
    }
}
```

编译该程序并将其.class 文件放在/WEB-INF/classes/jspes/listener/目录下，然后在应用程序的配置文件 web.xml 中部署此监听器。

```
<listener>
  <listener-class>jspex.listener.ServletContextListenerTest</listener-class>
</listener>
```

编写一个测试程序，操作 ServletContext 的属性。

例程 11-2，servletContextTest.jsp

```
<%
out.println("add attribute<br>");
getServletContext().setAttribute("servletContextTest","manager");
out.println("replace attribute<br>");
getServletContext().setAttribute("servletContextTest","admin");
out.println("remove attribute<br>");
getServletContext().removeAttribute("servletContextTest");
%>
```

启动 Tomcat 服务器，在浏览器中请求 servletContextTest.jsp 页面，event.txt 文件中会有相应事件处理方法的结果。

```
2009-10-31 20:13:16::From ContextListener: contextInitialized()-->
            ServletContext 初始化了
2009-10-31 20:14:21::From ContextListener: 增加了一个 ServletContext 属性:
            attributeAdded ('servletContextTest', 'manager')
2009-10-31 20:14:21::From ContextListener: 修改了一个 ServletContext 属性:
            attributeReplaced ('servletContextTest', 'manager')
2009-10-31 20:14:21::From ContextListener: 删除了一个 ServletContext 属性:
            attributeRemoved ('servletContextTest', 'admin')
```

ServletContext 初始化是在服务器启动时进行的，而它的销毁是在服务器关闭时进行的。

11.2.3　会话监听程序实例

在 JSP Web 应用程序中，可以通过 HttpSessionListener 接口监听 HTTP 会话创建、销毁的信息；通过 HttpSessionActivationListener 接口监听 HTTP 会话的 active、passivate 情况；通过 HttpSessionBindingListener 监听 HTTP 会话中对象的绑定信息；通过 HttpSessionAttributeListener 监听 HTTP 会话中属性的设置情况。下面结合会话监听器技术，开发一个管理当前用户的实例。

例程 11-3，SessionListenerTest.java

```
package jspex.listener;
import java.util.Hashtable;
import java.util.Iterator;
import javax.servlet.http.HttpSession;
import javax.servlet.http.HttpSessionEvent;
import javax.servlet.http.HttpSessionListener;
import javax.servlet.annotation.WebListener;
//使用注解配置，无须在 web.xml 中配置
@WebListener("Listen Session State")
public class SessionListenerTest implements HttpSessionListener {
    //集合对象，保存 session 对象的引用
    static Hashtable ht = new Hashtable();
    //实现 HttpSessionListener 接口，完成 session 创建事件控制
    public void sessionCreated(HttpSessionEvent arg0) {
        HttpSession session = arg0.getSession();
        ht.put(session.getId(), session);
        System.out.println("create session :" + session.getId());
    }
    //实现 HttpSessionListener 接口，完成 session 销毁事件控制
    public void sessionDestroyed(HttpSessionEvent arg0) {
        HttpSession session = arg0.getSession();
        System.out.println("destory session :" + session.getId());
        ht.remove(session.getId());
    }
    //返回全部 session 对象集合
    static public Iterator getSet() {
        return ht.values().iterator();
    }
    //依据 sessionId 返回指定的 session 对象
    static public HttpSession getSession(String sessionId) {
        return (HttpSession) ht.get(sessionId);
    }
}
```

SessionListenerTest 类实现了 SessionListener 接口，处理会话创建和注销时引发的事件。类中有一个 Hashtable 类型的属性，用来保存当前所有用户的会话。当创建一个会话时，就调用 SessionCreated()方法将登录会话信息保存到 Hashtable 中；当注销一个会话时，就调用 sessionDestroyed()方法将登录会话信息从 Hashtable 中移除，实现了管理在线用户会话信息的目的。

SessionListenerTest 监听器类中使用注解符@WebListener，无须在 web.xml 中配置。

设计用户登录页面、显示用户会话信息页面、当前所有用户会话信息管理页面等。

例程 11-4，用户登录页面 sessionDefault.jsp

```
<%
  String strName = null;
  String strThing = null;
```

```
    strName = request.getParameter("name");
    strThing = request.getParameter("thing");
    if ((strName != null) && (strName.length() != 0) && (strThing != null)
            && (strThing.length() != 0)) {
      session.setAttribute("name", strName);
      session.setAttribute("thing", strThing);
      response.sendRedirect("sessionDisplay.jsp");
    }
%>
<html>
<head>
<title>会话管理</title>
</head>
<body>
<center>会话管理示例</center>
<form action="" method="post" >
<table align="center">
  <tr>
    <td>名称：</td>
    <td><input name="name" type="input"/></td>
  </tr>
  <tr>
    <td>事件：</td>
    <td><input name="thing" type="input"/></td>
  </tr>
  <tr>
    <td colspan="2" align="center">
      <button type="submit">提交</button>  
      <button type="reset">重置</button>
    </td>
  </tr>
</table>
</form>
</body>
</html>
```

例程 11-5，显示当前用户的会话信息 sessionDisplay.jsp

```
<html>
<head>
<title>会话管理</title>
</head>
<body>
<%
if (session.isNew()==true){
  response.sendRedirect("sessionDefault.jsp");
}
%>
```

```
<center>当前会话信息</center>
<table align="center" border="1">
  <tr>
    <td align="right">用户名: </td>
    <td><%=session.getAttribute("name")%></td>
  </tr>
  <tr>
    <td align="right">事 件: </td>
    <td><%=session.getAttribute("thing")%></td>
  </tr>
  <tr>
    <td align="right">会话 ID: </td>
    <td><%=session.getId()%></td>
  </tr>
  <tr>
    <td align="right">创建时间: </td>
    <td><%=session.getCreationTime()%></td>
  </tr>
  <tr>
    <td colspan="2" align="center"><a href="sessionAdmin.jsp">管理</a>  
    <a href="sessionLogout.jsp">注销</a></td>    
  </tr>
</table>
</body>
</html>
```

当前用户会话信息如图 11-4 所示。

图 11-4　当前用户会话信息

例程 11-6，管理所有用户会话信息页面 sessionAdmin.jsp

```
<%@ page import= "jspex.listener.SessionListenerTest,java.util.*"%>
<html>
<head>
<title>会话管理</title>
</head>
<body bgcolor="#FFFFFF">
<center>当前在线用户</center>
<table border="1" align="center">
  <tr align="center">
```

```
    <td>会话 id</td>
    <td>用户名</td>
    <td>事件</td>
    <td>创建时间 </td>
    <td>操作</td>
  </tr>
<%
Iterator iterator = SessionListenerTest.getSet();
while(iterator.hasNext()){
        HttpSession session1 = (HttpSession)iterator.next();
        out.println("<tr>");
        out.println("<td>" + session1.getId() + "</td>" );
        out.println("<td>" + session1.getAttribute("name") + "</td>" );
        out.println("<td>" + session1.getAttribute("thing") + "</td>" );
        out.println("<td>" + session1.getCreationTime() + "</td>" );
%>
  <td><a href="sessionEnd.jsp?sessionid=<%=session1.getId() %>">销毁</a></td>
<%
    out.println("</tr>");
    //System.out.println("sessionId " + session1.getId());
}
%>
</table>
</body>
</html>
```

会话管理界面如图 11-5 所示。

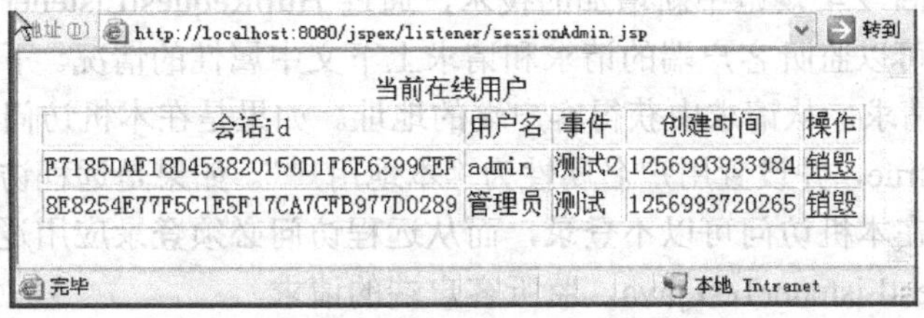

图 11-5 会话管理界面

例程 11-7，注销会话的程序 sessionLogout.jsp

```
<%@ page language="java" pageEncoding="GB2312" %>
<html>
<head>
<title>会话控制</title>
</head>
<body>
<%
if(session.isNew()!=true){
        session.invalidate();
}
```

```
response.sendRedirect("sessionDefault.jsp");
%>
</body>
</html>
```

例程 11-8，强制注销其他用户会话的程序 sessionEnd.jsp

```
<%@ page language="java" pageEncoding="GB2312" %>
<%@ page import="jspex.listener.SessionListenerTest" %>
<html>
<head>
<title>会话管理</title>
</head>
<body bgcolor="#FFFFFF">
<%
//关闭会话,释放资源
String strSid = request.getParameter("sessionid");
HttpSession session1 = SessionListenerTest.getSession(strSid);
if (session1!=null){
  session1.invalidate();
}
response.sendRedirect("sessionAdmin.jsp");
%>
</body>
</html>
```

11.2.4 请求监听程序实例

请求监听是 Servlet 2.4 规范中新增加的技术，通过 HttpRequestListener 接口和 HttpRequest-AttributeListener 接口可以监听客户端的请求和请求上下文中属性的情况。下面使用请求事件处理程序，监听客户端的请求，从请求中获得客户端的地址。如果是在本机访问，则在请求上下文中设置登录标签属性为 true，并设置用户名属性为“本地用户”。如果是远程访问，则设置登录标签为 false。从而实现了在本机访问可以不登录，而从远程访问必须登录应用逻辑。

例程 11-9，RequestListenerTest.java，监听客户端的请求

```
package jspex.listener;
import javax.servlet.*;
import java.io.*;
import javax.servlet.annotation.*;
//使用注解配置，无须在 web.xml 中配置
@WebListener("Listen Session State")
public class RequestListenerTest implements ServletRequestListener,
            ServletRequestAttributeListener {
    private ServletContext context = null;
    //ServletRequestListener
    public void requestInitialized(ServletRequestEvent sre) {
        ServletRequest req=sre.getServletRequest();
    context=sre.getServletContext();
```

```
        logout("request init");
        //System.out.println("RemoteAddr(): "+req.getRemoteAddr());
        //System.out.println("LocalAddr(): "+req.getLocalAddr());
        if(req.getRemoteAddr().equals(req.getLocalAddr())) {
            req.setAttribute("isLogin",new Boolean(true));
            req.setAttribute("user","本地用户");
        }
        else {
            req.setAttribute("isLogin",new Boolean(false));
        }
        logout("收到请求: " + req.getRemoteAddr());
    }
    //ServletRequestListener
    public void requestDestroyed(ServletRequestEvent sre) {
        logout("请求结束! ");
    }
    //ServletRequestAttributeListener
    public void attributeAdded(ServletRequestAttributeEvent event) {
        logout("attributeAdded('" + event.getName() + "', '" +
            event.getValue() + "')");
    }
    //ServletRequestAttributeListener
    public void attributeRemoved(ServletRequestAttributeEvent event) {
        logout("attributeRemoved('" + event.getName() + "', '" +
            event.getValue() + "')");
    }
    //ServletRequestAttributeListener
    public void attributeReplaced(ServletRequestAttributeEvent event) {
        logout("attributeReplaced('" + event.getName() + "', '"
            + event.getValue() + "')");
    }
    private void logout(String msg) {
        PrintWriter out=null;
        try {
            String filePath=context.getRealPath("/listener/log/event.txt");
            out=new PrintWriter(new FileOutputStream(filePath,true));
            out.println(new java.util.Date().toLocaleString() + "::From
                RequestListener: " + msg);
            out.close();
        }
        catch(Exception e) {
            out.close();
        }
    }
}
```

RequestListenerTest 监听器类中使用注解符@WebListener，无须在 web.xml 中配置。

例程 11-10，本地可直接访问，而远程访问需登录的页面 requestTest.jsp

```
<%@ page contentType="text/html;charset=Gb2312" %>
<html>
```

```
<head>
<title>请求监听器测试</title>
<meta http-equiv="Content-Type" content="text/html;charset=GB2312" />
</head>
<body>
<center>
请求监听器应用实例
<%
Boolean login=(Boolean)request.getAttribute("isLogin");
if(login==null || login!=true) {
   response.sendRedirect("requestLogin.jsp");
}
%>
<h2>用户合法，允许访问本网页!</h2>
用户：<%=request.getAttribute("user")%>
</center>
</body>
</html>
```

例程 11-11，远程用户登录页面 requestLogin.jsp

```
<html>
<%@ page contentType="text/html;charset=Gb2312" import="java.sql.*" %>
<head>
<title>请求监听器测试</title>
<meta http-equiv="Content-Type" content="text/html;charset=GB2312" />
</head>
<%
  String name=request.getParameter("user");
  String password=request.getParameter("password");
  if(name!=null && password!=null) {
    //验证用户登录信息,假设用户名为 admin，密码为 123
    if(name.equals("admin") && password.equals("123")) {
      request.setAttribute("isLogin",new Boolean(true));
      request.setAttribute("user","远程用户-" + name);
%>
    <jsp:forward page="requestTest.jsp" />
<%
  }
    }
%>
<body>
<center>请输入登录信息：</center>
<form>
<table align="center">
  <tr>
    <td>用户名：</td>
    <td><input type=text name="user"></td>
  </tr>
  <tr>
    <td>密码：</td>
    <td><input type="password" name="password"></td>
```

```
        </tr>
        <tr>
          <td colspan=2 align="center">
            <input type=submit value="登 录">    
            <input type=reset value="重 设">
          </td>
        </tr>
      </table>
      </form>
      </body>
      </html>
```

本地用户显示界面如图 11-6 所示。

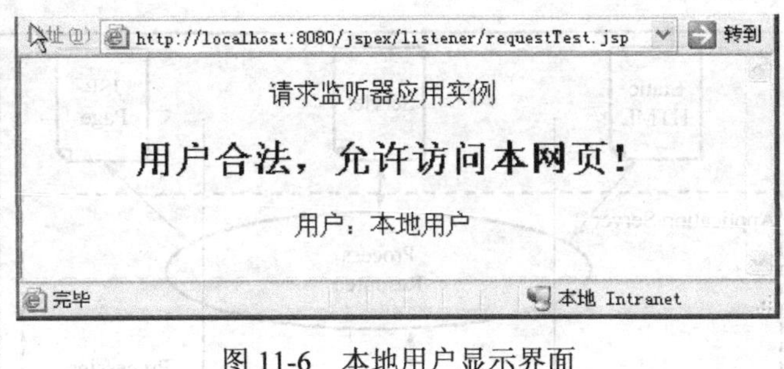

图 11-6　本地用户显示界面

本 章 小 结

监听器是 JSP 的 Web 事件处理机制。Servlet 中定义的事件主要有三类：Servlet 上下文事件，可监听 ServletContext 的创建、删除，ServletContext 中属性的增加、删除、修改；会话事件，可监听 HttpSession 的创建、销毁，HttpSession 中属性的增加、删除、修改；请求事件，可监听请求对象创建、销毁，ServletRequest 对象中属性的增加、删除、修改。与 GUI 程序中的事件处理机制相似，Web 事件监听相关的 API 主要包括各个监听器接口(Listener)和相应的事件类(Event)。

事件处理机制使用观察者设计模式，事件发生时会自动触发该事件对应的监听器方法。Web 监听程序的设计步骤：设计一个实现相关监听器接口的类；在相关监听器接口的方法中实现程序逻辑；在 Web 应用程序中配置监听器。从 Servlet 3.0 规范开始，监听器可以使用注解配置，不再需要在 web.xml 中进行部署。Servlet 3.0 规范中关于监听器配置的注解符为@WebListene。

思 考 题

1．ServletContextListener 接口中有哪些方法？对应哪些事件的处理？
2．HttpSessionActivationListene 接口中有哪些方法？对应哪些事件的处理？
3．ServletRequestAttributeListener 接口中有哪些方法？对应哪些事件的处理？
4．简述 Web 监听程序的设计步骤。
5．写出 web.xml 中配置 Web 监听程序的代码。
6．Servlet 3.0 规范中监听器配置的注解符是什么？

第 12 章　Servlet 过滤器

过滤器概念是 Servlet 2.3 规范引入的，在 Servlet 2.4 中过滤器技术趋于完善并成为一个标准特性。过滤器程序先于与之相关的 Servlet 或 JSP 页面在服务器上运行，并在 Servlet 或 JSP 页面运行后对其响应继续进行额外的处理。可以将过滤器理解为对 Web 请求的预处理和后处理技术。过滤器使开发者可以进入请求和响应的处理通道，在请求到达资源前截取请求信息，在请求处理后截取响应信息，并进行相应的处理。过滤器技术为服务器的请求处理通道提供了应用程序级访问。请求与响应通道中的过滤器如图 12-1 所示。

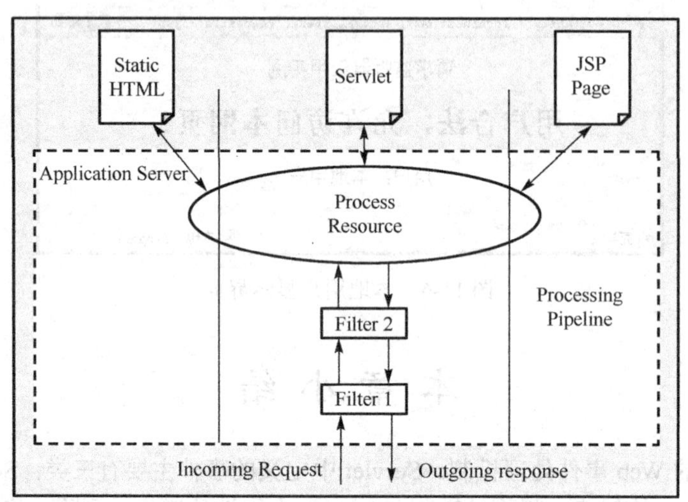

图 12-1　请求与响应通道中的过滤器

过滤器是 Web 应用开发中的重要技术。过滤器功能强大，使用过滤器可以进行身份验证、审核、压缩、加密、格式转换等。过滤器可附加到一个或多个 Servlet 或 JSP 页面上，并且可以进入这些资源的请求信息。从而可以做如下选择。

(1) 以常规的方式调用资源（即调用 Servlet 或 JSP 页面）。

(2) 利用修改过的请求信息调用资源。

(3) 调用资源，但在发送响应到客户机前对其进行修改。

(4) 阻止该资源调用，代之以转到其他资源，返回一个特定的状态代码或生成替换输出。

与其他类似的服务器扩展机制，如拦截器、阀门相比，过滤器是应用级的、标准的，而其他技术是系统级的、服务器专有的，这使得过滤器程序具有很好的可移植性。另外，过滤器还具有简单、可配置的特点，在应用程序中可以方便、灵活地使用过滤器。

12.1　Servlet 中与过滤器相关的 API

12.1.1　Filter 接口

过滤器程序必须实现 Filter 接口，它有 3 个方法，与过滤器的生存周期密切相关。

```
public void init(FilterConfig filterConfig) throws ServletException
```

init()方法进行初始化操作，获取容器传递来的 FilterConfig 对象，通过该对象提供的方法获取应用程序的 ServletContext 对象和初始化参数。

```
public void doFilter(ServletRequest request, ServletResponse response,
    FilterChain chain) throws java.io.IOException, ServletException
```

doFilter()方法包含过滤器业务逻辑，在其中进行所有的过滤器工作。每当应用程序请求处理时，容器都将调用这个方法。

```
public void destroy()
```

当服务器不需要使用过滤器时，容器调用 destroy()方法进行清理工作。

12.1.2 FilterChain 接口

容器和过滤器共同工作以保证每个过滤器是可连接的。这是通过一个过滤器链对象实现的，这个对象是 FilterChain 接口类型的。过滤器链接口可以将请求的执行过程在多个过滤器之间转移，使映射到同一个请求的过滤器按配置文件中的映射顺序组成一个过滤器链。该接口由容器实现，运行过滤器时，容器将创建该接口的对象并将其传递到过滤器程序的核心方法 doFilter()中。该接口只有一个方法。

```
public void doFilter(ServletRequest request, ServletResponse response)
    throws java.io.IOException, ServletException
```

该方法将启动过滤器链中下一个过滤器(Filter 接口)的 doFilter()方法。如果调用的过滤器是链中最后一个过滤器，则真正开始资源处理。只有当之后所有的过滤器都从其 doFilter()方法调用中返回时，该方法才会返回。

12.1.3 FilterConfig 接口

FilterConfig 接口由容器实现。将第一个请求映射到过滤器实例之前，容器必须首先创建并初始化过滤器实例，在进行初始化过程中，容器通过过滤器的 init()方法传递 FilterConfig 接口类型的对象。过滤器使用 FilterConfig 对象来获取过滤器的初始化参数、过滤器的文本名或应用程序的 ServletContext 对象。FilterConfig 接口有如下 4 个方法。

```
public String getFilterName()
```

该方法获取过滤器的文本名称，该名称在配置文件 web.xml 中定义。

```
public ServletContext getServletContext()
```

该方法可以获取运行该过滤器的 ServletContext。

```
public String getInitParameter(java.lang.String name)
```

通过名称来获取相应的初始化参数的字符串值。初始化参数在配置文件 web.xml 中部署过滤器时定义。如果没有找到指定名称的参数，将返回 null。

```
public Enumeration getInitParameterNames()
```

该方法可以获取由过滤器实例的所有初始化参数名称组成的 java.util.Enumeration 集合对象。如果没有设置参数，则返回 null。

12.2　过滤器程序的开发

过滤器是一个实现 Filter 接口的 Java 类。开发设计过滤器必须实现 Filter 接口中的 3 个方法，然后编译，并将 class 文件放在网站(Web 应用程序)特定的目录下，最后在网站的配置文件 web.xml 中进行配置。

12.2.1　过滤器的设计与配置

1．过滤器的开发流程

(1) 建立一个实现 Filter 接口的类。这个类需要实现 3 个方法，分别是 doFilter()、init() 和 destroy()。doFilter() 方法包含主要的过滤行为，init() 方法初始化 Filter，destroy() 方法释放 Filter 占用的资源。

(2) 在 doFilter() 方法中编写过滤代码。doFilter() 方法的第一个参数为 ServletRequest 对象。此对象给过滤器提供了对请求信息(包括表单数据、cookie 和 HTTP 请求头)的完全访问。第二个参数为 ServletResponse，此对象给过滤器提供对响应信息的访问，通常在简单的过滤器中忽略此参数。最后一个参数为 FilterChain，如下一步所述，此参数用来调用下一个过滤器或请求的 JSP 页面等资源。

(3) 调用 FilterChain 对象的 doFilter() 方法。Filter 接口的 doFilter() 方法取一个 FilterChain 对象作为它的一个参数。在调用此对象的 doFilter() 方法时，激活下一个相关的过滤器。如果没有另一个过滤器与 Servlet 或 JSP 页面关联，则 Servlet 或 JSP 页面被激活。chain.doFilter() 方法之前的代码为请求的预处理逻辑，而之后的代码则是请求的后处理逻辑。

(4) 配置和映射过滤器，详见以下内容。

(5) 如有必要，需禁用激活器 Servlet(invoker Servlet)。为防止用户利用默认 Servlet URL 绕过过滤器设置，要将此 Servlet 的配置项注释掉，以禁用 Servlet 的默认访问路径。Tomcat 5.0 之后，该功能默认被关闭，详见 4.3.1 节。

2．web.xml 文件中配置过滤器

在部署描述符文件(web.xml)中使用<filter>和<filter-mapping>标记声明过滤器并进行映射，将过滤器注册到特定的 Servlet 或 JSP 页面。声明与映射的格式如下。

```
<web-app>
  <filter>
     <description>filter1 Description</description>
     <display-name> filter1 DisplayName</display-name>
     <filter-name>filter1</filter-name>
     <filter-class>packages.FilterName</filter-class>
     <init-param>
          <param-name>initial param1</param-name>
          <param-value>value of param1</param-value>
          <description>filter1 Initial Parameter</description>
          </init-param>
          <init-param>
          <param-name>initial param2</param-name>
```

```
            <param-value>value of param2</param-value>
            <description>filter2 Initial Parameter</description>
            </init-param>
        </filter>
        <filter-mapping>
          <filter-name>filter1</filter-name>
          <url-pattern>/filter/*</url-pattern>
            <dispatcher>REQUEST</dispatcher>
            <dispatcher>FORWARD</dispatcher>
        </filter-mapping>
      </web-app>
```

声明与映射的各个标记及其作用如下。

<filter>标记部署声明一个过滤器，可包含如下子标记。

(1) <description> 定义 Filter 的描述信息，可选。

(2) <display-name> 设置 Filter 的显示名称，在开发环境 IDE 或服务器中显示的名称，与<description>一样，它只是 Filter 的一个说明信息，可选。

(3) <filter-name> 定义过滤器名称，该元素的内容不能为空。

(4) <filter-class> 指定过滤器的完整限定类名，必需的。

(5) <init-param> 用于为过滤器设置初始化参数，它的子元素<param-name>指定参数的名字，<param-value>指定参数的值，<description>为参数的描述信息，可选项。在过滤器中，可以使用 FilterConfig 接口对象来访问初始化参数。

<filter-mapping>标记设置一个 Filter 所负责拦截的资源。一个 Filter 拦截的资源可通过两种方式来指定：Servlet 名称和资源访问的请求路径。

(1) <filter-name> 使用名字指定一个过滤器。过滤器名字必须是在<filter>元素中声明过的过滤器名称，通过过滤器名称的对应，使<filter-mapping>标记中设置的过滤器与声明的过滤器关联。

(2) <url-pattern> 设置过滤器要过滤的资源，即 Filter 所拦截的资源的 URL。

(3) <servlet-name> 指定过滤器所拦截的 Servlet 名称。

(4) <dispatcher> 限定过滤器所拦截的资源的调用方式，可以是 REQUEST、INCLUDE、FORWARD、ERROR、ASYNC 之一，默认为 REQUEST。用户可以设置多个<dispatcher>子标记，以设定 Filter 对资源的多种调用方式进行拦截。

<dispatcher>子标的设定值及其含义如下。

(1) REQUEST：当用户直接访问页面时，Web 容器将会调用过滤器。如果目标资源是通过 RequestDispatcher 的 include()或 forward()方法访问时，那么该过滤器就不会被调用。

(2) INCLUDE：如果目标资源是通过 RequestDispatcher 的 include()方法访问时，那么该过滤器将被调用。除此之外，该过滤器不会被调用。

(3) FORWARD：如果目标资源是通过 RequestDispatcher 的 forward()方法访问时，那么该过滤器将被调用，除此之外，该过滤器不会被调用。

(4) ERROR：如果目标资源是通过声明式异常处理机制调用时，那么该过滤器将被调用。除此之外，过滤器不会被调用。

(5) ASYNC：如果通过异步处理的请求目标资源时，那么该过滤器将被调用。除此之外，过滤器不会被调用。

如果资源注册了多个过滤器，过滤器调用的先后次序是必须考虑的。web.xml 中配置的过滤器，通过<filter-mapping>标签配置的先后顺序来决定过滤器的调用次序，<filter-mapping>中设置的过滤器必须首先用<filter>标记声明。

3．过滤器的注解配置

从 Servlet 3.0 规范开始，过滤器可以使用注解配置，不再需要在 web.xml 中进行部署。Servlet 3.0 规范中关于过滤器配置的注解符有@WebFilter 和@WebInitParam。@WebFilter 是核心注解符，该注解符作用于类，使用时标注在 Filter 类定义语句之前；@WebInitParam 注解符嵌套在@WebFilter 内标注一个初始化参数。@WebFilter 注解符支持的参数如表 12-1 所示。

表 12-1　@WebFilter 注解符的参数

属 性 名	类　型	描　述
filterName	String	指定过滤器的 name 属性，等价于<filter-name>
value	String[]	该属性等价于 urlPatterns 属性。但是两者不应该同时使用
urlPatterns	String[]	以 URL 匹配的模式指定一组 Filter 要过滤的资源。等价于<url-pattern>标签
servletNames	String[]	指定过滤器将应用于哪些 Servlet。取值是 @WebServlet 中的 name 属性的取值，或者是 web.xml 中<servlet-name>的取值
dispatcherTypes	DispatcherType	指定过滤器的转发模式。具体取值包括：ASYNC、ERROR、FORWARD、INCLUDE、REQUEST
initParams	WebInitParam[]	指定过滤器的初始化参数，等价于<init-param>标签
asyncSupported	boolean	声明过滤器是否支持异步操作模式，等价于 <async-supported>标签
description	String	该过滤器的描述信息，等价于<description>标签
displayName	String	Filter 的显示名称，在开发环境 IDE 或服务器中显示的名称，等价于 <display-name>标签

过滤器注解配置的格式如下。

```
import javax.servlet.*;
import javax.servlet.annotation.WebFilter;
import javax.servlet.annotation.WebInitParam;
@WebFilter(urlPatterns={"/url1/rsrc1", "/url2/*"}, name="filter1",
    ncSupported=false, initParams={@WebInitParam(name="pName1",
    value="pVal1", description="Filter Initial parameter1"), @WebInitParam
    name= "pName2", value="pVal2", description="Filter Initial parameter2")},
    displayName="filter1 DisplayName", description="filter1 DescriptionString")
public class FilterName implements Filter {...}
```

使用注解配置多个 Filter 时，用户无法控制其执行顺序，此时 Filter 过滤的顺序是按照 Filter 的类名，以自然排序的规则来调用的。

4．使用 Eclipse 设计过滤器

第 1 步，Eclipse IDE for Java EE Developers 提供了新建过滤器类的向导，以支持过滤器程序的设计。从过滤器类所属包的右键菜单中选择 New→Filter，或者选择 New→Other 菜单项，打开新建类型选择对话框中，选择 Web→Filter，打开 Filter 新建向导对话框。也可从主菜单项 File→New→Filter 打开对话框，但 Java package 选项需要手工选择或填写。

在 Filter 新建向导的第 1 个窗口中填写 Filter 类名，所属项目、源程序目录、包、父类等参数一般都预设了默认值，可以重新输入或选择。在进入下一步之前，应检查这些默认值是否合适。在该窗口的下部有一个复选框，选择此复选框，这是对项目中已经存在的 Filter 进行过滤资源的配置，并不会创建新的 Filter，Filter 类名、包名等参数就无须填写，如图 12-2 所示。

第 2 步，填写 Filter 名称、设置初始化参数、资源路径映射、选择异步支持。Filter 名称和映射路径默认都为 Filter 的类名；初始化参数和路径映射用各自的“Add”按钮添加，可设置多个初始化参数和映射多个路径的资源，如图 12-3 所示。这一步设置的参数，在 Servlet 3.0 之前的项目中添加到 web.xml 文件中，Servlet 3.0 及其之后的项目，会在源程序中以标注表示。

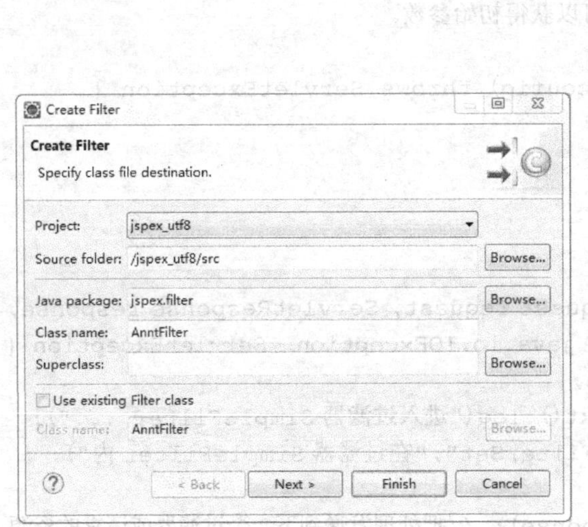

图 12-2　新建 Filter 向导 1

图 12-3　新建 Filter 向导 2

第 3 步，选择 Filter 类修饰符、实现的其他接口和覆盖的方法，如图 12-4 所示。

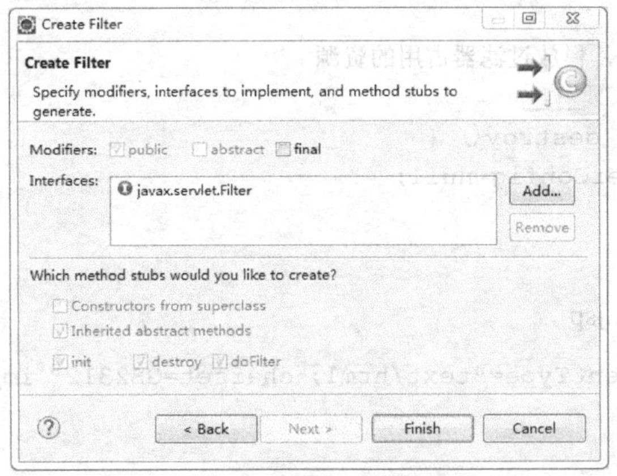

图 12-4　新建 Filter 向导 3

12.2.2　简单的过滤器实例

例程 12-1，SimpleFilter.java

```
package jspex.filter;
import javax.servlet.Filter;
import javax.servlet.FilterChain;
import javax.servlet.FilterConfig;
import javax.servlet.ServletRequest;
```

```
import javax.servlet.ServletResponse;
import java.io.IOException;
import javax.servlet.ServletException;
public class SimpleFilter implements Filter {
  private FilterConfig filterConfig;
  /**
    *初始化过滤器，和 Servlet 一样，可以获得初始参数。
    */
  public void init(FilterConfig config) throws ServletException {
    this.filterConfig = config;
  }
  /**
    *过滤器逻辑代码
    */
  public void doFilter (ServletRequest request, ServletResponse response,
          FilterChain chain) throws java.io.IOException, ServletException {
    if(filterConfig==null) return;
    filterConfig.getServletContext().log("进入过滤器 SimpleFilter ...");
    request.setAttribute("SimpleFilterSet","在过滤器 SimpleFilter 内");
    //以上代码用于请求的预处理
    chain.doFilter (request, response); //把处理发送到下一个过滤器或请求的资源
    //以下代码用于请求的后处理
    filterConfig.getServletContext().log("离开过滤器 SimpleFilter ...");
  }
  /**
    *销毁过滤器，释放过滤器占用的资源
    */
  public void destroy() {
    this.filterConfig=null;
  }
}
```

例程 12-2，filterTest1.jsp

```
<%@ page contentType="text/html; charset=GB2312" import="java.util.*"%>
<html>
<head>
<title>过滤器测试</title>
</head>
<body>
<h2 align="center">过滤器测试 1</h2>
<hr align="center" width="400">
<div align="center">过滤器中设置的参数</div>
<table align="center" border="1">
<tr align="center">
  <td>属性名</td>
  <td>属性值</td>
</tr>
```

```
<%
String name="";
Enumeration attrset=request.getAttributeNames();
while (attrset.hasMoreElements()) {
  name = attrset.nextElement().toString();
  out.println("<tr><td align='right'>");
  out.println(name);
  out.println("</td><td>");
  out.println(request.getAttribute(name));  //获取指定属性的值
  out.println("</td><tr>");
}
%>
</table>
</body>
</html>
过滤器 SimpleFilter 的部署
<filter>
  <filter-name>filter1</filter-name>
  <filter-class>jspex.filter.SimpleFilter</filter-class>
</filter>
<filter-mapping>
  <filter-name>filter1</filter-name>
  <url-pattern>/filter/simple/*</url-pattern>
</filter-mapping>
```

filterTest1.jsp 页面中会显示过滤器中设置的请求上下文属性，日志文件中会看到过滤器运行过程中的输出信息。

```
2009-11-1 19:09:24 org.apache.catalina.core.ApplicationContext log
信息: 进入过滤器 SimpleFilter ...
2009-11-1 19:09:24 org.apache.catalina.core.ApplicationContext log
信息: 离开过滤器 SimpleFilter ...
```

12.2.3　处理参数的过滤器实例

例程 12-3，ParamFilter.java，获取初始化参数，并与 SimpleFilter 组成过滤器链对 filterTest2.jsp 进行过滤

```
package jspex.filter;
import javax.servlet.Filter;
import javax.servlet.FilterChain;
import javax.servlet.FilterConfig;
import javax.servlet.ServletRequest;
import javax.servlet.ServletResponse;
import java.io.IOException;
import javax.servlet.ServletException;
public class ParamFilter implements Filter {
  private FilterConfig filterConfig;
  private String filterParam;
  private String filterName;
```

```
/**
  *初始化过滤器，和 Servlet 一样，可以获得初始参数。
  */
public void init(FilterConfig config) throws ServletException {
  this.filterConfig = config;
  filterParam=filterConfig.getInitParameter("paramtest");
  filterName=filterConfig.getFilterName();
}
/**
  *过滤器逻辑代码
  */
public void doFilter (ServletRequest request, ServletResponse response,
       FilterChain chain) throws java.io.IOException, ServletException {
  if(filterConfig==null) return;
  filterConfig.getServletContext().log("进入过滤器 ParamFilter，过滤器
      名称：" + filterName);
  request.setAttribute("ParamfilterSet","在过滤器 ParamFilter 内，初始化
      参数：" + filterParam);
  //以上代码用于请求的预处理
  chain.doFilter (request, response); //把处理发送到下一个过滤器或请求的资源
  //以下代码用于请求的后处理
  filterConfig.getServletContext().log("离开过滤器 ParamFilter，过滤器
             名称：" + filterName);
}
/**
  *销毁过滤器，释放过滤器占用的资源
  */
public void destroy() {
  this.filterConfig=null;
}
}
```

过滤器 ParamFilter 的部署

```
<filter>
  <filter-name>filter2</filter-name>
  <filter-class>jspex.filter.ParamFilter</filter-class>
  <init-param>
    <param-name>paramtest</param-name>
    <param-value>Filter parameter test</param-value>
  </init-param>
</filter>
<filter-mapping>
  <filter-name>filter2</filter-name>
  <url-pattern>/filter/simple/filterTest2.jsp</url-pattern>
</filter-mapping>
```

filterTest2.jsp 同 filterTest1.jsp，但 filterTest2.jsp 要经过两个过滤器的处理，按照配置文件 web.xml 文件中过滤器映射的顺序，先经 SimpleFilter，再经 ParamFilter 过滤处理。filterTest2.jsp

中会显示两个过滤器中设置的请求上下文属性，日志中记录的过滤器运行过程中输出的信息如下。

```
2009-11-1 19:58:34 org.apache.catalina.core.ApplicationContext log
信息：进入过滤器 SimpleFilter ...
2009-11-1 19:58:34 org.apache.catalina.core.ApplicationContext log
信息：进入过滤器 ParamFilter，过滤器名称：filter2
2009-11-1 19:58:34 org.apache.catalina.core.ApplicationContext log
信息：离开过滤器 ParamFilter，过滤器名称：filter2
2009-11-1 19:58:34 org.apache.catalina.core.ApplicationContext log
信息：离开过滤器 SimpleFilter ...
```

12.2.4 过滤器的简单应用

例程 12-4，GameAccessFilter.java，根据配置的时间段限制对 game 文件夹中资源的访问

```
package jspex.filter;
import javax.servlet.Filter;
import javax.servlet.FilterChain;
import javax.servlet.FilterConfig;
import javax.servlet.ServletRequest;
import javax.servlet.ServletResponse;
import java.io.IOException;
import javax.servlet.ServletException;
import java.util.Calendar;
import javax.servlet.http.HttpServletResponse;
public class GameAccessFilter implements Filter {
  private FilterConfig filterConfig;
  private int starthour=0;
  private int stophour=24;
  /**
    *初始化过滤器，和 Servlet 一样，可以获得初始参数。
    */
  public void init(FilterConfig config) throws ServletException {
    this.filterConfig = config;
    String tempStr=filterConfig.getInitParameter("starthour");
    if(tempStr!=null)
      starthour=Integer.parseInt(tempStr);
    tempStr=filterConfig.getInitParameter("stophour");
    if(tempStr!=null)
      stophour=Integer.parseInt(tempStr);
  }
  /**
    *过滤器逻辑代码
    */
  public void doFilter (ServletRequest request, ServletResponse response,
        FilterChain chain) throws java.io.IOException, ServletException {
    if(filterConfig==null) return;
    filterConfig.getServletContext().log("进入过滤器 GameAccessFilter ...");
```

```
    Calendar curCalendar=Calendar.getInstance();
    int curhour=curCalendar.get(Calendar.HOUR_OF_DAY);
    if((curhour<=stophour) && (curhour>=starthour)) {
      ((HttpServletResponse)response).sendRedirect("/jspex/filter/gamedeny.html");
      return;
    }
    //以上代码用于请求的预处理
    chain.doFilter (request, response); //把处理发送到下一个过滤器或请求的资源
    //以下代码用于请求的后处理
    filterConfig.getServletContext().log("离开过滤器 GameAccessFilter ...");
  }
  /**
    *销毁过滤器，释放过滤器占用的资源
    */
  public void destroy() {
    this.filterConfig=null;
  }
}
```

过滤器 GameAccessFilter 的部署

```
<filter>
  <filter-name>gameAccess</filter-name>
  <filter-class>jspex.filter.GameAccessFilter</filter-class>
  <init-param>
    <param-name>starthour</param-name>
    <param-value>8</param-value>
  </init-param>
  <init-param>
    <param-name>stophour</param-name>
    <param-value>17</param-value>
  </init-param>
</filter>
<filter-mapping>
  <filter-name>gameAccess</filter-name>
  <url-pattern>/filter/game/*</url-pattern>
</filter-mapping>
```

从过滤器的程序逻辑和过滤器部署映射路径可知，在设定的上班时间访问/filter/game/目录下的资源时，将转向/filter/gamedeny.html 页面，而在其他时间则可正常访问。

本 章 小 结

过滤器是对 Web 请求的预处理和后处理技术。过滤器本身不产生请求和响应，它只提供过滤作用，过滤器能够在 Servlet 程序（JSP 页面）被调用之前检查 request 对象，修改请求头和请求内容，在 Servlet 程序（JSP 页面）被调用之后，检查 response 对象，修改响应头和响应内容。过滤器技术为服务器的请求处理通道提供了应用程序级访问。

过滤器需要使用 3 个简单的接口，包含在 javax.servlet 包中，分别是 Filter、FilterChain、

FilterConfig。其中服务器实现 FilterChain、FilterConfig 接口，以提供对过滤器技术的支持。用户实现 Filter 接口，即设计过滤器程序。从编程的角度看，过滤器是一个实现 Filter 接口的 Java 类。在过滤器类的方法中，使用实现了 FilterChain 和 FilterConfig 接口的对象来工作，FilterChain 对象负责将请求和响应后传，FilterConfig 对象负责为过滤器读取初始化参数。

过滤器的开发步骤为编写过滤器类源程序，实现 Filter 接口，在其方法中实现相应的逻辑功能；编译源程序，并将 class 文件放在网站的特定目录中；在 web.xml 文件中使用<filter>和<filter-mapping>标记声明过滤器并进行映射，将过滤器注册到特定的 Servlet 或 JSP 页面。Servlet 3.0 规范开始支持 Annotation 标注，在实现 Servlet 3.0 规范的服务器中，如 Tomcat 7.0，可以使用注解来配置过滤器。只要在源程序中使用@WebFilter 和@WebInitParam 标注即可配置 Filter 要过滤的资源和初始化参数。

思　考　题

1．简述过滤器的生命周期及其与 Filter 接口中方法的对应关系。
2．比较 Filter 接口与 FilterChain 接口中两个 doFilter()方法的不同作用。
3．过滤器类 doFilter()方法中哪些代码是请求的预处理逻辑？哪些代码是应答的后处理逻辑？
4．简述过滤器程序的设计步骤。
5．写出 web.xml 中配置过滤器程序的代码。
6．Servlet 3.0 规范中过滤器配置的注解符是什么？

第13章 表达式语言

表达式语言(Expression Language，EL)，原是JSTL 1.0中为方便存取数据所引入的语言，当时EL只能在JSTL标签中使用。到了JSP 2.0之后，EL已被正式纳入标准规范，成为JSP 2.0中又一个新的特性。EL不是编程语言，甚至不是脚本编制语言，但EL既可以和JSTL结合使用，也可以和Scriptlets结合使用，能简单而又方便地访问JSP环境中的对象、变量、属性、参数。

EL是一种简单语言，其基本语法格式：

```
${Expr}
```

用美元符号$定界，表达式包括在花括号{}中，在调用EL处(即EL所在的位置)输出表达式计算的值，如<c:out value="${8+7}"/>，相当于<c:out value="15"/>。

表达式语言的特点如下。

(1)具有可获得的名称空间(PageContext属性)。

(2)具有嵌套的属性，可以访问集合对象。

(3)可以执行关系的、逻辑的和算术的运算。

(4)扩展函数可以和Java类的静态方法映射。

(5)它可以访问JSP的一系列隐含对象(request、session、application、page等)。

13.1 表达式语言的语法

由表达式语言的基本格式可知，表达式语言的主要语法结构是表达式。单独的表达式由标识符、存取器、文字、运算符组成。标识符用来引用JSP上下文环境中的数据对象。存取器用来检索对象的特性或集合的元素，文字表示固定值——数字、字符、字符串、布尔型或空值，运算符允许对数据和文字进行组合以及比较等各种运算。

13.1.1 EL保留字

and、eq、gt、true、instanceof、of、ne、le、false、empty、not、lt、ge、null、div、modEL中另有11个保留标识符，对应于EL的11个隐式对象。

13.1.2 EL字面量(Literals)

布尔型(Boolean)：true、false

整数型(Integer)：234、−102、+65

浮点型(Float)：−518.06、+3.2E10、+0.4

字符串(String)："This is a example"、'string example'

Null：null

13.1.3 EL默认值与自动类型转换

在EL中，当表达式计算出现错误而抛出异常时，为了提供简单和友好的状态表达，EL不转向警告或异常处理，而是提供“默认值”作为计算结果赋给表达式。

例：${5/0}结果为'infinity'

EL 在计算表达式的值时能够自动进行类型转换，当 null 转换为 String 类型时，结果为""；null 或""转换为 Number 类型时，结果为 0；null 或""转换为 Character 类型时，结果为(char)0；null 或""转换为 Boolean 类型时，结果为 false；其他情况下，转换结果为相应的类型转换函数输出值，如 toString()、valueOf()等。如果转换出现异常，则结果为“错误”。

例：${var + 20}

在计算表达式时，会自动将 var 转换为整数，如果 var 为 null 或""时，转换为 0；当 var 为非数字字符串或者布尔类型时，转换输出“错误”；如果 var 为数值类型，转换结果为 new Integer (var.intValue())的值，如果该转换函数产生异常，则转换输出“错误”。

13.1.4　表达式语言中的设置

在 Servlet 2.4/JSP 2.0 之前，EL 只能在 JSTL 标签中使用，不能直接在 JSP 网页中使用。JSP 2.0 以前的页面中可能包含“${”之类的代码，这些网页在 JSP 2.0 的容器中运行，肯定会出现错误，为了与 JSP 以前的规范兼容，可以在页面中或 web.xml 中设置 EL 的启用或禁止。

在单个页面上暂时禁用 EL：

```
<%@ page isELIgnored="true" %>
```

在 web.xml 中禁用单个页面的 EL：

```
<jsp-property-group>
    <url-pattern>pagename.jsp</url-pattern>
    <el-ignored>true</el-ignored>
</jsp-property-group>
```

在 web.xml 中禁用一组页面的 EL：

```
<jsp-property-group>
    <url-pattern>/noelpage/*</url-pattern>
    <el-ignored>true</el-ignored>
</jsp-property-group>
```

在 web.xml 中禁用整个应用程序的 EL：

```
<jsp-property-group>
    <url-pattern>/*</url-pattern>
    <el-ignored>true</el-ignored>
</jsp-property-group>
```

在开发基于 JSP 的 Web 应用程序中，EL 的出现将取代 Java Scriptlet 的使用。出于这一目的，可以通过配置参数禁用 Scriptlet。

在 web.xml 中禁用单个页面的 Scriptlet：

```
<jsp-property-group>
    <url-pattern>pagename.jsp</url-pattern>
    <scripting-enabled>false</scripting-enabled>
</jsp-property-group>
```

在 web.xml 中禁用一组页面的 Scriptlet：

```
<jsp-property-group>
    <url-pattern>/noscriptlet/*</url-pattern>
    <scripting-enabled>false</scripting-enabled>
</jsp-property-group>
```

在 web.xml 中禁用整个应用程序的 Scriptlet：

```
<jsp-property-group>
    <url-pattern>*.jsp</url-pattern>
    <scripting-enabled>false</scripting-enabled>
</jsp-property-group>
```

13.2 表达式语言中的普通运算

表达式语言最简单的应用是进行算术、关系、逻辑、条件运算。

EL 中的主要运算符如下。

(1) 算术运算符：+、–、*、/、div、%、mod。

(2) 关系运算符：==、eq、!=、<、lt、>、gt、<=、le、>=、ge。

(3) 逻辑运算符：and、&&、or、||、not。

(4) 条件运算符：A?B:C。

(5) Empty 运算符：empty 用来判断值是否为 null 或空。

例程 13-1，基本 EL 运算 basicel.jap

```
<html>
<head>
<title>EL Example</title>
<style>
  body, td {font-family:verdana;font-size:10pt;}
</style>
<meta http-equiv="Content-Type" content="text/html;charset=GB2312" />
</head>
<body>
<h2>EL 语法举例</h2>
<table border="1">
  <tr>
    <td><b>EL Expression</b></td>
    <td><b>Result</b></td>
  </tr>
  <tr>
    <td>${'${'}1>(6/2)}</td>
    <td>${1>(6/2)}</td>
  </tr>
  <tr>
    <td>${'${'}3.0<=5}</td>
    <td>${3.0<=5}</td>
  </tr>
  <tr>
    <td>\${1030.0==1030}</td>
```

```
      <td>${1030.0==1030}</td>
    </tr>
    <tr>
      <td>\${(10*10) ne 100}</td>
      <td>${(10*10) ne 100}</td>
    </tr>
    <tr>
      <td>${'${'}'c'<'c'}</td>
      <td>${'c'<'c'}</td>
    </tr>
    <tr>
      <td>${'${'}'hip' gt 'hit'}</td>
      <td>${'hip' gt 'hit'}</td>
    </tr>
    <tr>
      <td>${'${'}6>4}</td>
      <td>${6>4}</td>
    </tr>
    <tr>
      <td>${'${'}1.2E4+1.4}</td>
      <td>${1.2E4+1.4}</td>
    </tr>
    <tr>
      <td>${'${'}3 div 4}</td>
      <td>${3 div 4}</td>
    </tr>
    <tr>
      <td>${'${'}3/4}</td>
      <td>${3/4}</td>
    </tr>
    <tr>
      <td>${'${'}13 mod 4}</td>
      <td>${13 mod 4}</td>
    </tr>
    <tr>
      <td>${'${'}13 % 4}</td>
      <td>${13 % 4}</td>
    </tr>
    <tr>
      <td>${'${'}10 / 0 }</td>
      <td>${10 / 0}  
EL在出现问题或错误而抛出异常时，提供“默认值”和“错误”</td>
    </tr>
    <tr>
      <td>${'${'}!empty param.add}</td>
      <td>${!empty param.add}</td>
    </tr>
```

```
</table>
</body>
</html>
```

表达式语言运算结果如图 13-1 所示。

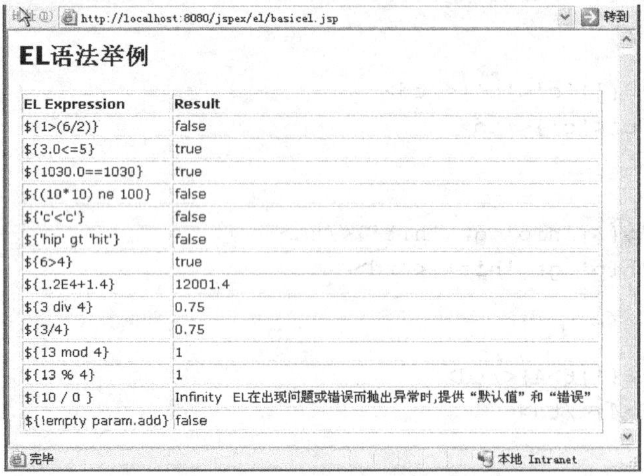

http://localhost:8080/jspex/el/basicel.jsp 转到

EL语法举例

EL Expression	Result
${1>(6/2)}	false
${3.0<=5}	true
${1030.0==1030}	true
${(10*10) ne 100}	false
${'c'<'c'}	false
${'hip' gt 'hit'}	false
${6>4}	true
${1.2E4+1.4}	12001.4
${3 div 4}	0.75
${3/4}	0.75
${13 mod 4}	1
${13 % 4}	1
${10 / 0 }	Infinity EL在出现问题或错误而抛出异常时,提供“默认值”和“错误”
${!empty param.add}	false

完毕 本地 Intranet

图 13-1 表达式语言运算结果

运算符的优先级由高至低：

[] .

()

-(一元) not ! empty

* / div % mod

+ -(二元)

< > <= >= lt gt le ge

== != eq ne

&& and

|| or

A ? B : C

13.3 表达式语言中的 Java Bean

EL 可用一种简单的方法访问 Java Bean 的属性，它提供了.和[]两种运算符来获取属性值。下面两行代码的作用一样，都访问名称为 user 的 Bean 的属性：

```
${user.name}
${user["name"]}
```

当要访问的属性名称中包含一些特殊字符，如“.”或“-”等非字母或数字符号时，则必须使用[]。EL 中允许多次使用.或[]来访问 Java Bean 的嵌套属性：

```
${user.address.location}
```

例程 13-2，EL 访问 Java Bean 属性 beanel.jap

```
<jsp:useBean id="userbean" class="jspex.beans.TestBean">
<jsp:setProperty name="userbean" property="*"/>
</jsp:useBean>
<html>
<head>
<title>表达式语言的使用</title>
<meta http-equiv="Content-Type" content="text/html;charset=GB2312" />
</head>
<body>
<h2>获取 Bean 的属性：</h2>
姓名：${userbean.userName}<br>
密码：${userbean.password}<br>
年龄：${userbean.age}<br><hr>
提交表单
<form method=get name=form1>
姓名：<input type=text name="userName"><br>
密码：<input type=password name="password"><br>
年龄：<input type=text name="age"><br>
<input type=submit value=提交>
</form>
<hr>
</body>
</html>
```

13.4　表达式语言中的隐式对象

EL 中定义了 11 个隐式对象，如表 13-1 所示。

表 13-1　表达式语言的隐式对象

类　别	标 识 符	描　述
JSP 作用域	pageContext	pageContext 实例对应于当前页面的处理
	pageScope	与页面作用域属性的名称和值相关联的 Map 类
	requestScope	与请求作用域属性的名称和值相关联的 Map 类
	sessionScope	与会话作用域属性的名称和值相关联的 Map 类
	applicationScope	与应用程序作用域属性的名称和值相关联的 Map 类
请求参数	param	按名称存储请求参数的主要值的 Map 类
	paramValues	将请求参数的所有值作为 String 数组存储的类
请求头	header	按名称存储请求头主要值的 Map 类
	headerValues	将请求头的所有值作为 String 数组存储的 Map 类
cookie	cookie	按名称存储请求头附带的 cookie 的 Map 类
初始化参数	initParam	按名称存储 Web 应用程序上下文初始化参数的 Map 类

尽管 EL 隐式对象中只有一个内置对象 pageContext，但通过它可以访问其他 JSP 内置对象。pageContext 拥有访问其他 8 个 JSP 隐式对象的特性。实际上，这是将它包括在 EL 隐式对象中的主要原因。

其余 EL 隐式对象都是映射，可以用来查找对应于名称的对象。前 4 个映射与范围有关，分别是 pageScope、requestScope、sessionScope、applicationScope，它们基本上与 JSP 的 page、request、session、application 的作用域一致。需注意的是，这 4 个隐式对象只能用来取得相应范围的属性值，即 JSP 中的 getAttribute(String attrname)，而不能取得其他相关信息。如 request 对象除可以获取属性之外，还可以取得用户的请求参数或表头信息等，但在 EL 中，pageScope 隐式对象只能用来获取对应范围的属性值。

接下来的 4 个映射用来获取请求参数和请求头的值。因为 HTTP 协议允许请求参数和请求头具有多个值，所以它们各有一对映射。每对中的第一个映射返回请求参数或头的主要值，通常是在实际请求中首先指定的那个值。每对中的第二个映射允许检索参数或头的所有值。这些映射中的键是参数或头的名称，但这些值是 String 对象的数组，其中的每个元素都是单一参数值或头值。

Cookie 隐式对象提供了对请求设置的 Cookie 的访问。这个对象将所有与请求相关联的 Cookie 名称映射到表示那些 Cookie 特性的 Cookie 对象。

最后一个 EL 隐式对象 initParam 是一个映射，它储存于应用程序相关联的所有上下文的初始化参数的名称和值。初始化参数是通过 web.xml 部署描述符文件指定的，该文件位于应用程序的 WEB-INF 目录中

例程 13-3，EL 隐式对象的使用 impobjel.jap

```
<html>
<head>
<title>EL Example</title>
<style>
  body, td {font-family:verdana;font-size:10pt;}
</style>
<meta http-equiv="Content-Type" content="text/html;charset=GB2312" />
</head>
<body>
<h2>EL 语法举例</h2>
<table border="1">
  <tr>
    <td><b>EL Expression</b></td>
    <td><b>Result</b></td>
  </tr>
  <tr>
    <td>${'${'}pageContext.request.contextPath}</td>
    <td>${pageContext.request.contextPath}</td>
  </tr>
  <tr>
    <td>${'${'}pageContext.session.id}</td>
    <td>${pageContext.session.id}</td>
  </tr>
  <tr>
    <td>${'${'}sessionScope.user.userName}</td>
    <td>${sessionScope.user.userName}</td>
  </tr>
  <tr>
    <td>${'${'}param['user.userName']}</td>
    <td>${param['user.userName']}</td>
```

```
      </tr>
      <tr>
        <td>${'${'}header["host"]}</td>
        <td>${header["host"]}</td>
      </tr>
      <tr>
        <td>${'${'}departments[deptName]}</td>
        <td>${departments[deptName]}</td>
      </tr>
    </table>
    </body>
    </html>
```

如果没有为 EL 表达式中的属性指定作用范围，则 Servlet 容器在处理该属性时，通过 PageContext.findAttribute("attName")查找。例如，遇到表达式${userName}时，容器将在 page、request、session、application 对象中查询 userName 属性。如果没有找到这个属性，那么返回 null；如果找到这个属性，那么就返回属性的值。

13.5　EL 函数

EL 中允许引用 Java 类中的函数，函数定义和使用的机制与自定义标签类似，自定义标签在第 14 章介绍。使用 EL 函数的步骤如下。

(1) 编写 Java 类及其函数，EL 要引用的函数必须是静态的。

(2) 编译该 Java 类，并放在正确的目录结构下。

(3) 在标签库描述文件中注册函数。

(4) 在 web.xml 中说明标签库描述文件，关于标签库描述文件见第 14 章。

(5) 在 JSP 文件中用 EL 调用函数。

例程 13-4，编写 Java 类 ElFunction.java

```
package jspex.el;
import java.util.Calendar;
public class ElFunction {
    public static String toUpperCase(String theStr) {
        return theStr.toUpperCase();
    }
    public static String sayHello() {
        Calendar curDate=Calendar.getInstance();
        int curHour=curDate.get(Calendar.HOUR);
        int amPm=curDate.get(Calendar.AM_PM);
        if(amPm==Calendar.AM) {
            return "上午好！";
        }
        else if(amPm==Calendar.PM && curHour<6) {
            return "下午好！";
        }
        else {
```

```
            return "晚上好！";
        }
    }
}
```

例程 13-5，在标签库描述文件中注册函数：jspex.tld

```
<taglib>
  …
<function>
    <name>toUpper</name>
    <function-class>jspex.el.ElFunction</function-class>
    <function-signature>java.lang.StringtoUpperCase(java.lang.String)
        </function-signature>
  </function>
  <function>
    <name>greet</name>
    <function-class>jspex.el.ElFunction</function-class>
    <function-signature>java.lang.String sayHello()</function-signature>
  </function>
</taglib>
```

例程 13-6，在 web.xml 中定义标签库描述文件的逻辑 uri：http://jexample.jexercise/tldex

```
<jsp-config>
  <taglib>
    <taglib-uri>http://jexample.jexercise/tldex</taglib-uri>
    <taglib-location>/WEB-INF/tlds/jspex.tld</taglib-location>
  </taglib>
  …
</jsp-config>
```

例程 13-7，使用 EL 调用 Java 函数的 JSP 文件：function.jsp

```
<%@ page contentType="text/html; charset=GB2312" %>
<%@ taglib prefix="jspex" uri="http://jexample.jexercise/tldex"%>
<html>
<head>
  <title>表达式语言函数的使用</title>
</head>
<body style="text-align:center">
<h1>${jspex:greet()}</h1>
<hr width="300">
<% request.setCharacterEncoding("GB2312"); %>
提交的内容是：
${jspex:toUpper(param.inputStr)}
<hr width="300">
<form name="form1">
请输入字符串：<input type="text" name="inputStr">
<p /><input type="submit" value="提交">
```

```
</form>
</body>
</html>
```

本 章 小 结

表达式语言是一种简单语言，其基本语法格式：${Expr}。EL 的主要语法结构是表达式。单独的表达式由标识符、存取器、文字、运算符组成。文字表示固定值——数字、字符、字符串、布尔型或空值。运算符允许对数据和文字进行组合以及比较等各种运算。存取器用来检索对象的特性或集合的元素，典型地访问 JSP 页面中 Java Bean 的属性。标识符用来引用 JSP 上下文环境中的数据对象，为此 Servlet 服务器为 EL 提供了 11 个隐式对象，JSP 作用域的 pageContext、pageScope、requestScope、sessionScope、applicationScope；请求参数的 param、paramValues；请求头的 header、headerValues；cookie 的 cookie；初始化参数 initParam。EL 中还允许引用 Java 类中的静态函数。

思 考 题

1. 写出 EL 的基本语法格式。
2. JSP 页面中引入了名称为 user 的 Java Bean，写出访问其 name 属性的 EL 语句。
3. 写出访问用户提交的请求参数 param1 的 EL 语句。
4. 写出访问请求作用域中 attr1 属性的 EL 语句。
5. 写出访问会话作用域中 session1 属性的 EL 语句。
6. 表达式${userName}会返回哪个作用域中的 userName 属性？

第 14 章　自定义标签

14.1　自定义标签简介

自定义标签是用户定义的一种 JSP 标记。类似于 JSP 中内置的动作标签，可用于 JSP 页面中执行某些操作。自定义标签是对 JSP 标记的一种扩展，执行自定义的操作。每个自定义标签都与一个 Java 类相关联，这个类定义了相应标签的执行逻辑，称为标签处理类或标签处理程序。当一个含有自定义标签的 JSP 页面被 JSP 引擎编译成 Servlet 时，自定义标签被转化成了对标签处理类的操作。

自定义标签是对 JSP 语法的扩展，它与 Scriptlet、Java Bean 是 JSP 页面中创建动态内容的主要方法。

14.1.1　自定义标签的优点

(1) 可重用性。

(2) 可读性。

(3) 可维护性。

(4) 可使用 JSP 的上下文 pageContext。

14.1.2　自定义标签的特点

(1) 通过调用页面传递参数实现定制。

(2) 访问所有对 JSP 页面可能的对象。

(3) 修改调用页面生成的响应。

(4) 自定义标签间可相互通信。

(5) 在同一个 JSP 页面中通过标签嵌套，可实现复杂交互。

14.1.3　自定义标签的设计过程

(1) 创建一个标签处理程序，标签处理程序是一个执行自定义标签操作的 Java 类，必须实现特定的接口。

(2) 创建标签库描述文件.tld，标签库描述文件是一个 XML 文件，在其中声明标签名称及其与标签处理程序的对应，以及属性、变量等。

(3) 在 JSP 文件中使用自定义标签时，要用 taglib 指令导入标签库，即一组标签/标签处理程序对。

14.1.4　taglib 指令

page、include 和 tablib 是 JSP 的 3 个指令。taglib 指令的作用是在页面中引入标签库描述文件.tld (tag library descriptor)，并定义此标签库的引用前缀。JSP 页面中使用该前缀与标签名称来引用相应的标签。taglib 指令的格式为：

```
<%@ taglib uri="pathname/taglibname.tld" prefix="tagprefix"%>
```

uri 属性指定标签库描述文件的物理路径或逻辑路径，prefix 属性定义标签库的前缀。如果 JSP 容器在转换时遇到了自定义标签，那么它就检查标签库描述符文件以查询相应的标签及其对应的处理程序。

14.1.5　自定义标签的类型

JSP 2.0 中支持 3 种类型的自定义标签。

1．经典标签

JSP 1.1 开始支持，按照标签功能的复杂性，标签处理程序应实现 3 个接口，或者继承相应的预实现类。

Tag 接口，一次运算正文内容。

IterationTag 接口与 TagSupport 类，多次运算正文内容。

BodyTag 接口与 BodyTagSupport 类，对正文内容缓存，可以进行转换处理等操作。

2．简单标签

JSP 2.0 开始支持，简单标签的处理程序必须实现 SimpleTag 接口或继承 SimpleTagSupport 类。

3．标签文件

JSP 2.0 开始支持。

14.1.6　自定义标签的接口与类

JspTag 接口是个空接口，其作用是为经典标签和简单标签提供一个统一的基类，将两者组织起来，如图 14-1 所示。

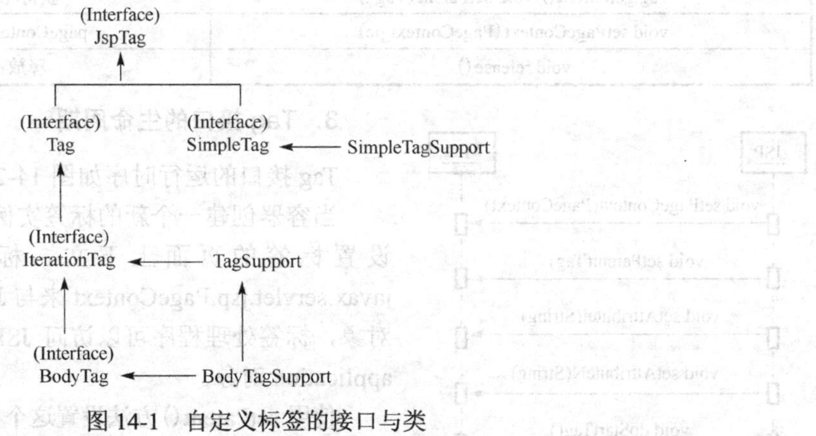

图 14-1　自定义标签的接口与类

14.2　经 典 标 签

经典标签是 JSP 规范 1.1 版本最初引入的标签开发方法。JSP 1.2 中增加了一些功能并简化了设计模型，但基本模型是一致的。JSP 2.0 中又引入了编写自定义标签的新机制——标签文件和简单标签，但仍然保留了对经典标签的支持。

14.2.1 Tag 接口

1. Tag 接口的定义

Tag 接口的定义如下。

```
package javax.servlet.jsp.tagext;
    import javax.servlet.jsp.JspException;
    public interface Tag extends JspTag {
    public final static int SKIP_BODY = 0;
    public final static int EVAL_BODY_INCLUDE = 1;
    public final static int SKIP_PAGE = 5;
    public final static int EVAL_PAGE = 6;
    void setPageContext(PageContext pc);
    void setParent(Tag t);
    Tag getParent();
    int doStartTag() throws JspException;
    int doEndTag() throws JspException;
    void release();
    }
```

2. Tag 接口中的函数

标签处理 Tag 接口中的方法如表 14-1 所示。

表 14-1 标签处理 Tag 接口中的方法

方 法	作 用
int doStartTag () throws JspException	处理开始标签
int doEndTag () throws JspException	处理结束标签
Tag getParent () /void setParent (Tag t)	获得/设置标签的父标签
void setPageContext (PageContext pc)	pageContext 属性的 setter 方法
void release ()	释放占用的所有资源

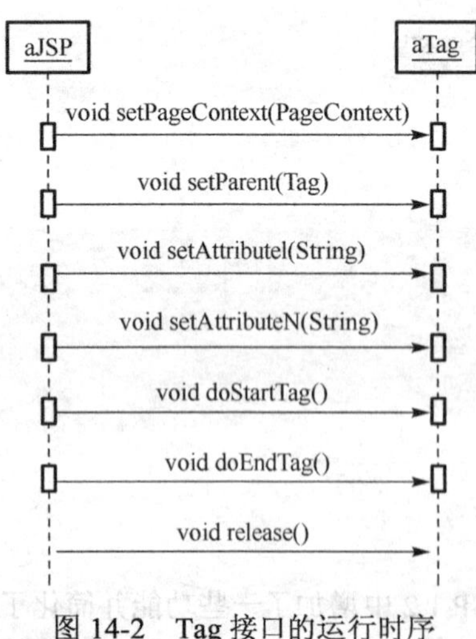

图 14-2 Tag 接口的运行时序

3. Tag 接口的生命周期

Tag 接口的运行时序如图 14-2 所示。

当容器创建一个新的标签实例后，通过 setPageContext() 设置标签的页面上下文。标签处理程序可以通过 javax.servlet.jsp.PageContext 来与 JSP 交互，通过 PageContext 对象，标签处理程序可以访问 JSP 中的 request、session 和 application 对象。

使用 setParent() 方法设置这个标签的上一级标签。如果没有上一级标签，设置为 null。标签可以互相嵌套，内层的标签处理程序可以通过它的 parent 属性来访问上层的标签处理类。

调用相应的属性设置器(set 方法)设置标签的属性。属性设置器在标签处理程序中定义，属性值在 JSP 页面中赋予，属性在标签库描述文件中声明。如果没有定义属性，就不调用此类方法。

调用 doStartTag()方法处理开始标签。这个方法可以返回 EVAL_BODY_INCLUDE 和 SKIP_BODY。当返回 EVAL_BODY_INCLUDE 时，就处理标签的 Body；如果返回 SKIP_BODY，则忽略标签的 Body。

调用 doEndTag()方法处理结束标签，这个方法可以返回 EVAL_PAGE 和 SKIP_PAGE。当返回 EVAL_PAGE 时，容器在标签结束后将继续处理 JSP 页面的其他部分；如果返回 SKIP_PAGE，标签结束后容器将不再处理 JSP 页面的其他部分。

4．Tag 接口的运行流程

Tag 接口的运行流程如图 14-3 所示。

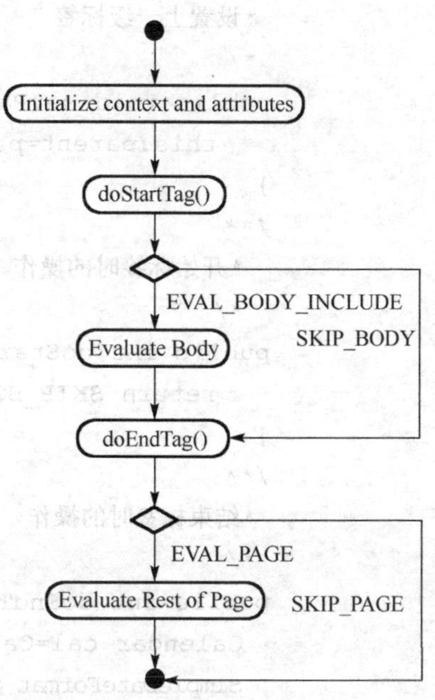

图 14-3　Tag 接口的运行流程

5．简单的自定义标签

在开发标签时，可以有两种选择：一种是直接实现原始的接口；另一种是继承 JSP 中预定义的类，如 TagSupport、BodySupport 等，这些类都实现了相应的 Tag 接口，只需覆盖其中的一些方法即可。在实际应用开发中，为了简单通常使用继承预定义类的方法。下面分别使用这两种方法开发一个最简单的自定义标签。

例程 14-1，实现 Tag 接口的标签处理程序 HelloTag1.java

```
package jspex.tag;
import javax.servlet.jsp.*;
import javax.servlet.jsp.tagext.*;
import java.io.IOException;
import java.util.Calendar;
import java.text.SimpleDateFormat;
/**
 *实现 Tag 接口的方式来开发标签程序
 */
public class HelloTag1 implements Tag {
    private PageContext pageContext;
    private Tag parent;
    public HelloTag1() {
        super();
    }
    /**
     *设置标签的页面的上下文
     */
    public void setPageContext(final javax.servlet.jsp.PageContext pageContext) {
        this.pageContext=pageContext;
    }
    /**
```

```
    *设置上一级标签
    */
   public void setParent(final javax.servlet.jsp.tagext.Tag parent) {
      this.parent=parent;
   }
   /**
    *开始标签时的操作
    */
   public int doStartTag() throws javax.servlet.jsp.JspTagException {
      return SKIP_BODY;  //返回 SKIP_BODY，表示不计算标签体
   }
   /**
    *结束标签时的操作
    */
   public int doEndTag() throws javax.servlet.jsp.JspTagException {
     Calendar cal=Calendar.getInstance();
     SimpleDateFormat formatter=new SimpleDateFormat("yyyy年MM月dd日 EEE");
     String dateString=formatter.format(cal.getTime());
     try {
       pageContext.getOut().write("你好！<br>今天是："+dateString);
     }
     catch(IOException e) {
       throw new JspTagException("IO Error: " + e.getMessage());
     }
       return EVAL_PAGE;
   }
   /**
    *释放标签程序占用的资源
    */
   public void release() {
   }
   /**
    *获取上一级标签
    */
   public Tag getParent() {
     return parent;
   }
}
```

例程 14-2，继承 TagSupport 类的标签处理程序 HelloTag2.java

```
package jspex.tag;
import javax.servlet.jsp.*;
import javax.servlet.jsp.tagext.*;
import java.io.IOException;
```

```
import java.util.Calendar;
import java.text.SimpleDateFormat;
/**
 *从 TagSupport 继承类来开发标签
 *TagSupport 类实现 Tag 接口
 */
public class HelloTag2 extends TagSupport {
/**
    *覆盖 doStartTag 方法
    */
   public int doStartTag() throws JspTagException {
          return SKIP_BODY;
   }
   /**
    *覆盖 doEndTag 方法
    */
   public int doEndTag()throws JspTagException {
          Calendar cal=Calendar.getInstance();
      SimpleDateFormat formatter=new SimpleDateFormat("yyyy年MM月dd日 EEE");
      String dateString=formatter.format(cal.getTime());
          try {
          pageContext.getOut().write("你好！<br>今天是："+dateString);
          }
          catch(IOException ex) {
          throw new JspTagException("Fatal error: hello tag conld not
                 write to JSP out");
          }
          return EVAL_PAGE;
   }
 }
```

标签处理逻辑主要在 doStartTag()和 doEndTag()方法内。当 JSP 引擎遇到 Tag 标签的开头时，doStartTag()被调用，因为该标签是一个不带 Body 的简单标签，所以此方法将返回 SKIP_BODY。当 JSP 引擎遇到 tag 标签的结尾时，doEndTag 被调用，如果余下的页面还要被计算，那它将返回 EVAL_PAGE，否则将会返回 SKIP_PAGE。

例程 14-3，标签库描述

```
 <tag>
    <name>hello1</name>
    <tag-class>jspex.tag.HelloTag1</tag-class>
    <body-content>empty</body-content>
    <description>Simple Tag</description>
  </tag>
  <tag>
```

```
    <name>hello2</name>
    <tag-class>jspex.tag.HelloTag2</tag-class>
    <body-content>empty</body-content>
    <description>Simple Tag</description>
  </tag>
```

例程 14-4，使用自定义标签的页面 hellotag.jsp

```
<%@ taglib uri="http://jexample.jexercise/tldex" prefix="jspex" %>
<%@ page contentType="text/html; charset=GB2312" %>
<html>
<head>
<title>first cumstomed tag</title>
<meta http-equiv="Content-Type" content="text/html; charset=GB2312">
</head>
<body>
<p>简单标记实例</p>
<jspex:hello1 />
<p>
<jspex:hello2 />
</body>
</html>
```

14.2.2 tld 文件

标签库是用 XML 语言描述的，标签库描述文件 tld 中包括了标签库中所有 Tag 标签的描述。

```
<?xml version="1.0" ?><!-- XML 声明 遵守标准的 XML 开头 -->
<!-- 根元素 必须为 taglib -->
<!-- 属性用于声明描述 tld 文件格式的 Schema 或 DTD 架构文件 -->
<taglib xmlns="http://java.sun.com/xml/ns/j2ee"
    xmlns:xsi="http://www.w3.org/2001/XMLSchema-instance"
    xsi:schemaLocation="http://java.sun.com/xml/ns/j2ee web-jsptaglibrary_20.xsd"
    version="2.0">
<!-- 标签库的版本 -->
<tlib-version>2.0</tlib-version>
<!-- 所需的 JSP 版本 -->
<jsp-version>2.0</jsp-version>
<!-- 助记符，标签库的一个别名(可选) -->
<short-name>jspex_tld</short-name>
<!-- 用于确定标签库的唯一逻辑名称 -->
<uri>http://jsp.exercise/tldex</uri>
<!-- 被可视化工具用来显示的名称(可选) -->
<display-name>jspex tld</display-name>
<!-- 被可视化工具用来显示的小图标(可选) -->
<description>JSP Example and Exercise Tag Library.</description>
<!-- 标签描述 -->
<tag>
    <!-- 标签的唯一逻辑名称 -->
```

```
    <name>sayHello1</name>
    <!-- 标签处理程序 -->
    <tag-class>jspex.tag.HelloTag1</tag-class>
    <!-- 标签体类型 -->
    <body-content>empty|scriptless|jsp|tagdependent</body-content>
    <!-- 属性声明 -->
    <attribute>
        <name>attrname</name>
        <!-- 属性是否为必需的 -->
        <required>true|false</required>
        <!-- 属性是否为运行时值 -->
        <rtexprvalue>true|false</rtexprvalue>
        <!-- 属性的返回类型(只用当 rtexprvalue 为真是才有效) -->
        <type>Java 数据类型</type>
    </attribute>
</tag>
</taglib>
```

标签库描述文件必须以.tld 作为扩展名，并且存放在当前应用的 WEB-INF 目录或其子目录下。可以通过它的路径与文件名直接引用它，也可以通过逻辑名称间接地引用它。如果是间接引用 tld 的话，还必须在 web.xml 中定义此逻辑名称与 tld 文件之间的映射，具体做法是在 web.xml 中加入一个名为 taglib 的元素。使用逻辑名称，在.tld 文件路径改变后，只需修改 web.xml 文件中的配置即可，具有更好的可移植性。

```
<jsp-config>
  <taglib>
    <taglib-uri>http://jexample.jexercise/tldex</taglib-uri>
    <taglib-location>/WEB-INF/tlds/jspex.tld</taglib-location>
  </taglib>
  …
</jsp-config>
```

JSP、web.xml、TLD、Java 程序之间的关系如图 14-4 所示。

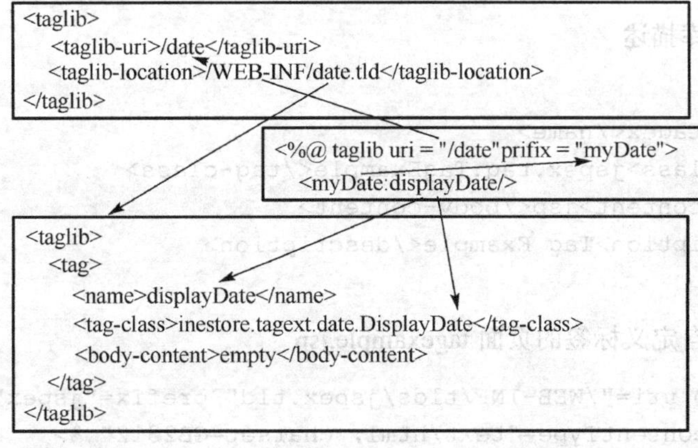

图 14-4　JSP、web.xml、TLD、Java 程序之间的关系

带标签体的自定义标签。

例程 14-5，标签处理程序 TagExample.java

```
package jspex.tag;
import javax.servlet.jsp.*;
import javax.servlet.jsp.tagext.*;
import java.io.IOException;
/**
 *从 TagSupport 继承来开发标签
 */
public class TagExample extends TagSupport {
    public int doStartTag() throws JspTagException {
        try {
          pageContext.getOut().print("进入自定义标记体! <br><b>");
        }
        catch(IOException ioe) {
          throw new JspTagException("Fatal error: hello tag conld not write
                  to JSP out");
        }
            return EVAL_BODY_INCLUDE;
    }

    public int doEndTag()throws JspTagException {
        try {
          pageContext.getOut().print("</b><br>离开自定义标记! ");
        }
        catch(IOException ioe) {
          throw new JspTagException("Fatal error: hello tag conld not write
                  to JSP out");
        }
            return EVAL_PAGE;
    }
}
```

例程 14-6，标签库描述

```
<tag>
    <name>tagex</name>
    <tag-class>jspex.tag.TagExample</tag-class>
    <body-content>jsp</body-content>
    <description>Tag Example</description>
</tag>
```

例程 14-7，使用自定义标签的页面 tagexample.jsp

```
<%@ taglib uri="/WEB-INF/tlds/jspex.tld" prefix="jspex" %>
<%@ page contentType="text/html; charset=GB2312" %>
<%@ page import="java.util.Calendar,java.text.SimpleDateFormat" %>
<html>
```

```
<head>
<title>Cumstomed tag example</title>
<meta http-equiv="Content-Type" content="text/html; charset=GB2312">
</head>
<body>
<%
Calendar cal=Calendar.getInstance();
SimpleDateFormat formatter=new SimpleDateFormat("yyyy年MM月dd日 EEE");
String dateString=formatter.format(cal.getTime());
%>
<p>普通标记实例</p>
<jspex:tagex>
<%=dateString %>
</jspex:tagex>
</body>
</html>
```

标签体的内容有 empty、scriptless、jsp、tagdependent 四种类型，empty 即没有标签体 Body；scriptless 类型的标签体没有动态内容，可以是字符串内容或包含 HTML 标签，或者为 EL 表达式；jsp 类型的标签体允许有 JSP 标签等动态内容；tagdependent 类型的标签体中的标记不进行解析，仅作为普通字符处理。

14.2.3　自定义标签的属性

自定义标签可以有自己的属性。属性一般在开始标签中定义，语法为 attr="value"。属性的作用相当于自定义标签的一个参数，它影响着标签处理类的行为。

1．属性声明

标签的属性在 tld 中声明，对于标签的每个属性，必须声明它是否为必需的，即<required>元素为 true 或 false。声明它的值是否可以在运行时设置，<rtexprvalue>元素为为 true 或 false，即可用诸如<%= …%>的表达式来设置，或者只能为常量。声明它的类型(可选)，如果不指定它的类型，那就默认是 java.lang.String 类型。只有<rtexprvalue>元素被定义为 true 或 yes，<type>元素的定义才有效。

2．属性设置

对于标签的每个属性，必须依照 Java Bean 规范在标签处理程序中定义其属性，以及设置器或获取器，即 setter 和 getter 方法。

3．属性赋值

标签的具体属性值在 JSP 页面赋值。

4．属性使用

标签处理程序使用 set 方法设置属性后，可在类内对其进行处理或通过 get 方法获取。

注意，如果你的属性名为 id，而且你的 tag 处理类是从 TagSupport 类继承的，那就不需要定义它的属性和 setter 和 getter 方法，因为它们早已在 TagSupport 被定义过了。

例程 14-8，标签处理程序 TagAttr.java

```
package jspex.tag;
import javax.servlet.jsp.*;
```

```
import javax.servlet.jsp.tagext.*;
import java.io.IOException;
/**
 *从 TagSupport 继承来开发标签
 */
public class TagAttr extends TagSupport {
   private String userName;
   //定义属性的设置器
   public void setUserName(String str) {
      userName=str;
   }
   public int doStartTag() throws JspTagException {
      //属性的使用
            try {
            pageContext.getOut().write("你好！ " + userName);
            }
            catch(IOException ex) {
            throw new JspTagException("Fatal error: hello tag conld not
                   write to JSP out");
            }
            return EVAL_BODY_INCLUDE;
   }
}
```

例程 14-9，标签库描述，标签的名称：tagattr

```
<tag>
   <name>tagattr</name>
   <tag-class>jspex.tag.TagAttr</tag-class>
   <body-content>jsp</body-content>
   <description>Tag Attribute Example</description>
   <!-- define the attribute here! -->
   <attribute>
     <name>userName</name>
     <required>true</required>
     <rtexprvalue>false</rtexprvalue>
   </attribute>
</tag>
```

例程 14-10，使用该标签的 JSP 文件：tagattr.jsp

```
<%@ taglib uri="http://jexample.jexercise/tldex" prefix="jspex" %>
<%@ page contentType="text/html; charset=GB2312" %>
<%@ page import="java.util.Calendar,java.text.SimpleDateFormat" %>
<html>
<head>
<title>Cumstomed tag example</title>
<meta http-equiv="Content-Type" content="text/html; charset=GB2312">
</head>
```

```
<body>
<%
Calendar cal=Calendar.getInstance();
SimpleDateFormat formatter=new SimpleDateFormat("yyyy年MM月dd日 EEE");
String dateString=formatter.format(cal.getTime());
%>
<p>自定义标签的属性示例</p>
<%-- 属性在此赋值 --%>
<jspex:tagattr userName="朋友">
<br>
今天是：<%=dateString %>
</jspex:tagattr>
</body>
</html>
```

14.2.4 IterationTag 接口

IterationTag 接口的定义如下。

```
package javax.servlet.jsp.tagext;
    import javax.servlet.jsp.JspException;
    public interface IterationTag extends Tag {
      public final static int EVAL_BODY_AGAIN = 2;
      int doAfterBody() throws JspException;
    }
```

IterationTag 接口的运行流程如图 14-5 所示。

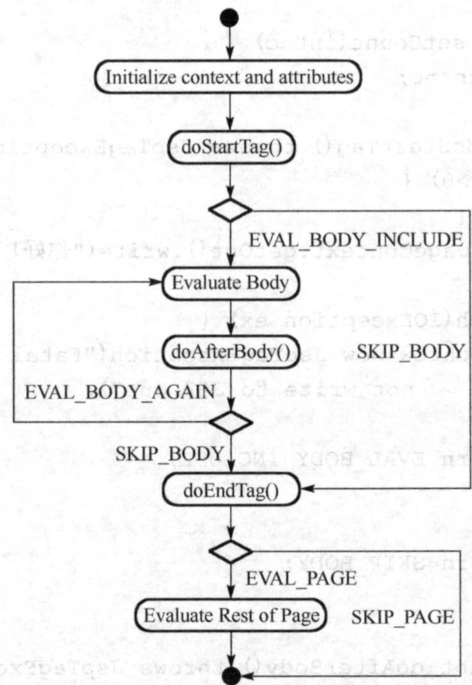

图 14-5　IterationTag 接口的运行流程

IterationTag 接口与 Tag 接口的不同点是，在计算正文内容之后，调用新的 doAfterBody()方法，确定是否要对正文内容进行迭代处理。如果要对正文内容重新计算，doAfterBody()方法将返回 IterationTag 接口定义的 EVAL_BODY_AGAIN 常数，反之，当不需要对正文内容进行处理时，将返回 SKIP_BODY 常数。如果 Tag 处理类要对标签体反复运算，则它应该实现 IterationTag 或从 TagSupport 中派生。

多次处理标签体的自定义标签。

例程 14-11，标签处理程序 IterationTagExample.java

```
package jspex.tag;
import javax.servlet.jsp.*;
import javax.servlet.jsp.tagext.*;
import java.io.Writer;
import java.io.IOException;
/**
 *从 TagSupport 类继承来开发标签
 *TagSupport 类实现 IterationTag 接口
 */
public class IterationTagExample extends TagSupport {
    String userName;
    int count;
    public IterationTagExample() {
        super();
    }
    public void setUserName(String user) {
        this.userName=user;
    }
    public void setCount(int c) {
        this.count=c;
    }
    public int doStartTag() throws JspTagException {
        if(count>0) {
            try {
                pageContext.getOut().write("你好！" + userName);
            }
            catch(IOException ex) {
                throw new JspTagException("Fatal error: hello tag conld
                    not write to JSP out");
            }
            return EVAL_BODY_INCLUDE;
            }
        else {
            return SKIP_BODY;
            }
        }
        public int doAfterBody() throws JspTagException {
            if(--count >=1) {
```

```
                return EVAL_BODY_AGAIN;
            }
            else {
                return SKIP_BODY;
            }
        }
}
```

例程 14-12，标签库描述，标签的名称：iteratetag

```
<tag>
   <name>iteratetag</name>
   <tag-class>jspex.tag.IterationTagExample</tag-class>
   <body-content>jsp</body-content>
   <attribute>
     <name>userName</name>
     <required>true</required>
     <rtexprvalue>true</rtexprvalue>
   </attribute>
   <attribute>
     <name>count</name>
     <required>true</required>
     <rtexprvalue>true</rtexprvalue>
     <type>java.lang.Integer</type>
   </attribute>
</tag>
```

例程 14-13，使用该标签的 JSP 文件：iterationtagex.jsp

```
<%@ taglib uri="http://jexample.jexercise/tldex" prefix="jspex" %>
<%@ page contentType="text/html; charset=GB2312" %>
<%@ page import="java.util.Calendar,java.text.SimpleDateFormat" %>
<html>
<head>
<title>Cumstomed tag example</title>
<meta http-equiv="Content-Type" content="text/html; charset=GB2312">
</head>
<body>
<%
Calendar cal=Calendar.getInstance();
SimpleDateFormat formatter=new SimpleDateFormat("yyyy年MM月dd日 EEE");
String dateString=formatter.format(cal.getTime());
%>
<p>IterationTag实例</p>
<jspex:iteratetag userName="朋友" count="3">
<br>
今天是：<%=dateString %>
</jspex:iteratetag>
</body>
</html>
```

14.2.5 BodyTag 接口

BodyTag 接口的定义如下。

```
package javax.servlet.jsp.tagext;
  import javax.servlet.jsp.JspException;
  public interface BodyTag extends IterationTag {
    public final static int   EVAL_BODY_BUFFERED = 2;
    public final static int EVAL_BODY_Tag = 2;
    void setBodyContent(BodyContent b);
    void doInitBody() throws JspException;
  }
```

BodyTag 接口的运行流程如图 14-6 所示。

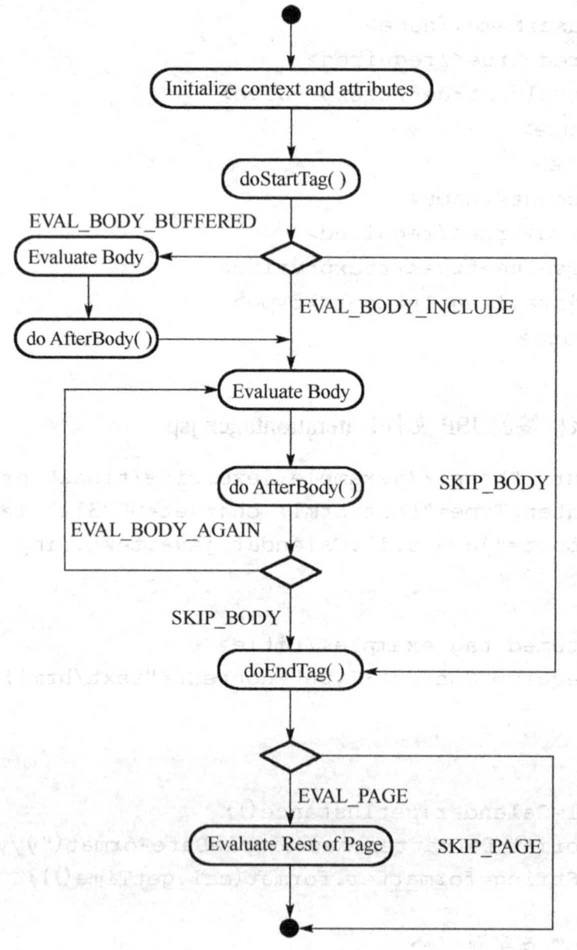

图 14-6 BodyTag 接口的运行流程

1. 设置上下文环境

与其他的经典标签一样，首先是将上下文环境信息(PageContext 和父 Tag)传送到标签处理器实例中。

2．开始标签

在设置上下文环境后调用 doStartTag()方法。对于 BodyTag 接口，该方法有 3 个不同的返回值。除了返回 SKIP_BODY，表示忽略正文内容，直接进行到 doEndTag()方法；或者返回 EVAL_BODY_INCLUDE，表示将计算正文内容并包含在页面中；还可以返回 EVAL_BODY_BUFFERED，表示需要处理标签体内容，JSP 容器将设置 bodyContent。

3．设置正文内容

如果 doStartTag()方法返回 EVAL_BODY_BUFFERED，标签处理器调用 setBodyContent()方法保存对 BodyContent 的引用，以便通过该对象操作标记正文的内容。BodyContent 是 JspWriter 的子类，可以看成用于暂时书写内容的临时书写板。当 JSP 容器调用 setBodyContent()方法时，常规输出流 JspWriter 与 BodyContent 对象交换。在此之后，直到结束标签输出的内容实际上被写入临时书写板，而不是页面。

随后 JSP 容器调用 doInitBody()方法在最后计算正文内容前建立状态，在替换初始 JspWriter 的结果后，将开始标签和结束标签之间的内容写到 BodyContent 对象中，这样就可以访问生成的内容并在以后操作这些内容。

4．正文之后

与 IterationTag 接口一样，BodyTag 接口在运算正文内容后调用 doAfterBody()方法，返回 EVAL_BODY_AGIN 或 SKIP_BODY，以表明是否需要多次运算正文内容。EVAL_BODY_AGIN 与 EVAL_BODY_BUFFERED 其实是相同的常数，它们使用的地方不同，进而有不同的位置。

5．结束标签

不管正文内容是否被运算或多次重复运算，BodyTag 标签与前两个标签一样都调用 doEndTag()方法，返回 EVAL_PAGE 和 SKIP_PAGE。

BodyContent 对象在 BodyTag 标签中十分重要，它保存了标记的正文内容。BodyContent 对象由容器实现，通过 setBodyContent()方法传递到标签处理程序中，该类继承自 JspWriter 类，其中提供了许多方法用于对正文内容的操作。

void clearBody()：清除 BodyContent 中保存的内容。

void flush()：重定义父类的 flush()方法，禁止对其调用。

JspWriter getEnclosingWriter()：获取封装的 JspWriter 对象。

abstract Reader getReader()：将 BodyContent 作为 java.io.Reader 对象返回。

abstract java.lang.String getString()：将 BodyContent 中保存的内容以字符串返回。

abstract void writeOut(Writer out)：将 BodyContent 中保存的内容输出到参数指定的 java.io.Writer 中。

对标签体内容进行转换处理的 BodyTag 标签例程如下。

如果 Tag 处理类要对标记正文进行转换等操作，那么 Tag 处理类应实现 BodyTag 接口或从 BodyTagSupport 中派生，一般是继承 BodyTagSupport 类。该类本身继承自 TagSupport，除了实现 BodyTag 接口的方法外，还定义了一些有用的方法。

BodyContent getBodyContent()：获取 BodyContent 对象。

JspWriter getPreviousOut()：返回 BodyContent 对象中封装的 JspWriter 对象。

例程 14-14，标签处理程序 BodyTagExample.java

```
package jspex.tag;
```

```
import java.io.IOException;
import javax.servlet.jsp.JspException;
import javax.servlet.jsp.JspTagException;
import javax.servlet.jsp.tagext.BodyTagSupport;
public class BodyTagExample extends BodyTagSupport {
   public int doEndTag() throws JspException{
      /**检查正文内容是否为空，
        *如果标签没有 Body 体，
        *容器不会调用 setBodyContent()方法。
        */
      if(bodyContent!=null){
         try {
                String content=bodyContent.getString();
                content=content.replace("今天是：","<b>今天的日期是：</b>");
                //清除原来的正文内容
                bodyContent.clearBody();
                //将新内容保存到 bodyContent 对象中
                bodyContent.print(content);
                //将 bodyContent 对象中的内容写回到原来的输出流 JspWriter(out)对象中
                //getPreviousOut()是 BodyTagSupport 类对
                //getBodyContent().getEnclosingWriter()的重定义
                bodyContent.writeOut(getPreviousOut());
         }
         catch(IOException ioe) {
                throw new JspTagException(ioe.getMessage());
         }
      }
      return EVAL_PAGE;
   }
}
```

例程 14-15，标签库描述，标签的名称：**bodytag**

```
<tag>
    <name>bodytag</name>
    <tag-class>jspex.tag.BodyTagExample</tag-class>
    <body-content>jsp</body-content>
</tag>
```

例程 14-16，使用该标签的 JSP 文件：**bodytagex.jsp**

```
<%@ taglib uri="http://jexample.jexercise/tldex" prefix="jspex" %>
<%@ page contentType="text/html; charset=GB2312" %>
<%@ page import="java.util.Calendar,java.text.SimpleDateFormat" %>
<html>
<head>
<title>Cumstomed tag example</title>
<meta http-equiv="Content-Type" content="text/html; charset=GB2312">
</head>
```

```
<body>
<%
Calendar cal=Calendar.getInstance();
SimpleDateFormat formatter=new SimpleDateFormat("yyyy年MM月dd日 EEE");
String dateString=formatter.format(cal.getTime());
%>
<p>BodyTag实例</p>
<jspex:bodytag>
今天是：<%=dateString %>
</jspex:bodytag>
</body>
</html>
```

14.2.6　标签的嵌套

自定义标签可以与其他自定义标签或 HTML、JSP 标签嵌套使用，标签之间能够相互合作，分享信息或直接访问页面上使用的其他标签处理器的方法和字段。定制标签协作的方式有很多，如在父标签处理程序中控制对子标签的处理；在子标签处理程序中通过 setParent()方法和 getParent()方法设置和获取服务器传递的父标签处理类的引用，进而直接访问父标签处理器实例或调用其上的方法；最常见的协作方式是通过共享信息来实现，一般是将资源放置到已知的作用域，如 request、page、session、application 中，然后在其他的标签中获取。

例程 14-17，标签处理程序 TagNest.java

```
package jspex.tag;
import javax.servlet.jsp.*;
import javax.servlet.jsp.tagext.*;
import java.io.IOException;
public class TagNest extends TagSupport {
    private String userName;
    public void setUserName(String str) {
        userName=str;
    }
    public int doStartTag() throws JspTagException {
        pageContext.setAttribute("nameattr",userName);
        return EVAL_BODY_INCLUDE;
    }
}
```

例程 14-18，标签库描述，标签的名称：tagnest

```
<tag>
    <name>tagnest</name>
    <tag-class>jspex.tag.TagNest</tag-class>
    <body-content>jsp</body-content>
    <attribute>
        <name>userName</name>
        <required>true</required>
        <rtexprvalue>true</rtexprvalue>
```

```
    </attribute>
</tag>
```

例程 14-19，使用该标签的 JSP 文件：tagnest.jsp

```
<%@ taglib uri="http://jexample.jexercise/tldex" prefix="jspex" %>
<%@ page contentType="text/html; charset=GB2312" %>
<%@ page import="java.util.Calendar,java.text.SimpleDateFormat" %>
<html>
<head>
<title>Cumstomed tag example</title>
<meta http-equiv="Content-Type" content="text/html; charset=GB2312">
</head>
<body>
<%
Calendar cal=Calendar.getInstance();
SimpleDateFormat formatter=new SimpleDateFormat("yyyy年MM月dd日 EEE");
String dateString=formatter.format(cal.getTime());
%>
<p>标记间信息的共享</p>
<jspex:tagnest userName="朋友">
你好！${nameattr}
<br>
今天是：<%=dateString %>
</jspex:tagnest>
</body>
</html>
```

14.3　简 单 标 签

经典标签的编程和调用都比较复杂，因此 JSP2.0 推出了简单标签。简单标签相对于经典标签，结构简单、实现的接口少。

SimpleTag 接口的定义如下。

```
package javax.servlet.jsp.tagext;
    public interface SimpleTag extends JspTag {
    public void doTag() throws JspException, IOException;
    public JspTag getParent();
    public void setJspBody(JspFragment jspBody);
    public void setJspContext(JspContext jspContext);
    public void setParent(JspTag parent);
    }
```

Simple Tag 接口的生命周期如下。

(1) 容器每次遇到标签时，创建新的标签处理程序实例。

(2) 调用 setJspContext() 和 setParent() 方法设置上下文环境。JspContext 类是 JSP 2.0 API 中增加的，作为 PageContext 的父类。它将 PageContent 类中的信息抽象化，使简单标签可以在 Servlet

的请求应答环境之外运行。setParent()方法保存其父标签处理器的引用，以便嵌套的标签之间可以相互联系和合作。只有这个标签在另一个标签之内时，才调用 setParent()方法。

(3) 调用每个属性的 setter 方法以设置这些属性。

(4) 调用 setJspBody()方法设置正文内容。标签的正文内容用 JspFragment 对象表示，该对象由容器创建，通过 setJspBody()方法传递给标签。JspFragment 只能包含模板元素和动作元素，不允许包含脚本或脚本表达式。当页面中无动作元素时，setJspBody()方法不会被调用。JspFragment 类中的方法如下。

abstract JspContext getJspContext()：返回与 JspFragment 对象关联的 JspContext 对象。

abstract void invoke(Writer out)：运行 JspFragment 中保存的内容，并输出至参数指定的 java.io.Writer 对象中。

(5) 调用 doTag()方法，所有的标签逻辑、迭代和对 Body 的处理等都在该方法中进行。

(6) 在 doTag()方法返回后，标签处理结束。

SimpleTag 接口的运行时序如图 14-7 所示。

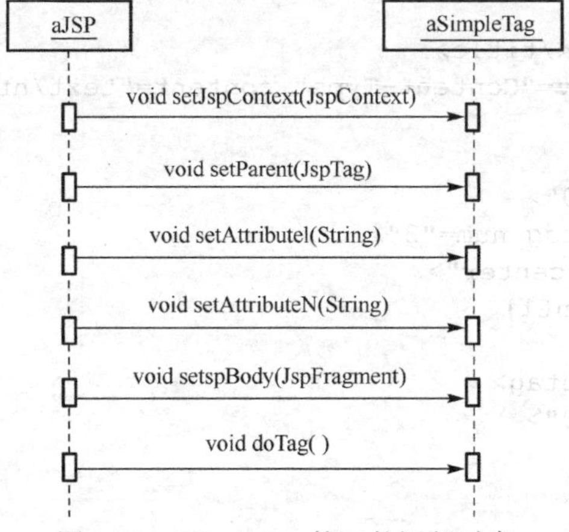

图 14-7　SimpleTag 接口的运行时序

SimpleTag 例程。

例程 14-20，标签处理程序 SimpleTag1.java

```
package jspex.tag;
import javax.servlet.jsp.JspException;
import javax.servlet.jsp.tagext.SimpleTagSupport;
import java.io.IOException;
  public class SimpleTag1 extends SimpleTagSupport {
  private int num;
  public void setNum(int num) {
    this.num = num;
  }
  public void doTag() throws JspException, IOException {
    for (int i=0; i<num; i++) {
      getJspContext().setAttribute("count1",String.valueOf(i + 1));
      getJspBody().invoke();
    }
  }
}
```

例程 14-21，标签库描述，标签的名称：simpletag

```
<tag>
    <name>simpletag</name>
    <tag-class>jspex.tag.SimpleTag1</tag-class>
    <body-content>scriptless</body-content>
    <attribute>
      <name>num</name>
      <required>true</required>
      <rtexprvalue>true</rtexprvalue>
    </attribute>
</tag>
```

例程 14-22，使用该标签的 JSP 文件：simpletagex.jsp

```
<%@ page contentType="text/html;charset=GB2312"%>
<%@ taglib uri="http://jexample.jexercise/tldex" prefix="jspex" %>
<html>
<head>
<title>Tag Test</title>
<meta http-equiv="Content-Type" content="text/html; charset=GB2312">
</head>
<body>
  <hr width="300">
  <jspex:simpletag num="3">
    <div align="center">
获得返回值：${count1}
    </div>
  </jspex:simpletag>
  <hr width="300">
</body>
</html>
```

14.4 标签文件

标签文件是 JSP 2.0 规范引入的新内容。标签文件相当于模板，而且在使用时可简洁、灵活地进行定制。标签文件是资源文件，实质上是一个 JSP 片段，其中包含需重复使用的内容，标签文件的使用就是对资源文件的包含。下面从 JSP 页面中的资源包含开始，逐步演变到标签文件，从中理解标签文件的实质，以及它的简洁和可配置功能。

下面的页面来自 Tomcat 服务器自带的 JSP 例程，URL 为：

http://localhost:8080/examples/jsp/jsp2/tagfiles/panel.jsp

标签文件例程的运行效果如图 14-8 所示。

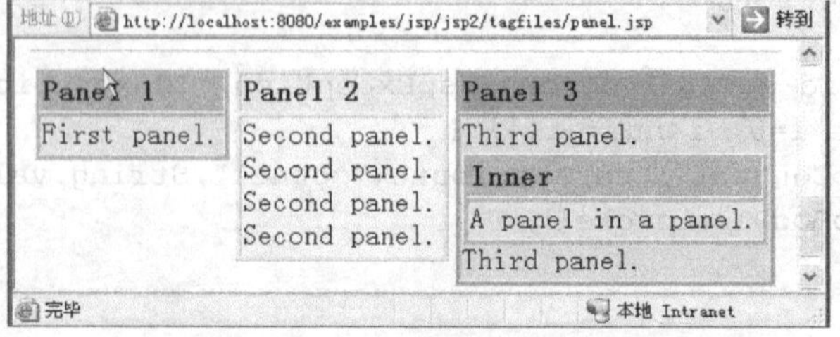

图 14-8 标签文件例程的运行效果

1. 用 JSP 静态包含指令实现上述页面需 4 个被包含文件

例程 14-23，包含文件 tagfile1.jsp

```
<html>
  <head>
    <title>JSP 2.0 Examples - Panels using Tag Files</title>
  </head>
  <body>
    <h1>JSP 2.0 Examples - Panels using Tag Files</h1>
    <hr>
    <p>This example select from JSP Examples of Tomcat!</p>
    <hr>
    <table border="0">
      <tr valign="top">
        <td>
          <%@ include file="tag1.inc" %>
        </td>
        <td>
          <%@ include file="tag2.inc" %>
        </td>
        <td>
          <%@ include file="tag3.inc" %>
        </td>
      </tr>
    </table>
  </body>
</html>
```

例程 14-24，被包含文件 tag1.inc

```
<table border="1" bgcolor="#ff8080">
  <tr>
    <td><b>Panel 1</b></td>
  </tr>
  <tr>
    <td bgcolor="#ffc0c0">
      First panel.<br/>
    </td>
  </tr>
</table>
```

例程 14-25，被包含文件 tag2.inc

```
<table border="1" bgcolor="#80ff80">
  <tr>
    <td><b>Panel 2</b></td>
  </tr>
  <tr>
    <td bgcolor="#c0ffc0">
```

```
      Second panel.<br/>
      Second panel.<br/>
    </td>
  </tr>
</table>
```

例程 14-26，被包含文件 tag3.inc

```
<table border="1" bgcolor="#8080ff">
  <tr>
    <td><b>Panel 3</b></td>
  </tr>
  <tr>
    <td bgcolor="#c0c0ff">
      Third panel.<br/>
      <%@ include file="tag4.inc" %>
      Third panel.<br/>
    </td>
  </tr>
</table>
```

例程 14-27，被包含文件 tag4.inc

```
<table border="1" bgcolor="#ff80ff">
  <tr>
    <td><b>Inner</b></td>
  </tr>
  <tr>
    <td bgcolor="#ffc0ff">
      A panel in a panel.
    </td>
  </tr>
</table>
```

2. 使用 JSP 动态包含动作实现需要 2 个被包含文件

例程 14-28，包含文件 tagfile2.jsp

```
<html>
  <head>
    <title>JSP 2.0 Examples - Panels using Tag Files</title>
  </head>
  <body>
    <h1>JSP 2.0 Examples - Panels using Tag Files</h1>
    <hr>
    <p>This example select from JSP Examples of Tomcat!</p>
    <hr>
    <table border="0">
      <tr valign="top">
        <td>
```

```
        <jsp:include page="tag.jsp">
          <jsp:param name="color" value="#ff8080"/>
          <jsp:param name="bgcolor" value="#ffc0c0"/>
          <jsp:param name="title" value="Panel 1"/>
          <jsp:param name="body" value="First panel.<br/>"/>
        </jsp:include>
      </td>
      <td>
        <jsp:include page="tag.jsp">
          <jsp:param name="color" value="#80ff80"/>
          <jsp:param name="bgcolor" value="#c0ffc0"/>
          <jsp:param name="title" value="Panel 2"/>
          <jsp:param name="body" value="Second panel.<br/>Second panel.<br/>"/>
        </jsp:include>
      </td>
      <td>
        <jsp:include page="tag2.jsp">
          <jsp:param name="color" value="#8080ff"/>
          <jsp:param name="bgcolor" value="#c0c0ff"/>
          <jsp:param name="title" value="Panel 3"/>
          <jsp:param name="body" value="Third panel."/>
        </jsp:include>
      </td>
    </tr>
  </table>
</body>
</html>
```

例程 14-29，被包含文件 tag.jsp

```
<table border="1" bgcolor="${param.color}">
  <tr>
    <td><b>${param.title}</b></td>
  </tr>
  <tr>
    <td bgcolor="${param.bgcolor}">
      ${param.body}
    </td>
  </tr>
</table>
```

例程 14-30，被包含文件 tag2.jsp

```
<table border="1" bgcolor="${param.color}">
  <tr>
    <td><b>${param.title}</b></td>
  </tr>
  <tr>
    <td bgcolor="${param.bgcolor}">
```

```
        ${param.body}
        <jsp:include page="tag.jsp">
          <jsp:param name="color" value="#ff80ff"/>
          <jsp:param name="bgcolor" value="#ffc0ff"/>
          <jsp:param name="title" value="Inner"/>
          <jsp:param name="body" value="A panel in a panel."/>
        </jsp:include>
        ${param.body}
      </td>
    </tr>
  </table>
```

3. 使用标签文件实现则只需 1 个.tag 文件

例程 14-31，使用标签文件的 JSP 页面 tagfile3.jsp

```
<%@ taglib prefix="tags" tagdir="/WEB-INF/tags" %>
<html>
  <head>
    <title>JSP 2.0 Examples - Panels using Tag Files</title>
  </head>
  <body>
    <h1>JSP 2.0 Examples - Panels using Tag Files</h1>
    <hr>
    <p>This example select from JSP Examples of Tomcat!</p>
    <hr>
    <table border="0">
      <tr valign="top">
        <td>
          <tags:panel>
            <jsp:attribute name="color">#ff8080</jsp:attribute>
            <jsp:attribute name="bgcolor">#ffc0c0</jsp:attribute>
            <jsp:attribute name="title">Panel 1</jsp:attribute>
            <jsp:body>First panel.<br/></jsp:body>
          </tags:panel>
        </td>
        <td>
          <tags:panel>
            <jsp:attribute name="color">#80ff80</jsp:attribute>
            <jsp:attribute name="bgcolor">#c0ffc0</jsp:attribute>
            <jsp:attribute name="title">Panel 2</jsp:attribute>
            <jsp:body>Second panel.<br/>Second panel.<br/></jsp:body>
          </tags:panel>
        </td>
        <td>
          <tags:panel>
            <jsp:attribute name="color">#8080ff</jsp:attribute>
            <jsp:attribute name="bgcolor">#c0c0ff</jsp:attribute>
```

```
            <jsp:attribute name="title">Panel 3</jsp:attribute>
            <jsp:body>
              Third panel.
              <tags:panel>
                <jsp:attribute name="color">#ff80ff</jsp:attribute>
                <jsp:attribute name="bgcolor">#ffc0ff</jsp:attribute>
                <jsp:attribute name="title">Inner</jsp:attribute>
                <jsp:body>A panel in a panel.</jsp:body>
              </tags:panel>
              Third panel.
            </jsp:body>
          </tags:panel>
        </td>
      </tr>
    </table>
  </body>
</html>
```

例程 14-32，标签文件 panel.tag

```
<%@ attribute name="color" %>
<%@ attribute name="bgcolor" %>
<%@ attribute name="title" %>
<table border="1" bgcolor="${color}">
  <tr>
    <td><b>${title}</b></td>
  </tr>
  <tr>
    <td bgcolor="${bgcolor}">
      <jsp:doBody/>
    </td>
  </tr>
</table>
```

4．标签文件正确、简洁的用法

例程 14-33，简洁的 JSP 页面 tagfile.jsp

```
<%@ taglib prefix="tags" tagdir="/WEB-INF/tags" %>
<html>
  <head>
    <title>JSP 2.0 Examples - Panels using Tag Files</title>
  </head>
  <body>
    <h1>JSP 2.0 Examples - Panels using Tag Files</h1>
    <hr>
    <p>This example select from JSP Examples of Tomcat!</p>
    <hr>
    <table border="0">
```

```
    <tr valign="top">
      <td>
        <tags:panel color="#ff8080" bgcolor="#ffc0c0" title="Panel 1">
    First panel.<br/>
  </tags:panel>
      </td>
      <td>
        <tags:panel color="#80ff80" bgcolor="#c0ffc0" title="Panel 2">
    Second panel.<br/>
    Second panel.<br/>
  </tags:panel>
      </td>
      <td>
        <tags:panel color="#8080ff" bgcolor="#c0c0ff" title="Panel 3">
    Third panel.<br/>
          <tags:panel color="#ff80ff" bgcolor="#ffc0ff" title="Inner">
    A panel in a panel.
    </tags:panel>
    Third panel.<br/>
   </tags:panel>
      </td>
     </tr>
    </table>
   </body>
  </html>
```

JSP 2.0 提供了专门的指令和动作来支持标签文件。

专用于标签文件的指令如下。

(1) tag 指令：为标签文件指定属性。

```
<%@ tag name="tagexample"
display-name="jspex tag"
body-content="scriptless"
dynamic-attribute="true"
small-icon="spic.jpg"
large-icon="lpic.jpg"
description="JSP example tag"
%>
```

(2) attribute 指令：在标签文件中定义属性。

```
<%@ attribute name="attrname"
fragment="true"
required="true"
rtexprvalue="true"
type="className"
%>
```

(3) variable 指令：在标签文件中定义变量并导出到调用的 JSP 页面。

```
<%@ variable name-given="varname"
scope="AT_BEGIN|NESTED|AT_END"
```

```
variable-class="java 类型"
%>
```

标签文件中属性与变量的区别是：属性在页面中赋值，在.tag 文件中获取使用，变量在.tag 文件中赋值，在页面中获取使用。

专用于标签文件的动作如下。

(1) <jsp:attribute name="attrname">attrvalue</jsp:attribute>在页面中定义属性值。

(2) <jsp:body>bodycontent</jsp:body>在页面中定义标记正文。

(3) <jps:dobody/>在.tag 文件中设置正文位置。

(4) <jsp:element name="HtmlTagName"/>生成指定名称的 HTML 元素，HTML 元素的名称可在运行时获得。

(5) <jsp:invoke fragment="fragname"/>调用 fragment 属性标记的 JSP 片段。

这些指令和动作需要与 JSTL 合作使用，具体例程可参考 Tomcat 服务器自带的 JSP 例程，http://localhost:8080/examples/jsp/jsp2/tagfiles/products.jsp。

本 章 小 结

自定义标签是用户定义的一种动态标签，是对 JSP 标签的一种扩展，执行自定义的操作。每个自定义标签都与一个 Java 类相关联，这个类定义了相应标签的执行逻辑，称为标签处理类或标签处理程序。JSP 中支持 3 种类型的自定义标签，即经典标签、简单标签、标签文件。经典标签从 JSP 1.1 开始支持，按照标签功能的复杂性，标签处理程序应实现 3 个接口之一，或者继承相应的预实现类。Tag 接口，一次运算正文内容；IterationTag 接口与 TagSupport 类，多次运算正文内容；BodyTag 接口与 BodyTagSupport 类，对正文内容缓存，可以进行转换处理等操作。简单标签从 JSP 2.0 开始支持，简单标签的处理程序必须实现 SimpleTag 接口或继承 SimpleTagSupport 类。标签文件是 JSP 2.0 规范引入的，相当于模板，在使用时可简洁、灵活地进行定制。

自定义标签的开发使用过程为：创建一个标签处理程序，标签处理程序是一个执行自定义标签操作的 Java 类，必须实现特定的接口，编译后将 class 文件放在网站特定的目录下；创建标签库描述文件.tld，标签库描述文件是一个 XML 文件，在其中声明标签名称及其与标签处理程序的对应，以及属性、变量等；在 JSP 文件中使用自定义标签时，要用 taglib 指令导入标签库，或者在 web.xml 中定义标签库的逻辑 URI，在 JSP 页面中用 taglib 指令通过 URI 间接地引入标签库。

思 考 题

1. 简述 JSP 基本语法之一的动作元素与自定义标签的关系。
2. JSP taglib 指令的格式与作用是什么？
3. 简述 Tag 接口的运行流程。
4. 简述 SimpleTag 接口的运行流程。
5. 写出 tld 文件中声明一个标签的基本代码。
6. 简述自定义标签的开发步骤。
7. 嵌套的自定义标签，子标签处理程序中如何获取父标签处理类的引用？
8. 简述标签文件中属性与变量的区别。

第15章 标准标签库

15.1 JSTL 简介

JSTL（Java Server Pages Standard Tag Library）是由 JCP（Java Commnunity Process）所制定的标准规范，它封装了 JSP 开发中常见的功能，给 Java Web 开发人员提供一个标准的通用标签库。

JSTL 是一个不断完善、开放源代码的 JSP 标签库，早期由 Apcche 的 Jakarta 小组开发，目前该项目被移交到 Tomcat 小组。它的最新版本 JSTL 1.2 正在工作中，可用版本是 JSTL 1.1.2。可以到 Tomcat 官方网站下载，下载页面地址为：

http://jakarta.apache.org/site/downloads/downloads_taglibs-standard.cgi

软件名称：jakarta-taglibs-standard-1.1.2.zip。该文件解压后包括以下内容。

Lib 目录下：JSTL 需要的 jstl.jar、standard.jar。

说明文档：standard-doc.war。

学习例程：standard-examples.war。

15.1.1 JSTL 的安装配置

使用 JSTL 只需将下载的压缩包中的 jstl.jar、standard.jar 文件放在应用程序的 WEB-INF\lib 目录下，在页面中用 taglib 指令引入所要使用的各种标签即可。

JSTL 1.0 至少需要运行在支持 JSP 1.2 和 Servlet 2.3 规范的容器上；JSTL 1.1 至少需要运行在支持 JSP 2.0 和 Servlet 2.4 规范的容器上。在 JSP 2.0 规范中 JSTL 是作为标准支持的。

15.1.2 JSTL 的优点

(1) 在应用程序服务器之间提供了一致的接口，最大限度地提高了 Web 应用在各应用服务器之间的移植。

(2) 简化了 JSP Web 应用程序的开发。

(3) 以一种统一的方式减少了 JSP 中的 scriptlet 代码数量，甚至可以在程序中没有任何 scriptlet 代码。

(4) 允许 JSP 设计工具与 Web 应用程序开发的进一步集成，在 IDE 开发工具中提供对 JSTL 的支持。

15.1.3 JSTL 标签库

1. JSTL 标签库的组成

- 核心标签库（Core tag library）
- I18N 格式标签库（I18N-capable formatting tag library）
- SQL 标签库（SQL tag library）
- XML 标签库（XML tag library）
- 函数标签库（Functions tag library）

2. JSTL 标签库的属性

注意，JSTL 1.0 与 JSTL 1.1 有所不同，JSTL 1.0 中的每个标签库都有两个版本，分别用于支持脚本(rtexprvalues)和 EL(elexprvalues)，称为孪生标签库。JSTL 1.1 中的标签库统一为一个版本，可同时支持脚本和表达式语言。JSTL 1.0 的 URI 也与 JSTL 1.1 不同，例如，基于表达式语言的核心库为 http://java.sun.com/jstl/core，而基于运行时表达式的标签库为 http://java.sun.com/jstl/core_rt。JSTL 1.1 也提供了对 JSTL 1.0 的兼容，但不提倡在 JSTL 1.1 类库之上使用 JSTL 1.0。JSTL 标签库的属性如表 15-1 所示。

表 15-1　JSTL 标签库的属性

Function Area	URI	Prefix	Example
Core	http://java.sun.com/jsp/jstl/core	c	<c:out>
XML processing	http://java.sun.com/jsp/jstl/xml	x	<x:forBach>
I18N capable formatting	http://java.sun.com/jsp/jstl/fmt	fmt	<fmt:formatDate>
Database access（SQL）	http://java.sun.com/jsp/jstl/sql	sql	<sql:query>
Functions	http://java.sun.com/jsp/jstl/functions	fn	<fn:split>

15.2　核心标签库

核心标签库包含下列几类标签。

1. 表达式操作标签

<c:out>、<c:set>、<c:remove>、<c:catch>。

2. 流程控制标签

<c:if>、<c:chose>、<c:when>、<c:otherwise>。

3. 迭代标签

<c:forEach>、<c:forTokens>。

4. URL 标签

<c:import>、<c:redirect>、<c:url>、<c:param>。

15.2.1　c:out

用于在 JSP 中显示数据。

语法 1：没有 Body

```
<c:out value="value" [escapexml="{true|false}"] [default="defaultValue"] />
```

语法 2：有 Body，Body 内容作为默认值

```
<c:out value="value" [escapexml="{true|false}"] >
defaultValue
<c:out/>
```

<c:out>标签属性和说明如表 15-2 所示。

表 15-2　<c:out>标签属性和说明

属　性	描　述	是否必要	默认值
value	输出的信息，可以是 EL 表达式或常量	是	无
default	value 为空时显示信息	否	无
escapeXml	为 true 时将特殊的 xml 字符转换成实体代码	否	true

例程 15-1，c_out1.jsp

```
<%@ taglib prefix="c" uri="http://java.sun.com/jsp/jstl/core" %>
<%@ page contentType="text/html; charset=GB2312" language="java" %>
<html>
<head>
  <title>JSTL: c:out 的使用</title>
</head>
<body>
<c:out value = "a simple example for out tag" />
<c:out value = "${ 3 + 5}" />
<c:out value="<p>有特殊字符</p>" />
<c:out value="<p>有特殊字符</p>" escapeXml="false" />
<c:out value="2<10" />
<c:out value="${2<10}" />
<p>
<a href="c_out2.jsp">Next--&gt;</a>
</body>
</html>
```

例程 15-2，c_out2.jsp

```
<%@ taglib prefix="c" uri="http://java.sun.com/jsp/jstl/core" %>
<%@ page contentType="text/html; charset=GB2312" language="java" %>
<html>
<head>
  <title>JSTL: c:out 的使用</title>
</head>
<body>
<% session.setAttribute("session_value","testValue_session");%>
<% request.setAttribute("request_value","testValue_request");%>
<% application.setAttribute("application_value","testValue_application");%>
<% request.setAttribute("test_value","testValue_request");%>
<% session.setAttribute("test_value","testValue_session");%>
<% application.setAttribute("test_value","testValue_application");%>
<hr>带有 Body 的 c:out 标签，但是 Body 不会输出到客户端。
<%
    for(int i=0;i<3;i++) {
%>
<c:out value="<br />test value from c:out with body" escapeXml="false">
<%
    out.println("i");
    i++;
%>
</c:out>
```

```
<%
    }
%>
<hr>获得 session 中的属性：
<c:out value="${session_value}"/>
<hr>获得 request 中的属性：
<c:out value="${request_value}"/>
<hr>获得 application 中的属性：
<c:out value="${application_value}"/>
<hr>测试表达式语言优先获得哪个属性：<request,session,application>
<c:out value="${test_value}"/>
<hr>输出一个默认值：
<c:out value="${no_such_value_in_scope}">
DefaultValue
</c:out>
<hr>
</body>
</html>
```

15.2.2　c:set

用于设置属性。

语法 1：使用 value 属性

```
<c:set value="value" var="varName" [scope="{page|request|session|application}"] />
```

语法 2：带有 Body

```
<c:set var="varName" [scope="{page|request|session|application}"] >
body content (value)
</c:set>
```

语法 3：使用 value，设置某个特定对象的一个属性

```
<c:set value="value" target="targetName" property="propertyName" />
```

语法 4：带有 Body ，设置某个特定对象的一个属性

```
<c:set target="targetName" property="propertyName" >
body content (value)
</c:set>
```

<c:set>标签属性和说明如表 15-3 所示。

表 15-3　<c:set>标签属性和说明

属　性	描　述	是否必要	默认值
value	要被存储的值，可以是 EL 表达式或常量	否	无
target	将要设置属性的对象，一般为 Java Bean 的实例	否	无
property	将要设置的 target 对象的属性	否	无
var	设定变量名称，用来保存 value 指定的值	否	无
scope	变量的有效范围	否	page

例程 15-3，c_set1.jsp

```
<%@ taglib prefix="c" uri="http://java.sun.com/jsp/jstl/core" %>
<%@ page contentType="text/html; charset=GB2312" language="java" %>
<html>
<head>
  <title>JSTL:的使用 c:set</title>
</head>
<body>
<hr>
<c:set var="n1" scope="request" value="${3+1}"/>
<c:set var="n2" scope="session" >
  ${3+2}
</c:set>
<c:set var="n3" scope="session" >
 6
</c:set>
n1 value is :
<c:out value="${n1}" />
<br>
n2 value is :
<c:out value="${n2}" />
<br>
n3 value is :
<c:out value="${n3}" />
<hr>
</body>
</html>
```

例程 15-4，c_set2.jsp

```
<%@ page contentType="text/html;charset=GB2312" %>
<%@ taglib prefix="c" uri="http://java.sun.com/jsp/jstl/core" %>
<html>
<head>
  <title>JSTL:的使用 c_set c_remove</title>
</head>
<body>
<h2><c:out value="<c:set>和<c:remove>的用法" /></h2>
<c:set scope="page" var="number">
<c:out value="${1+1}"/>
</c:set>
<c:set scope="request" var="number">
<%= 3 %>
</c:set>
<c:set scope="session" var="number">
4
</c:set>
初始设置
<table border="1" width="30%">
```

```
<tr>
  <th>pageScope.number</th>
  <td><c:out value="${pageScope.number}" default="No Data" /></td>
</tr>
<tr>
  <th>requestScope.number</th>
  <td><c:out value="${requestScope.number}" default="No Data" /></td>
</tr>
<tr>
  <th>sessionScope.number</th>
  <td><c:out value="${sessionScope.number}" default="No Data" /></td>
</tr>
</table></br>
<c:out value='<c:remove var="number" scope="page" />之后'/>
<c:remove var="number" scope="page" />
<table border="1" width="30%">
<tr>
  <th>pageScope.number</th>
  <td><c:out value="${pageScope.number}" default="No Data" /></td>
</tr>
<tr>
  <th>requestScope.number</th>
  <td><c:out value="${requestScope.number}" default="No Data" /></td>
</tr>
<tr>
  <th>sessionScope.number</th>
  <td><c:out value="${sessionScope.number}" default="No Data" /></td>
</tr>
</table></br>
<c:out value='<c:remove var="number" />之后'/>
<c:remove var="number" />
<table border="1" width="30%">
<tr>
  <th>pageScope.number</th>
  <td><c:out value="${pageScope.number}" default="No Data" /></td>
</tr>
<tr>
  <th>requestScope.number</th>
  <td><c:out value="${requestScope.number}" default="No Data" /></td>
</tr>
<tr>
  <th>sessionScope.number</th>
  <td><c:out value="${sessionScope.number}" default="No Data" /></td>
</tr>
</table>
</body>
</html>
```

15.2.3 c:if

用于流程控制的条件判断。

语法 1：无 Body

```
<c:if test="conditionExpression" [var="varName"] [scope="{page|request|
      session|application}"] />
```

语法 2：有 Body

```
<c:if test="conditionExpression" [var="varName"] [scope="{page|request|
    session|application}"] >
body content
</c:if>
```

<c:if>标签属性和说明如表 15-4 所示。

表 15-4 <c:if>标签属性和说明

属　性	描　述	是否必要	默认值
test	需要判断的条件，相当于 if (...) {}语句中的条件	是	无
var	要求保存条件结果的变量名	否	无
scope	保存条件结果的变量范围	否	page

例程 15-5，c_if.jsp

```
<%@ page contentType="text/html;charset=GB2312" %>
<%@ taglib prefix="c" uri="http://java.sun.com/jsp/jstl/core" %>
<html>
<head>
  <title>JSTL: c:if 的使用</title>
</head>
<body>
<h2><c:out value="<c:if> 的用法" /></h2>
<c:if test="${param.username == 'Admin'}" var="condition" scope="page">
您好 Admin!
</c:if></br>
执行结果为:${condition}
</body>
</html>
```

15.2.4 c:choose、c:when、c:otherwise

用于流程控制的条件测试。

```
The syntax for the <c:choose> action is as follows:
<c:choose> body content (<c:when> and <c:otherwise> subtags)
</c:choose>
the <c:choose> actions has two possible nested actions that form its body
    content, <c:when> and <c:otherwise>.
The syntax for each is as follows:
<c:when test="testCondition"> body content </c:when> <c:otherwise>
    conditional block </c:otherwise>
```

其中，test 属性表示要测试的条件。

例程 15-6，c_choose.jsp

```
<%@ page contentType="text/html;charset=GB2312" %>
<%@ taglib prefix="c" uri="http://java.sun.com/jsp/jstl/core" %>
<html>
<head>
 <title>JSTL:c:choose c:when 的使用</title>
</head>
<body>
<h2>c:choose c:when 的用法</h2>
<h4>USA:blue China:red Other:green</h4>
<c:choose>
    <c:when test="${param.country == 'USA'}">
     <font color="blue">
    </c:when>
    <c:when test="${param.country == 'China'}">
     <font color="red">
    </c:when>
    <c:otherwise>
     <font color="green">
    </c:otherwise>
</c:choose>
${param.country}</font><br>
</body>
</html>
```

15.2.5 c:forEach

用于流程控制的集合迭代。

```
Syntax 1: Iterate over a collection of objects
<c:forEach[var="varName"] items="collection" [varStatus="varStatusName"]
    [begin="begin"] [end="end"] [step="step"]> body content </c:forEach>
Syntax 2: Iterate a fixed number of times
<c:forEach [var="varName"] [varStatus="varStatusName"] begin="begin"
    end="end" [step="step"]> body content </c:forEach>
```

<c:forEach>标签属性和说明如表 15-5 所示。

表 15-5 <c:forEach>标签属性和说明

属 性	描 述	是否必要	默认值
items	进行迭代的项目	否	无
begin	开始条件	否	0
end	结束条件	否	集合中的最后一个项目
step	步长	否	1
var	代表当前项目的变量名	否	无
varStatus	显示迭代状态的变量	否	无

例程 15-7，c_forEach1.jsp

```
<%@ page contentType="text/html;charset=GB2312" %>
```

```
<%@ taglib prefix="c" uri="http://java.sun.com/jsp/jstl/core" %>
<html>
<head>
  <title>JSTL:c:forEach 的使用</title>
</head>
<body>
<h2><c:out value="<c:forEach> 的用法" /></h2>
<p>
<%
String values[] = new String [3];
values[0]="hello";
values[1]="JSP";
values[2]="world";
request.setAttribute("values", values);
%>
<c:forEach items="${values}" var="item" >
   ${item}</br>
</c:forEach>
</p>
<a href="c_forEach_2.jsp">Next--&gt;</a>
</body>
</html>
```

例程 15-8，c_ forEach2.jsp

```
<%@ page contentType="text/html;charset=GB2312" %>
<%@ taglib prefix="c" uri="http://java.sun.com/jsp/jstl/core" %>
<html>
<head>
  <title>JSTL:c:forEach 的使用</title>
</head>
<body>
<h2><c:out value="<c:forEach> begin、end 和 step 的用法" /></h2>
<p>
<%
String values[] = new String [3];
values[0]="hello";
values[1]="JSP";
values[2]="world";
request.setAttribute("values", values);
%>
<c:forEach items="${values}" var="item" begin="0" end="2" step="1">
  ${item}</br>
</c:forEach>
</p>
<a href="c_forEach_3.jsp">Next--&gt;</a>
</body>
</html>
```

15.2.6　c:forToken

用于流程控制的字符串迭代。

```
<c:forTokens items="stringOfTokens" delims="delimiters" [var="varName"]
        [varStatus="varStatusName"] [begin="begin"] [end="end"]
        [step="step"]> body content </c:forEach>
```

<c:forToken>标签属性和说明如表 15-6 所示。

表 15-6　<c:forToken>标签属性和说明

属　性	描　述	是否必要	默 认 值
items	进行迭代的项目	是	无
delims	分割符	是	无
begin	开始条件	否	0
end	结束条件	否	集合中的最后一个项目
step	步长	否	1
var	代表当前项目的变量名	否	无
varStatus	显示迭代状态的变量	否	无

例程 15-9，c_ forToken.jsp

```
<%@ page contentType="text/html;charset=GB2312" %>
<%@ taglib prefix="c" uri="http://java.sun.com/jsp/jstl/core" %>
<html>
<head>
  <title>JSTL: Iterator Support -- forTokens Example</title>
</head>
<body>
<h3><forTokens></h3>
<h4>使用 '|' 作为分隔符</h4>
<c:forTokens var="token" items="blue,red,green|yellow|pink,black|white"
             delims="|">
  <c:out value="${token}"/>
</c:forTokens>
<h4>使用 '|'和',' 作为分隔符</h4>
<c:forTokens var="token" items="blue,red,green|yellow|pink,black|white"
             delims="|,">
  <c:out value="${token}"/>
</c:forTokens>
<h4>使用 '-' 作为分隔符</h4>
<c:forTokens var="token" items="blue--red--green--yellow--pink--black--white"
             delims="--">
  <c:out value="${token}"/>
</c:forTokens>
</body>
</html>
```

15.2.7 c:import

包含另外一个页面代码到当前页。

语法 1：资源的内容使用 string 对象向外暴露

```
<c:import url="url" [context="context"] [var="varName"] [scope=
    "{page|request|session|application}"] [charEncoding="charEncoding"]>
Optional body content for<c:param>subtags
</c:import>
```

语法 2：资源的内容使用 reader 对象向外暴露

```
<c:import url="url" [context="context"] [varReader="varReaderName"]
    [charEncoding="charEncoding"]>
body content where varReader is consumed by another action
</c:import>
```

<c:import>标签属性和说明如表 15-7 所示。

表 15-7 <c:import>标签属性和说明

属 性	描 述	是否必要	默认值
url	需要导入页面的 URL	是	无
context	/后跟本地 Web 应用程序的名字	否	当前应用程序
charEncoding	用于导入数据的字符集	否	ISO-8859-1
var	接收导入文本的变量名	否	输出到页
scope	接收导入文本的变量的作用范围	否	page
varReader	用于接受导入文本的 java.io.Reader 变量名	否	无
varStatus	显示循环状态的变量	否	无

例程 15-10，c_ import.jsp

```
<%@ taglib prefix="c" uri="http://java.sun.com/jsp/jstl/core" %>
<%@ page contentType="text/html; charset=GB2312" language="java" %>
<html>
<head>
  <title>JSTL:c:import 的使用</title>
</head>
<body>
<h3>绝对路径 URL</h3>
<blockquote>
  <c:import url="http://127.0.0.1:8080/jspex/jstl/c_out1.jsp"/>
</blockquote>
<h3>相对路径 URL</h3>
<blockquote>
  定义属性 var 后，url 指向的内容并不显示。<br/>
  而以字符串的形式保存在 var 定义的属性中供使用。
  <c:import var="x1" url="c_out2.jsp"/>
</blockquote>
<h3>encode:</h3>
```

```
<h3>string exposure Absolute URL:</h3>
<c:import var="myurl" url="http://127.0.0.1:8080/jspex/jstl/c_out1.jsp"/>
<blockquote>
 <pre>
  <c:out value="${myurl}"/>
 </pre>
</blockquote>
<h3>string exposure relative URL:</h3>
<c:import var="myurl2" url="c_out1.jsp"/>
<blockquote>
 <pre>
  <c:out value="${myurl2}"/>
 </pre>
</blockquote>
</body>
</html>
```

15.2.8 c:url

打印和格式化 URL。

语法 1：没有 Body

```
<c:url value="value" [context="context"] [var="varName"] [scope=
    "{page|request|session|application}"]/>
```

语法 2：带 Body，且在 Body 中有参数

```
<c:url value="value" [context="context"] [var="varName"] [scope=
    "{page|request|session|application}"]>
 <c:param>subtags
</c:url>
```

<c:url>标签属性和说明如表 15-8 所示。

表 15-8 <c:url>标签属性和说明

属 性	描 述	是否必要	默认值
value	将要处理的 URL	是	无
context	/后跟本地 Web 应用程序的名字	否	当前应用程序
var	标识 URL 的变量名	否	输出到页
scope	变量的作用范围	否	page

例程 15-11，c_ url.jsp

```
<%@ taglib prefix="c" uri="http://java.sun.com/jsp/jstl/core" %>
<%@ page contentType="text/html; charset=GB2312" %>
<html>
<head>
  <title>JSTL:的使用 c_url</title>
</head>
<body bgcolor="#FFFFFF">
<c:url value="target.jsp"  var="myurl" scope="session">
  <c:param name="userName" value="guest"/>
```

```
</c:url>
<c:out value="${myurl}"/>
<c:import url="${myurl}"/>
</body>
</html>
```

15.2.9 c:redirect

将请求重新定向到另外一个页面。

语法 1：没有 Body

```
<c:redirect url="value" [context="conext"]/>
```

语法 2：带 Body，且在 Body 中有参数

```
<c:redirect url="value" [context="conext"]>
  <c:param>subtags
</c:redirect>
```

<c:redirect>标签属性和说明如表 15-9 所示。

表 15-9 <c:redirect>标签属性和说明

属　性	描　述	是否必要	默认值
url	URL 地址	是	无
context	/后跟本地 Web 应用程序的名字	否	当前应用程序

例程 15-12，c_redirect.jsp

```
<%@ page contentType="text/html;charset=GB2312" %>
<%@ taglib prefix="c" uri="http://java.sun.com/jsp/jstl/core" %>
<html>
<head>
  <title>JSTL:的使用 c:redirect</title>
</head>
<body>
<h2><c:out value="<c:redirect>的用法" /></h2>
<c:redirect url="target.jsp">
<c:param name="userName" value="Guest"/>
</c:redirect>
<c:out value="不会执行!!!" />
</body>
</html>
```

15.2.10 c:param

用来传递参数给一个重定向或包含页面。

语法 1：参数值使用 value 属性指定

```
<c:param name="name" value="value"/>
```

语法 2：参数值在标签的 Body 中指定

```
<c:param name="name">
```

```
parameter value
</c:param>
```

c_param.jsp 如例程 15-12。

15.2.11　c:catch

捕获标签体内抛出的异常。

```
<c:catch var="varname">
nested action
</c:catch>
```

var 属性用于标识异常的名字。

例程 15-13，c_ catch.jsp

```
<%@ page contentType="text/html;charset=GB2312" %>
<%@ taglib prefix="c" uri="http://java.sun.com/jsp/jstl/core" %>
<html>
<head>
  <title>JSTL:的使用 c_catch</title>
</head>
<body>
<h2><c:out value="<c:catch> 的用法" /></h2>
<c:catch var="error_Message">
<%
String num = request.getParameter("num");
int i = Integer.parseInt(num);
out.println("the number is " + i);
%>
</c:catch>
${error_Message}
</body>
</html>
```

15.3　SQL 标签库

SQL 标签：<sql:setDataSource>、<sql:query>、<sql:update>、<sql:transaction>、<sql:param>。

15.3.1　sql:setDataSource

设置数据源。

sql:setDataSource 语法：

```
<sql:setDataSource
{dataSource="dataSource"|
url="jdbcUrl"
[driver="driverClassName"]
[user="userName"]
[password="password"]}
[var="varName"] [scope="{page|request|session|application}"]/>
```

<sql:setDataSource>的属性如表 15-10 所示。

表 15-10 <sql:setDataSource>的属性

属 性	描 述	是否必要	默认值
dataSource	可获得的数据源名称	否	无
url	数据库的 url	否	无
driver	数据库的驱动程序	否	无
user	登录数据库的用户名	否	无
password	用户名的密码	否	无
var	标识数据源的名称	否	设为默认的数据源
scope	数据源的作用范围	否	page

15.3.2 sql:query

用于执行查询。

语法 1：没有 Body

```
<sql:query sql="sqlQuery" var="varName"
[scope="{page|request|session|application}"]
[dataSource="dataSource"]
[maxRows="maxRows"] [startRow="startRow"]
/>
```

语法 2：有一个 Body，在 Body 中指定了查询的参数

```
<sql:query sql="sqlQuery" var="varName"
[scope="{page|request|session|application}"]
[dataSource="dataSource"]
[maxRows="maxRows"] [startRow="startRow"]>
<sql:param>action
<sql:query/>
```

语法 3：有 Body，并且指定可选的查询参数

```
<sql:query var="varName"
[scope="{page|request|session|application}"]
[dataSource="dataSource"]
[maxRows="maxRows"] [startRow="startRow"]>
query
optional<sql:param>actions
<sql:query/>
```

<sql:query>标签属性和说明如表 15-11 所示。

表 15-11 <sql:query>标签属性和说明

属 性	描 述	是否必要	默认值
dataSource	<sql:setDataSource>设置的数据源名称	否	使用默认的数据源
sql	查询语句	否	无
maxRows	返回的最大记录数	否	结果集的最大记录数
startRow	查询结果集开始的索引	否	1
var	标识保存查询结果的变量	是	无
scope	查询结果的有效范围	否	page

例程 15-14，sql_datasource.jsp

```
<%@ taglib prefix="c" uri="http://java.sun.com/jsp/jstl/core" %>
<%@ taglib prefix="sql" uri="http://java.sun.com/jsp/jstl/sql" %>
<html>
<head>
  <title>JSTL:的使用 sql_datasource</title>
</head>
<body>
创建普通的数据源：<br>
<sql:setDataSource
  var="example1"
  driver="com.mysql.jdbc.Driver"
  url="jdbc:mysql://localhost:3306/jspex?autoReconnect=true"
  user="root"
  password=""
/>
创建普通的数据源,把用户名和密码写在 url 中：<br>
<sql:setDataSource
  var="example2"
  driver="com.mysql.jdbc.Driver"
  url="jdbc:mysql://localhost:3306/jspex?autoReconnect=true&user=root&password="
/>
从 jndi 名称空间中获得一个数据源。<br>
<sql:setDataSource
  var="example3"
  dataSource="jspex/conpool"
/>
<hr>
使用第 1 个数据源：
<sql:query var="query1" dataSource="${example1}">
   SELECT * FROM student
</sql:query>
<table border="1">
<tr>
  <td>姓名</td><td>性别</td><td>班级</td>
  <td>语文</td><td>数学</td><td>物理</td><td>化学</td>
</tr>
  <c:forEach var="row" items="${query1.rows}">
  <tr>
    <td><c:out value="${row.name}"/></td>
    <td><c:out value="${row.sex}"/></td>
    <td><c:out value="${row.class}"/></td>
    <td><c:out value="${row.chinese}"/></td>
    <td><c:out value="${row.maths}"/></td>
    <td><c:out value="${row.physics}"/></td>
    <td><c:out value="${row.chemistry}"/></td>
```

```
  </tr>
  </c:forEach>
</table>
使用第 2 个数据源：
<sql:query var="query2" dataSource="${example2}">
    SELECT * FROM student
</sql:query>
<table border="1">
<tr>
  <td>姓名</td><td>性别</td><td>班级</td>
  <td>语文</td><td>数学</td><td>物理</td><td>化学</td>
</tr>
  <c:forEach var="row" items="${query2.rows}">
  <tr>
    <td><c:out value="${row.name}"/></td>
    <td><c:out value="${row.sex}"/></td>
    <td><c:out value="${row.class}"/></td>
    <td><c:out value="${row.chinese}"/></td>
    <td><c:out value="${row.maths}"/></td>
    <td><c:out value="${row.physics}"/></td>
    <td><c:out value="${row.chemistry}"/></td>
  </tr>
  </c:forEach>
</table>
使用第 3 个数据源：
<sql:query var="query3" dataSource="${example3}">
    SELECT * FROM student
</sql:query>
<table border="1">
<tr>
  <td>姓名</td><td>性别</td><td>班级</td>
  <td>语文</td><td>数学</td><td>物理</td><td>化学</td>
</tr>
  <c:forEach var="row" items="${query3.rows}">
  <tr>
    <td><c:out value="${row.name}"/></td>
    <td><c:out value="${row.sex}"/></td>
    <td><c:out value="${row.class}"/></td>
    <td><c:out value="${row.chinese}"/></td>
    <td><c:out value="${row.maths}"/></td>
    <td><c:out value="${row.physics}"/></td>
    <td><c:out value="${row.chemistry}"/></td>
  </tr>
  </c:forEach>
</table>
</body>
</html>
```

15.3.3　sql:param

传递参数。

语法 1：

```
<sql:param value="value"/>
```

语法 2：

```
<sql:param>parameter value<sql:param/>
```

例程 15-15，sql_query.jsp

```
<%@ taglib prefix="c" uri="http://java.sun.com/jsp/jstl/core" %>
<%@ taglib prefix="sql" uri="http://java.sun.com/jsp/jstl/sql" %>
<html>
<head>
  <title>JSTL:的使用 sql_query</title>
</head>
<body bgcolor="#FFFFFF">
创建普通的数据源：<br>
<sql:setDataSource
  var="example"
  driver="com.mysql.jdbc.Driver"
  url="jdbc:mysql://localhost:3306/jspex?autoReconnect=true"
  user="root"
  password=""
  scope="request"
/>
第 1 种查询：<hr>
<sql:query var="query" dataSource="${example}">
   SELECT * FROM student
</sql:query>
<table border="1">
<tr>
  <td>姓名</td><td>性别</td><td>班级</td>
  <td>语文</td><td>数学</td><td>物理</td><td>化学</td>
</tr>
  <c:forEach var="row" items="${query.rows}">
  <tr>
    <td><c:out value="${row.name}"/></td>
    <td><c:out value="${row.sex}"/></td>
    <td><c:out value="${row.class}"/></td>
    <td><c:out value="${row.chinese}"/></td>
    <td><c:out value="${row.maths}"/></td>
    <td><c:out value="${row.physics}"/></td>
    <td><c:out value="${row.chemistry}"/></td>
  </tr>
  </c:forEach>
```

```
</table>
<hr>
第 2 种查询：<hr>
<sql:query var="query2" sql="SELECT * FROM student where class=?"
        dataSource="${example}">
  <sql:param value="一年级一班"/>
</sql:query>
<table border="1">
<tr>
  <td>姓名</td><td>性别</td><td>班级</td>
  <td>语文</td><td>数学</td><td>物理</td><td>化学</td>
</tr>
  <c:forEach var="row" items="${query2.rows}">
  <tr>
    <td><c:out value="${row.name}"/></td>
    <td><c:out value="${row.sex}"/></td>
    <td><c:out value="${row.class}"/></td>
    <td><c:out value="${row.chinese}"/></td>
    <td><c:out value="${row.maths}"/></td>
    <td><c:out value="${row.physics}"/></td>
    <td><c:out value="${row.chemistry}"/></td>
  </tr>
  </c:forEach>
</table>
<hr>
第 3 种查询：<hr>
<sql:query var="query3" dataSource="${example}">
    SELECT * FROM student where class=?
    <sql:param value="一年级一班"/>
</sql:query>
<table border="1">
<tr>
  <td>姓名</td><td>性别</td><td>班级</td>
  <td>语文</td><td>数学</td><td>物理</td><td>化学</td>
</tr>
  <c:forEach var="row" items="${query3.rows}">
  <tr>
    <td><c:out value="${row.name}"/></td>
    <td><c:out value="${row.sex}"/></td>
    <td><c:out value="${row.class}"/></td>
    <td><c:out value="${row.chinese}"/></td>
    <td><c:out value="${row.maths}"/></td>
    <td><c:out value="${row.physics}"/></td>
    <td><c:out value="${row.chemistry}"/></td>
  </tr>
```

```
  </c:forEach>
</table>
</body>
</html>
```

15.3.4　sql: update

用于执行 CUD (Create, Update, Delete) 功能。

语法 1：没有 Body

```
<sql:update sql="sqlUpdate" var="varName"
[scope="{page|request|session|application}"]
[dataSource="dataSource"]/>
```

语法 2：有 Body，在 Body 中指定参数

```
<sql:update sql="sqlUpdate" var="varName"
[scope="{page|request|session|application}"]
[dataSource="dataSource"]
<sql:param>actions
</sql:update>
```

语法 3：有 Body，在 Body 中指定 SQL 语句的参数

```
<sql:update var="varName"
[scope="{page|request|session|application}"]
[dataSource="dataSource"]
Update statement
optional<sql:param>actions
</sql:update/>
```

属性的含义基本同<sql:query>。

例程 15-16，sql_update.jsp

```
<%@ taglib prefix="c" uri="http://java.sun.com/jsp/jstl/core" %>
<%@ taglib prefix="sql" uri="http://java.sun.com/jsp/jstl/sql" %>
<html>
<head>
  <title>JSTL:的使用 sql_update</title>
</head>
<body>
创建普通的数据源：<br>
<sql:setDataSource
  var="example"
  driver="com.mysql.jdbc.Driver"
  url="jdbc:mysql://localhost:3306/jspex?autoReconnect=true"
  user="root"
  password=""
  scope="request"
/>
<hr>
第 1 种语法，执行 delete 操作：<hr>
```

```
<sql:update sql="delete from student where chinese is null"
 var="query" dataSource="${example}" />
第 2 种语法，执行 update 操作：<hr>
<sql:update sql="update student set chinese=?,maths=?,physics=?,
      chemistry=? where maths is null"
var="query2"  dataSource="${example}">
   <sql:param value="60"/>
   <sql:param value="60"/>
   <sql:param value="60"/>
   <sql:param value="60"/>
</sql:update>
第 3 种语法，执行 insert 操作：<hr>
<sql:update var="query3" dataSource="${example}">
   insert into student(name,sex,class,maths,chinese,physics,chemistry)
          value(?,?,?,?,?,?,?)
   <sql:param value="陈智"/>
   <sql:param value="男"/>
   <sql:param value="一年级一班"/>
   <sql:param value="60"/>
   <sql:param value="60"/>
   <sql:param value="60"/>
   <sql:param value="60"/>
</sql:update>
</body>
</html>
```

15.4　国际化与标准化标签库

国际化(Internationalization)，简称为 I18n，与其相对应的是区域化(Localization)，简称 L10n。网页的国际化指网页的多语言环境和多区域格式显示。在 Java 语言国际化 API 中，影响数据区域化方式的因素主要有两个：一个是用户的语言环境；另一个是用户的时区。语言环境表示某一特定区域或文化的语言习惯，包括日期、数字和货币金额的格式。一个语言环境始终会有一种相关联的语言，在许多情况下这种语境是其相关联的、由多个语言环境共享的某种语言的方言。例如，美国英语、英国英语、澳大利亚英语和加拿大英语都具有不同的英语语言环境，而法国、比利时、瑞士和加拿大所用的法语方言则都具有不同的法语语言环境。时区是数据区域化中的第二个因素，这仅是因为一些语言环境分布的地理区域很广。当显示有关跨洲语言环境(如澳大利亚英语)的时间信息时，针对用户时区定制数据与对其进行正确格式化一样重要。

应用程序在显示信息时需首先确定用户的语言环境和时区。在 Java 应用程序中，JVM 能够通过与本地操作系统进行交互来设置默认语言环境和时区。虽然这种方法对于桌面应用程序而言可以正常工作，但是它并不适合于服务器端的 Web 应用程序，因为这种应用程序所处理的请求，可能来自于距离该应用程序所驻留的服务器万里之遥的地方。幸运的是，HTTP 协议通过 Accept-Language 请求头将本地化信息从浏览器传递至服务器。许多 Web 浏览器允许用户定制他们的语言首选项。通常，那些没有为一种或多种首选语言环境提供显式设置的浏览器会询问操作系统以确定在 Accept-Language 头中发送哪些值。Servlet 规范通过 javax.servlet.ServletRequest 类的 getLocale()和 getLocales()方法自动地利用 HTTP 协议的这一功能。JSTL fmt 库中的定制标签又会利用这些方法来自动地确定用户的语言环境，从而相应地调整它们的输出。但遗憾的是，不存在将用户的时区从浏览器传输到服务器的标准 HTTP 请求头。因此，那些希望自己的 Web 应用程序对时间数据进行区域化的用户，将需要实现他们自己的机制，用来确定和跟踪特定于用户的时区。

I18N formatting 标签库提供了一组标签用于简化 JSP 页面中的国际化和格式化操作。该标签库共有 12 个标签，分为以下两类。

国际化核心标签：

<fmt:setLocale>、<fmt:bundle>、<fmt:setBundle>、<fmt:message>、<fmt:param>、<fmt:requestEncoding>。

格式化标签：

<fmt:timeZone>、<fmt:setTimeZone>、<fmt:formatNumber>、<fmt:parseNumber>、<fmt:formatDate>、<fmt:parseDate>。

15.4.1　<fmt:setLocale>

用于设置区域化环境 Locale。

```
<fmt:setLocale value="expression"
    [scope="{page|request|session|application}"]
    [variant="expression"] />
```

<fmt:setLocale>标签属性和说明如表 15-12 所示。

表 15-12　<fmt:setLocale>标签属性和说明

属　性	描　述	是否必要	默认值
value	Locale 环境的指定值，可以是 java.util.Locale 或 String 类型的实例	是	无
scope	Locale 环境变量的作用范围	否	page
variant	允许进一步针对特定的 Web 浏览器平台或供应商定制语言环境，如 MAC、WIN	否	无

value 属性的值应当是命名该语言环境的一个字符串或者是 java.util.Locale 类的一个实例。语言环境名称是这样组成的：小写的两个字母 ISO 语言代码，后面可以跟下画线或连字符以及大写的两个字母 ISO 国家或地区代码。例如，en 是英语的语言代码，US 是美国的国家或地区代码，因此 en_US(或 en-US)将是美式英语的语言环境名称。与之类似，fr 是法语的语言代码，CA 是加拿大的国家或地区代码，因此 fr_CA(或 fr-CA)是加拿大法语的语言环境名称。ISO 语言和 ISO 国家和地区代码可参考相关的国际标准。当然，由于国家或地区代码是可选的，因此 en 和 fr 本身就是有效的语言环境名称，适用于不区别这些相应语言特定方言的应用程序。

例：

```
<fmt:setLocale value="zh_TW"/>
```

表示设置区域环境为繁体中文。

15.4.2　<fmt:bundle>、<fmt:setBundle>

这两组标签用于资源配置文件的绑定，唯一不同的是<fmt:bundle>标签将资源配置文件应用于标签体中显示，<fmt:setBundle>标签则允许将资源配置文件保存为一个变量，在之后的标签中使用该变量。根据 Locale 环境的不同，将查找不同后缀的资源配置文件，这点在国际化的任何技术上都是一致的，通常来说，这两种标签单独使用是没有意义的，它们都会与 I18N formatting 标签库中的其他标签配合使用。

```
<fmt:bundle basename="expression" [prefix="expression"]>
    body content
</fmt:bundle>
<fmt:setBundle basename="expression"
[var="name"]
[scope="{page|request|session|application}"]/>
```

<fmt:bundle>、<fmt:setBundle>标签属性和说明如表 15-13 所示。

表 15-13 <fmt:bundle>、<fmt:setBundle>标签属性和说明

属　性	描　述	是否必要	默认值
basename	指定的资源配置文件，只需要指定文件名而无须扩展名，二组标签共有的属性	是	无
var	<fmt:setBundle>独有的属性，用于保存资源配置文件为一个变量	否	无
prefix	为嵌套的<fmt:message>操作的 key 值指定默认前缀	否	无
scope	变量的作用范围	否	page

例：

```
<fmt:setLocale value="zh_CN"/>
<fmt:setBundle basename="applicationMessage" var="applicationBundle"/>
```

该示例将会查找一个名为 applicationMessage_zh_CN.properties 的资源配置文件，来作为显示的 Resource 绑定。

用于存储特定于语言环境消息的资源采用类或属性文件的形式，这些类或属性文件符合标准命名约定，在这种命名约定中，基名和语言环境名组合在一起。例如，名称为 Greeting.properties 的属性文件，它驻留在 Web 应用程序的类路径中。通过在同一目录下指定两个新的特性文件，从而将该特性文件所描述的资源区域化为英语和法语，通过追加相应的语言代码来命名。具体而言，这两个文件应当分别命名为 Greeting_en.properties 和 Greeting_fr.properties。这些文件都定义相同的属性，但是应当将这些属性的值定制成对应的语言或方言。

例：

```
Greeting_en.properties 本地化资源束的内容
greeting=Hello, welcome to the JSTL Blog.
return=Return
Greeting_fr.properties 本地化资源束的内容
greeting= Bonjour, bienvenue au JSTL Blog.
return= Retournez
```

在上例中定义了两个已本地化的消息，可以通过 greeting 和 return 键识别它们，这些键相关联的值已区地化为文件名中所确定的语言。

15.4.3 <fmt:message>

用于显示资源配置文件中定义的信息。允许从特定的语言环境的资源文件中检索文本消息并显示在 JSP 页面上。

```
<fmt:message key="expression" [bundle="expression"]
    [var="name"] [scope="{page|request|session|application}"] />
<fmt:message key="expression" [bundle="expression"]
    [var="name"] [scope="{page|request|session|application}"]>
    [<fmt:param value="expression"/>] ...
</fmt:message>
```

<fmt:message>标签属性和说明如表 15-14 所示。

表 15-14　<fmt:message>标签属性和说明

属　性	描　述	是否必要	默认值
key	指定资源配置文件的“键”	是	无
bundle	若使用<fmt:setBundle>保存了资源配置文件，该属性指定从保存的资源配置文件中进行查找	否	无
var	将显示信息保存为一个变量	否	无
scope	变量的作用范围	否	page

例：

```
<fmt:setBundle basename="applicationMessage" var="applicationBundle"/>
<fmt:bundle basename="applicationAllMessage">
    <fmt:message key="userName" />
    <p>
    <fmt:message key="passWord" bundle="${applicationBundle}" />
</fmt:bundle>
```

该示例使用了两种资源配置文件的绑定方法，"applicationMessage"资源配置文件利用<fmt:setBundle>标签被赋予了变量"applicationBundle"，而作为<fmt:bundle>标签定义的"applicationAllMessage"资源配置文件作用于其标签体内的显示。第 1 个<fmt:message>标签将使用"applicationAllMessage"资源配置文件中“键”为"userName"的信息显示。第 2 个<fmt:message>标签虽然被定义在<fmt:bundle>标签体内，但是它使用了 bundle 属性，因此将指定之前由<fmt:setBundle>标签保存的"applicationMessage"资源配置文件，从该文件中查找“键”为"passWord"的信息进行显示。

15.4.4　<fmt:param>

<fmt:param>标签位于<fmt:message>标签内，为该消息标签提供参数值。它只有一个属性：value。

<fmt:param>标签有两种使用版本：一种是直接将参数值写在 value 属性中；另一种是将参数值写在标签体内。

```
<fmt:param value="expression"/>
<fmt:param>expression</frm:param>
```

资源文件中定义的属性值可以带有参数，在显示时参数值插入到属性值中以生成动态的内容。指定参数的形式为{0}、{1}等，参数值由<fmt:message>标签中嵌套的<fmt:param>标签按顺序指定，其中的第 1 个<fmt:param>标签指定参数{0}的值，第 2 个<fmt:param>标签指定参数{1}的值，以此类推。因此嵌套的<fmt:param>标签的顺序很重要。

例：资源文件中的定义

```
msg="There are {0} lines."
```

用于显示的代码：

```
<fmt:message key="msg" bundle="${applicationBundle}" >
    <fmt:param value="20"/>
</fmt:message>
```

15.4.5 <fmt:requestEncoding>

用于为请求设置字符编码。它只有一个属性 value，在该属性中可以定义字符编码。

```
<fmt:requestEncoding value="encodingName" />
```

15.4.6 <fmt:timeZone>、<fmt:setTimeZone>

这两组标签都用于设定一个时区。唯一不同的是<fmt:timeZone>标签将时区设置应用于其标签体内，<fmt:setBundle>标签则允许将时区设置保存为一个变量，之后可以使用该变量来设置时区。

```
<fmt:setTimeZone value="expression"
    [var="name"] [scope="{page|request|session|application}"] />
<fmt:timeZone value="expression">
    body content
</fmt:timeZone>
```

<fmt:timeZone>、<fmt:setTimeZone>标签属性和说明如表 15-15 所示。

表 15-15 <fmt:timeZone>、<fmt:setTimeZone>标签属性和说明

属　性	描　述	是否必要	默认值
value	设置的时区	是	无
var	<fmt:setTimeZone> 独有的属性，用于保存时区为一个变量	否	无
scope	变量的作用范围	否	page

value 属性的值应当是时区名或 java.util.TimeZone 类的实例。但对于时区命名目前还没有任何被广泛接受的标准。因此用于<fmt:setTimezone>标签的 value 属性的时区名是特定于 Java 平台的。可以通过调用 java.util.TimeZone 类的 getAvailableIDs()静态方法来检索有效的时区名列表。示例包括 US/Eastern、GMT+8 和 Pacific/Guam。

15.4.7 <fmt:formatNumber>

用于格式化数字。

```
<fmt:formatNumber value="expression"
    [type="{number|currency|percentage}"]
    [pattern="expression"]
    [currencyCode="expression"]
    [currencySymbol="expression"]
    [maxIntegerDigits="numexpr"]
    [minIntegerDigits="numexpr"]
    [maxFractionDigits="numexpr"]
    [minFractionDigits="numexpr"]
```

```
    [groupingUsed="expression"]
    [var="name"]
    [scope="{page|request|session|application}"]/>
```

<fmt:formatNumber>标签属性和说明如表 15-16 所示。

表 15-16　<fmt:formatNumber>标签属性和说明

属　性	描　述	是否必要	默认值
value	格式化的数字，该数值可以是 String 类型或 java.lang.Number 类型的实例	是	无
type	格式化的类型	否	number
pattern	格式化模式，优先于 type，进行更精确的格式控制	否	无
var	保存结果的变量	否	无
scope	变量的作用范围	否	page
groundUsed	控制是否要对小数点前面的数字分组	否	true
currencyCode	指定货币代码，货币代码是由 ISO 标准管理的	否	无
currencySymbol	指定货币符号	否	无
maxIntegerDigits	控制整数部分所显示的最大有效数字的个数	否	无
minIntegerDigits	控制整数部分所显示的最小有效数字的个数	否	无
maxFractionDigits	控制小数部分所显示的最大有效数字的个数	否	无
minFractionDigits	控制小数部分所显示的最小有效数字的个数	否	无

例：

```
<fmt:formatNumber value="1000.888" type="currency" var="money"/>
```

该结果被保存在"money"变量中，并将根据 Locale 环境显示当地的货币格式。

```
<fmt:formatNumber value="12" type="currency" pattern="$.00"/> //—— $12.00
<fmt:formatNumber value="12" type="currency" pattern="$.0#"/> //—— $12.0
<fmt:formatNumber value="1234567890" type="currency"/> //—— $1,234,567,890.00
        (货币的符号和当前 web 服务器的 local 设定有关)
<fmt:formatNumber value="123456.7891" pattern="#,#00.0#"/>//—— 123,456.79
<fmt:formatNumber value="123456.7" pattern="#,#00.0#"/> //—— 123,456.7
<fmt:formatNumber value="123456.7" pattern="#,#00.00#"/>//—— 123,456.70
<fmt:formatNumber value="12" type="percent" /> //-- 1,200%
```

15.4.8 <fmt:parseNumber>

用于解析一个数字，并将结果作为 java.lang.Number 类的实例返回。<fmt:parseNumber>标签和 <fmt:formatNumber>标签的作用正好相反。

```
<fmt:parseNumber value="expression"
    type="{number|currency|percentage}"
    pattern="expression"
    parseLocale="expression"
    integerOnly="{true|false}"
        var="name"
    scope="{page|request|session|application}"/>
<fmt:parseNumber type="{number|currency|percentage}"
    pattern="expression"
    parseLocale="expression"
```

```
    integerOnly="{true|false}"
    var="name"
    scope="{page|request|session|application}">
    body content
</fmt:parseNumber>
```

<fmt:parseNumber>标签属性和说明如表 15-17 所示。

表 15-17　<fmt:parseNumber>标签属性和说明

属　性	描　述	是否必要	默认值
value	将被解析的字符串	否	无
type	解析格式化的类型	否	无
pattern	解析格式化模式	否	无
var	保存结果的变量，类型为 java.lang.Number	否	无
scope	变量的作用范围	否	page
integerOnly	是否应当只解析所给值的整数部分	否	false
parseLocale	以区域化的形式来解析字符串，该属性的内容应为 String 或 java.util.Locale 类型的实例	否	无

例：

```
<fmt:parseNumber value="15%" type="percent" var="num"/>
```

解析之后的结果为“0.15”。

15.4.9　<fmt:formatDate>

用于格式化日期。

```
<fmt:formatDate value="expression"
    [timeZone="expression"]
    [type="{time|date|both}"]
    [dateStyle="{default|short|medium|long|full}"]
    [timeStyle="{default|short|medium|long|full} "]
    [pattern="expression"]
    [var="name"]
    [scope="{page|request|session|application}"]
/>
```

<fmt:formatDate>标签属性和说明如表 15-18 所示。

表 15-18　<fmt:formatDate>标签属性和说明

属　性	描　述	是否必要	默认值
value	要格式化和显示的日期和时间信息，其值是 java.util.Date 类型的实例	是	无
type	格式化的类型	否	date
dateStyle	日期格式	否	default
timeStyle	时间格式	否	default
pattern	格式化模式，模式属性的值应当是符合 java.text.SimpleDateFormat 类约定的模式字符串	否	无
var	结果保存变量	否	无
scope	变量的作用范围	否	page
timeZone	指定格式化日期的时区	否	最近的<fmt:timeZone>、<fmt:setTimeZone>设置的时区，或 JVM 的默认时区

<fmt:formatDate>标签与<fmt:timeZone>、<fmt:setTimeZone>两组标签的关系密切。若没有指定 timeZone 属性，也可以通过<fmt:timeZone>、<fmt:setTimeZone>两组标签设定的时区来格式化最后的结果。如果指定了 var 属性，那就把包含格式化日期的 String 值指派给指定的变量，否则，<fmt:formatDate>标签将显示格式化结果。当指定了 var 属性后， scope 属性指定所生成变量的作用域。

例：

```
<fmt:formatDate value="<%=new Date() %>" pattern="yyyy年MM月dd日
        HH点mm分ss秒" />
```

15.4.10 <fmt:parseDate>

用于解析一个日期，并将结果作为 java.lang.Date 类型的实例返回。<fmt:parseDate>标签和<fmt:formatDate>标签的作用正好相反。

```
<fmt:parseDate value="expression" [type="{time|date|both}"]
    [dateStyle="{default|short|medium|long|full}"]
    [timeStyle="{default|short|medium|long|full}"]
    [pattern="expression"] [timeZone="expression"]
    [parseLocale="expression"] [var="name"]
    [scope="{page|request|session|application}"] />
<fmt:parseDate [type="{time|date|both}"]
    [dateStyle="{default|short|medium|long|full}"]
    [timeStyle="{default|short|medium|long|full}"]
    [pattern="expression"] [timeZone="expression"]
    [parseLocale="expression"] [var="name"]
    [scope="{page|request|session|application}"]>
    body content
</fmt:parseDate>
```

<fmt:parseDate>标签属性和说明如表 15-19 所示。

表 15-19　<fmt:parseDate>标签属性和说明

属　性	描　述	是否必要	默认值
value	将被解析的字符串	否	无
type	解析格式化的类型	否	date
dateStyle	日期格式	否	default
timeStyle	时间格式	否	default
pattern	解析格式化模式	否	无
var	结果保存变量，类型为 java.lang.Date	否	无
scope	变量的作用范围	否	page
parseLocale	以区域化的形式来解析字符串，该属性值应当是语言环境的名称或 java.util.Locale 类型的实例	否	无
timeZone	指定解析格式化日期的时区	否	最近的<fmt:timeZone>、<fmt:setTimeZone>设置的时区，或 JVM 的默认时区

例：

```
<fmt:parseDate value="2008-8-8" pattern="yyyy-MM-dd" var="abccba" scope="session" />
```

<fmt:parseNumber>和<fmt:parseDate>两组标签都实现解析字符串为一个具体对象实例的工作，因此，这两组解析标签对 var 属性的字符串参数要求非常严格。就 JSP 页面作为前端表示层

来说，处理这种解析本不属于分内之事，因此<fmt:parseNumber>和<fmt:parseDate>两组标签尽量少用，而应在后端业务层来完成。

使用以上介绍的国际化格式化标签，设计一个国际化的例程网页。该网页可以 3 种语言环境显示，而且无须修改页面代码就可轻易地扩展，使用更多的语言来显示，如图 15-1 至图 15-3 所示。

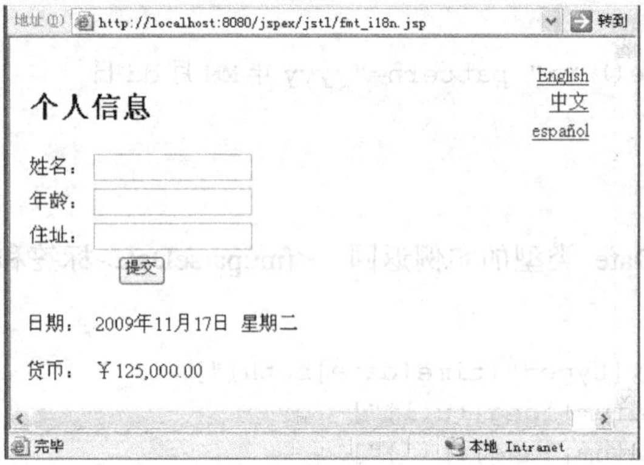

图 15-1 fmt_i18n.jsp 的中文显示

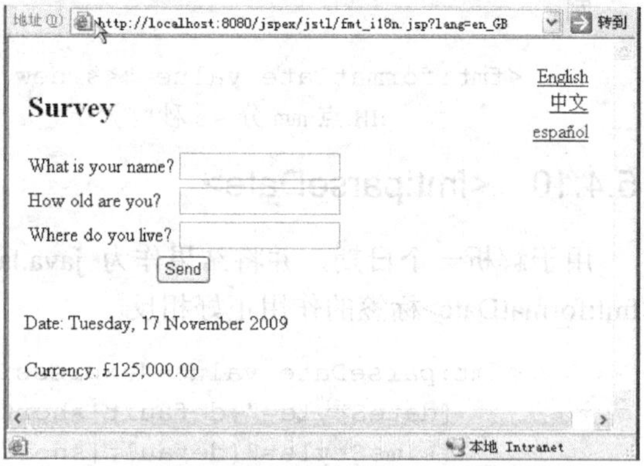

图 15-2 fmt_i18n.jsp 的英文显示

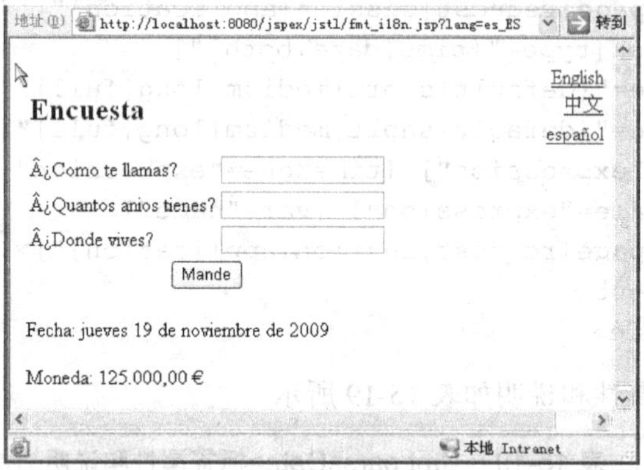

图 15-3 fmt_i18n.jsp 的西班牙文显示

例程 15-17，frm_i18n.jsp

```
<%@ taglib uri="http://java.sun.com/jsp/jstl/core" prefix="c"%>
<%@ taglib uri="http://java.sun.com/jsp/jstl/fmt" prefix="fmt" %>
<%-- 根据传递的参数值设置地区环境值 --%>
<fmt:setLocale value="${param.lang}" scope="session"/>
<%-- 设置资源包的文件名前缀 --%>
<fmt:setBundle basename="labels"/>
<table align="center" width="494">
  <tr>
    <td width="382">
      <form action="">
      <table>
        <tr>
          <td> </td>
          <td> </td>
        </tr>
```

```
      <tr>
        <td colspan="2"><h2><fmt:message key="survey"/></h2></td>
      </tr>
      <tr>
        <td><fmt:message key="nameQuestion"/></td>
        <td><input type="text" size="16"></td>
      </tr>
      <tr>
        <td><fmt:message key="ageQuestion"/></td>
        <td><input type="text" size="16"></td>
      </tr>
      <tr>
        <td><fmt:message key="locationQuestion"/></td>
        <td><input type="text" size="16"></td>
      </tr>
      <tr>
        <td colspan="2" align="center">
          <input type="submit" value='<fmt:message key="submit"/>'>
          </td>
      </tr>
    </table>
    </form>
    <p>
    <jsp:useBean id="now" class="java.util.Date" />
    <fmt:message key="date" />
    <fmt:formatDate value="${now}" dateStyle="full"/>
    <p>
    <fmt:message key="currency" />
    <c:set var="salary" value="125000" />
    <fmt:formatNumber type="CURRENCY" value="${salary}" />
  </td>
  <td>    </td>
  <td valign="top">
    <%-- 选择语言的链接，传递地区环境值 --%>
    <table>
      <tr>
        <td align="right"><a href="fmt_i18n.jsp?lang=en_GB">English</a></td>
      </tr>
      <tr>
        <td align="right"><a href="fmt_i18n.jsp?lang=zh_CN">中文</a></td>
      </tr>
      <tr>
        <td align="right"><a href="fmt_i18n.jsp?lang=es_ES">español</a></td>
      </tr>
    </table>
  </td>
</tr>
</table>
```

例程 15-18，资源文件 labels_zh.properties

```
survey=\u4e2a\u4eba\u4fe1\u606f
```

```
nameQuestion=\u59d3\u540d\uff1a
ageQuestion=\u5e74\u9f84\uff1a
locationQuestion=\u4f4f\u5740\uff1a
submit=\u63d0\u4ea4
date=\u65e5\u671f\uff1a
currency=\u8d27\u5e01\uff1a
```

例程 15-19，资源文件 labels_en.properties

```
survey=Survey
nameQuestion=What is your name?
ageQuestion=How old are you?
locationQuestion=Where do you live?
submit=Send
date=Date:
currency=Currency:
```

例程 15-20，资源文件 labels_es.properties

```
survey=Encuesta
nameQuestion=¿Como te llamas?
ageQuestion=¿Quantos anios tienes?
locationQuestion=¿Donde vives?
submit=Mande
date=Fecha:
currency=Moneda:
```

本 章 小 结

JSP 标准标签库是一个实现 Web 应用程序中常见的、通用功能的自定义标签库集，这些功能包括迭代和条件判断、格式化、数据库访问、XML 操作以及函数调用。JSP 中使用 JSTL，需要将 jstl.jar、standard.jar 文件放在应用程序的 WEB-INF\lib 目录下，在页面中用 taglib 指令引入所要使用的各种标签。JSTL 由以下 5 个子标签库组成：核心标签库、I18N 格式标签库、SQL 标签库、XML 标签库、函数标签库。

核心标签库是 JSTL 的重点，共有 13 个标签，功能上分为 4 类。表达式控制标签：out、set、remove、catch；流程控制标签：if、choose、when、otherwise；循环标签：forEach、forTokens；URL 操作标签：import、url、redirect。

思 考 题

1. 简述 JSTL 与自定义标签的关系。
2. JSP 中使用 JSTL 需要哪些类库包？
3. 写出 JSP 页面中使用 JSTL 核心标签库时的 taglib 指令。
4. 写出 JSTL 中格式化日期的标签格式。
5. 写出 JSTL 中格式化数字的标签格式。

第 4 篇　JSP 常用组件

第 16 章　文件上传和下载组件

Web 应用程序经常需要进行文件上传下载操作，可以使用 Java I/O API 实现，也可以使用专业的上传下载组件。jspSmartUpload 就是一个常用的文件上传下载组件。

jspSmartUpload 是一个可免费使用的全功能的文件上传下载组件，适用于嵌入执行上传下载操作的 JSP 文件中。该组件有以下几个特点。

(1) 使用简单。在 JSP 文件中，仅书写几行 Java 代码就可以完成文件的上传下载。

(2) 能全程控制上传。利用 jspSmartUpload 组件提供的对象及其操作方法，可以获得全部上传文件的信息(包括文件名、大小、类型、扩展名、文件数据等)，方便存取。

(3) 能对上传的文件在大小、类型等方面做出限制。如此可以过滤掉不符合要求的文件。

(4) 下载灵活。仅写两行代码，就能把 Web 服务器变成文件服务器。不管文件在 Web 服务器的目录下或在其他任何目录下，都可以利用 jspSmartUpload 进行下载。

(5) 能将文件上传到数据库中，也能将数据库中的数据下载。这种功能只针对的是 MySQL 数据库。

16.1　jspSmartUpload API

jspSmartUpload 组件的核心类包括 File、Files、Request、SmartUpload、

16.1.1　File 类

File 类封装了一个上传文件的所有信息。通过它可以得到上传文件的文件名、文件大小、扩展名、文件数据等信息。File 类主要提供以下方法。

1．saveAs 作用：将文件换名另存

原型：　public void saveAs (java.lang.String destFilePathName)

或 public void saveAs (java.lang.String destFilePathName, int optionSaveAs)

其中，destFilePathName 是另存的文件名，optionSaveAs 是另存的选项，该选项有三个值，分别是 SAVEAS_PHYSICAL、SAVEAS_VIRTUAL、SAVEAS_AUTO。SAVEAS_PHYSICAL 表明以操作系统的根目录为文件根目录另存文件，SAVEAS_VIRTUAL 表明以 Web 应用程序的根目录为文件根目录另存文件，SAVEAS_AUTO 则表示由组件决定，当 Web 应用程序的根目录存在另存文件的目录时，它会选择 SAVEAS_VIRTUAL，否则会选择 SAVEAS_PHYSICAL。

例如，saveAs ("/upload/sample.zip",SAVEAS_PHYSICAL) 执行后若 Web 服务器安装在 C 盘，

则另存的文件名实际是 c:\upload\sample.zip。而 saveAs("/upload/sample.zip",SAVEAS_VIRTUAL)执行后若 Web 应用程序的根目录是 webapps/jspsmartupload，则另存的文件名实际是 webapps/jspsmartupload/upload/sample.zip。saveAs("/upload/sample.zip",SAVEAS_AUTO)执行时若 Web 应用程序根目录下存在 upload 目录，则其效果同 saveAs("/upload/sample.zip", SAVEAS_VIRTUAL)，否则同 saveAs("/upload/sample.zip",SAVEAS_PHYSICAL)。对于 Web 程序的开发来说，最好使用 SAVEAS_VIRTUAL，以便移植。

2. isMissing

作用：这个方法用于判断用户是否选择了文件，即对应的表单项是否有值。选择了文件时，它返回 false，未选文件时，它返回 true。

原型：public boolean isMissing()

3. getFieldName

作用：取 HTML 表单中对应于此上传文件的表单项的名字。

原型：public String getFieldName()

4. getFileName

作用：取文件名(不含目录信息)。

原型：public String getFileName()

5. getFilePathName

作用：取文件全名(带目录)。

原型：public String getFilePathName

6. getFileExt

作用：取文件扩展名(后缀)。

原型：public String getFileExt()

7. getSize

作用：取文件长度(以字节计)。

原型：public int getSize()

8. getBinaryData

作用：取文件数据中指定位移处的一个字节，用于检测文件等处理。

原型：public byte getBinaryData(int index)

其中，index 表示位移，其值在 0～getSize()-1 之间。

16.1.2 Files 类

Files 类表示所有上传文件的集合，通过它可以得到上传文件的数目、大小等信息，有以下方法。

1. getCount

作用：取得上传文件的数目。

原型：public int getCount()

2．getFile

作用：取得指定位移处的文件对象 File（这是 com.jspsmart.upload.File，不是 java.io.File，注意区分）。

原型：public File getFile（int index）

其中，index 为指定位移，其值在 0～getCount()-1 之间。

3．getSize

作用：取得上传文件的总长度，可用于限制一次性上传的数据量大小。

原型：public long getSize()

4．getCollection

作用：将所有上传文件对象以 Collection 的形式返回，以便其他应用程序引用，浏览上传文件信息。

原型：public Collection getCollection()

5．getEnumeration

作用：将所有上传文件对象以 Enumeration（枚举）的形式返回，以便其他应用程序浏览上传文件信息。

原型：public Enumeration getEnumeration()

16.1.3 Request 类

Request 类的功能等同于 JSP 内置的对象 request。之所以提供这个类，是因为对于文件上传表单，通过 request 对象无法获得表单项的值，必须通过 jspSmartUpload 组件提供的 request 对象来获取。该类提供如下方法。

1．getParameter

作用：获取指定参数的值。当参数不存在时，返回值为 null。

原型：public String getParameter（String name）

其中，name 为参数的名字。

2．getParameterValues

作用：当一个参数可以有多个值时，用此方法来取其值。它返回的是一个字符串数组。当参数不存在时，返回值为 null。

原型：public String[] getParameterValues（String name）

其中，name 为参数的名字。

3．getParameterNames

作用：取得 request 对象中所有参数的名字，用于遍历所有参数。它返回的是一个枚举型的对象。

原型：public Enumeration getParameterNames()

16.1.4 SmartUpload 类

SmartUpload 类完成上传下载工作。

上传与下载共用的方法如下。

1. initialize

作用：执行上传下载的初始化工作，必须第一个执行。

原型：有多个，主要使用如下的形式。

public final void initialize(javax.servlet.jsp.PageContext pageContext)

其中，pageContext 为 JSP 页面内置对象(页面上下文)。

上传文件使用的方法如下。

2. upload

作用：上传文件数据。对于上传操作，第一步执行 initialize 方法，第二步执行这个方法。

原型：public void upload()

3. save

作用：将全部上传文件保存到指定目录下，并返回保存的文件个数。

原型：public int save(String destPathName)

或 public int save(String destPathName,int option)

其中，destPathName 为文件保存目录，option 为保存选项，它有三个值，分别是 SAVE_PHYSICAL、SAVE_VIRTUAL 和 SAVE_AUTO(同 File 类的 saveAs 方法的选项的值类似)。SAVE_PHYSICAL 指示组件将文件保存到以操作系统根目录为文件根目录的目录下，SAVE_VIRTUAL 指示组件将文件保存到以 Web 应用程序根目录为文件根目录的目录下，而 SAVE_AUTO 则表示由组件自动选择。save(destPathName)作用等同于 save(destPathName,SAVE_AUTO)。

4. getSize

作用：取上传文件数据的总长度。

原型：public int getSize()

5. getFiles

作用：取全部上传文件，以 Files 对象形式返回，可以利用 Files 类的操作方法来获得上传文件的数目等信息。

原型：public Files getFiles()

6. getRequest

作用：取得 request 对象，以便由此对象获得上传表单参数的值。

原型：public Request getRequest()

7. setAllowedFilesList

作用：设定允许上传带有指定扩展名的文件，当上传过程中有文件名不允许时，组件将抛出异常。

原型：public void setAllowedFilesList(String allowedFilesList)

其中，allowedFilesList 为允许上传的文件扩展名列表，各个扩展名之间以逗号分隔。如果想允许上传那些没有扩展名的文件，可以用两个逗号表示。例如，setAllowedFilesList("doc,txt,,")将允许上传带 doc 和 txt 扩展名的文件以及没有扩展名的文件。

8．setDeniedFilesList

作用：用于限制上传带有指定扩展名的文件。若有文件扩展名被限制，则上传时组件将抛出异常。

原型：public void setDeniedFilesList(String deniedFilesList)

其中，deniedFilesList 为禁止上传的文件扩展名列表，各个扩展名之间以逗号分隔。如果想禁止上传那些没有扩展名的文件，可以用两个逗号来表示。例如，setDeniedFilesList("exe,bat,,")将禁止上传带 exe 和 bat 扩展名的文件以及没有扩展名的文件。

9．setMaxFileSize

作用：设定每个文件允许上传的最大长度。

原型：public void setMaxFileSize(long maxFileSize)

其中，maxFileSize 为每个文件允许上传的最大长度，当文件超出此长度时，将不被上传。

10．setTotalMaxFileSize

作用：设定允许上传的文件的总长度，用于限制一次性上传的数据量大小。

原型：public void setTotalMaxFileSize(long totalMaxFileSize)

其中，totalMaxFileSize 为允许上传的文件的总长度。

下载文件常用的方法如下。

11．setContentDisposition

作用：将数据追加到 MIME 文件头的 CONTENT-DISPOSITION 域。jspSmartUpload 组件会在返回下载的信息时自动填写 MIME 文件头的 CONTENT-DISPOSITION 域，如果用户需要添加额外信息，可用此方法。

原型：public void setContentDisposition(String contentDisposition)

其中，contentDisposition 为要添加的数据。如果 contentDisposition 为 null，则组件将自动添加"attachment;"，以表明将下载的文件作为附件，结果是 IE 浏览器将会提示另存文件，而不是自动打开这个文件(IE 浏览器一般根据下载的文件扩展名决定执行什么操作，扩展名为 doc 的将用 Word 程序打开，扩展名为 pdf 的将用 Acrobat 程序打开，等等)。

12．downloadFile

作用：下载文件。

原型：共有以下三个原型可用，第一个最常用，后两个用于特殊情况下的文件下载(如更改内容类型，更改另存的文件名)。

① public void downloadFile(String sourceFilePathName)

其中，sourceFilePathName 为要下载的文件名(带目录的文件全名)。

② public void downloadFile(String sourceFilePathName,String contentType)

其中，sourceFilePathName 为要下载的文件名(带目录的文件全名)，contentType 为内容类型(MIME 格式的文件类型信息，可被浏览器识别)。

③ public void downloadFile(String sourceFilePathName, String contentType, String destFileName)

其中，sourceFilePathName 为要下载的文件名(带目录的文件全名)，contentType 为内容类型(MIME 格式的文件类型信息，可被浏览器识别)，destFileName 为下载后默认的另存文件名。

16.2 文 件 上 传

上传文件时，对于选择文件的 Form 表单，有以下两个要求。

(1) METHOD 应用 POST，即 METHOD="POST"。

(2) 增加属性：ENCTYPE="multipart/form-data"。

1. 基本的文件上传操作

例程 16-1，sample1.htm

```
<html>
<body>
<h1>jspsmartupload : sample 1</h1>
<hr>
<form method="post" action="sample1.jsp" enctype="multipart/form-data">
   <input type="file" name="file1" size="50"><br>
   <input type="file" name="file2" size="50"><br>
   <input type="file" name="file3" size="50"><br>
   <input type="file" name="file4" size="50"><br>
   <input type="submit" value="upload">
</form>
</body>
</html>
```

例程 16-2，sample1.jsp

```
<%@ page import="com.jspsmart.upload.*"%>
<jsp:useBean id="mySmartUpload" class="com.jspsmart.upload.SmartUpload" />
<html>
<body>
<h1>jspSmartUpload : Sample 1</h1>
<hr>
<%
    //声明变量 count，用来存储上传文件个数
    int count=0;
    //执行初始化操作
    mySmartUpload.initialize(pageContext);
    //设定上传文件最大字节数
    mySmartUpload.setTotalMaxFileSize(100000);
    //上传文件到服务器
    mySmartUpload.upload();
    //调用 SmartUpload 方法的 save()方法保存上传文件。存储时以文件原有名称存储
    //存储路径是这样的，首先看当前 Web 应用程序下是否存在 upload 目录，
    //如果有直接存储在该目录；否则寻找 Web 服务器所在驱动器物理路径下是否存在
    ///upload 目录，如果有则存储，如果没有会抛出异常
    count = mySmartUpload.save("/upload");
    //显示上传文件数量
```

```
out.println(count + " file(s) uploaded.");
%>
</body>
</html>
```

2．对上传文件进行单独处理

例程 16-3，sample2.htm

```
<html>
<body>
<h1>jspsmartupload : sample 2</h1>
<hr>
<form method="post" action="sample2.jsp" enctype="multipart/form-data">
  <input type="file" name="file1" size="50"><br>
  <input type="file" name="file2" size="50"><br>
  <input type="file" name="file3" size="50"><br>
  <input type="file" name="file4" size="50"><br>
  <input type="submit" value="upload">
</form>
</body>
</html>
```

例程 16-4，sample2.jsp

```
<%@ page contentType="text/html;charset=GB2312" %>
<%@ page import="com.jspsmart.upload.*"%>
<jsp:useBean id="mySmartUpload" class="com.jspsmart.upload.SmartUpload" />
<html>
<body>
<h1>jspSmartUpload : Sample 2</h1>
<hr>
<%
    //声明变量 count，用来存储上传文件个数
    int count=0;
    //执行初始化操作
    mySmartUpload.initialize(pageContext);
    //上传文件到服务器
    mySmartUpload.upload();
    //对上传到服务器的文件进行逐个处理
    for (int i=0;i<mySmartUpload.getFiles().getCount();i++){
        //取出一个文件
        com.jspsmart.upload.File myFile = mySmartUpload.getFiles().getFile(i);
        //只有 myFile 代表的文件存在时才执行存储操作
        if (!myFile.isMissing()) {
            //保存该文件到 Web 应用程序下的 upload 目录
            myFile.saveAs("/upload/" + myFile.getFileName());
            // 显示当前文件信息
            out.println("FieldName = " + myFile.getFieldName() + "<BR>");
```

```
                out.println("Size = " + myFile.getSize() + "<BR>");
                out.println("FileName = " + myFile.getFileName() + "<BR>");
                out.println("FileExt = " + myFile.getFileExt() + "<BR>");
                out.println("FilePathName = " + myFile.getFilePathName() + "<BR>");
                out.println("ContentType = " + myFile.getContentType() + "<BR>");
                out.println("ContentDisp = " + myFile.getContentDisp() + "<BR>");
                out.println("TypeMIME = " + myFile.getTypeMIME() + "<BR>");
                out.println("SubTypeMIME = " + myFile.getSubTypeMIME() + "<BR>");
                count ++;
            }
        }
        //显示可以上传的文件数量
        out.println("<BR>" + mySmartUpload.getFiles().getCount() + " files
            could be uploaded.<BR>");
        //显示上传文件数量
        out.println(count + " file(s) uploaded.");
    %>
    </body>
    </html>
```

3. 设置上传限制

例程 16-5，sample3.htm

```
<html>
<body>
<h1>jspsmartupload : sample 3</h1>
<hr>
<form method="post" action="sample3.jsp" enctype="multipart/form-data">
   <input type="file" name="file1" size="50"><br>
   <input type="file" name="file2" size="50"><br>
   <input type="file" name="file3" size="50"><br>
   <input type="file" name="file4" size="50"><br>
   <input type="submit" value="upload">
</form>
</body>
</html>
```

例程 16-6，sample3.jsp

```
<%@ page import="com.jspsmart.upload.*"%>
<jsp:useBean id="mySmartUpload" class="com.jspsmart.upload.SmartUpload" />
<html>
<body>
<h1>jspSmartUpload : Sample 1</h1>
<hr>
<%
    int count=0;
    mySmartUpload.initialize(pageContext);
```

```
        //只允许上传 htm/html/txt 类型文件
        mySmartUpload.setAllowedFilesList("htm,html,txt");
        //设置不允许上传的文件类型
        //禁止上传带有 exe、bat、jsp 扩展名的文件和没有扩展名的文件
        mySmartUpload.setDeniedFilesList("exe,bat,jsp,,");
        //设置允许上传文件的大小限制
        mySmartUpload.setMaxFileSize(50000);
        mySmartUpload.upload();
        //将上传文件以原来的名字全部保存到指定目录
        count = mySmartUpload.save("/upload", mySmartUpload.SAVE_VIRTUAL);
        //显示上传文件数量
        out.println(count + " file(s) uploaded.");
%>
</body>
</html>
```

4. 上传文件到数据库

在 MySQL 中建立数据库 jspex，在该数据库中建立表 upload，表结构如下面的 sql 脚本，并插入 1 条记录。

例程 16-7，upload.sql

```
CREATE TABLE upload (
  id int(4) unsigned NOT NULL,
  filename varchar(255) default NULL,
  file longblob,
  PRIMARY KEY  (id)
) ENGINE=MyISAM DEFAULT CHARSET=latin1;
INSERT INTO upload(filename) VALUES ('test');
```

例程 16-8，sample4.htm

```
<html>
<body>
<h1>jspsmartupload : sample 4</h1>
<hr>
<form method="post" action="sample4.jsp" enctype="multipart/form-data">
   <input type="file" name="file1" size="50"><br>
   <input type="submit" value="upload">
</form>
</body>
</html>
```

例程 16-9，sample4.jsp

```
<%@ page import="java.sql.*,com.jspsmart.upload.*"%>
<jsp:useBean id="mySmartUpload" class="com.jspsmart.upload.SmartUpload" />
<html>
<body>
<h1>jspSmartUpload : Sample 4</h1>
```

```
<hr>
<%
    //Variables
    int count=0;
    //建立到数据库的连接
    Class.forName("com.mysql.jdbc.Driver").newInstance();
    Connection con =
    DriverManager.getConnection("jdbc:mysql://localhost:3306/jspex","root","");
    //执行查询操作，建立结果集对象 rs
    Statement stmt = con.createStatement(ResultSet.TYPE_FORWARD_ONLY ,
    ResultSet.CONCUR_UPDATABLE);
    ResultSet rs = stmt.executeQuery("SELECT * FROM upload WHERE id=1");
    //如果 rs 不为 null
    if (rs.next()){
        mySmartUpload.initialize(pageContext);
        mySmartUpload.upload();
        if (!mySmartUpload.getFiles().getFile(0).isMissing()) {
            rs.updateString("filename",mySmartUpload.getFiles().getFile(0).
                getFileName());
            //将当前文件存储到数据库中 File 字段
            mySmartUpload.getFiles().getFile(0).fileToField(rs,"file");
            //更新数据库
            rs.updateRow();
            count++;
        }
    }
    //显示上传文件数量
    out.println(count + " file(s) uploaded in the database.");
    rs.close();
    stmt.close();
    con.close();
%>
</body>
</html>
```

16.3 文 件 下 载

例程 16-10，下载链接页面 sample5.htm

```
<html>
<body>
<h1>jspsmartupload : sample 5</h1>
<hr>
<a href="sample5.jsp">download</a>
</body>
</html>
```

例程 16-11，下载处理页面 sample5.jsp

```
<jsp:useBean id="mySmartUpload" class="com.jspsmart.upload.SmartUpload" />
<%
```

```
    mySmartUpload.initialize(pageContext);
    //设定 contentDisposition 为 null 以禁止浏览器自动打开文件
    //保证单击链接后是下载文件
    //若不设定，则下载的文件扩展名为 txt 时，直接在浏览器打开
    //文件类型为 doc 时，浏览器将自动用 Word 打开
    //扩展名为 pdf 时浏览器将用 Acrobat 打开
    mySmartUpload.setContentDisposition(null);
    //下载文件
    mySmartUpload.downloadFile("/upload/test.txt");
%>
```

注意，执行下载的页面，在 Java 脚本范围外(即<% ... %>之外)，不要包含 HTML 代码、空格、回车或换行等字符，有的话将不能正确下载。因为它影响了返回给浏览器的数据流，导致解析出错。

本章小结

文件上传和下载是 Web 应用程序中常用的操作。jspSmartUpload 就是一个常用的文件上传、下载组件。jspSmartUpload 组件提供 File、Files、Request、SmartUpload 类来完成文件的上传、下载及控制功能。

思考题

1. 文件上传时对于选择文件的表单 Form 有什么要求？
2. SmartUpload 完成上传和保存功能的方法是什么？
3. 如何控制上传文件的类型和大小？
4. 如何控制文件的下载？

第17章 日志组件

日志是一个软件系统的常见功能，大的应用程序一般都有日志记录。日志由嵌入在程序中以输出一些对开发人员有用信息的语句所组成，它可以精确地控制应用程序的输出信息，为日后了解程序的运行状况，以及进行维护、恢复、统计、审计等工作提供依据。使用专门的日志组件，可以减轻对成千上万的System.out.println语句的维护成本，因为日志记录可以通过配置脚本在运行时得以控制。

Java应用程序中有多种记录日志的方法，可以使用JSDK自带的日志API，也可以使用第三方开发的日志组件。在各种日志组件中，Log4j 是较常用的一个日志组件，它具有使用简单、功能完备的优点。

17.1 Log4j

Log4j是Apache的一个开放源代码项目，它允许开发者以任意间隔输出日志信息；控制日志信息输出的目的地(如控制台、文件、GUI组件等)；还可以精细地控制日志信息的输出级别，以及每一条日志的输出格式。

17.1.1 Log4j API

● 公共类org.apache.log4j.Logger

Logger负责输出日志信息，能够对日志信息进行分类筛选。

● 公共接口 org.apache.log4j.Appender

Appender定义日志信息的输出目的地。

● 公共抽象类org.apache.log4j.Layout

Layout负责格式化Appender的输出。

1. Logger

Logger是Log4j的核心组件，它代表了Log4j的日志记录器。Log4j具有5种正常级别(Level)，分别是：DEBUG、INFO、WARN、ERROR、FATAL，这 5 个级别的顺序是：DEBUG<INFO <WARN<ERROR<FATAL，分别对应Logger类的5个输出日志信息的方法，如表17-1所示。

表17-1 Log4j的日志信息

日志信息级别	说　明	输出方法标签
FATAL	致命的错误，导致系统中止	fatal(Object message) fatal(Object message, Throwable t)
ERROR	运行期的错误或不是预期的条件	error(Object message) error(Object message, Throwable t)
WARN	运行时不合需要和非预期的状态，使用了过期的API	warn(Object message) warn(Object message, Throwable t)
INFO	运行时产生的有意义的事件	info(Object message) info(Object message, Throwable t)
DEBUG	调试信息	debug(Object message) debug(Object message, Throwable t)

另外，还有两个可用的特别日志记录级别，用于开启或禁用日志功能：ALL Level 是最低等级的，用于打开所有日志记录；OFF Level 是最高等级的，用于关闭所有日志记录。

日志记录器(Logger)的行为是分等级的。日志记录器(Logger)将只输出那些级别高于或等于它的级别的信息。如果没有设置日志记录器(Logger)的级别，那么它将会继承父 Logger 的级别，最上层是 rootLogger，rootLogger 的级别为 DEBUG。

(1)在配置文件中定义 Logger 的格式：

```
log4j.[loggername]=[level],appenderName, appenderName,...
```

其中，level 指 Logger 的优先级，appenderName 是日志信息的输出目的地，可以同时指定多个输出地。

例如：

```
####################
#LOGGERS
####################
#定义 rootLogger，级别为 WARN
log4j.rootLogger=WARN
#定义用于记录出错信息的记录器 ErrorLogger，输出至 appender1
log4j.logger.ErrorLogger=ERROR,appender1
#定义用于记录信息操作的记录器 InfoLogger，输出至 appender1 和 appender2
log4j.logger.InfoLogger=INFO,appender1,appender2
```

appender1 和 appender2 为 Appender 类型的对象，表示日志信息的输出目的地。

(2)在应用程序中获取或者创建定义的日志记录器实例的方法。

获取 root 日志记录器：

```
Logger logger = Logger.getRootLogger();
```

获取 InfoLogger 日志记录器：

```
Logger logger = Logger.getLogger("InfoLogger");
```

获取或者创建自定义日志记录器类的实例：

```
static Logger logger = Logger.getLogger(test.class); //相当于 getLogger
        (test.getName());
```

在程序中可用下面的方法重新设置日志记录器的级别：

```
logger.setLevel((Level)Level.WARN);
```

可以使用 7 个级别中的任何一个：Level.DEBUG、Level.INFO、Level.WARN、Level.ERROR、Level.FATAL、Level.ALL 和 Level.OFF。

(3)关于 Logger 的几点说明。

① 根记录器永远存在，不能通过名称获取，只能使用上述静态方法获取。

② 非根记录器通过指定的名字获取。记录器 Logger 对象使用单例模式，用同名参数调用 Logger.getLogger(String name)将返回同一个 Logger 的引用。故可以在一个地方创建 Logger，在另外一个地方获取已创建的 Logger，而无须相互间传递 Logger 的引用。

③ 记录器可以在配置文件中设置，也可以不配置，直接在代码中创建。记录器的名称通常与

进行日志记录的类名相同，在某对象中，用该对象所属的类为参数调用 Logger.getLogger(Class clazz)以创建或获取 Logger，被认为是最理智地命名 Logger 的方法。

④ Logger 的创建可以按照任意的顺序，即子 Logger 可以先于父 Logger 被创建。Log4j 将自动维护 Logger 的继承树。

2．Appender

每个 Logger 都可以拥有一个或多个 Appender，每个 Appender 表示一个日志的输出目的地，可以是控制台、文件、GUI 组件，甚至是套接口服务器、NT 的事件记录器、UNIX Syslog 守护进程等。使用 addAppender()方法为 Logger 增加一个 Appender；使用 removeAppender()方法为 Logger 移除一个 Appender。这两个方法的标签如下。

```
//Log4j APIs : class Logger
//为 logger 对象增加或移除一个 Appender 对象
public void appAppender(Appender app);
public void removeAppender(Appender app);
```

在默认情况下，Logger 的 additive 标签被设置为 true，表示子 Logger 将继承父 Logger 的所有 Appenders。root logger 拥有目标为 system.out 的 consoleAppender，故在默认情况下，所有的 Logger 都将继承该 Appender。additive 选项可以被重新设置，表示子 Logger 将不再继承父 Logger 的 Appenders。获取和设置 additive 的方法标签如下。

```
//Log4j APIs : class Logger
//获得和设置 additive 标签：是否继承父 Logger 的 Appenders
public boolean getAdditivity();
public void setAdditivity(boolean additive);
```

注意，在设置 additive 标签为 false 时，必须保证已经为该 Logger 设置了新的 Appender，否则 Log4j 将报错：log4j:WARN No appenders could be found for logger (x.y.z)。

(1)在配置文件中定义 Appender 的格式。

```
log4j.appender.appenderName=fully.qualified.name.of.appender.class
log4j.appender.appenderName.option1=value1
...
log4j.appender.appenderName.optionN=valueN
```

其中，Log4j 提供的 Appender 如表 17-2 所示。

表 17-2　Log4j 提供的 Appender

Appender 类名	作　用
org.apache.log4j.ConsoleAppender	将日志输出到控制台
org.apache.log4j.FileAppender	将日志输出到文件
org.apache.log4j.DailyRollingFileAppender	每天产生一个日志文件
org.apache.log4j.RollingFileAppender	文件大小到达指定尺寸时产生一个新的文件
org.apache.log4j.WriterAppender	将日志信息以流格式发送到任意指定的地方

Appender 配置示例：

```
####################
# Console Appender
####################
```

```
log4j.appender.CONSOLE=org.apache.log4j.ConsoleAppender
log4j.appender.CONSOLE.Target=System.out
log4j.appender.CONSOLE.layout=org.apache.log4j.SimpleLayout
#####################
# File Appender
#####################
log4j.appender.FILE=org.apache.log4j.FileAppender
log4j.appender.FILE.File=file.log
log4j.appender.FILE.Append=false
log4j.appender.FILE.layout=org.apache.log4j.HTMLLayout
########################
# Rolling File
########################
log4j.appender.ROLLING_FILE=org.apache.log4j.RollingFileAppender
log4j.appender.ROLLING_FILE.Threshold=ERROR
log4j.appender.ROLLING_FILE.File=rolling.log
log4j.appender.ROLLING_FILE.Append=true
log4j.appender.ROLLING_FILE.MaxFileSize=10KB
log4j.appender.ROLLING_FILE.MaxBackupIndex=1
log4j.appender.ROLLING_FILE.layout=org.apache.log4j.PatternLayout
log4j.appender.ROLLING_FILE.layout.ConversionPattern=[framework] %d - %c
        -%-4r [%t] %-5p %c %x - %m%n
```

每个 Appender 都和一个 Layout 相联系，Layout 的任务是格式化日志信息。

3．Layout

用户不仅要定制输出目的地，而且要定制输出格式。Log4j 通过在 Appenders 后面附加 Layouts 来实现这个功能。

Layout 提供了 4 种日志输出样式，如表 17-3 所示。

表 17-3 log4 提供的 Layout

Layout 类名	说 明
org.apache.log4j.HTMLLayout	以 HTML 表格形式布局
org.apache.log4j.PatternLayout	可以灵活地指定布局模式
org.apache.log4j.SimpleLayout	包含日志信息的级别和信息字符串
org.apache.log4j.TTCCLayout	包含日志产生的时间、线程、类别等信息

其中，PatternLayout 根据自定义的转换模式格式化日志输出，如果没有指定任何转换模式，就使用默认的转换模式。PatternLayout 输出格式较复杂，它使用类似 C 语言 printf 函数中的格式控制字符串来控制日志的输出格式，如表 17-4 所示。

表 17-4 PatternLayout 的格式控制符

控 制 符	含 义
%m	代码中指定的信息 如 log.error ("error")
%p	优先级 就是上面提到的 DEBUG、INFO 等
%c	所在类的全名

续表

控 制 符	含 义
%r	自应用启用到输出该日志信息耗费的时间(毫秒)
%d	输出日志信息的日期或时间，默认格式为 ISO8601，也可以在其后指定格式，如%d{yyyy MM dd HH:mm:ss,SSS}
%t	产生该日志事件的线程名
%x	输出和当前线程相关联的 NDC(嵌套诊断环境)，尤其用到像 java servlet 这样的多客户多线程的应用中
%n	换行符号 Windows 平台为 "rn"，UNIX 平台为"n"

例如，转换模式：%r [%t]%-5p %c - %m%n 的 PatternLayout 将生成类似于以下内容的输出：

```
176 [main] INFO jspex.log.example1 - Located nearest gas station.
```

其中：

第 1 段表示自程序开始后消耗的毫秒数；
第 2 段表示产生日志信息的线程；
第 3 段表示日志语句的优先级；
第 4 段表示产生日志信息的类全名；
第 5 段表示日志信息；
最后是回车换行。

17.1.2 Log4j 的配置

可以用两种方式来配置 Log4j：一种是使用传统的属性文件.property；另一种是使用 XML 文件。属性文件使用 PropertyConfigurator.configure() 方法加载，而 XML 文件使用 DOMConfigurator.configure()方法加载。

1. 配置 Log4j 的属性文件

```
########################
## LOGGERS ##
########################
#定义 root logger
log4j.rootLogger=INFO,console
#定义名为 helloappLogger 的 Logger，输出级别为 WARN
log4j.logger.helloappLogger=WARN
#定义一个名为 helloappLogger.childLogger 的 Logger，该 Logger 继承了 helloAppLogger
#childLogger 没有定义输出级别，表示使用父 Logger 的输出级别，使用的 Appender 名为 file
log4j.logger.helloappLogger.childLogger=,file
########################
## 定义 APPENDERS ##
########################
# 定义名为 console 的 Appender,类型为 ConsoleAppender，即输出到控制台
log4j.appender.console=org.apache.log4j.ConsoleAppender
# 定义名为 file 的 Appender，类型为 RollingFileAppender，即日志信息输出到文件 log.txt
log4j.appender.file=org.apache.log4j.RollingFileAppender
log4j.appender.file.File=log.txt
########################
## LAYOUTS ##
```

```
############################
# 定义console Appender使用的Layout，即向控制台输出时的格式
log4j.appender.console.layout=org.apache.log4j.SimpleLayout
# 定义file Appender使用的Layout
log4j.appender.file.layout=org.apache.log4j.PatternLayout
log4j.appender.file.layout.ConversionPattern=%t %p - %m%n
```

2. 配置 Log4j 的 XML 文件

```
<?xml version="1.0" encoding="UTF-8" ?>
<!-- DTD(文档类型定义)定义了XML文件的结构 -->
<!DOCTYPE log4j:configuration SYSTEM "log4j.dtd">
<!-- 根元素封装所有元素 -->
<log4j:configuration xmlns:log4j="http://jakarta.apache.org/log4j/">
<!-- 创建一个名为"appender1"的 Appender -->
<!-- Appender必须具有一个指定的 name和class -->
<appender name="appender1" class="org.apache.log4j.FileAppender">
<param name="File" value="Indentify-Log.txt"/>
<param name="Append" value="false"/>
<!-- 嵌入在 Appender之内的是 layout元素 -->
<!-- Layout 必须具有一个 class属性 -->
<layout class="org.apache.log4j.PatternLayout">
<param name="ConversionPattern" value="%d [%t] %p - %m%n"/>
</layout>
</appender>
<!-- root元素必须存在且不能被子类化 -->
<root>
<priority value ="debug"/>
<!-- 设置root引用前面的appender1作为子appender -->
<appender-ref ref="appender1"/>
</root>
</log4j:configuration>
```

17.1.3 Log4j 的使用

1. 安装 Log4j

从 http://jakarta.apache.org/log4j/docs/download.html 内下载 Log4j 发行版。解压存档文件到合适的目录中。在 Web 应用中，把对应的 jar 包 log4j-1.2.6.jar 添加到应用程序的类库目录(/WEB-INF/lib/)中，即可使用 Log4j 日志组件。

2. 配置 Log4j

3. 导入包

```
import org.apache.log4j.Logger;
import org.apache.log4j.PropertyConfigurator;
```

4. 初始化 Log4j

Logger 类的静态初始化块(Static Initialization Block)对 Log4j 的环境做默认的初始化，它将检

查一系列 Log4j 定义的系统属性，如 log4j.defaultInitOverride、log4j.configuration，根据系统属性的设置值进行相应的初始化。Apache 的 Log4j 文档中建议使用 log4j.configuration 系统属性来设置默认的初始化文件。

在应用程序中，通常使用 PropertyConfigurator.configure()方法加载属性配置文件，使用 DOMConfigurator.configure()方法加载 XML 配置文件，对 Log4j 进行初始化。如果在创建 Logger 实例前，Log4j 没有被初始化，静态初始化程序根据 log4j.configuration 属性的默认值，自动查找 /WEB-INF/classes/目录下的 log4j.xml 或 log4j.properties。如果找到任意一个配置文件，调用相应的 configure()方法，加载配置文件，并初始化 Log4j。

5. 获取 log 实例

```
Logger logger = Logger.getLogger();
```

6. 使用 Log 实例的方法进行日志输出

例程 17-1，log4j.properties

```
## LOGGERS ##
#定义 root logger
log4j.rootLogger=INFO,console
#定义名为 log4jTest 的 Logger，输出级别为 WARN
log4j.logger.log4jTest=WARN
#定义一个名为 log4jTest.testChild 的 Logger，该 Logger 继承了 log4jTest
#testChild 没有定义输出级别，表示使用父 Logger 的输出级别，使用的 Appender 名为
      rollingFile
log4j.logger.log4jTest.testChild=,rollingFile
## APPENDERS ##
#定义名为 console 的 Appender,类型为 ConsoleAppender，即输出到控制台
log4j.appender.console=org.apache.log4j.ConsoleAppender
# 定义名为 rollingFile 的 Appender,类型为 RollingFileAppender，即日志信息输出
      到文件 log.txt 中
log4j.appender.rollingFile=org.apache.log4j.RollingFileAppender
log4j.appender.rollingFile.File=g:/jsp/jspex/log/log.txt
## LAYOUTS ##
# 定义 console Appender 使用的 Layout，即向控制台输出时的格式
log4j.appender.console.layout=org.apache.log4j.SimpleLayout
# 定义 file Appender 使用的 Layout
log4j.appender.rollingFile.layout=org.apache.log4j.PatternLayout
log4j.appender.rollingFile.layout.ConversionPattern=[prop] %t %p - %m%n
```

例程 17-2，log4jtest.jsp

```
<%@ page import="org.apache.log4j.*" %>
<%
    String path = application.getRealPath("/") + "/WEB-INF/classes/log4j.properties";
    //使用 PropertyConfigurator 加载属性
    PropertyConfigurator.configure(path);
    //获取 log4jTest 的实例
    Logger log4jTest = Logger.getLogger("log4jTest");
```

```
        //获取 testChild 的实例
        Logger testChild = Logger.getLogger("log4jTest.testChild");
        //使用父日志记录器记录消息
        log4jTest.debug("This is a log message from the " + log4jTest.getName());
        log4jTest.info("This is a log message from the " + log4jTest.getName());
        log4jTest.warn("This is a log message from the " + log4jTest.getName());
        log4jTest.error("This is a log message from the " + log4jTest.getName());
        log4jTest.fatal("This is a log message from the " + log4jTest.getName());
        //使用子日志记录器记录消息
        testChild.debug("This is a log message from the " + testChild.getName());
        testChild.info("This is a log message from the " +  testChild.getName());
        testChild.warn("This is a log message from the " +  testChild.getName());
        testChild.error("This is a log message from the " + testChild.getName());
        testChild.fatal("This is a log message from the " + testChild.getName());
    %>
    <p>
    <div align="center">日志信息输出测试完毕！<br />
    请查看服务器控制台和配置文件中设定的日志文件！
    </div>
    </p>
```

例程 17-3，log4j.xml

```
    <?xml version="1.0" encoding="GB2312" ?>
    <!-- DTD(文档类型定义)定义了 XML 文件的结构 -->
    <!DOCTYPE log4j:configuration SYSTEM "log4j.dtd">
    <!-- 根元素封装所有元素 -->
    <log4j:configuration xmlns:log4j="http://jakarta.apache.org/log4j/">
      <!-- 创建一个名为"console"的 Appender -->
      <!-- Appender 必须具有一个指定的 name 和 class -->
      <appender name="console" class="org.apache.log4j.ConsoleAppender">
        <!-- 嵌入在 Appender 之内的 layout 元素 -->
        <!-- Layout 必须具有一个 class 属性 -->
        <layout class="org.apache.log4j.SimpleLayout"/>
      </appender>
      <!-- 创建一个名为"rollingFile"的 Appender -->
      <!-- Appender 必须具有一个指定的 name 和 class -->
      <appender name="rollingFile" class="org.apache.log4j.RollingFileAppender">
        <param name="File" value="g:/jsp/jspex/log/log.txt"/>
        <!-- 设置是否在重新启动服务时，在原有日志的基础添加新日志 -->
        <param name="Append" value="true"/>
        <!-- 嵌入在 Appender 之内的 layout 元素 -->
        <!-- Layout 必须具有一个 class 属性 -->
        <layout class="org.apache.log4j.PatternLayout">
          <param name="ConversionPattern" value="[xml] %d [%t] %p - %m%n"/>
        </layout>
      </appender>
      <!-- 定义 log4jTest 继承 rootLogger 的 Appender -->
```

```
<logger name="log4jTest">
  <!-- 设置输出级别 -->
  <level value="warn" />
</logger>
<!-- 定义 testChild，继承 log4jTest 的输出级别 -->
<logger name="log4jTest.testChild">
  <!-- 引用前面的 rollingFile 作为子 testChild 的 Appender -->
  <appender-ref ref="rollingFile"/>
</logger>
<!-- root 元素必须存在且不能被子类化 -->
<root>
  <priority value ="debug"/>
  <!-- 引用前面的 console 作为子 rootLogger 的 Appender -->
  <appender-ref ref="console"/>
</root>
</log4j:configuration>
```

例程 17-4，log4jtestxml.jsp

```
<%@ page import="org.apache.log4j.*,org.apache.log4j.xml.DOMConfigurator" %>
<%
    //在创建 Logger 实例前,如果 log4j 没有进行初始化,会自动查找/WEB-INF/classes/
    //目录下的 log4j.xml 或者 log4j.properties
    //如果找到任一配置文件,调用相应的 configure()方法,加载配置文件,并初始化 log4j
    //String path = application.getRealPath("/") + "/WEB-INF/classes/log4j.xml";
    //DOMConfigurator.configure(path);
    //Get an instance of the log4jTest
    Logger log4jTest = Logger.getLogger("log4jTest");
    //Get an instance of the testChild
    Logger testChild = Logger.getLogger("log4jTest.testChild");
    //Log Messages using the Parent Logger
    log4jTest.debug("This is a log message from the " + log4jTest.getName());
    log4jTest.info("This is a log message from the " + log4jTest.getName());
    log4jTest.warn("This is a log message from the " + log4jTest.getName());
    log4jTest.error("This is a log message from the " + log4jTest.getName());
    log4jTest.fatal("This is a log message from the " + log4jTest.getName());
    //Log Messages using the Child Logger
    testChild.debug("This is a log message from the " + testChild.getName());
    testChild.info("This is a log message from the " +  testChild.getName());
    testChild.warn("This is a log message from the " +  testChild.getName());
    testChild.error("This is a log message from the " + testChild.getName());
    testChild.fatal("This is a log message from the " + testChild.getName());
%>
<p>
<div align="center">日志信息输出测试完毕！<br />
请查看服务器控制台和配置文件中设定的日志文件！
</div>
</p>
```

17.2　commons-logging

commons-logging 是 Apache 的通用日志组件，它位于 Log4j 等日志组件之上，是对日志实现更高层的抽象和封装。在 Log4j 中，日志信息的输出是可配置的，但配置文件是在程序中硬编码指定的，虽然可以将配置文件的路径作为参数传递给 Servlet 或 JSP 页面来提高灵活性，但是这将增加日志应用的复杂性。另外，如果要更换应用程序中使用的日志组件，则需要大幅度修改程序代码。commons-logging 通用日志组件为此提供了解决方案，使得应用程序中日志的实现更加灵活自由。

Apache 通用日志组件是 Apache 的一个开源项目，它提供了一组通用的日志接口，用户可以自由地选择实现日志接口的第三方软件。下载地址是 http://jakarta.apache.org/commons/logging/。

commons-logging 目前支持以下日志实现方式。

- Log4j 日志组件。
- JSDK1.4Logging 日志包。
- SimpleLog 日志组件(把日志信息输出到标准的系统错误流 System.err)。
- NoOpLog 日志包(不输出任何日志信息)。

commons-logging 是对底层使用的日志组件做了一层封装，开发者可以使用统一的一组 API 来访问日志组件。通过配置文件指定要使用的底层日志组件，在将来需要改变系统的日志组件时，代码不用改变，只改变 Apache 通用日志包的配置文件即可。

17.2.1　commons-logging API

commons-logging 包中两个常用的接口是 LogFactory 和 Log。

1. Log 接口

org.apache.commons.logging.Log 接口提供了一组输出日志的方法，每个方法对应一种信息级别。commons-logging 将日志分为 6 个级别，分别对应 Log 接口的 6 个输出方法，如表 17-5 所示。

表 17-5　Log 接口中的日志信息

日志信息级别	说　明	输出方法标签
FATAL	非常严重的错误，导致系统中止	fatal(Object message) fatal(Object message, Throwable t)
ERROR	运行期的错误或不是预期的条件	error(Object message) error(Object message, Throwable t)
WARN	运行时不合需要和非预期的状态，使用了过期的 API	warn(Object message) warn(Object message, Throwable t)
INFO	运行时产生的有意义的事件	info(Object message) info(Object message, Throwable t)
DEBUG	调试信息	debug(Object message) debug(Object message, Throwable t)
TRACE	细节信息	trace(Object message) trace(Object message, Throwable t)

表 17-5 所示的日志信息级别由高到低排列。对于每个日志输出方法，只有当它输出日志的级别大于或等于为 commons-logging 配置的日志级别时，这个方法才会被真正执行。例如，如果设

置日志组件级别为 WARN,那么在程序中 fatal()、error()和 warn()方法会被执行,而 info()、debug()和 trace()方法不会被执行。

commons-logging 的日志级别不是在 Apache 通用日志接口中实现的，这依赖于具体的日志实现方式。例如，采用 Log4j 作为日志实现工具，那么就在 Log4j 的日志配置文件中指定日志级别。

Log 接口还提供了一组用于判断是否允许输出特定级别的日志信息的方法，如表 17-6 所示。

表 17-6　Log 接口中判断信息输出级别的方法

方　法	说　明
log.isFatalEnabled()	允许输出 FATAL 信息，返回 true
log.isErrorEnabled()	允许输出 ERROR 信息，返回 true
log.isWarnEnabled()	允许输出 WARN 信息，返回 true
log.isInfoEnabled()	允许输出 INFO 信息，返回 true
log.isDebugEnabled()	允许输出 DEBUG 信息，返回 true
log.isTraceEnabled()	允许输出 TRACE 信息，返回 true

2．LogFactory 接口

org.apache.commons.logging.Factory 接口提供了获得 Log 实现对象的两个静态方法：

```
public static Log getLog(String name)
public static Log getLog(Class class)
```

在应用程序中需要记录日志时，调用 LogFactroy 接口的 getLog()方法获得 Log 对象，然后调用 Log 对象的 debug()、info()等方法记录日志。注意，代表底层日志工具的 Log 对象，必须实现 Log 接口，且必须在应用程序的类路径中，对于 Web 应用程序为：/WEB-INF/classes/或/WEB-INF/lib/目录。

common-logging API 直接提供对底层日志记录工具 JSDK14Logger、Log4jLogger、LogKitLogger、NoOpLogger 及 SimpleLog 的支持。LogFactory.getLog()方法启动一个发现过程，即找出必需的底层日志记录功能的实现，具体的发现过程如下。

(1) commons-logging 首先在类路径中寻找一个 commons-logging.properties 文件。这个属性文件必须定义 org.apache.commons.logging.Log 属性，它的值应该是上述任意 Log 接口实现的完整限定名称。

(2) 如果上面的步骤失败，commons-logging 检查系统属性 org.apache.commons.logging.Log。

(3) 如果没有设置 org.apache.commons.logging.Log 系统属性，commons-logging 将在类路径中寻找 Log4j 的类，如果找到了，commons-logging 就使用 Log4j。其中，Log4j 本身的属性仍要通过 log4j.properties 文件正确配置。

(4) 如果上述操作查找均没找到适当的 Logging API，但应用程序正运行在 JRE 1.4 或更高版本上，则默认使用 JRE 1.4 的日志记录功能。

(5) 最后，如果上述操作都失败，则将使用内建的 SimpleLog，把所有日志信息直接输出到 System.err。

获得适当的底层日志记录工具之后，接下来就可以开始记录日志信息了。commons-logging 作为标准的日志 API，它的优点是在底层日志机制的基础上建立了一个抽象层，通过抽象层把调用转换成与具体实现有关的日志记录命令。

17.2.2 commons-logging 的使用

(1) 建立配置文件 commons-logging.properties，在其中指定使用 Log4j 作为底层日志组件。该文件应放置于/WEB-INF/classes/目录下。

(2) 建立 Log4j 的配置文件。

(3) 在应用程序中使用 commons-logging API 记录日志。

例程 17-5，commons-logging.properties

```
##set Log as Log4J
org.apache.commons.logging.Log=org.apache.commons.logging.impl.Log4JLogger
```

例程 17-6，commonstest.jsp

```
<%@page import ="org.apache.commons.logging.*"%>
<%
    //获得 Logger 实例—log4jTest
    Log log4jTest = LogFactory.getLog("log4jTest");
    //获得 Logger 实例—testChild
    Log testChild = LogFactory.getLog("log4jTest.testChild");
    //通过 log4jTest 输出日志信息
    log4jTest.debug("This is a log message from the commonstest by log4jTest");
    log4jTest.info("This is a log message from the commonstest by log4jTest");
    log4jTest.warn("This is a log message from the commonstest by log4jTest");
    log4jTest.error("This is a log message from the commonstest by log4jTest");
    log4jTest.fatal("This is a log message from the commonstest by log4jTest");
    //通过 testChild 输出日志信息
    testChild.debug("This is a log message from the commonstest by testChild");
    testChild.info("This is a log message from the commonstest by testChild");
    testChild.warn("This is a log message from the commonstest by testChild");
    testChild.error("This is a log message from the commonstest by testChild");
    testChild.fatal("This is a log message from the commonstest by testChild");
%>
<p>
<div align="center">使用 commons-logging 输出日志信息测试完毕！<br />
请查看服务器控制台和配置文件中设定的日志文件！
</div>
</p>
```

Apache 的通用日志组件 commons-logging，由于其灵活性与非侵略性的优点，已被各种 Framework 推荐采纳使用，像 Struts、Hibernate、Spring，在 Tomcat 安装目录的 bin 目录下也包含了 commons-logging.jar，如今的 MyEclipse 6.0 创建一个 Web project 会自动将 commons-logging.jar 引入到 web/lib 下，所以你几乎无须去下载和引入这个包便可使用，它已经被广泛地使用和采纳。

本 章 小 结

日志是一个软件系统的常见功能，Log4j 是较常用的一个日志组件，它具有使用简单、功能完备的优点。Log4j 允许开发者以任意间隔输出日志信息；控制日志信息输出的目的地；控制日志信息的输出级别；每一条日志的输出格式。使用 Log4j 需要在应用程序中添加 jar 包 log4j-x.x.x.jar；在配置文件中定义 Logger、Appender、Layout，设置 Logger 的输出级别、输出地 Appender、输出格式 Layout；在程序中导入 Log4j 的类 Logger、PropertyConfigurator；初始化 Log4j；获取 Logger 对象；调用 Logger 对象的方法输出相应级别的信息。

commons-logging 位于 Log4j 等日志组件之上，是对日志实现更高层的抽象和封装。commons-logging 提供了一组通用的日志接口，底层可以自由地选择实现日志接口的第三方软件。commons-logging API 直接提供对底层日志记录工具 JSDK14Logger、Log4jLogger、LogKitLogger、NoOpLogger 及 SimpleLog 的支持。LogFactory.getLog()方法启动一个发现过程，查找必需的底层日志记录功能的实现。使用 commons-logging 日志组件需要在应用程序中添加 jar 包 commons-logging.jar、commons-logging-optional.jar；在/WEB-INF/classes/目录下创建 commons-logging.properties 配置文件，并设置底层日志记录工具；建立底层日志工具的配置文件；在应用程序中调用 LogFactroy 接口的 getLog()方法获得 Log 对象，然后调用 Log 对象的 debug()、info()等方法记录日志。

思 考 题

1．Log4j 的输出级别设置为哪一级时，程序中的 fatal()、error()和 warn()方法会被执行，而 info()、debug()和 trace()方法不会被执行？

2．在属性文件中定义输出级别为 ERROR，输出至 appender1，名称为 logger1 的 Logger，写出其配置代码。

3．在属性文件中定义输出到文件 log.txt，输出格式为 HTMLLayout，名称为 appender1 的 Appender，写出其配置代码。

4．使用属性文件.property 配置 Log4j 日志，在程序中如何加载配置文件？使用 XML 文件配置又如何加载？

5．简述 commons-logging 的 LogFactory.getLog()方法查找底层日志工具的过程。

6．简述应用程序使用 commons-logging 行日志记录的步骤。

附　录

（注：以下内容可通过扫描二维码学习和下载）

附录 A　Tomcat 版本简介

附录 B　MySQL 使用说明

附录 C　实验指导书

附录 D　实验参考答案

参 考 文 献

[1] 杨占胜，许作萍，张雪飞．JSP应用开发课程教学难点要点剖析[J]．计算机教育，2015,20(248):96～98.

[2] 许令波．深入分析 Java Web 技术内幕(修订版)[M]．北京：电子工业出版社，2014.8.

[3] 杨占胜，傅德谦，许作萍．Web 技术基础[M]．北京：电子工业出版社，2016.8.

[4] 布朗．JSP 编程指南[M]．白雁，译．北京：电子工业出版社，2005.4.

[5] 刘晓华，张健，周慧贞．JSP 应用开发详解(第 3 版)[M]．北京：电子工业出版社，2007.

[6] 赵强．精通 JSP 编程[M]．北京：电子工业出版社，2006.

[7] 耿祥义．JSP 实用教程[M]．北京：清华大学出版社，2004.3.

[8] 李刚．轻量级 Java EE 企业应用实战：Struts2+Spring+Hibernate 整合开发[M]．北京：电子工业出版社，2008.

[9] 荣钦科技．JSP 动态网站开发与实例[M]．北京：清华大学出版社，2006.6.

[10] 伯格斯坦．JSP 设计[M]. 汪青青等译．北京：清华大学出版社，2005.10.

[11] 飞思科技产品研发中心．JSP 应用开发祥解[M]．北京：电子工业出版社，2004.

[12] 蒋文蓉．JSP 程序设计[M]．北京：高等教育出版社，2004.7.

[13] Simon Brown，Sam Dalton，Dan Jepp et al．Pro JSP[M]，Third Edition．Apress L.P. CA USA. 2003.

[14] 未知．深入剖析 JSP 和 Servlet 对中文的处理过程[J/OL]．http://www.linux521.com/2009/java/200904/858.html，2009.

[15] 张建平. Servlet 3.0 新特性详解[J/OL]. https://www.ibm.com/developerworks/cn/java/j-lo-servlet30/, 2010.

[16] 南山听雨．Java Web 开发——Servlet 监听器[J/OL]．https://www.cnblogs.com/tigerui/p/6569091.html，2017.

[17] 爱尚你 1993．Tomcat 各版本说明[J/OL]．http://blog.csdn.net/i_love_t/article/details/54288326，2017.

[18] 菜鸟教程. Servlet Cookie 处理[J/OL]. http://www.runoob.com/servlet/servlet-cookies-handling.html，2013.